1815-1915

Centenaire

de la

Société Helvétique des Sciences Naturelles

Jahrhundertfeier

der

Schweizerischen Naturforschenden Gesellschaft

Notices historiques et Documents
publiés par la Commission historique instituée à l'occasion de la session annuelle de Genève
(12 au 15 septembre 1915).

Centenaire

de la

Société Helvétique des Sciences Naturelles

Jahrhundertfeier

der

Schweizerischen Naturforschenden Gesellschaft

Cet ouvrage forme le tome L des *Nouveaux mémoires de la Société helvétique des Sciences naturelles*, paru le 12 septembre 1915.

1815-1915

Centenaire

de la

Société Helvétique des Sciences Naturelles

Jahrhundertfeier

der

Schweizerischen Naturforschenden Gesellschaft

Notices historiques et Documents
publiés par la Commission historique instituée à l'occasion de la session annuelle de Genève
(12 au 15 septembre 1915).

ZÜRICH. — IMPRIMERIE ZÜRCHER & FURRER

AVANT-PROPOS.

Le rôle de la Commission historique du Centenaire de la Société helvétique des sciences naturelles ayant consisté principalement à réunir et à publier les matériaux qui lui ont été fournis par les bureaux des Commissions et des Sections scientifiques de la Société, elle tient à témoigner sa reconnaissance à tous ceux qui lui ont grandement facilité sa tâche par l'empressement qu'ils ont mis à collaborer à l'œuvre commune. Elle est particulièrement redevable à M. le professeur HANS SCHINZ, président de la Commission des Mémoires, de ce qu'il a bien voulu lui prêter son appui efficace et se charger de surveiller l'impression du volume.

Le soin de faire l'histoire générale de la Société avait d'abord été confié à M. le Dr AUGUSTE WARTMANN, qui s'est malheureusement vu obligé par l'état de sa santé d'interrompre son travail après s'y être consacré pendant de longs mois. Sur ces entrefaites, M. le professeur E. YUNG et M. le Dr J. CARL ont bien voulu mettre à profit le court laps de temps dont on pouvait encore disposer, pour retracer dans ses grandes lignes le développement des institutions de la Société helvétique, et décrire à grands traits l'activité de ses membres pendant le premier siècle de son existence.

MEMBRES DE LA COMMISSION HISTORIQUE DU CENTENAIRE:

MM. Augustin de Candolle.
F.-Louis Perrot.
Frédéric Reverdin.
Auguste Wartmann.
Emile Yung.

CONTENU

DU VOLUME DU

CENTENAIRE DE LA SOCIÉTÉ HELVÉTIQUE DES SCIENCES NATURELLES.

Page

Avant-Propos III

Membres de la Commission historique du Centenaire IV

I. Coup d'œil historique (Emile Yung et Johann Carl, Genève) 1

II. Rapports sur l'activité des Commissions et des Sections 49

A. Les Commissions actuelles.

1. Die Denkschriften-Kommission (Hans Schinz, Zurich) 51
2. Die Geologische Kommission (Aug. Aeppli, Zurich) 78
3. La Commission géodésique suisse (Raoul Gautier, Genève) 148
4. La Commission de la fondation du Prix Schlæfli (H. Blanc, Lausanne) . 168
5. Die Gletscher-Kommission (Alb. Heim, Zurich) 171
6. Die Kommission für die Kryptogamenflora der Schweiz (Ed. Fischer, Berne) 181
7. Die Schweizerische geotechnische Kommission (U. Grubenmann, Zurich) 185
8. La Commission du Concilium bibliographicum (Emile Yung, Genève) . 189
9. Die Kommission für das naturwissenschaftliche Reisestipendium (C. Schröter, Zurich) 191
10. Die Schweizerische Naturschutz-Kommission (P. Sarasin, Bâle) . . 198
11. Die Hydrologische Kommission und ihre Vorläufer (F. Zschokke, Bâle) . 207
12. Die Euler-Kommission (F. Sarasin, Bâle) 216
13. Die Luftelektrische Kommission (A. Gockel-Fribourg) 224

B. Les anciennes Commissions.

1. Die Bibliothek-Kommission (Hans Schinz, Zurich) 225
2. Die Kommission zur Untersuchung und Vergleichung der schweizerischen Masse und Gewichte (Hans Schinz, Zurich) 227
3. Die Kommission für Hypsometrie, Meteorologie und den Zustand der Wälder (Hans Schinz, Zurich) 228
4. Die Kommission zur Untersuchung der Mineralquellen in der Schweiz (Hans Schinz, Zurich) 229
5. Die Landwirtschaftliche Kommission (Hans Schinz, Zurich) 230
6. Die Kommission für eine vaterländische Fauna (Hans Schinz, Zurich) . 231
7. Die Hydrographische Kommission (Hans Schinz, Zurich) 232
8. Die Kommission zur Anlage eines Herbarium helveticum (Hans Schinz, Zurich) 233
9. Die Kommission zum Studium der brennbaren Gase im Burgerwald (Kanton Freiburg) (Hans Schinz, Zurich) 234

Page

10. Die Kommission zur Leitung der Aufnahme einer Statistik des Kretinismus, Idiotismus etc. in der Schweiz (Hans Schinz, Zurich) . . . 235
11. Die Kommission zur Verhütung von Überschwemmungen (Hans Schinz, Zurich) 238
12. Die Kommission für Klimatologie, speziell zur Untersuchung der periodischen Erscheinungen in der Pflanzen- und Tierwelt (Hans Schinz, Zurich) 239
13. Die Felsberg-Kommission (Hans Schinz, Zurich) 241
14. Die Maikäfer-Kommission (Hans Schinz, Zurich) 241
15. Die Kommission zur Herausgabe einer populären Naturgeschichte für Volksschulen (Hans Schinz, Zurich) 242
16. Die Kommission für Untersuchung des schweizerischen Irrenwesens (Hans Schinz, Zurich) 243
17. Die Kommission zur Prüfung des Schieferbaues am Plattenberg im Kanton Glarus (Hans Schinz, Zurich) 244
18. Die Kommission für schweizerische Statistik (Hans Schinz, Zurich) . 244
19. Die Kommission für den Entwurf eines allgemeinen schweizerischen Medizinal-Polizeigesetzes (Hans Schinz, Zurich) 245
20. Die Meteorologische Kommission (J. Maurer, Zurich) 246
21. Die Kommission zur Untersuchung der Verbreitung der Tuberkulose in der Schweiz (Hans Schinz, Zurich) 254
22. Die Hydrometrische Kommission (Hans Schinz, Zurich) 256
23. Die Kommission für Anstellung von Beobachtungen über elektrische Strömungen (Hans Schinz, Zurich) 259
24. Die Grundwasser-Kommission (Hans Schinz, Zurich) 260
25. Die Kommission für die Erwerbung eines Freiplatzes am zoologischen Institut Dr. A. Dohrn in Neapel (Hans Schinz, Zurich) 261
26. Die Anthropologisch-statistische Kommission (Hans Schinz, Zurich) . 263
27. Die Schweizerische Erdbeben-Kommission (J. Früh, Zurich) 264
28. Die Moor-Kommission (J. Früh, Zurich) 269

C. Les Sections.
1. La Société géologique suisse (H. Schardt, Zurich) 272
2. Die Schweizerische Botanische Gesellschaft (Ed. Fischer, Berne) . . 276
3. La Société zoologique suisse (M. Bedot, Genève) 280
4. La Société suisse de chimie (L. Pelet, Lausanne) 283
5. La Société suisse de physique (H. Veillon, Bâle) 286
6. La Société mathématique suisse (H. Fehr, Genève) 288
7. La Société entomologique suisse (Arn. Pictet, Lausanne) 290

III. Liste des membres du Secrétariat-Général, des Comités centraux et des Présidents annuels 291

IV. Liste des nécrologies des membres de la Société helvétique des Sciences naturelles (Fréd. Reverdin et F.-Louis Perrot, Genève) 299

I.

COUP D'ŒIL HISTORIQUE

SUR L'ACTIVITÉ DE LA

SOCIÉTÉ HELVÉTIQUE DES SCIENCES NATURELLES

PENDANT LE PREMIER SIÈCLE DE SON EXISTENCE.

PAR LE PROF. EMILE YUNG ET LE DR. J. CARL.

I.

COUP D'ŒIL HISTORIQUE.

I.

Henri-Albert Gosse et son ami le pasteur Samuel Wyttenbach, fondateurs de la Société. La session inaugurale d'Octobre 1815. Statuts et premiers pas.

Les Associations scientifiques réunissant les principaux savants producteurs d'un même pays, sont de date relativement récente. Elles ne remontent guère qu'à la première moitié du XVIIe siècle. Jusque là, les sciences avaient été cultivées par des chercheurs solitaires dont les relations se bornaient à des échanges épistolaires. Leur nombre étant devenu considérable, les correspondances individuelles ne leur suffirent plus; ils éprouvèrent le besoin de se rencontrer périodiquement, afin de se communiquer verbalement les résultats de leurs travaux et de discuter entre eux leurs théories. Ainsi naquirent la *Société royale* à Oxford (puis à Londres), en Angleterre (1645); l'*Académie des Curieux de la nature* à Schweinfurt (puis à Halle) en Allemagne (1652); l'*Académie florentine del Cimento,* en Italie (1657), et à Paris, en France, l'*Académie royale des Sciences* (1666).

Ce n'est qu'environ un siècle plus tard que se constituèrent les premières sociétés savantes suisses. Elles commencèrent modestement, ainsi que les grandes Académies dont nous venons de citer les noms; leurs membres, fort clairsemés tout d'abord, habitants de la même ville, tenaient séance dans le domicile privé de chacun d'eux, à tour de rôle. La plus ancienne de nos sociétés cantonales d'Histoire naturelle, celle de Zurich, fut fondée en 1746 par le médecin et savant quasi-universel Johannès Gessner (1709—1790); puis vinrent les sociétés de Bâle (1751); de Berne (1786); de Genève (1790), etc. Plusieurs de ces sociétés, mères des sociétés cantonales actuelles, ont subi des métamorphoses importantes, tendant à les spécialiser davantage qu'elles ne l'étaient à leur origine ou plusieurs revêtaient le caractère de sociétés d'Utilité publique.

Le goût des études de la nature répandu en Suisse allemande dès le XVIIe siècle, ne se développa dans la partie romande de notre pays que le siècle suivant. Il est vrai que, favorisé par tout un ensemble de circonstances heureuses, son extension y fut très rapide.

L'admirable spectacle qu'offrent nos lacs et nos montagnes, le mystère dont étaient enveloppés les vallons retirés de nos alpes, l'étonnante diversité de nos flores et de nos faunes, conséquence des énormes dénivellements de notre sol, exerçaient un irrésistible attrait sur les esprits ambitieux de pénétrer dans la compréhension du monde extérieur, afin de mieux lui arracher ses secrets ou de jouir davantage de ses magnificences. Et puis, l'austérité des mœurs helvétiques, les habitudes laborieuses contractées dans la lutte séculaire que nos ancêtres durent soutenir contre l'inclémence du climat, l'infécondité de la terre ou les convoitises de l'étranger, furent autant de facteurs qui assurèrent le succès à ceux qui, plus tard — des temps moins rigoureux étant venus — aspirèrent à la conquête désintéressée de la vérité scientifique.

Aussi vit-on, entre Alpes et Jura, et du lac de Genève jusqu'au lac de Constance, très particulièrement dans les villes où l'aisance et l'instruction avaient progressé, surgir à la suite des Jean-Jacques Scheuchzer (1672—1733), des Albert de Haller (1708—1777), des Charles Bonnet (1720—1793) et des H. B. de Saussure (1740—1799), une pléïade de naturalistes investigateurs, de collectionneurs passionnés des plantes, des animaux et des minéraux dont ils enrichissaient quelqu'un de ces „cabinets de curiosités naturelles“ qui furent les précurseurs de nos musées.

Chemin faisant, ces ramasseurs d'herbes ou de pierres, portant leurs regards attentifs sur l'infinie diversité des objets de nature dispersés autour d'eux, y aiguisaient si bien leurs aptitudes natives d'observation, qu'elles les poussèrent parfois à d'importantes découvertes pour la plus grande gloire de leur petite patrie. La considération qui en rejaillissait sur leur personne, devenait une source d'encouragement pour eux et d'engageantes suggestions pour beaucoup d'autres. La contagion de l'exemple aidant, il se produisit à partir de l'époque dont nous parlons, c'est-à-dire dans la seconde partie du XVIIIe siècle, tant de naturalistes un peu partout en Suisse, tant de physiciens, de chimistes, de scrutateurs et de collectionneurs des choses naturelles, tous convaincus de la vérité, dans ce domaine comme dans les autres, du principe que *l'union fait la force*, que certains d'entre eux songèrent aux moyens de le mettre en pratique à leur profit et pour le plus grand bien de leurs sciences.

L'histoire de notre Société helvétique des sciences naturelles, réalisation de ce songe, commence indubitablement au 6 Octobre 1815, jour de sa fondation à Genève. Toutefois, pendant les vingt ou trente ans qui précédèrent ce jour mémorable, plusieurs tentatives de rencontres entre savants de différents cantons avaient eu lieu. Le désir de se voir entre Suisses, et aussi de faire connaissance avec les confrères des pays de Vaud et de Genève était général et réciproque; il s'était manifesté en maintes circonstances.

A l'instigation du pasteur Samuel Wyttenbach, ardent partisan de pareilles rencontres, treize naturalistes de Berne, d'Argovie et de Genève[1]) s'étaient réunis les 2 et 3 Octobre 1797 à Herzogenbuchsee où ils avaient jeté les bases d'une association que les événements politiques empêchèrent de vivre.

Il y avait à Genève, à la même époque, un pharmacien, HENRI-ALBERT GOSSE (1754–1816), que ses théories humanitaires et la bonté de son cœur, plus encore que ses connaissances étendues et l'originalité de son caractère, avaient rendu très populaire. Il était aimé de tout le monde, ses découvertes lui avaient donné de l'autorité sur ses pairs. Il avait, en 1790, contribué à la fondation de la *Société genevoise de Physique et d'Histoire naturelle,* puis, en 1803, à celle de la *„Société des naturalistes"*. Fort lié avec Wyttenbach, il le tenait au courant de tout ce qui se passait au sein de ces deux sociétés. Quelques unes de ses lettres équivalent à de véritables procès-verbaux — peut-être les seuls authentiques qui nous restent — de certaines de leurs séances. Gosse y insiste sur maintes questions statutaires auxquelles il attachait une très grande importance et il ne manque aucun prétexte d'exalter la foi de Wyttenbach dans la justesse de l'idée, à la fois scientifique et patriotique, qui les hantait tous deux et d'où, finalement, est sortie notre association.

Cette correspondance manuscrite de Gosse et Wyttenbach est du plus haut intérêt pour celui qui cherche à se rendre compte de l'état d'esprit qui régnait dans le petit monde savant de la Suisse de 1790 à 1816[2]). On y est étonné de la diversité et de

[1]) Les treize assistants étaient:
Samuel Wyttenbach (1748—1830), pasteur et professeur à Berne.
Sam. Studer (1757–1834), professeur de théologie à Berne.
C. Friedr. Morel (1758—1816), apothicaire à Berne.
Gottl. Gruner (1756—1830), suffragant à Berne.
J. Jak. Mumenthaler (1729—1813), physicien et chimiste de Langenthal.
Bernhardt Friedrich Kuhn (1762—1825), professeur de droit habitant Avenche, plus tard président du Grand Conseil helvétique.
S. Emmanuel Hartmann (?), propriétaire du château de Thunstetten près de Langenthal.
Hérosé (?) d'Aarau.
J. Antoine Colladon (1758–1830), pharmacien-chimiste-botaniste, Genève.
Marc-Auguste Pictet (1752—1825), professeur de physique, Genève.
Fr.-Guillaume Maurice (1750—1826), maire de Genève, l'un des fondateurs de la *Bibliothèque britannique.*
Desroches (?) de Genève.
Puérari (?) de Genève.
H.-A. Gosse (1753—1816), A. de Haller fils (1758—1823), J.-G. Tralles (1763—1822) etc. étaient absents quoiqu'ayant été invités.
Ces treize nommèrent S. Studer comme président et Gruner comme secrétaire de la prochaine réunion qui n'eut pas lieu.

[2]) La famille d'Henri-Albert Gosse, représentée aujourd'hui par Madame et Monsieur le Dr H. Maillart-Gosse, conserve pieusement les nombreux papiers laissés par ce savant et, en particulier, les lettres que lui écrivait Wyttenbach. La correspondance Gosse-Wyttenbach n'a pas encore été publiée au jour où nous écrivons ces lignes. Elle le sera peut-être bientôt. Pour le moment, nous ne saurions trop remercier Mr et Mme Maillart pour la complaisance qu'ils ont mise à nous communiquer plusieurs des précieux documents qu'ils possèdent.

l'étendue des connaissances que possédaient, tant sur les hommes que sur les choses, les deux correspondants. C'était l'heureux temps où l'on pouvait encore cultiver plusieurs sciences à la fois, et ils en usaient largement l'un et l'autre. Leurs lettres témoignent de la parfaite communauté de leur manière de voir sur les avantages de „sociabiliser" les savants, en créant une „Confrérie de naturalistes". Gosse, dès le début, veut cette confrérie soumise à une discipline sévère; il ne s'agit pas, selon lui, de viser au nombre des adhérents, mais à leurs qualités de bons ouvriers de la Science. „Une trop grande extension de ses membres nuirait essentiellement, dit-il, à leur perfectionnement." Exclure les non-producteurs, n'ouvrir la porte qu'à ceux capables de faire des communications de valeur, tel serait à ses yeux l'idéal. Il l'avait voulu déjà, cet idéal, lors de la fondation de la Société de Physique de Genève. Mais si nous en jugeons par le passage d'une lettre à Wyttenbach datée du 4 février 1796, il ne réussit pas longtemps à l'y maintenir: „Notre Société vient d'ôter de ses Règlements ce qui, suivant moi, en était le nerf. C'était l'obligation absolue de donner chaque année un mémoire ou une observation sur un sujet nouveau; on a mis une amende de six livres de France pour remplacer cette obligation; je demandais pour le contrevenant la cassation de membre actif de la Société. Jurine et Vaucher ont soutenu cette même clause, mais nos nouveaux membres l'ont emporté."

Et un peu plus tard, le 15 Juillet 1803, Gosse, racontant à Wyttenbach la fondation de sa nouvelle „Société des naturalistes", lui fait entendre qu'il a persisté dans son exigence. „Toute personne de mœurs, sans distinction de sexe, qui se livre par goût à l'étude de la nature, lui écrit-il, peut être admise dans cette Société, pourvu qu'elle s'engage à envoyer chaque année des mémoires ou une observation sur une partie quelconque d'histoire naturelle." On voit que l'essentiel pour lui, le „nerf" de la société est bien toujours l'apport intellectuel que fournira le membre élu. Ce n'est point qu'il n'apprécie à sa valeur aussi cet autre facteur nécessaire, hélas, aux sociétés les plus idéalistes, l'argent, mais il y pourvoit en admettant, sans enthousiasme d'ailleurs, l'existence d'une seconde catégorie de membres: „les membres *inactifs* ou *passifs* ou *bienfaiteurs* (Gosse est très arrangeant sur les épithètes) qui seront seulement obligés de donner les fonds que leur demandera le trésorier." A cette condition on leur permettra de ne pas traiter de science.

Dès le début nous voyons donc Gosse préoccupé d'imprimer par le choix de personnes de réelle valeur un caractère hautement scientifique à la future „confrérie"; il la conçoit composée des membres des sociétés locales de tout le pays et c'est pourquoi il la désigne souvent sous le nom de *„société centrale"*. A maintes reprises, il demande à Wyttenbach de s'enquérir de tous les savants occupés „particulièrement" d'histoire naturelle et de lui transmettre leurs noms; il lui faut réunir en un seul faisceau toutes les forces scientifiques de la Suisse.

La période d'incubation fut longue, elle dura aussi longtemps que l'occupation du territoire genevois par les Français. Aussitôt que la délivrance fut accomplie, tous les regards se tournèrent vers la Suisse. Les savants genevois ne furent pas les derniers à se réjouir, en 1814, de la liberté reconquise. Tous les membres que comptaient alors la *Société de Physique* et la *Société des naturalistes,* étaient de chauds patriotes. Gaspard de la Rive faisait partie du gouvernement provisoire de la République restaurée; A. P. de Candolle composait un *„Hymne sur la Réunion de Genève à la Suisse"*. C'est avec raison que le moment parut à Gosse propice pour susciter l'assemblée depuis si longtemps projetée et qui devait être le premier acte de confraternité nationale accompli sur le terrain scientifique.

Gosse avait acquis à quelques kilomètres de Genève dans la commune de Mornex, en Savoie, un domaine rustique situé au sommet d'un contrefort du Petit-Salève, connu aujourd'hui sous le nom de Mont-Gosse. Il l'avait aménagé selon ses goûts, c'est à dire d'une façon très simple mais un peu bizarre; il y vivait en ermite et l'avait nommé „Mon Bonheur". C'est là qu'il se représenta que la réunion devait avoir lieu. „Cette réunion des Naturalistes suisses", écrivait-il à Wyttenbach, le 29 Août 1814, quinze jours avant l'acceptation de Genève comme canton suisse par la Diète fédérale, „a paru à plusieurs savants [bien placée], en présence du Mont Blanc et dans le canton suisse le plus riche en histoire naturelle dans tous les genres. Ces deux conditions se rapportent au canton de Genève et mon local, en conséquence, serait celui qui conviendrait le mieux à ces importantes assemblées. . . . . Je ne doute pas que nous y serions même visités par des savants naturalistes de tous les autres pays et, par là, nous serions un foyer de lumière dont les rayons pourraient se répandre de nouveau sur toute la surface savante du globe. Voyez, cher et excellent ami, à faire réussir ce grand projet avant que je quitte mon état terrestre et que je puisse jouir matériellement de cette délicieuse réunion".

Les collègues genevois de Gosse étant tombés d'accord avec lui sur le lieu, il charge, par lettre du 23 Juillet 1815, Wyttenbach de fixer la date de la rencontre: „J'arrêterai le jour de cette importante assemblée d'après l'arrêté de Messieurs vos professeurs; donnez ainsi le dernier coup de main à notre beau projet. Nous réunirons ici les membres de notre Société des Naturalistes séante à Genève, et ceux de la Société de Physique et d'Histoire naturelle de la même ville et certes cette assemblée environnée des bustes de nos grands savants, en présence de notre illustre Linné, à la face de tout ce que l'Europe a de plus majestueux, le Mont-Blanc et ses admirables alentours."

Il semble que Wyttenbach lui indiqua d'abord le mois de Septembre, car il lança de Genève, le 15 Août 1815, l'invitation suivante:

Monsieur

Un grand rassemblement de naturalistes suisses est arrêté pour le 17 Septembre prochain à Genève. J'espère, Monsieur, que vous ferez vos efforts pour vous réunir à nous et que vous voudrez bien y faire part de quelques parties des nombreuses observations que vous avez faites sur . . . . . (suivait ici l'indication de la spécialité du destinataire.) Signé G.

L'invitation, assura M.-A. Pictet, fut acceptée avec enthousiasme par quelques-uns, avec empressement par tous, mais l'assemblée inaugurale fixée, comme on vient de le voir au 17 Septembre, dut être reculée jusqu'au mois suivant sur le vœu qu'en exprima Berne. Plusieurs Genevois accueillirent leurs compatriotes dans leurs domiciles privés — il fut entendu que Wyttenbach logerait chez Gosse —; les autres descendirent à l'„Auberge de la Couronne", sise à la rue du Rhône. La session se tint les 6, 7 et 8 Octobre 1815, sous la présidence d'Henri-Albert Gosse qui dirigeait cette année-là, la Société de Physique de Genève et qui était particulièrement qualifié pour lui imprimer le double caractère de grande cordialité et de simplicité républicaine dont les assemblées subséquentes ne se sont plus jamais départies.

Nous possédons plusieurs documents sur les circonstances qui accompagnèrent ces trois journées. Les principaux de ces documents sont: 1° le procès-verbal qu'en dressa Jean-Antoine Colladon (1758–1830) pharmacien et botaniste, qui remplissait alors les fonctions de secrétaire de la Société genevoise de Physique (Copie de sa main dans le dossier (n° 760) manuscrit de la Bibliothèque de Berne). 2° Le récit plus détaillé qu'en firent à la réunion de Berne, Wyttenbach dans son discours présidentiel et M.-A. Pictet dans sa notice sur H.-A. Gosse lue pendant cette même réunion du 3 Octobre 1816 *(Naturwissenschaftlicher Anzeiger n°s 3 et 4, des 1er Septembre et 1er Octobre 1817, p. 25)*; c'est à ce récit que nous emprunterons les détails typiques qui vont suivre. 3° Enfin J.-J. Siegfried, a raconté, en y apportant quelques précisions nouvelles, ces journées de début dans sa *„Geschichte der Schweizerischen Naturforschenden Gesellschaft"* parue en 1865, laquelle complète une première étude historique du même auteur publiée en 1848 sous le titre: *„Die wichtigsten Momente aus der Geschichte der Schweizerischen Naturforschenden Gesellschaft,* deux importants ouvrages sur lesquels nous reviendrons plus loin.

Le matin du 6 Octobre 1815, le soleil se leva dans un ciel sans nuages. „Tout parut se réunir, remarque M.-A. Pictet, pour faire savourer aux amateurs de la belle nature la richesse du spectacle et le bonheur d'en jouir en commun." Une trentaine de savants[1]) s'acheminèrent alors du côté de ce Mornex dont le théologien Picot décrivait

[1]) Etaient présents à la cérémonie de Mornex les trente deux invités de Gosse dont les noms suivent: dont deux étaient étrangers, deux neuchâtelois habitant Genève et Vaud, un bernois habitant Genève; six venus de Berne et quatre venus du Canton de Vaud; tous les autres au nombre de 17 étaient genevois.

Genève: Boissier, Henri, professeur à l'Académie (1762—1845).
Colladon, J.-Ant., pharmacien (1758—1830).
Colladon, Fred., médecin (1792—1862).
De la Rive, Gaspard, professeur de chimie et conseiller d'Etat (1770—1834).
De Luc, J.-André, géologue (1763—1847).
De Saussure, Théodore, professeur de chimie (1767—1845).
Gosse, Henri-Albert, pharmacien (1753—1816).
Maunoir, J. Pierre, professeur d'anatomie (1768—1861).

Suite de la note sur la page suivante.

vers la même époque la simplicité et les agréments dans une pièce de vers qui commençait ainsi:

Mornex offre à nos yeux, dans un site très beau,
Ce que peut le talent pour orner un coteau.
Sur un pic tout couvert de rochers, de broussailles,
S'élevaient d'un château les antiques murailles.
Ce château féodal par le temps fut détruit
Et l'aigle, sur sa tour, dès lors plaça son nid.
. . . .

Arrivée en ce lieu hospitalier, la petite troupe admira la vue incomparable dont on y jouit, puis elle prit place autour d'une table „heptagone" abondamment servie, et dressée au milieu du pavillon „octogone" à la périphérie duquel se trouvaient les bustes couronnés de feuillage des hommes pour lesquels Gosse nourrissait la plus vive admiration: Linné, Bonnet, Haller, de Saussure et Rousseau. En sa qualité de fervent disciple de Jean-Jacques, Gosse avait baptisé ce pavillon: *le Temple de la nature*. Et c'en était un, en effet, par le culte que son propriétaire y rendait à toutes les beautés de la nature, ainsi qu'aux hommes de génie qui les avaient glorifiées par leurs découvertes.

Après un copieux repas dont on a conservé le menu: langues de bœuf, canards rôtis froids, poudings, rayons de miel, raisins et autres fruits de la saison, des discours furent prononcés. Le plus caractéristique revêtit la forme d'une invocation à la Pro-

---

Suite de la note de la page précédente.

Genève: Maunoir, Ch.-Théoph., professeur de chirurgie (1775—1830).
Mayor François-Isaac, médecin (1779—1854).
Micheli de Châteauvieux, Mich. Lieutenant-général et botaniste (1751—1830).
Moricand, Stefano, négociant et botaniste (1779—1854).
Necker-de-Saussure, Jacq., professeur et syndic (1757—1825).
Necker, L.-Alb., professeur de minéralogie (1786—1861).
Odier, Louis, professeur de médecine (1748—1817).
Pictet-Baraban, J.-Pierre, conseiller d'Etat et physicien (1777—1857).
Pictet, Marc-Auguste, professeur de physique (1752—1825).
Vaucher, J.-Pierre-Et., professeur d'histoire ecclésiastique et botaniste (1763—1841).

Berne: Bonstetten, Victor de, ancien bailli à Nyon (1745—1832).
Seringe, N.-Henri professeur de français à Berne, botaniste (1776—1858).
Studer, Sam., professeur de théologie (1757—1834).
Studer, Bernard, étudiant (1794—1887).
Schärer, Louis-Emmanuel, pasteur et botaniste (1785—1853).
Wyttenbach, Jacob-Samuel, pasteur et professeur, naturaliste (1748—1830).
Wyttenbach, J.-Rud., médecin (1790—1826).

Vaud: Charpentier, Jean de, directeur des salines à Bex, géologue et botaniste (1786—1855).
Chavannes, Dan.-Alex., pasteur et professeur de zoologie (1765—1846).
Gaudin, Jean, pasteur à Nyon, botaniste (1766—1833).
Lardy, Charles, forestier et géologue (1780—1858).

Neuchâtel: Dompierre François-Rodolphe, lieutenant-colonel et naturaliste (1775—1844).
Perrot-Droz, Louis, botaniste et conchyliologue (1785—1865).

Etrangers: Rubin, intendant sarde de la province du Genevois à Carouge et Marryat, Joseph, banquier et minéralogiste, Anglais habitant Lausanne.

vidence. Dans une lettre adressée à Wyttenbach la semaine d'après, le 12 Octobre, Gosse lui explique comment il fut amené à faire cette chose „extraordinaire" et qui pourrait être „mal jugée", prononcer une prière au milieu d'une collation. Il l'attribue à ce que „tout à coup, il fut pénétré d'un sentiment profond de reconnaissance envers l'Etre des Etres".

Il monta donc sur „une petite chaise de paille en face du grand Linné et de toute l'assemblée encore mangeante". „Là, nous dit Pictet, la tête découverte et tenant une coupe à la main, son vêtement flottant, ses cheveux épars, la figure agitée et comme prophétique, notre respectable confrère invita les convives à se tenir debout et à se découvrir. On se lève, on écoute dans un silence respectueux ces paroles mémorables qu'il prononça, les mains levées au ciel et les yeux pleins de larmes:

„Etre suprême, sublime intelligence, qui as été, qui es et qui seras, créateur et conservateur de tout ce qui existe! Toi qui es la source intarissable du vrai bonheur, accepte l'expression profondément sentie de notre admiration sans bornes, pour tant de perfections, tant de puissance, tant de bonté dont tu nous rends sans cesse les témoins.

„Daigne, Grand-Dieu, recevoir mes actions de grâce et le sentiment de ma plus vive gratitude pour avoir conservé ma frêle existence jusqu'à ce jour d'inexprimable joie. Bénis cette réunion de tant d'hommes distingués dans la connaissance d'une partie (hélas bien faible!) de tes œuvres immenses. Fais que chacun d'eux se conserve en santé et accroisse ses forces pour atteindre au but de ses travaux.

„Et toi, immortel Linné, toi dont l'âme bienfaisante plane peut-être sur cette intéressante réunion, puissent les lumières que tu as répandues sur les œuvres de la création, nous pénétrer et nous animer du feu de ton divin génie! Puisse la présence de ton image et celle des quatre illustres compatriotes qui nous entourent, nous remplir d'enthousiasme pour les connaissances sublimes dont ils ont enrichi l'espèce humaine, nous enflammer de zèle pour la culture des sciences naturelles et nous rendre tous utiles à notre chère et commune patrie[1])!"

„Gosse se tut, continue Pictet, et chacun des conviés, ému, agité d'un sentiment de reconnaissance pour l'Etre suprême, grava dans sa mémoire l'expression des vœux qu'il venait d'entendre. On porta successivement les santés des savants suisses qui honoraient cette réunion de leur présence, et des chants assortis à la circonstance terminèrent ce repas fraternel."

Ensuite, on alla visiter aux alentours un gros bloc de granit qui devait peser „un million et demi de livres", et l'on se livra à des conjectures sur „la catastrophe"

---

[1]) Tous ceux qui savent avec quelle prolixité écrivait H.-A. Gosse et combien son style laissait à désirer tant au point de vue de la construction des phrases que du choix des mots, douteront que la jolie „improvisation" de Gosse ait été réellement prononcée telle que Pictet nous l'a rapportée. Son texte, concordant pour le fond avec celui cité par Gosse lui-même dans ses lettres, est très supérieur en ce qui touche à la forme. Pictet, grand ami de Gosse, l'a sans doute un peu corrigé pour mieux rendre hommage à sa mémoire.

qui avait dû l'amener sur terrain calcaire, puis l'on se sépara afin de se retrouver en ville un peu plus tard à l'Auberge de la Couronne pour un Souper „assaisonné de la plus touchante cordialité et accompagné de chansons patriotiques et de souhaits de santé et de prospérité".

Nous avons rapporté avec quelque ampleur le récit de M.-A. Pictet, car il met naïvement en évidence les trois sentiments dominateurs chez les savants genevois de l'époque. Ces sentiments étaient l'amour de la patrie, une foi profonde, irraisonnée en la personne toute puissante du Dieu créateur de l'Univers, et une admiration enthousiaste — parfois même un peu trop idolâtre — pour les grands hommes qui ont ouvert des voies nouvelles à la pensée. Gosse poussait l'admiration pour ses génies de prédilection à un degré si excessif, qu'il attribuait aux bustes représentant leurs figures, je ne sais quelles vertus occultes et bienfaisantes. Il eût voulu, par exemple, que l'on introduisit dans les règlements de la nouvelle société l'obligation de revenir tous les cinq ans à Genève „afin de pouvoir de nouveau s'électriser auprès des bustes des hommes célèbres de la Suisse".

Quant aux sentiments religieux exprimés par Gosse dans son discours, ils étaient ceux de ses confrères de la *„Société des naturalistes"* de Genève qui avaient pris pour devise: *Pro Deo et Natura,* afin de prouver qu'ils admettaient une Intelligence créatrice. Ces sentiments s'harmonisaient, d'autre part, avec les croyances de la plupart des assistants des autres cantons, à commencer par ce Wyttenbach, homme savant et pieux dont le souvenir demeurera si intimément lié à celui de Gosse dans la pensée de tous les membres de notre Société, que ceux-ci les reconnaîtront toujours l'un et l'autre comme ses deux principaux fondateurs.

Jacob-Samuel WYTTENBACH (1748—1830), descendant d'une ancienne famille patricienne bernoise, était pasteur de la paroisse du St-Esprit à Berne, prédicateur écouté, amateur passionné, dès sa plus tendre enfance, de toutes les sciences de la nature; il entretenait une vaste correspondance avec la plupart des célébrités de son temps, il s'occupait de mille questions d'utilité publique et trouvait le temps d'écrire des mémoires et des livres. C'est lui qui traduisit les *„Voyages dans les Alpes"* de H.-B. de Saussure et publia, entre autres, pour son compte: *Vues remarquables des montagnes de la Suisse,* ouvrage à propos duquel Fortis lui écrivait: „Vous joignez les grâces du style poëtique aux réflexions du naturaliste éclairé. Vos Alpes sont celles que le grand Haller à chantées et qu'il a parcourues en observateur. Vous avez réuni ce qu'il a donné séparément . . . . ." En effet, Wyttenbach appartenait à cette catégorie d'esprits d'une curiosité universelle, dirigée tant sur les choses intérieures que sur celles du monde extérieur, et dont Haller, avec du génie en plus, fut l'un des plus illustres représentants. Sur la fin de sa vie, le grand Bernois ayant fait appeler Wyttenbach, alors au début de sa carrière pastorale, lui demanda de prier avec lui. „Comment oserais-je, objecta Wyttenbach, moi jeune homme et vous le grand Haller?" A quoi ce dernier répliqua: „Supposez que vous avez devant vous une pauvre vieille femme et priez avec moi comme vous prieriez avec elle". Ces deux hommes, malgré la différence de leur âge, étaient faits pour se comprendre.

Le soir de la charmante fête organisée à Mornex par Henri-Albert Gosse, les participants, augmentés de quelques collègues de la Société de Physique qui n'avaient pu quitter la ville, se retrouvèrent au local de Calabri où siégeait cette Société, et ils y tinrent une séance scientifique et administrative. La discussion porta sur l'organisation de l'Association „fraternelle" qui se formait et sur les grandes lignes des statuts qui ne devaient être définitivement adoptés que deux ans plus tard à Zurich. On se mit d'accord sur un certain nombre de points capitaux. On arrêta que l'association porterait le nom de *Société helvétique des Sciences naturelles*, qui lui est resté. On adopta, également, ce soir-là, le principe de la variation annuelle du lieu de rassemblement et celui d'une seule réunion par an; principes nouveaux alors, et qui firent fortune dans la suite en plusieurs autres pays. On décréta que le but de la Société devait être „l'avancement de l'étude de la nature ou des corps naturels en général et celle, en particulier, de notre commune patrie", formule contenant déjà la double aspiration qui fut plus clairement exprimée dans l'article premier du texte définitif, de contribuer au progrès de la science et d'être utile à la patrie. On choisit Berne pour siége de la prochaine session en désignant Wyttenbach comme Président, S. Studer, professeur de théologie, comme Vice-président et F. Meisner, professeur d'histoire naturelle, comme Secrétaire.

Ces décisions ayant été prises, l'infatigable Gosse lut une dissertation sur l'un des sujets qui devaient être le plus souvent remis à l'ordre du jour, nous voulons parler du phénomène erratique et de l'hypothèse relative au transport de gros blocs de pierre[1]).

---

[1]) Il serait intéressant de connaître les idées que professait Gosse sur ce sujet. Nous ne possédons malheureusement pas le texte de sa conférence. Toutefois, grâce à la complaisance de M. le Dr et de Mme Maillart-Gosse, nous avons eu sous les yeux un cahier manuscrit sur lequel se trouve dans un récit de la fondation de la Société, intitulé: *Quelques détails sur l'origine et la formation de la Société helvétique centrale pour les Sciences naturelles*, le résumé suivant de l'exposé de Gosse, écrit de sa main. Il y parle de lui à la troisième personne et emploie, ici et là, une orthographe qui n'est plus en usage aujourd'hui.

„Après un préambule nécessaire à la singulière circonstance, il (Gosse) lut un Mémoire géologique sur la cause du transport des blocs granitiques de la chaîne des Alpes par les Vallées du Faucigny et de Taninge et par celle du Vallais et du Rhône, contre le Mont de Salève et le long de la chaîne orientale du Jura. Après avoir fait connaître dans la première partie de son mémoire les hypothèses de MM. De Saussure, Deluc, Wrede, Hutton, Plaifair et Hall, il se proposa d'expliquer cette curieuse et si étonnante catastrophe. Il supposait le transport de ces immenses blocs opéré par une masse boueuse assez dense pour avoir empêché leur enfoncement dans le fond des vallées qui étaient alors recouvertes de cet (*sic*) épouvantable masse de boue. Il faisait sortir de vastes cavités existantes sous la chaîne des Alpes, comme MM. les Géologues ses prédécesseurs, son courant pâteux formé d'un mélange de blocs granitiques en partie angulaires; de cailloux arrondis et d'une boue pâteuse composée d'eau et de terre en partie végétale. Des courants sans doute plus considérables, plus aqueux, chargés seulement de débris de Granit et de cailloutage l'avait précédés et avaient occasionnés, soit par le Vallais dans la vallée du Rhône, les corrosions observées dans toute la face occidentale du Mont Salève, soit par celle du Faucigny le courant qui s'est dirigé vers le côté oriental du même Mont de Salève pour établir la corrosion qui devait avoir eu lieu pour former le vallon de Monetier. Tout cet étonnant bouleversement s'était fait suivant lui après que

Ne s'agit-il pas là d'un problème devenu en quelque sorte national depuis que les de Charpentier, les Venetz, les Agassiz et tant d'autres, jusqu'aux Alphonse Favre et aux F.-A. Forel, tous membres dévoués de notre corporation, l'ont rendu suisse, à force de l'avoir scruté sous toutes ses faces dans nos montagnes?

Le lendemain, l'on visita les collections particulières, la collection de Louis Jurine (1751—1819) renommée par ses richesses et sa parfaite ordonnance; l'herbier de Jacques Necker-de-Saussure (1757—1825), mari de la célèbre pédagogue, fille du conquérant du Mont-Blanc; les collections de roches et pétrifications des De Luc, etc. Une promenade sur le lac termina la fête au troisième jour.

Celui qui avait été l'âme de cette première réunion ne devait pas en voir d'autres. Gosse, pour employer un langage qui lui était cher, ne se trouvait plus parmi les „êtres matériels" lors de la session de Berne; il avait succombé le 1er Février 1816 à une attaque d'apoplexie qui l'avait partiellement paralysé. Jusqu'à la fin, il conserva son intérêt pour les sciences; un passage de la dernière lettre qu'il écrivit à son ami, Marc-Auguste Pictet, le prouve. Il y demandait que l'on disséquât l'articulation de sa hanche, estropiée depuis son enfance et cause de sa claudication, pour y découvrir comment cet organe, malgré son imperfection, avait pu servir à le transporter jusque sur les montagnes les plus élevées. Malheureusement, les circonstances politiques ne permirent pas d'exaucer le vœu qu'il avait formé d'être enterré à Mornex afin, disait-il, que son âme „restât dans ces bocages et put communier par sa présence spirituelle avec ses amis qui se réuniraient là en parlant de lui".

Parler de lui! Depuis un siècle, on n'a cessé de le faire dans un sentiment de gratitude, au sein de la Société helvétique. En maintes circonstances, on a évoqué la figure éminement sympathique de ce savant modeste qui fut l'ami des Fourcroy, des Lamarck, des de Jussieu et du général Bonaparte; qui après avoir été lauréat du Collège de Pharmacie de Paris pour un *Mémoire sur les maladies auxquelles sont exposés les chapeliers,* et de l'Académie des sciences pour avoir remédié *aux maladies auxquelles sont exposés les doreurs au feu et sur métaux,* était dévenu Correspon-

---

la mer avait déjà évacué cette partie de notre globe en ayant pris son cours vers de vastes enfoncements formés par quelques portions de notre continent, devenues maintenant parties de nôtre Océan. Des lacs immenses d'eau douce s'étaient conservés dans les parties les plus basses des vallées alors existentes; de nouvelles ruptures de couches soit granitiques sous la chaîne des Alpes; soit continentales vraisemblablement aussi granitiques, avaient de nouveau occasionné d'un côté la sortie de ces immenses courants et d'un autre avaient offert les moyens de les recevoir. Aucune trace de la présence de la mer ne se retrouve plus parmi les restes de cet immense courant aqueux et boueux; au contraire, une terre végétale disséminée partout, qui a servi à transporter les immenses blocs, se fait appercevoir surtout dans les parties basses qui ont pu la soutenir après avoir été entrainées par les eaux pluviales et les courants; les blocs sont restés ensuite à Nud (*sic*) sur leurs pentes et y ont conservés ainsi en partie leurs angles plus ou moins vifs.

Tel est le précis de ce mémoire, sur lequel il ne fut fait aucune observation, vu qu'il était convenable de terminer cette séance de Présidence, aussi M. Gosse renvoya-t-il à une autre séance des sociétés genevoises pour leur exposer les faits probans de son Mémoire. Il n'avait point jugé devoir généraliser son hypothèse sur les blocs répandus sur les autres parties du globe terrestre."

dant de l'Institut de France, et dont le plus beau titre de gloire, à nos yeux, restera toujours celui d'avoir institué cette Société à laquelle devaient successivement appartenir tous les savants patriotes de la Confédération helvétique.

En 1886, pendant une session tenue à Genève, la Société inaugura un modeste monument élevé à la mémoire de H.-A. Gosse, un monument qui eût été de son goût, puisqu'il s'agit d'un bloc erratique pris non loin de „Mon Bonheur“ et transporté dans la promenade des Bastions tout près de l'Université. Un médaillon-portrait y fut incrusté et l'on y grava cette inscription:

6 OCTOBRE 1815.
LA SOCIÉTÉ HELVÉTIQUE DES SCIENCES NATURELLES
À SON FONDATEUR H.-A. GOSSE. 1886.

La première réunion de 1815, n'avait, en somme, attiré qu'un petit nombre de naturalistes, une quinzaine seulement étaient venus des trois cantons de Berne, Vaud et Neuchâtel, tous les autres étaient genevois; il y avait deux seuls étrangers, M. Rubin, représentant de l'autorité sarde domicilié à Carouge, et M. Marryat, riche collectionneur anglais, venu de Lausanne.

L'opinion fut émise, et ratifiée dans la suite, que l'on considérerait comme membres fondateurs, toutes les personnes présentes, ainsi que celles qui ayant été invitées par Gosse, n'avaient pas pu se rendre à Genève en temps voulu; en particulier les membres de la „Société de Physique“ et de la „Société des naturalistes“ qui, pour un motif quelconque, étaient absents à la cérémonie de Mornex, mais avaient pris part aux autres parties de la réunion. Le Comité de Berne fut chargé de dresser la liste aussi complète que possible de toutes les sociétés scientifiques de la Suisse et de tous les amis de la nature connus dans le pays. Il s'efforça de n'oublier personne et il sollicita chacun de l'aider dans l'utile tâche entreprise, en faisant acte de présence réelle à la session de Berne. Aussi cette dernière, la situation plus centrale de Berne aidant, fut-elle plus fréquentée que celle de Genève; les savants confédérés s'y rencontrèrent au nombre de soixante-six, venus de seize cantons différents, sur plus de cent membres que comptait alors la jeune société. Le sort de celle-ci était donc assuré.

Wyttenbach y commença son discours „en présence de M. l'Avoyer règnant et de M. le Chancelier de l'Académie“, par ce passage de David qui marque son intention d'accentuer le côté amical et religieux de la réunion: „Oh! qu'il est agréable et qu'il est doux pour des frères, de demeurer ensemble! C'est comme la rosée de l'Hermon qui descend sur les montagnes de Sion, car c'est là que l'Eternel envoie la bénédiction, la vie pour l'éternité“ (Psaume 133).

Puis, il résuma ce qui s'était passé depuis l'année précédente rendant un touchant hommage à l'action bienfaisante de son prédécesseur, H.-A. Gosse. L'ancien pharmacien genevois fut le héros de la réunion. M.-A. Pictet, son plus fidèle ami, raconta sa vie

„toute consacrée à la culture des sciences et des arts utiles, au soulagement de l'humanité et à la plus active philantropie".

Des visites aux collections locales avaient été organisées. On s'en alla jusqu'à Hofwyl pour voir l'Institut agronomique de Fellenberg, et un certain M. Clias, professeur de gymnastique, exhiba quelques élèves auxquels il fit faire des exercices qui donnèrent une haute idée de leur utilité pour „mettre en harmonie le système entier des muscles, développer la santé de l'individu et l'élégance de ses formes". C'était le début de la gymnastique scolaire. Le chroniqueur auquel nous empruntons ces détails (*Bibliothèque universelle,* Sciences et Arts, tome III, 1816) ajoute: „Ce genre d'instruction semble prendre faveur à Berne et il serait à désirer qu'on le propageât dans toute la Suisse", vœu qui a été largement exaucé depuis.

Quant à la partie scientifique, les discussions relatives à l'organisation de la Société obligèrent à la réduire à la portion congrue: „Rien ne peut marcher vite dans une assemblée nombreuse où l'on parle les deux langues", constate ingénuement le même chroniqueur que nous citions tout à l'heure. M.-A. Pictet trouva cependant le temps de présenter quelques nouveaux appareils de Physique, la lampe de sûreté de H. Davy, la pile lumineuse de Wollaston, la boussole d'azymuth de Kater, etc. et M. Franz Wyder, grand ami des serpents, lut un mémoire sur ceux de la Suisse dont, pour le plus grand effroi de quelques uns des assistants, il avait apporté plusieurs exemplaires vivants qui se promenaient sur la table pendant qu'il parlait et qui se laissaient prendre et caresser „comme des animaux domestiques".

C'est à Berne que le Gouvernement prit l'initiative, souvent suivie depuis par les Gouvernements cantonaux, d'allouer à la Société bernoise des sciences naturelles une allocation de 600 francs „à titre d'indemnité pour les dépenses que pouvaient lui occasionner les mesures prises pour la réception des associés des divers cantons". La société de Berne décida d'employer cette somme à commencer un fonds destiné à un prix annuel à accorder au meilleur ouvrage sur une question proposée par la Société helvétique. Tel fut le point de départ de nos prix. On invita, séance tenante, le Comité à s'occuper du choix d'une question, entre plusieurs que proposèrent quelques uns des membres présents. La question ne fut annoncée que l'année suivante à Zurich. En voici le texte: *Est-il vrai que les hautes Alpes de la Suisse soient devenues plus âpres et plus froides depuis une série d'années?* Les mémoires écrits en allemand, en latin ou en français, devaient être envoyés au Président avant le 1er Janvier 1820, et deux prix étaient promis à leurs auteurs, un prix de 600 livres de Suisse (900 francs de France) et un prix de moitié de cette somme. Disons tout de suite que le second prix seul fut accordé à l'unique mémoire adressé par le maître forestier A. K. L. Kasthofer (1777—1853), alors à Untersee. Celui-ci n'ayant étendu ses recherches qu'au Canton de Berne et non à toute la Suisse, comme on l'avait désiré, ne put recevoir le premier prix.

Le Conseiller d'Etat, Paul Usteri (1768—1831), nommé à Berne à cet effet, présida la troisième session réunie à Zurich. „C'était un homme de talent" déclare dans ses *Mémoires et souvenirs* A.-P. de Candolle qui le désigne, un peu plus loin, comme un homme „froid et réservé". Usteri était docteur en médecine et jouissait d'une grande considération dans toute la Suisse. Au cours de ses études médicales, il avait pris goût à la botanique qu'il préféra bientôt à la médecine et qu'il devait cependant plus tard négliger pour se donner davantage à la politique. Il s'assimilait avec une facilité remarquable les questions les plus diverses; son sens critique était fort aiguisé, et il se tenait au courant des progrès de ses sciences préférées dont il aimait à entretenir ses collègues de la Société zurichoise des sciences naturelles dans des conférences spirituelles, lumineuses, et toujours agrémentées d'indications relatives aux applications pratiques. S'il n'a pas publié de travaux originaux, ses connaissances étendues dans l'histoire des sciences, son activité permanente, ses vues élevées lui permirent de jouer un rôle important dans le parti radical suisse et dans les multiples sociétés dont il était l'âme.

Le discours qu'il prononça à l'ouverture de la réunion de Zurich reste l'un des plus remarquables, au point de vue des idées générales, qui ait jamais été prononcé devant notre association. L'auteur y aborda plusieurs questions vitales pour la société; il parla deux heures durant et fut écouté avec intérêt, raconte la *Bibliothèque universelle* (tome 6, p. 224), par ceux qui entendaient l'allemand; „les autres furent tenus au courant des objets traités à l'aide d'un extrait préparé d'avance et dont on leur avait distribué des copies".

Se réunir périodiquement, était-il dit dans ce discours, est nécessaire non seulement pour apprendre à se connaître, mais pour dresser les plans d'études en commun et examiner les meilleurs moyens pour les réaliser: collections, institutions scientifiques, etc. Sans doute, il peut y avoir avantage à se réunir en des lieux différents sous la direction d'un comité annuel, mais d'autre part, nous devons entrevoir pour la continuité des travaux de longue haleine une direction, sinon permanente, du moins ne changeant pas trop souvent ni son siège, ni ses membres. Alors, Usteri émet l'idée d'un centre directeur qui prit plus tard la forme d'un „Secrétariat général", voté en 1826, à la réunion de Coire et qui commença à fonctionner en 1827 à Zurich où il est resté jusqu'en 1874 et où il eut à sa tête, de 1827 jusqu'en 1831, Paul Usteri lui-même qui prit une part prépondérante dans la fondation des *Mémoires.* Nous verrons comment à partir de 1874, le Secrétariat général devint le Comité central tel que nous le comprenons encore aujourd'hui.

Dans son discours présidentiel, Usteri prévoit en outre la division qui se réalisa aussi plus tard, de la Société en six sections, il émet le vœu que la section de médecine devienne le lien entre la Société helvétique et les Sociétés médicales des cantons. Il touche à la question de la nomination des membres étrangers et à celle de la publication d'un „Bulletin" dont il pense assez raisonnablement, et tout en en admettant le principe, qu'il faut attendre d'avoir reçu des travaux méritoires avant de lui donner le jour. A ce propos, il annonce que le professeur d'histoire naturelle F. Meisner à Berne (1765—1828) ayant offert de publier à ses frais et sous sa responsabilité personnelle un tel Bulletin, le comité annuel l'a autorisé de le faire à titre d'entreprise privée, mais avec l'approbation de la Société. Ainsi commença à paraître le 1er Juillet 1817, sous le format in 4°, le *Naturwissenschaftlicher Anzeiger der Allgemeinen Schweizerischen Gesellschaft für die gesammten Naturwissenschaften* dont l'existence fut éphémère. Il a été le premier organe public qui fit connaître les textes allemand et français de nos statuts et qui donna un aperçu de ce qui se faisait dans nos assemblées. Ce périodique parut régulièrement du 1er Juillet 1817 jusqu'au 1er Décembre 1822, à raison d'un numéro par mois. Pendant sa dernière année qui se termina en Juin 1823, il parut avec moins de régularité.

La suite du *Naturwissenschaftlicher Anzeiger* publia sous le titre: *Annalen der allgemeinen schweizerischen Gesellschafl,* deux volumes en 1823 et 1824. En même temps, la Société helvétique qui s'était bornée jusque là à publier le „Discours d'ouverture" présidentiel, y ajouta quelques extraits des rapports envoyés par les Sociétés cantonales, les communications scientifiques lues à la session annuelle, les noms des membres, etc. Cette sorte de procès-verbal abrégé était intitulé: *Kurze Übersicht der Verhandlungen der allgemeinen Schweizerischen Gesellschaft für die gesammten Naturwissenschaften;* puis, à partir de 1825: *Verhandlungen der allgemeinen Schweizerischen Gesellschaft für die gesammten Naturwissenschaften.* Ce fut le début des *Actes de la Société helvétique des Sciences naturelles.* Nous les retrouverons plus loin.

Dans le discours que nous analysons, le président Usteri trace ensuite d'une façon captivante le tableau de ce qui s'était fait en matière de science dans les divers Cantons; un peu partout des progrès se réalisent. Usteri signale une évolution réjouissante de l'esprit public dans le canton de Vaud, il félicite Genève du retour de A.-P. de Candolle, mentionne les travaux botaniques du Dr Zollikofer à St-Gall et ceux du Conseiller Freyenmuth en Thurgovie. L'Argovie, dit-il, est animée d'un excellent esprit, porté vers tout ce qui est bon et utile. Lucerne a constitué, cette année même, une Société des Sciences et des Arts. Dans le Valais, on en est encore réduit à des vœux et à des espérances . . . . etc. etc.

Enfin, tout en reconnaissant combien les savants suisses demeuraient fidèles aux bonnes méthodes de recherches, Usteri les mettait en garde contre les dangers d'une spéculation non contrôlée par l'expérience, telle que celle à laquelle se livraient les „Philosophes de la nature" dont le grand maître, Lorenz Oken (1779—1851), devait justement, par une singulière ironie du sort, devenir professeur à l'Université même de Zurich en 1833, peu de temps après la mort d'Usteri. Et il n'est pas sans intérêt de noter en passant, puisque le nom d'Oken tombe sous notre plume, que ce savant imaginatif dont le journal, *Isis,* avait rendu compte de la fondation de Gosse, vint en 1822 assister à la réunion de Berne afin de voir de ses yeux comment fonctionnait notre Société helvétique qu'il prit pour modèle lors de la création, la même année, de l'*Association des Naturalistes et médecins allemands,* laquelle se réunit pour la première fois à Leipzig, le 17 Septembre 1822.

Mais revenons à l'importante session de Zurich! Le discours de Paul Usteri avait été si apprécié des 87 membres présents, que son impression dans les deux langues fut votée à l'unanimité. Puis, l'on procéda à la nomination d'un certain nombre de membres honoraires étrangers, parmi lesquels figuraient sir Joseph Banks, Cuvier, de Humboldt et Léopold de Buch. Les statuts de la Société admis à Berne, revus avec beaucoup de soin et améliorés par le Comité annuel, — par Usteri surtout, — furent définitivement adoptés.

La partie scientifique, un peu écourtée lors des deux réunions précédentes, acquit à Zurich plus d'ampleur. C'est là que parla, pour son début comme membre de la Société, Augustin-Pyramus de Candolle (1778—1841) qui occupait la chaire d'histoire naturelle à l'Académie de Genève, après avoir enseigné au Collège de France à Paris comme suppléant de Cuvier, et à la Faculté de Médecine de Montpellier. Le célèbre botaniste traita de la distribution géographique des plantes et il exposa quelques conjectures sur le nombre total des espèces qui végètent sur le globe, nombre qu'il estimait devoir monter au moins à cent dix mille. On entendit ensuite de la bouche de M.-A. Pictet le récit des circonstances dans lesquelles celui-ci avait, quelques jours auparavant, installé à l'Hospice du St-Bernard des instruments météorologiques destinés aux observations faites régulièrement depuis lors par les Religieux à cette haute altitude. Un pharmacien de St-Gall, M. Mayer, parla des établissements récemment fondés en Suisse pour l'extraction du bouillon d'os par la marmite de Papin. B. Studer de Berne et A. Escher de la Linth, deux noms destinés à être particulièrement considérés dans le monde des géologues suisses, traitèrent de certains phénomènes d'érosion marqués sur les roches de la Gemmi, et le professeur F. Meisner de Berne exposa des restes d'animaux fossiles trouvés sur divers points de notre territoire.

Le menu scientifique était donc abondant et varié. Il fut même si copieux que, „faute de temps", plusieurs autres mémoires qui avaient été annoncés ne purent être lus! On peut dire qu'à partir de la session de Zurich, la Société helvétique, dotée de ses statuts et grandie par l'adhésion de nombreux membres, décidés à coopérer de toutes leurs forces à son succès, avait achevé sa période d'incubation. Elle était devenue un corps bien constitué, une personne morale qui allait exercer une puissante influence sur la production scientifique de notre pays, en servant d'organe centralisateur pour l'exécution des œuvres savantes d'intérêt général.

En 1818, la réunion eut lieu à Lausanne sous la présidence de Daniel-Alexandre Chavannes (1765—1846) le fondateur, en 1803, de la *Société d'Emulation* du canton de Vaud, un de ces pasteurs à la manière de Wyttenbach, fortement épris de toutes les sciences de la nature, y compris celle de l'homme. Cette rencontre coïncida avec la première installation, dans un local de l'Académie de Lausanne, des collections qui servirent de base au Musée cantonal vaudois d'histoire naturelle. Elle suivit de près la terrible inondation qui, le 16 Juin de cette année 1818, dévasta toute la vallée de Bagnes jusqu'à Martigny, à la suite de la rupture du barrage formé par le glacier de

Giétroz. On y disserta naturellement beaucoup sur cet évènement à propos duquel C. Escher de la Linth lut un rapport émouvant, et le doyen Bridel exposa les impressions recueillies par lui pendant une visite dans la région ravagée. L'assemblée vota un témoignage de reconnaissance à Venetz, ingénieur Valaisan, qui avait héroïquement dirigé des travaux grâce auxquels le mal commis par l'inondation avait été largement atténué.

Le tour de St-Gall vint l'année suivante, avec le Dr Zollikofer (1774—1843) comme président. Des questions touchant à toutes les branches de la physique et de l'histoire naturelle y furent traitées et, au surplus, le professeur de philosophie J. P. Scheitlin (1779—1848) y présenta le *Plan d'une Psychologie des Animaux* qu'il devait développer plus tard en un ouvrage en deux volumes qui fit quelque bruit.

Comme l'avait souhaité Gosse, Genève eut en 1820, cinq ans après sa fondation, l'honneur de recevoir pour la seconde fois la Société; ce fut peut-être une déception pour ceux qui avaient espéré pouvoir „s'électriser" au contact des bustes; les fameux bustes des grands hommes ne furent pas montrés. En revanche, M.-A. Pictet qui présidait eut le plaisir d'annoncer à l'assemblée la création récente à Genève du Jardin botanique et du Musée d'histoire naturelle. Il le fit dans un langage qui mérite d'être rapporté, car il témoigne de l'esprit de solidarité qui animait les Genevois d'alors.

„Ces établissements sont devenus propriété nationale, dit Pictet à ses confrères des autres cantons, et ils n'ont guère changé de caractère, car Genève n'est qu'une grande famille."

„Elle ne me démentira pas, cette famille, si, m'adressant en son nom à ses chers Confédérés, je les invite, toutes les fois que des circonstances particulières ou la simple curiosité les amèneront à Genève, à partager les jouissances que nous procurent ces établissements comme s'ils en étaient *copropriétaires* ou tout au moins *usufruitiers* et de resserrer ainsi, de plus en plus par ces communications fraternelles et libérales, des relations utiles à tous."

De tels sentiments étaient entièrement partagés par tous ceux à qui s'adressaient ces paroles. Ils n'ont guère varié depuis un siècle parmi nous. Tous les établissements scientifiques de la Suisse sont si largement ouverts aux membres de notre Société, que chacun de ceux-ci peut fort bien s'en considérer, selon le mot de Pictet, comme copropriétaire.

Après Genève, on alla en 1821 à Bâle, puis à Berne en 1822. L'article IV des Statuts de 1817 disait que „le lieu des réunions ne pouvant point encore être déterminé d'une manière absolue, on le fera provisoirement alterner entre les villes de Genève, de Berne, de Zurich, de Lausanne, d'Aarau, de Basle et de St-Gall. Ce ne sera qu'après cette rotation que l'on décidera si l'on continuera ce mode ou si l'on adoptera un lieu permanent".

Non seulement on n'adopta pas un lieu permanent, mais on élargit le cycle des villes mentionnées dans les Statuts et l'on décida de se rendre successivement dans les chefs-lieu de tous les Cantons afin d'offrir aux membres de l'Association l'occasion de visiter la totalité du pays. Aussi, après Aarau qui, en 1823, terminait le cycle primitivement établi, Schaffhouse recevait-elle la visite de la Société en 1824, puis Soleure en 1825, puis Coire en 1826, et ainsi de suite jusqu'à ce que, sortant même du cycle des chefs-lieu de Cantons, l'on se décida en 1829 à tenir séance à l'Hospice du Grand St-Bernard, en 1846 à Winterthur, en 1853 à Porrentruy, en 1855 à la Chaux-de-Fonds, et enfin, à partir de 1863, dans de petites localités telles que Samaden dans les Grisons, ou Linththal, en 1881, dans le canton de Glaris.

Nos visites dans de petites localités et dans des Cantons qui jusque là s'étaient tenus à l'écart du mouvement scientifique, ont eu, entre autres bons effets, celui de susciter la création de Sociétés savantes ou le réveil de Sociétés endormies.

Nous ne disposons ni du temps, ni des moyens qui seraient nécessaires pour présenter ici, ne fût-ce qu'en raccourci, l'histoire des 97 sessions tenues depuis 1815 jusqu'à ce jour, et des communications qui y ont été présentées par les nombreux investigateurs qui ont appartenu à la Société helvétique. Nous nous bornerons à jeter un rapide coup-d'œil sur les principaux épisodes de la vie déjà séculaire de cette dernière. Il n'est guère de travailleur en renom dans le domaine de la science et de la technique qui n'ait fait partie de notre Société au cours de ce siècle, et il n'est guère non plus d'œuvre scientifique importante accomplie en Suisse, que la Société helvétique n'ait encouragée. L'histoire de la Société helvétique se confondra donc avec l'histoire de la science suisse au XIXe siècle. Nous souhaitons ardemment que cette histoire trouve un jour son historien, car elle apparaîtra sans aucun doute, comme l'un des plus solides titres de gloire de la Patrie.

II.
La Société helvétique en marche.
Ses œuvres principales et ses principaux ouvriers.

Si l'histoire générale de la science en Suisse n'a pas encore été écrite d'une façon détaillée, nous en possédons du moins d'importants fragments, notamment dans les consciencieux travaux de Jacob Siegfried de Zurich (1800—1879) qui, au cours d'une carrière vouée à l'enseignement privé et public, fut nommé, en 1845, questeur de notre Société et lui rendit dès lors d'inoubliables services. Siegfried utilisa un grand nombre de documents authentiques pour l'élaboration de son premier opuscule: *Die wichtigsten Mo-*

mente aus der Geschichte der drei ersten Jahrzehnde der Schweizerischen Naturforschenden Gesellschaft (in 8°, Zürich 1848) et, un peu plus tard, pour la rédaction de son mémoire intitulé: *Geschichte der Schweizerischen Naturforschenden Gesellschaft, zur Erinnerung an den Stiftungstag den 6. Oktober 1815 und zur Feier des fünfzigjährigen Jubiläums in Genf am 21., 22. und 23. Augustmonat 1865* (in 4°, Zürich 1865). Dans la seconde de ces publications, dont l'impression avait été décidée par le Comité annuel ainsi que par le Comité central, et qui parut pour la session de 1865, où fut célébré le premier cinquantenaire de la Société, Siegfried subdivise les cinquante premières années de notre existence en cinq périodes marquées chacune par une innovation importante dans le mode de constitution de la Société.

La première période admise par lui comprend seulement les deux années 1815 et 1816, consacrées à la fondation et à l'organisation élémentaire de la Société.

La deuxième période, débuta en 1817 par l'adoption des „Statuts". Elle se termina en 1826, année où l'on décida, durant la session de Coire, de donner à la Société une direction durable, à laquelle devait être confiée l'administration générale et la gestion des finances.

La troisième période commença, en 1827, avec l'entrée en fonction de la susdite direction centrale qui fut appelée *Secrétariat général*. Le siége de ce dernier fut fixé à Zurich, et Paul Usteri, C. Horner et H.-R. Schinz y furent nommés pour trois ans. L'on se félicita généralement de cette création. Dès l'année suivante, D. A. Chavannes regardait le Secrétariat général comme étant „notre véritable pouvoir exécutif".

En 1829, durant cette même période, parut chez Orell Füssli et Cie à Zurich la 1re partie du premier volume in 4° des *„Denkschriften der allgemeinen schweizerischen Gesellschaft für die gesammten Naturwissenschaften"* (le titre en langue française ne fut ajouté qu'en 1837) qui contient neuf mémoires originaux accompagnés de planches, consacrés à des sujets de botanique, de géologie, de zoologie et d'analyse chimique. Un de ces mémoires est d'ordre utilitaire, il expose un projet de correction du Rhin dans la vallée de Domleschg. La seconde partie du volume porte la date de 1833 et renferme l'important mémoire de Venetz sur les variations de la température dans les Alpes de la Suisse. Nul ne contestera que l'apparition de ce volume marque une date importante dans la vie scientifique de notre Société. Il est le prélude d'une collection qui, reprise sur d'autres bases quelques années après, ne s'est plus arrêtée et compte aujourd'hui quarante-neuf volumes, lesquels contiennent des travaux dont nous avons le droit d'être fiers.

„Ce qu'au milieu du siècle passé, écrivait Usteri dans la préface du volume des *Denkschriften* de 1829, une Société de naturalistes et de médecins suisses, dirigée depuis Bâle, s'était proposée d'atteindre, en publiant une collection du même genre *(Acta helvetica, physico, mathematico, anatomico, botanico, medica)* dont neuf volumes ont paru entre 1755 et 1787, ses successeurs, stimulés par les progrès des sciences et un plus grand choix des moyens, veulent l'essayer à leur tour pour le bien des sciences naturelles et pour l'honneur de la patrie." Nous retrouvons affirmé là, le double souci de la science et de la patrie que nous avons noté déjà à l'origine de la Société.

La quatrième période de Siegfried s'étend de 1836 à 1859. Elle est surtout caractérisée par un important changement dans l'ordonnance des assemblés annuelles. En effet, il fut admis en 1836 que, désormais, l'on tiendrait outre les séances générales et publiques dans lesquelles tous les membres sont réunis, des séances de *sections*, réservées au groupement des seuls membres qui cultivent une même science particulière. L'article VII des premiers Statuts prévoyait déjà des sections pour l'exposé „d'objets spéciaux qui n'offriront pas un intérêt général". Mais, en 1835, à Aarau, le Dr Mayor demanda, pour la première fois, la formation d'une section médicale, afin d'y faire une lecture accompagnée de démonstrations. Des salles furent mises à sa disposition à cet effet, et, l'année suivante, en 1836, à Soleure, il fut établi trois sections, une de Physique et Chimie, une de Botanique et une de Géologie. On décida de terminer les séances générales entre 11 heures et midi, afin de laisser aux Sections le temps de tenir leurs assemblées dont les *Actes* donnèrent depuis lors un résumé spécial.

Notons en passant que dans toutes les réunions subséquentes les sections ont fonctionné, en nombre d'ailleurs très différent selon les endroits et la variété des programmes. C'est ainsi qu'en 1896 à Zurich elles furent au nombre de 14, tandis que l'année suivante elles tombèrent à 4 à Engelberg, pour remonter à 12 en 1898 à Berne.

C'est aussi en 1836 que la Société résolut de publier elle-même ses Mémoires sous le nom de *„Neue Denkschriften (Nouveaux Mémoires)"* et sous la surveillance d'une Commission spéciale. L'impression de ce recueil, dont le premier volume porte la date de 1837, fut faite à Neuchâtel jusqu'en 1850, puis elle passa à Zurich.

La cinquième période débuta en 1860 par ce fait nouveau, l'attribution par la Confédération de subsides financiers destinés à faciliter les entreprises scientifiques de la Société. Jusque là, celle-ci avait vécu de ses propres deniers, c'est-à-dire des cotisations annuelles payées par ses membres actifs (fixées originellement à 4 francs, ces cotisations ont varié depuis lors sans cependant jamais s'élever, croyons nous, à plus de 5 francs), et des dons que lui faisaient les gouvernements des cantons sur le territoire desquels la Société se réunissait. Ces dons se montant annuellement à quelques cents francs, furent consacrés par le Règlement de 1817 (Article VI, paragraphe 4), à former des prix destinés à couronner les Mémoires présentés aux concours ouverts sur des sujets appartenant aux sciences naturelles.

En 1860, la Confédération mit une somme de 3000 francs à la libre disposition de la Société qui crut devoir l'affecter à une œuvre nationale, la *Carte géologique de la Suisse* au 1:100000, et, l'année suivante, le Conseil fédéral, sur le préavis de notre Comité central, accorda à l'un de nos concitoyens, Werner Munzinger d'Olten, un subside de 5000 francs pour l'aider dans ses voyages scientifiques en Afrique, sous la condition que tous les objets d'histoire naturelle qu'il pourrait récolter, seraient remis à l'Ecole polytechnique fédérale. Munzinger, rentré en Suisse en 1863, s'étant mis dès lors en relations directes avec les autorités fédérales, la Société n'eût plus à s'en occuper. Nous mentionnons cependant l'encouragement pécuniaire donné par le Gouvernement helvétique aux explorations de Munzinger en pays lointains, parce qu'il nous parait être, à plus de quarante ans de distance, l'avant-coureur de la „Bourse de voyage" instituée en 1904 sur la demande de la Société suisse de Botanique.

La période qui nous occupe est encore signalée par la fondation du Prix Schläfli, conséquence d'un legs fait à la Société par Alexandre Schläfli, de Berthoud (1831—1863). Ce bienfaiteur, avait, après de solides études médicales faites à Zurich et à Paris, pratiqué la médecine dans l'armée turque et beaucoup voyagé. Etant mort à Bagdad le 5 Octobre 1863, on trouva qu'il avait, par testament déposé à la légation française à Constantinople, donné sa fortune à la Société helvétique sous la condition que celle-ci mettrait chaque année au concours des questions d'histoire naturelle. Le premier concours, ouvert en Juin 1865, sollicitait une Contribution à la connaissance des phénomènes diluviens et quaternaires en Suisse et le premier prix fut décerné en 1866 sur un rapport de A. Mousson, à M. Isidore Bachmann de Berne, avec une mention honorable à M. J.-L. Frei, régent à Ober-Ehrendingen près de Baden. Le legs Schläfli, déduction faite des frais, s'éleva à la somme de fr. 8698, laquelle fut augmentée à plusieurs reprises et atteint aujourd'hui 18000 francs. Ce legs a permis de maintenir régulièrement la mise au concours de sujets d'étude portant sur les différentes branches de la science et qui, pour la plupart, ont suscité des travaux de réelle valeur.

Naturellement, la cinquième période de la vie de la Société, se termine pour notre premier historien, Siegfried, à la fin de l'année 1864 et au jubilé du cinquantième anniversaire de la Société, lequel fut fêté à Genève les 21, 22 et 23 Août 1865. La session eût, à cause de cette circonstance, un éclat exceptionnel, éclat qui lui fut conféré par la valeur des communications présentées, aussi bien que par la présence d'un nombre inaccoutumé d'illustrations venues de l'étranger. Présidée par Auguste de la Rive, ayant pour vice-présidents Alphonse de Candolle et F. J. Pictet de la Rive, une bonne partie de l'Etat-major de la Science suisse et européenne y assista. A côté des Woehler, Dumas, Henri Ste Claire Deville, Frankland, Tyndall, Dove, de Bary, Schimper, Steenstrup, Claude Bernard, Des Cloizeaux, Volpicelli, etc., on voyait nos compatriotes: His, Rütimeyer, Kölliker, Carl Vogt, Thury, Desor, G. F. Venetz, Escher de la Linth, B. Studer, F.-A. Forel, Renevier, Schönbein, Clausius, alors professeur à Zurich, et son collègue Culmann, et Oswald Heer, et Edouard Claparède, et beaucoup d'autres. Auguste de la Rive signala dans son discours présidentiel les deux courants qui entraînaient les esprits de l'époque, l'un vers la recherche de rapports entre les forces considérées jusqu'alors comme très différentes les unes des autres; et l'autre, vers les applications pratiques de la science. Puis, il exposa l'état de la question des glaciers, qui „appartient à la Suisse, affirmait-il, par droit de naissance, et à tout le monde savant, par droit de conquête".

Parmi les réjouissances qui agrémentèrent le jubilé cinquantenaire, la plus notable fut le pélerinage accompli au Mont-Gosse. Les membres y furent conduits dans „une longue file de voitures“ et la réception qui leur fut faite par le Dr Louis-André Gosse (1791—1873), fils du fondateur de la Société, offrit un caractère de haute cordialité.

La brochure historique de Siegfried, forte de 98 pages in 4°, et ornée d'un portrait lithographié d'Henri-Albert Gosse, a été gracieusement offerte à tous les membres qui prirent part à la fête de 1865. Nous eussions voulu donner à leurs successeurs de 1915 une suite de cette histoire conçue sur le même plan que celui adopté par le savant auteur zurichois. Mais, durant les cinquante dernières années, l'extraordinaire essor qu'ont pris toutes les sciences dans notre pays comme dans le reste du monde, et le nombre croissant des entreprises auxquelles s'est associée notre Société, ont suscité tant d'enquêtes, de recherches, de discussions et de décisions diverses que leur inventaire exigerait une longue préparation. Pressés par le temps, nous sommes obligés de nous restreindre au bref aperçu qu'on va lire et dans lequel nous prions nos collègues de ne voir qu'une rapide „introduction“ aux notices relatives à l'activité de ces „Commissions de la Société helvétique“ au sein desquelles s'est vraiment accompli la majeure et la plus durable partie de son œuvre. C'est dans ces notices que le lecteur trouvera le véritable complément de l'exposé historique de Siegfried.

D'ailleurs, si même nous avions le loisir de poursuivre, selon la méthode de Siegfried, la subdivision de notre histoire en périodes établies sur les progrès réalisés dans l'administration de la Société et dans son adaptation aux circonstances nouvelles, nous n'hésiterions pas à prolonger la cinquième période de Siegfried jusqu'à l'an 1874, puis à distinguer dans la longue série des années suivantes, deux autres périodes seulement.

En effet, nous ne voyons guère durant ce second demi-siècle de notre existence que deux grandes décisions qui aient notablement modifié notre ménage intérieur. C'est, en 1874, la réorganisation du *Comité central,* nommé, depuis lors, pour six ans et non rééligible. Et c'est, en 1910, la création du *Sénat.*

Nous considérons donc la session de Coire en 1874, pendant laquelle fut adoptée la révision des articles des Statuts relatifs à la direction de la Société et furent précisées les attributions du Comité central et du Questeur, comme ayant inauguré la sixième période de notre vie, la „période des Comités centraux“, pourrait-on dire.

Ce fut une longue et féconde période de trente-six années pendant laquelle se succédèrent les six Comités centraux suivants:

1. Comité central qui siégea à Bâle de 1875 à 1880 sous la présidence de Edouard Hagenbach-Bischoff, physicien.
2. „ „ „ „ à Genève de 1881 à 1886 sous la présidence de Louis Soret, physicien.
3. „ „ „ „ à Berne de 1887 à 1892 sous la présidence de Théophile Studer, zoologiste.
4. „ „ „ „ à Lausanne de 1893 à 1898 sous la présidence de F.-A. Forel, naturaliste.
5. „ „ „ „ à Zurich de 1899 à 1904 sous la présidence de C.-F. Geiser, mathématicien.
6. „ „ „ „ à Bâle de 1904 à 1910 sous la présidence de Fritz Sarasin, zoologiste et explorateur.

Parmi les plus heureux événements se rattachant à cette période, nous signalerons l'extension de l'aide financière accordée par la Confédération, l'achèvement de la Carte géologique de la Suisse en 1888, le début des travaux limnologiques inaugurés par Forel, la participation de la Société aux Expositions nationales Suisses de 1883, à Zurich, et de 1896, à Genève, l'augmentation du nombre des „Sociétés filiales" c'est-à-dire, des Sociétés cantonales ou locales de sciences naturelles, et l'apparition de Sociétés suisses s'occupant d'une branche spéciale des sciences de la nature. Ces dernières sont reliées à la Société helvétique sous la dénomination de „Sections" et elles lui adressent chaque année un „Rapport", au même titre que les Sociétés filiales.

Les Sections permanentes sont actuellement au nombre de sept qui, par rang d'ancienneté, sont:

1. *La Société géologique suisse,* fondée en 1882.
2. *La Société botanique suisse,* fondée en 1890.
3. *La Société zoologique suisse,* fondée en 1894.
4. *La Société suisse de Chimie,* fondée en 1901.
5. *La Société suisse de Physique,* fondée en 1908.
6. *La Société suisse de Mathématiques,* admise en 1910 et
7. *La Société entomologique suisse* qui remonte à 1858, mais ne demanda son admission qu'en 1913.

Quant à la période dans laquelle nous sommes encore, elle commença par la votation de l'institution du *Sénat de la Société helvétique,* dont l'idée avait été émise déjà par le Comité central à la Commission préparatoire de Glaris en 1908, dans le but de donner plus de stabilité à la direction de la Société. Quelques savants avaient paru caresser le projet de centraliser entièrement les pouvoirs de la Société et de remédier aux petits inconvénients résultant du système libéral qui avait présidé jusque là destinées à ses, par la création d'une sorte d'Académie helvétique[1]) qui eût été richement dotée par la Confédération et établie sur le modèle des Académies des Sciences des grands pays voisins. On avait même interprété la proposition faite en 1905 de publier un résumé de tous les travaux scientifiques parus en Suisse, dans un *Bulletin* spécial, comme une première tentative de centralisation. De nombreux corps savants, les Sociétés cantonales, les Facultés des Sciences des Universités Suisses, etc.

[1]) On lit dans le Rapport du Comité central, présenté à la session de Locarno, en 1903 (Actes, p. 135): „Par lettre du 24 Septembre 1902, le Département fédéral de l'Intérieur a invité le Comité central de la Société helvétique à donner son opinion sur l'initiative de la création d'une Académie suisse . . . ."

Dans une conversation provisoire, les membres de ce Comité se sont prononcés à l'unanimité en faveur d'un préavis négatif. Le Département ayant notifié le 5 Novembre que les auteurs de l'initiative avaient retiré leur mémorial, une réponse écrite devint superflue.

consultés sur ce projet, lui avaient donné leur adhésion; mais d'autres avaient fait des réserves et d'autres encore l'avaient catégoriquement repoussé. La proposition, longuement étudiée et discutée, finit par être rejetée en 1907 par la Société, sous les yeux de laquelle avait été placé un exemplaire du *Bulletin scientifique suisse*, tiré à titre d'essai et qui, par conséquent, n'eût aucune suite.

Les discussions qui aboutirent à ce vote négatif, tout en mettant en évidence l'opinion anticentralisatrice de la majorité, avaient éclairé celle-ci sur les avantages qu'il pourrait y avoir de posséder un organe destiné à donner une continuité plus parfaite à la direction de la Société et, par sa composition même, à entretenir un contact permanent entre les représentants des Chambres fédérales et les Commissions subventionnées par la Confédération, ainsi qu'à faciliter les rapports entre la Société helvétique et les Associations scientifiques étrangères.

Aussi, lorsque le Comité central proposa à l'Assemblée de Lausanne, en 1909, la création d'un Sénat composé non seulement de membres de la Société, mais aussi de „délégués du Conseil fédéral, dont le nombre ne doit pas dépasser un cinquième du total des membres appartenant à la Société", cette proposition fut-elle votée à l'unanimité. La première séance du Sénat se tint au Casino de Bâle le 10 Juillet 1910.

En même temps qu'elle votait l'institution du Sénat, l'Assemblée de Lausanne décida la publication des Œuvres d'Euler et la Commission chargée de présider à ce grand travail présenta son premier rapport l'année suivante à Bâle. Enfin, un dernier fait important consacré en 1910 fut l'admission de la Société helvétique comme membre de l'Association internationale des Académies, fondée en 1889 dans le but „de préparer ou de promouvoir des travaux scientifiques d'intérêt général qui seront proposés par une des Académies associées et, d'une manière générale, de faciliter les rapports scientifiques entre les différents pays".

En voilà assez, n'est-il pas vrai? pour nous autoriser à considérer l'année 1910 comme ouvrant une ère nouvelle dans laquelle notre vieille Société, encouragée par les importants progrès réalisés sous la direction de son Comité central de 1905 et pleine de confiance dans le dévouement du Comité de 1911 qui la régit encore, s'est bravement engagée. Le Jubilé que nous allons célébrer au bruit du canon guerrier, et dans des circonstances de politique générale si profondément douloureuses, demeurera sans doute l'un des principaux moments de cette nouvelle période.

Mais, n'insistons pas et .... retournons à notre passé!

Depuis un siècle, quelles qu'aient été les fluctuations extérieures, notre Société n'a pas cessé de travailler. Si, à quatre reprises, en 1831, 1859, 1870, 1914, les événements politiques l'ont empêchée de tenir ses assises annuelles, ils n'ont pu arrêter l'activité scientifique de ses membres. Nous en attestons la collection de nos procès-verbaux publiés dans les „*Actes*", de nos *Mémoires,* des *Comptes rendus* que jadis, la *Bibliothèque universelle* et, plus récemment, les *Archives des Sciences physiques et naturelles*[1]) ont fait paraître. Ces recueils renferment la preuve de notre marche régulièrement ascendante.

Le but officiellement assigné à la Société helvétique, de contribuer à l'avancement des Sciences naturelles en général et, particulièrement en Suisse, explique pourquoi les premières communications qui lui furent faites touchaient presque toutes aux objets appartenant à l'un ou à l'autre de ce qu'on appelait „les trois Règnes de la nature". Mais la Société ne tarda pas à élargir son cadre en y introduisant l'ensemble des Sciences physiques. Très tôt, quelques uns de ses membres s'ingénièrent à dresser le programme de recherches extrêmement variées à faire dans les diverses régions de la Suisse. Ainsi en 1818, A. P. de Candolle exposa dans le *Naturwissenschaftlicher Anzeiger* de Meisner (1er Janv. 1818, n° 7) les *desiderata* de la Botanique helvétique: géographie botanique, physiologie végétale, tératologie, nomenclature, etc. et, dès 1823, F. X. Bronner (1758—1850) un ancien bénédictin qui professait les mathématiques à Aarau, présenta à la réunion de la Société qu'il présidait dans cette ville, une longue liste de questions de Physique susceptibles selon lui d'être résolues dans notre pays. Dans cette liste figuraient des observations sur le mouvement du pendule pour connaître la nature de l'intérieur des montagnes (gisements métalliques, grottes, etc.); des observations sur la déclinaison et l'inclinaison de l'aiguille aimantée; sur la pénétration de la chaleur solaire dans le sol; sur la température de nos lacs et de nos sources, les changements de leur niveau, leur faune et leur flore; sur la rosée dans les montagnes; sur les sources intermittentes; sur les rapports entre l'évaporation et les précipitations; sur les vents locaux; sur l'origine et la configuration des grottes; sur la rapidité de la dénudation; sur les blocs erratiques; sur la déformation des fossiles comme moyen d'évaluer la contraction des couches sédimentaires qui les renferment, etc., etc. On voit poindre dans cette énumération quelques uns des problèmes à la solution desquels s'attachèrent avec beaucoup de persévérance plusieurs de nos compatriotes les mieux qualifiés pour l'entreprendre.

Trés tôt également, s'établit la coutume de confier à des Commissions composées de personnes particulièrement compétentes, le soin de préparer collectivement la solution

---

[1]) La *Bibliothèque universelle* était la suite de la *Bibliothèque britannique,* fondée à Genève en 1796 par Marc-Auguste Pictet, Frédéric-Guillaume Maurice et Charles Pictet de Rochemont. Ce dernier recueil changea son titre en 1816, et, jusqu'en 1835, il parut en trois séries: la série *Littérature* (60 volumes) la série *Sciences* et *Arts* (60 volumes) et la série *Agriculture* (14 volumes). C'est dans la série *Sciences* et *Arts* que se trouvent les „Notices" sur les „Sessions de la Société helvétique des Sciences naturelles". De 1836 jusqu'en 1845, les séries scientifique et littéraire furent de nouveau réunies sous le titre de *Bibliothèque universelle de Genève* (60 volumes, plus cinq volumes publiés par Auguste de la Rive sous le nom d'*Archives de l'Electricité*). Depuis 1846, la partie scientifique fut définitivement séparée et publiée sous le titre d'*Archives des Sciences physiques et naturelles.* Cette dernière collection a fait régulièrement paraître des *Comptes rendus des travaux* présentés à nos sessions, depuis 1879 jusqu'à 1910. Le centenaire de la Bibliothèque universelle a été fêté à Genève le 7 Septembre 1896, sous la présidence de M. Edouard Sarasin et, à cette occasion, M. Philippe Guye a lu un travail: *La Bibliothèque universelle et son rôle dans le domaine scientifique,* qui a paru dans les *Arch. Sc. phys. et nat. 4e période,* tome II, 1896, p. 313—338.

des problèmes dont l'étendue dépasse les capacités d'un seul homme. La première de ces Commissions eût le soin de notre Bibliothèque et de nos Archives; la seconde, nommée en 1822, reçut pour tâche l'étude comparative des *Poids et Mesures* dans les vingt-deux Cantons. L'année suivante, on procéda à l'élection d'une Commission chargée de préciser la meilleure méthode à suivre dans les *Observations météorologiques et hypsométriques* et les améliorations à apporter dans *l'Economie et la législation forestière*. Les problèmes agricoles préoccupèrent aussi beaucoup nos plus anciens devanciers. Sur l'initiative de la Classe d'Agriculture de la Société des Arts de Genève, Usteri proposa et fit adopter, en 1827, la création d'une section permanente d'Agriculture, laquelle, sous l'égide de la Société helvétique et sous la direction d'un Comité central spécial, siégeant à Berne, serait chargée de centraliser les résultats des travaux accomplis par les Sociétés cantonales d'Agriculture et d'établir une Statistique agricole comparée pour tous les cantons suisses. D'autre part dès 1825, Usteri sollicitait des analyses de toutes nos eaux minérales et appelait l'attention sur le profit qu'il y aurait à multiplier les Etablissements de bains pour malades. On institua alors une *Commission balnéologique*. A la même époque, l'on s'occupa activement de la correction des torrents et des rivières. L'exemple si brillament donné par Conrad Escher de la Linth (1767—1823), enflammait tous nos ingénieurs. Dès ses débuts, par le moyen des concours, la Société appela l'attention des techniciens sur les variations périodiques de la température. Nous avons vu que le forestier Kasthofer avait reçu une récompense pour la réponse à la question de savoir si les Hautes-Alpes devenaient plus froides de nos jours. Cette question engagea à s'enquérir des limites des glaciers que l'on commençait à tenir pour changeantes.

En 1815, Jean de Charpentier (1786—1855), alors directeur des salines de Bex, ayant rencontré en haut de la vallée de Bagnes un simple chasseur de chamois nommé Perraudin, celui-ci lui fit part de l'idée géniale qu'il avait relativement à l'ancienne extension des glaciers. „Toute la vallée où nous sommes, lui disait-il, a été occupée par un vaste glacier qui s'étendait jusqu'à Martigny, comme le prouvent les blocs de roche que l'on trouve dans les environs de cette ville et qui sont trop gros pour que les eaux aient pu les y amener.“ L'hypothèse parut si invraisemblable à de Charpentier qu'il ne lui accorda aucune considération. Et quand, d'une façon tout à fait indépendante, Ignace Venetz, de Sion (1788—1859), ingénieur cantonal valaisan, le véritable inventeur de la théorie glaciaire, fut conduit à la même hypothèse et en fit part de son côté à de Charpentier, le savant géologue lui opposa toutes sortes d'objections. Pourtant Perraudin et Venetz avaient vu juste. Mais combien d'efforts furent nécessaires pour convertir le monde savant à cette conception d'un immense glacier qui aurait autrefois recouvert, des Alpes au Jura tout le plateau suisse! Plusieurs de nos anciens membres se sont illustrés dans la recherche des preuves à l'appui de cette théorie dont Venetz avait été le premier à les entretenir et qui est aujourd'hui universellement acceptée. Aussi, que de souvenirs étroitement attachés à notre histoire n'évoque-t-elle pas, cette théorie!

De Charpentier, si rebelle d'abord à l'accepter, en devint l'un des plus ardents champions; il eut l'insigne mérite d'en convaincre Agassiz qui, avec son incomparable maîtrise, allait à son tour s'en faire le défenseur auprès des coryphées de la Géologie. La scène se passa le 24 Juillet 1837, à la session de Neuchâtel dont Agassiz avait reçu la présidence. Dans son discours d'ouverture, rédigé paraît-il pendant la nuit qui précéda la séance, Agassiz rendant hommage à l'esprit d'initiative des savants suisses, en citait comme exemple le travail accompli par Venetz et de Charpentier démontrant l'ancienne extension des glaciers par les blocs erratiques, par les roches polies et striées, par les anciennes moraines observées en plusieurs régions par eux et par lui-même. Il citait des faits, et généralisant plus encore que ses deux prédécesseurs, Agassiz laissait entrevoir une épaisse couche de glace recouvrant non la Suisse seulement, mais toutes les parties de la terre où l'on constate les phénomènes erratiques, phénomènes qu'il essayait d'interpréter par l'hypothèse d'un abaissement général de la température. Toute explication qui ne rend pas compte en même temps du poli de la surface du sol, de la superposition et de la forme arrondie des cailloux et du sable qui reposent immédiatement au-dessus des surfaces lisses, et de la forme anguleuse des grands blocs superficiels est une explication inadmissible, affirmait-il. Or, c'était le propre précisément des explications données par le plus grand géologue de l'époque. La présence de Léopold de Buch, à la séance, n'empêcha pas Agassiz d'ajouter dans un beau mouvement d'indépendance: „Cette manière de voir, je le crains, ne sera pas partagée par un grand nombre de nos géologues qui ont sur ce sujet des opinions arrêtées, mais il en sera de cette question comme de toutes celles qui viennent heurter des idées reçues depuis longtemps . . . .

„Quand M. de Buch affirma pour la première fois, en face de l'école formidable de Werner que le granit est d'origine plutonique et que les montagnes se sont élevées, que dirent les Neptunistes? Il fut d'abord seul à soutenir sa thèse et ce n'est qu'en la défendant avec la conviction du génie, qu'il l'a faite prévaloir. Heureusement que dans les questions scientifiques, les majorités numériques n'ont jamais décidé de primo abord aucune question.“

A quelque temps de là, Alexandre de Humboldt, faisant allusion à cette séance de Neuchâtel, écrivait à Agassiz:

„Léopold de Buch est furieux contre vos moraines et celles de Charpentier, considérant ce sujet comme sa propriété exclusive. Quant à moi, bien que moins hostile à ces nouvelles vues et prêt à admettre que les blocs n'ont pas tous été transportés de la même manière, je suis cependant disposé à croire que les moraines sont dues à des causes plus locales.“

C'est la même année qu'Edouard Desor (1811—1882) vint s'établir à Neuchâtel et qu'il contracta pour Agassiz cette amitié admirative dont il a donné l'expression en maints passages de ses volumes de 1844 et 1845, intitulés: *Excursions et séjours dans les Glaciers et les hautes régions des Alpes, de M. Agassiz et de ses compagnons de voyage.* Ces ouvrages de Desor, ainsi que les *Etudes sur les glaciers* (1840) et les *Nouvelles études et expériences sur les glaciers* (1847), publiés par Agassiz lui-même, nous touchent de près. Nos pères en eurent la primeur lors des communications relatives à leurs travaux sur le glacier de l'Aar que se plurent à leur faire Agassiz et ses lieutenants pendant les sessions de 1841 et des années suivantes.

Un certain nombre des objections présentées contre la théorie des anciens glaciers ne pouvaient être écartées que par de nouvelles observations sur la manière dont se conduisent les glaciers actuels, notamment sur leurs mouvements, leur structure, la distribution de la température dans leur épaisseur, etc. Tout cela ne pouvait être étudié avec fruit que sur les lieux. Le 5 Août 1840 Agassiz quitta donc Neuchâtel, accompagné de Carl Vogt (1817—1895), qui collaborait à ses recherches sur les Poissons, de H. de Coulon, François de Pourtalès, ses étudiants, et de deux guides expérimentés, Leuthold et Wanger, pour aller s'installer sur la moraine médiane du glacier inférieur de l'Aar, spécialement choisi pour y entreprendre des investigations systématiques qui devaient durer pendant plusieurs années. Abrités sous un énorme bloc de schiste micacé, ces jeunes gens — Agassiz n'avait alors que trente-trois ans et il était l'aîné de la bande — bientôt rejoints par Desor et Célestin Nicolet (1803—1871) utilisèrent les talents de l'un de leurs guides pour faire construire, contre ce rocher, une sorte de cabane destinée à devenir célèbre sous le nom d'*Hôtel des Neuchâtelois.* C'est là, en effet, que s'élaborèrent plusieurs des découvertes glaciaires demeurées classiques, faites par la petite troupe neuchâteloise dans la même région — il n'est pas sans intérêt de le rappeler — où l'un de ses devanciers, François-Joseph Hugi, professeur au Lycée de Soleure (1796—1855), le premier observateur suisse des glaciers depuis H.-B. de Saussure, avait, lui aussi, en 1827, construit une cabane de planches dont on voyait encore les vestiges en 1839. D'autre part, si l'on se souvient qu'à l'Hôtel des Neuchâtelois, détruit en 1844 par la brisure du bloc qui lui servait de point d'appui, succéda à quelque distance, le *Pavillon Desor*, puis la *Cabane Dolfuss-Ausset* qui permit au savant alsacien de ce nom d'accumuler pendant vingt ans ses *Matériaux pour l'étude des glaciers* (9 volumes, avec atlas, publiés en 1864), on conviendra qu'il n'existe probablement nulle part au monde de localité où les masses de glace aient été plus longuement et plus patiemment étudiées. N'est-ce point encore au glacier diluvien de l'Aar que notre regretté collègue A. Baltzer consacrait, il y a vingt ans à peine, une de ses meilleures monographies?

A la fois laboratoire de physique, de chimie et de pétrologie, l'étroit espace ménagé sous le rocher schisteux servit en outre aux études zoologiques de Carl Vogt sur les organismes de la neige rouge et il fournit à H. Nicolet la „Puce des glaciers" *(Desoria glacialis)*, insecte du groupe des Podurelles, auquel le savant lithographe de Neuchâtel consacra une monographie que nos *„Mémoires"* ont publiée. L'Hôtel était, au surplus, le lieu de rendez-vous de nombreux savants attirés par la renommée de ses hôtes, curieux d'assister à leurs recherches ou, tout simplement, désireux de goûter pendant quelques heures au plaisir de respirer une fraîche, joyeuse et réconfortante atmosphère physique et morale.

Un beau jour d'Août 1841, Forbes d'Edimbourg y vint chercher Agassiz et Desor pour faire avec eux, non tout à fait la première, mais l'une des premières ascensions de la Jungfrau. L'année suivante, Arnold Escher de la Linth (1807—1873) en fut l'hôte assidu.

La science suisse n'a point oublié ce qu'elle doit de reconnaissance à ce dernier, fils illustre d'un illustre père, et à son ami Bernard Studer (1794 1887). Il furent sans conteste l'un et l'autre les prototypes de nos „Alpengeologen". Ils travaillaient ensemble à la Carte géologique de la Suisse dont ils donnèrent à eux seuls la première édition en 1855, et ils défendaient alors la théorie selon laquelle la chaîne des Alpes se diviserait en un certain nombre de massifs ellipsoïdes, placés les uns à côté des autres comme les cases d'un échiquier. Escher est mort prématurément en 1873, laissant le souvenir non seulement d'un grand géologue dont les travaux d'une rare perfection eurent une portée universelle, mais encore, d'un noble caractère. Il avait pour devise: *Lieber zweifeln als irren*, et il donna maints exemples de sobriété dans l'annonce de ses découvertes et du plus parfait désintéressement. Bernard Studer était de la même trempe que lui. On se souvient que son père, Samuel Studer, l'avait pris avec lui pour assister à l'inauguration de notre Société, au Mont-Gosse. Le lendemain de cette cérémonie, le 7 Octobre 1815, il en était reçu membre, et il lui demeura fidèle jusqu'à sa mort, soit pendant 72 ans. Nous ne croyons pas que l'on puisse citer un second exemple d'une aussi longue collaboration et, nous l'ajoutons sans hésiter, d'une collaboration aussi agissante et aussi féconde que fut la sienne. Studer a assisté à plus de trente de nos sessions, il les a présidées en 1839 et en 1858; il fut l'instigateur de la Carte géologique et, par contre coup, de la Carte topographique, à laquelle le général Dufour, qui en a dirigé avec un talent hors ligne l'exécution, a attaché son nom. Ce sont deux chefs d'œuvre admirés partout.

Par ses cours, ses innombrables excursions et ses ouvrages didactiques, Studer a suscité une quantité de disciples. Aucun nom ne mérita mieux que le sien la popularité de bon aloi dont il jouit dans toutes les parties de la Suisse, et la fête dont le „Nestor" de nos géologues, comme on aimait à l'appeler, fut le héros à la réunion de Bex en 1877, est restée unique dans nos annales. Alphonse Favre lui remit là, pour célébrer le 83e anniversaire de sa naissance, un Album contenant les portraits de tous les géologues de la Suisse, et des voix d'enfants déguisés en gnomes chantèrent ses louanges.

La Commission pour la Carte géologique que Studer présida pendant plus d'un quart de siècle se réunissait tantôt à Berne, tantôt à Neuchâtel, tantôt à Combe-Varin, vaste domaine situé dans la vallée des Ponts, non loin de Noiraigue, et dans lequel Desor qui en était l'heureux propriétaire, recevait chaque été une foule de savants de tous les pays. „Par ses qualités aimables, a écrit Carl Vogt, et par son activité prodigieuse, Desor était devenu un centre pour les efforts scientifiques en Suisse. Nulle entreprise ne lui restait étrangère; on pouvait dire qu'il jouait dans notre petit pays un rôle analogue à celui d'Alexandre de Humboldt en Allemagne. La Société helvétique des Sciences naturelles, le Congrès international d'Anthropologie, le Club alpin, les Sociétés d'histoire, d'utilité publique n'avaient pas de membre plus actif que lui et des publications incessantes en français et en allemand se pressaient dans les recueils scientifiques."

Le nom de Combe-Varin évoque celui d'une autre habitation hospitalière, Sankt-Margarethen, dans laquelle Peter Merian (1795—1883), le géologue bâlois, aimait à recevoir, avec beaucoup de grâce et de générosité, ses confrères du reste de la Suisse. Lié d'amitié avec B. Studer depuis les bancs de l'Université de Göttingue, Merian fut son rival d'assiduité et de dévouement au sein de notre Société, à laquelle il appartint pendant soixante ans. Son „Profil" du Jura, publié en 1829 dans nos „Mémoires", servit dit-on de base aux travaux ultérieurs de Thurmann (1804—1855), le parrain du Néocomien, et d'Amanz Gressly (1814—1865) cet intuitif original dont le „flair" de géologue est resté légendaire et qui a introduit dans la science la notion de *facies*. Nous serions donc tentés de citer P. Merian comme chef de file de la glorieuse phalange des géologues jurassiens si nous ne nous souvenions qu'au Locle, en 1885, l'un de ces derniers, Auguste Jaccard (1833—1895) modeste ouvrier guillocheur, devenu, par ses seuls mérites, professeur à l'Académie de Neuchâtel, nous signalait dans son discours présidentiel, Léopold de Buch — celui-là même qu'Agassiz devait rencontrer plus tard parmi les adversaires de la théorie glaciaire — comme le véritable fondateur de la stratigraphie du Jura. Quoiqu'il en soit, ce furent bien en réalité des „casseurs de cailloux" suisses, de Peter Merian à Léon Du Pasquier (1864—1897), en passant par les dénicheurs de fossiles que furent le Dr Campiche, Pictet de la Rive, Perceval de Loriol et beaucoup d'autres, encore très heureusement vivants, qui nous ont fait connaître la structure intime de notre Jura.

Les Musées de Genève, Zurich et Bâle s'enorgueillissent à juste titre des magnifiques collections que leur ont laissées quelques uns de nos principaux paléontologistes, nous voulons parler surtout de Pictet de la Rive (1809—1872), Oswald Heer (1809—1883) et Louis Rütimeyer (1825—1895) qui comptent aussi, tous trois, parmi nos anciens présidents. Les deux premiers avaient débuté par l'étude de la nature vivante et particulièrement des Insectes. Nous devons à l'un, un *Traité sur les Névroptères*, à l'autre, un *Catalogue des Coléoptères de la Suisse*. Ce furent les Insectes qui les orientèrent vers la Paléontologie. Berendt, le révélateur de la faune conservée dans l'ambre jaune, ayant prié Pictet de déterminer les Névroptères ensevelis depuis des siècles dans cette résine, le professeur de Zoologie de Genève fut si fort séduit par ce genre de recherches, qu'il passa de la science des animaux actuels à celle des faunes disparues. On sait combien il s'y illustra.

Heer suivit une évolution analogue. Après avoir depuis son enfance fait passionnément la chasse aux Insectes vivants, il les abandonna pour décrire ceux conservés dans les calcaires d'Oeningen. Mais chacun sait que le populaire auteur du *Monde primitif de la Suisse* a inscrit à jamais son nom dans l'histoire de la Paléontologie végétale, il est considéré comme l'un des fondateurs de cette science; sa *Tertiärflora der Schweiz,* pour ne rappeler que cet ouvrage sorti d'une plume, bien étonnamment féconde, quand on songe qu'elle fut tenue par la main d'un homme de santé toujours fragile, décrit et figure à elle seule 920 plantes fossiles. Aussi Oswald Heer demeurera-t-il toujours classé parmi les grands paléobotanistes du siècle passé.

Quant à Rütimeyer, nous nous le représentons encore travaillant à cette merveilleuse collection ostéologique de Bâle qui contient plus de mille squelettes, ou ressuscitant quelque Ruminant antédiluvien. La découverte des Palafittes par Ferdinand Keller en 1854 ouvrit à Rütimeyer un champ d'exploration au service duquel il mit sans compter son extraordinaire sagacité d'anatomiste reconstructeur. Nous lui devons la connaissance des nombreux Mammifères éocènes et oligocènes, dont les restes furent extraits des dépôts d'Egerkingen. Il fut, avec Pictet et le fécond échinologue P. de Loriol (1828--1908), l'un des fondateurs de la *Société paléontologique suisse.*

Ferdinand Keller ne fit pas partie de la Société helvétique et celle-ci fut par là tenue un peu à l'écart des études archéologiques relatives aux habitations lacustres auxquelles, néanmoins, plusieurs de ses membres ont apporté d'importantes contributions, témoins entre beaucoup d'autres, Morlot, Desor, Forel et le Dr Hippolyte Gosse, petit-fils de notre fondateur.

Les découvertes archéologiques qui eurent le plus de retentissement parmi nous sont celles du Dr Nüesch de Schaffhouse. Les noms du Schweizersbild, du Kesslerloch, de Thaingen sont devenus fameux depuis une vingtaine d'années dans le monde entier. Nüesch fouilla le sol au pied des rochers du Schweizersbild, de 1891 à 1893, avec tant d'habileté qu'il réussit à en extraire des milliers d'ossements ayant appartenu à 113 espèces, plus de 20 000 instruments en silex et plus de 1400 objets en os et en bois de renne fort bien travaillés par la plus ancienne population néolithique connue en Suisse. Notre Comité central appela l'attention du Conseil fédéral sur l'importance de cette collection et le danger de la voir émigrer à l'étranger. Grâce à l'appui de la Confédération, elle a pu prendre place au Musée national de Zurich et sa description a paru dans nos „Mémoires" en une monographie qui a eu deux éditions, en 1897 et en 1902. Quant aux „trouvailles" faites dans les grottes du Kesslerloch, elles ont été consignées par Nüesch, Heierli et autres, également dans nos „Mémoires".

Les géologues suisses en créant la tectonique des Alpes, la géologie glaciaire, la science des glaciers actuels, y compris leurs variations périodiques et leurs mensurations, ont exercé une énorme influence sur les progrès de la Géologie générale. C'est l'un d'eux encore, E. Renevier de Lausanne (1831—1906) qui, en publiant son Tableau des terrains sédimentaires, suggéra aux géologues américains l'idée de convoquer leurs collègues du monde entier au premier Congrès international de Géologie qui siégea à Paris en 1878 et qui fut le point de départ d'une série de conventions destinées à uniformiser, pour le plus grand profit de la science, la nomenclature et la figuration géologiques.

Il est bien difficile de porter un jugement sur l'importance relative des œuvres collectives accomplies dans des disciplines aussi différentes que celles auxquelles s'intéresse notre Société. Cependant celui qui parcourt, comme nous venons de le faire en vue de la rédaction de ce travail, l'ensemble des publications sorties de chez nous, garde l'impression que l'activité de nos géologues a été très grande et, peut-être, la plus féconde dans notre Société pendant le siècle écoulé.

Celle de nos botanistes et de nos zoologues — exception faite pour ce qui concerne la biologie lacustre — n'a pas eu une portée aussi universelle, ni préoccupé dans une aussi grande mesure nos comités directeurs. Cependant la science des deux premiers de Candolle, Augustin-Pyramus, l'auteur du *Prodromus* et Alphonse, l'auteur de la *Géographie botanique raisonnée,* qui comptent parmi les plus vénérés de nos anciens membres, la douce science des fleurs, n'a pas cessé de fournir d'abondants sujets de communications à chacune de nos assemblées. Nous ne nous basarderons pas à dresser ici la liste des noms de tous ceux des nôtres qui se sont distingués par leurs découvertes dans le monde végétal, cette liste serait trop longue. Il fut question autrefois de constituer par un effort collectif un „Herbier suisse", mais l'idée n'eût pas de suite. Nos botanistes ont travaillé surtout individuellement et plutôt dans la direction de la floristique générale que dans celle de l'anatomie et de la physiologie, bien que nous ayons eu dans nos rangs, C. von Nägeli (1817—1891) grand biologiste et théoricien du protoplasma, et son élève C. E. Cramer (1831--1901) qui s'est livré, lui aussi, à des recherches relatives à la structure des végétaux. Ce n'est qu'à une époque relativement rapprochée, que la Société botanique suisse s'étant constituée, nous avons appris qu'elle allait entreprendre une description de la *Flore cryptogamique suisse* à laquelle la Confédération accorde son appui. Alors commença la publication de ces Monographies dont nous suivons l'apparition d'un œil toujours si intéressé. Du reste, nos botanistes ont vu récemment s'ouvrir devant eux un nouveau champ d'activité commune dans le domaine de la Géographie botanique. La généreuse donation de l'un des leurs a suscité la création d'une nouvelle Commission chargée de diriger les études dans cette direction.

H.-R. Schinz (1777—1861), le premier en date de nos zoologistes, bien que n'étant pas venu à la première réunion de Genève, compte parmi nos membres fondateurs. C'était un homme d'initiative. Il aurait voulu que la Société prit en mains la publication d'une *Fauna helvetica;* lui-même donna le premier élan, en faisant paraître en 1837 dans nos „Mémoires" un Catalogue des Vertébrés, suivi bientôt des Catalogues de Charpentier sur les Mollusques, de Heer sur les Coléoptères et de La-Harpe sur les Lépidoptères. L'entreprise fut dirigée par une Commission qui fonctionna de 1838 à 1855, puis s'éteignit. Plus tard, de 1869 à 1904 parut, d'une façon indépendante, la *Faune des Vertébrés de la Suisse,* par Victor Fatio (1838—1906) qui fut l'un de nos membres zélés, ainsi que l'est encore le fondateur de la *Revue suisse de Zoologie.* Celle-ci parut dès 1893, comme suite du *Recueil zoologique suisse* d'Hermann Fol (1845—1892), et elle publie, en sa qualité d'organe de la Société zoologique suisse, des travaux relatifs à notre faune indigène.

Nous passons, sans nous y arrêter, au devant d'une quantité de travaux portant sur à peu près toutes les branches de l'histoire naturelle des animaux et dont les auteurs Louis Agassiz, Carl Vogt, Edouard Claparède (1839—1871), Kölliker (1817—1905), His (1831—1904), Henri de Saussure (1829—1905), Fol (1845—1892), Arnold Lang (1855—1914) pour ne citer que des morts, nous ont directement informés. Et nous arrivons à ceux relatifs à la faune des lacs dont l'avant-dernier disparu de cette brillante pléïade, François Forel (1841—1912), fut l'initiateur et auxquels notre Société a, quarante années durant, témoigné un si constant intérêt.

François Forel portait son inlassable curiosité vers les quatre points cardinaux de l'horizon scientifique. A la fois physicien, géographe, archéologue et zoologiste, il allait volontiers, au cours de nos sessions, d'une section à l'autre, afin d'y entretenir des discussions sur les sujets les plus divers. Sa première communication sur ce qu'il devait appeler plus tard par une inspiration heureuse, la *limnologie,* remonte à 1869. Il annonça, cette année là, qu'il avait trouvé à diverses profondeurs dans le limon du lac Léman une faune assez riche d'animaux inférieurs vivant sous une pression allant jusqu'à 30 atmosphères, à température invariable d'environ 5°, et dans des eaux aussi constamment immobiles que peu ou pas éclairées. On voit poindre dans ce premier discours le souci de déterminer aussi exactement que possible les conditions physiques et chimiques du milieu habité par les organismes, souci qui devait engager Forel dans une multitude d'investigations sur la nature des limons lacustres, la composition chimique des eaux, leur transparence et leur couleur, les courants dont elles sont parcourues, la distribution de leur température, bref sur tout cet ensemble de facteurs pour l'étude desquels il trouva parmi nous de nombreux collaborateurs avant 1887, époque à laquelle fut instituée la *Commission limnologique* dont on lira plus loin les travaux et qui, fusionnée, depuis 1907, avec la *Commission des rivières* continue, sous le nom de *Commission hydrologique,* une œuvre qui prend toujours plus d'envergure. Etendue à l'ensemble de nos lacs, elle a suggéré déjà plusieurs œuvres analogues dans d'autres pays. Forel pourrait nous servir de transition pour passer à la mention des travaux entrepris dans le champ de la Sismologie et dans celui de la Météorologie. On raconte, dans son Canton, qu'il reçut un jour une lettre adressée au „Directeur des tremblements de terre" et les gens de la campagne le consultaient avec confiance sur le temps qu'il devait faire.

La Société helvétique a joué dans la fondation de notre service météorologique un rôle aussi prépondérant que dans celle des services géodésique et topographique. On se rappelle que l'un de nos fondateurs, M.-A. Pictet, s'était rendu au St-Bernard en 1817 pour y installer des instruments que les Religieux avaient consenti à utiliser pour des observations régulières. L'hospitalière maison du St-Bernard a conservé de la gratitude pour le concours que notre Société lui apporta en 1819 en prenant part à la souscription internationale destinée à lui fournir les moyens de perfectionner son système de chauffage. En retour nous lui sommes reconnaissants de son fidèle concours dans les observations météorologiques qui furent les premières opérées sur les montagnes. La Suisse détient les plus belles séries de lectures quotidiennes du thermomètre et du baromètre qui aient jamais été faites. Emile Plantamour (1815—1882) dans des ouvrages classiques a commenté et mis en valeur celles poursuivies sans interruption à Genève depuis 1796. On conçoit que dans un pays exposé comme le nôtre à de brusques variations de pression atmosphérique, les habitants soient généralement enclins à consulter le baromètre. Nombreux furent au 18ᵉ siècle les simples particuliers qui tinrent spontanément le journal de leurs observations; aussi leurs descendants au siècle dernier se montrèrent-ils fort attentifs à la systématisation des enquêtes relatives aux mouvements de l'atmosphère. La question du fœhn, par exemple, passionna l'opinion publique après qu'elle eût été discutée en 1867 dans notre session de Rheinfelden.

Le lecteur trouvera plus loin, dans ce volume, l'histoire de la *Commission météorologique* qui élabora en 1864 un plan détaillé pour des observations devant être faites dans toute la Suisse, et dont l'activité aboutit à la création par la Confédération de la *Station météorologique centrale*, de Zurich, laquelle reprit, en 1881, la suite des travaux de la Commission. Cette Station compte parmi nos institutions nationales les plus justement populaires.

Moins connue du grand public, mais poursuivant aussi des études de haute portée scientifique, la *Commission géodésique* nommée par la Société en 1861, engagea, par des rapports fortement motivés, le Conseil fédéral à faire participer la Suisse à tout un ensemble de travaux internationaux dont on trouvera également l'énumération dans la suite de cet ouvrage. Devenue Commission fédérale, la Commission géodésique entretient, pour le plus grand profit de la science, des relations constantes avec le Service topographique fédéral et l'Association géodésique internationale.

De même que nos botanistes et nos zoologistes, nos physiciens et nos chimistes ont surtout travaillé individuellement, mais ils ont été généralement attentifs à tenir leurs confrères au courant de leurs découvertes. Soit dans nos séances générales, soit dans celles tenues par nos sections les noms des Pictet, des Dufour, des Soret, des Mousson, des Hagenbach-Bischoff, reviennent fréquemment. En 1854, Delabar répéta devant toute la Société réunie à l'église de St-Gall, la démonstration du mouvement de rotation de la terre au moyen du pendule, imaginée par Léon Foucault. De 1839 à 1855, le grand chimiste Schœnbein (1799—1868), le découvreur de l'ozone et du coton-poudre, nous fit par de fréquentes communications, apprécier ses exceptionnelles aptitudes de chercheur indépendant. Nous eûmes aussi des mathématiciens éminents tels que Ludwig Schläfli (1814—1895) qui publia dans nos „Mémoires" quelques uns de ses plus importants travaux et J. Amsler-Laffon (1823—1912) universellement connu par son invention des planimètres.

Mais notre tâche n'est point de dresser le catalogue de tous les travaux présentés devant la Société helvétique. Qu'il nous suffise d'avoir brièvement indiqué que l'activité de ses membres s'est étendue à tous les domaines du champ illimité de la Science!

III.

Vie intime de la Société. Physionomie des sessions annuelles. Fêtes et réjouissances.

Bien que chacune de nos réunions annuelles qui, réglementairement, doivent durer trois jours — „*au moins* trois jours", précisaient les anciens statuts — offre des caractères particuliers, en raison du lieu où elle se tient, de la langue principale qu'on y parle, de la qualité des personnes présentes et de leur nombre, il s'est établi, au cours du siècle, certaines habitudes qui font qu'à côté des dissemblances résultant des circonstances locales, ces réunions se ressemblent par un certain nombre de traits communs qui ont d'autant plus de chance de se perpétuer qu'ils sont déjà plus anciens.

Elles se tiennent en été, alors que la nature est dans toute sa magnificence, mais elles ont passablement oscillé entre le mois de Juillet et le mois d'Octobre. Nous avons vu que ce furent les professeurs de Berne qui décidèrent du choix d'Octobre pour la première assemblée de 1815. En effet, nous lisons dans les lettres de Gosse à Wyttenbach que Gosse avait proposé d'abord dans ce but le 1er Juillet, puis le mois de Septembre, mais comme il attachait une grande importance à la présence des confrères de Berne, il avait, dès l'abord, déclaré qu'il se rangerait à leurs convenances. Le 15 Août 1815, Wyttenbach écrivait à Gosse: „Nos professeurs ne peuvent quitter Berne qu'au commencement de l'Octobre, parce qu'ils sont obligés de faire leurs leçons jusqu'à cette époque". La date tardive du commencement des vacances à Berne, détermina donc celle de la séance de fondation de la Société helvétique.

Mais, deux ans plus tard, à la réunion de Zurich, les 6, 7 et 8 Octobre 1817, le temps fut sombre et froid, il tomba même de la neige; aussi reconnut-on qu'il serait préférable de s'assurer une température plus clémente en avançant le moment de la prochaine session. L'on se donna rendez-vous pour Juillet à Lausanne. Ainsi fut fait, et l'on s'en trouva si bien que, durant une longue suite d'années, le mois de Juillet fut conservé. Peu à peu cependant, on recula de nouveau la date des sessions jusqu'en Août ou Septembre, pour diverses raisons, telles que la date des vacances scolaires qui n'est pas la même dans tous les cantons, ou la difficulté, plus moderne, de trouver de la place dans les hôtels pendant que la saison des étrangers bat son plein.

Il est resté d'usage que le Comité annuel assumant la tâche de préparer la session, requiert des logements auprès de ses amis et connaissances afin de les tenir à la disposition des savants confédérés. Autrefois, la majorité des assistants était logée chez des particuliers. Il y avait, à procéder de la sorte, des avantages économiques et l'agrément, beaucoup plus apprécié jadis qu'aujourd'hui, d'apprendre à connaître les mœurs locales en vivant, pendant quelques jours, de la vie familiale des personnes dont on était l'hôte. Le grand botaniste de Candolle, évoquant ses souvenirs de la réunion d'Aarau en 1823, raconte qu'il fut logé alors chez le landamman d'Argovie, M. Herzog. Après souper, celui-ci aimait à réunir quelques amis, entre autres M. Müller de Friedberg, landamman du Canton de St-Gall, et M. Merian, professeur à Bâle. Le premier, Herzog, était un homme d'affaires et de pratique; le second, un vieillard de beaucoup d'esprit qui, depuis trente ans, gouvernait son Canton; le troisième, un homme instruit, calme et malin qui contrastait avec la verve de M. Müller. „Nous représentions ainsi, dit de Candolle, quatre points assez différents de la Suisse, et chacun de nous connaissait bien son propre canton et souvent les cantons voisins. Nous passions en revue tous les points principaux de l'organisation politique et sociale, et j'ai plus appris sur la Suisse dans ces veillées chez M. Herzog que dans le reste de ma vie."

A l'époque dont parle de Candolle il fallait plus de deux jours de diligence pour se rendre de Genève à Aarau. On ne faisait guère un pareil voyage sans s'arrêter en route pour visiter les localités intermédiaires. Le temps d'aller à une session et d'en revenir se chiffrait conséquemment par plus d'une semaine. C'était considéré comme une partie de plaisir, en somme assez coûteuse, que de se rendre à la session; ainsi s'explique le nombre relativement restreint des participants. Depuis les chemins de fer, ce nombre s'est considérablement accru, aussi bien que le nombre de tous les touristes voyageant en Suisse. Une multitude de „guides" renseignent l'excursionniste sur ce qu'il doit voir dans chaque ville, sur les mœurs de chaque canton, sa politique et son histoire. Bref, il n'est plus nécessaire d'aller, comme il y a un siècle, puiser dans des conversations particulières des connaissances que l'on trouve exposées partout, voire même dans son journal quotidien. D'autre part, la vie a beaucoup perdu de sa simplicité, l'on est plus exigeant de confort et de bien-être; la concurrence croissante des hôtels a mis l'un et l'autre à la portée de toutes les bourses, en sorte, que les personnes qui invitent se gênent beaucoup plus qu'elles ne le faisaient jadis pour recevoir, et les invités pour être reçus. Le nombre des uns et des autres va diminuant, et rares sont, à présent, les sociétaires demeurés fidèles à la coutume d'accepter l'hospitalité offerte par la population. Les villes suisses qui attirent beaucoup d'étrangers doivent toujours plus tenir compte de ces circonstances dans la détermination de la date des assemblées qu'elles ont l'honneur de recevoir.

Ce fut en effet constamment considéré par nos cités grandes et petites, comme une insigne faveur que d'être choisies par la Société helvétique pour servir de siège à ses assises et il est juste de constater ici que toutes celles qui, jusqu'ici, ont été l'objet de cette faveur ont rivalisé de zèle pour assurer à leurs hôtes de trois jours, le maximum possible d'agréments. Toutes y ont réussi, chacune à sa manière, les grandes villes avec plus de somptuosité peut-être, les petites avec plus de charme et d'imprévu.

Naturellement, les trois langues suisses sont d'usage dans la Société, l'allemand et le français surtout. Lors des réunions de Lugano et de Locarno, les discours présidentiels furent prononcés en langue italienne. Cette diversité de langage donne de l'originalité aux séances annuelles; cependant elle n'a pas été sans créer certaines difficultés dans les débuts, car si les trois langues sont officielles, cela ne signifie pas qu'elles soient comprises de tous les membres. La bonne fortune qu'eut de Candolle de rencontrer à Aarau des confrères parlant assez couramment le français pour tenir la conversation que nous rapportions tout à l'heure, n'est pas rare en Suisse allemande. La bonne fortune inverse l'est davantage. Les Suisses romands n'ont guère reçu le don des langues. La difficulté de bien s'entendre, plus fréquente du côté des welsches que du côté de leurs compatriotes du Nord et de l'Est, sans arrêter leur commun élan, l'a quelquefois gêné; tous les documents officiels durent être, dès le début de la Société, publiés en allemand et en français. Wyttenbach donna dans la „Gazette de Berne" un récit de la première assemblée de Genève et il envoya à la „Gazette de Lausanne" le texte français de ce récit. Wyttenbach avait appris le français à Lausanne, et l'on peut juger par les lettres adressées à Gosse qu'il s'en servait assez correctement. Dans une de ces lettres, Wyttenbach répond à Gosse qui insistait pour que les Bernois lui envoyassent des mémoires à publier: „Nous n'en aurions que d'allemands qui ne seraient pas bien édifiants pour vous autres qui dédaignez toujours notre langue et qui prétendez comme autrefois la Grande Nation que tout le monde apprenne votre langue. Apprenez vous-même la nôtre, comme nous avons été obligés d'étudier la vôtre, et alors nous serons au niveau avec vous".

Le conseil a été suivi, non par Gosse dont les jours étaient déjà comptés au moment où il le recevait, mais par ceux qui sont venus après lui. La pratique de l'allemand s'est beaucoup répandue en Suisse française, sans cependant que l'on puisse assurer que l'égalité de niveau soit complètement réalisée aujourd'hui. On s'aperçoit encore de temps en temps du contraire, à l'allure incertaine et comme tâtonnante de certaines discussions où les deux idiomes sont en présence.

L'ordonnance de nos sessions est restée, dans ses grandes lignes du moins, à peu près la même pendant tout le siècle. Dans la règle chaque session s'ouvre un Lundi, elle est précédée par la réunion de la „Commission préparatoire" qui discute et préavise sur toutes les affaires que lui soumet le Comité central et sur toutes celles qui seront soumises à l'Assemblée générale. Cette réunion a lieu la veille dans l'après-midi. La soirée de ce même jour est consacrée à un colloque amical, agrémenté d'une modeste collation offerte par le Comité annuel. Les sociétaires, venus des quatre coins de la Suisse, trouvent ainsi l'occasion de prendre contact; ce sont des échanges de poignées de mains, d'accolades et d'affectueux propos entre confrères qui ne se sont pas vus depuis longtemps et qui, dans l'abandon de conversations intimes, préludent aux entretiens plus sérieux des jours qui suivront.

Autrefois, on réservait les matinées aux promenades et aux visites des Collections locales, afin de consacrer les après-midis, et même les soirées, au travail. Ainsi procéda-t-on tout au moins en 1815 et en 1816, mais depuis longtemps cette ordonnance a été renversée et, règle générale, nos Congrès sont ouverts à une heure plus ou moins matinale, dans une salle plus ou moins officielle, en présence de hauts magistrats désireux de témoigner de la considération à la docte assemblée.

Après quelques souhaits de bienvenue du Président, celui-ci prononce son discours d'ouverture, préparé avec le plus grand soin et quelquefois marqué au coin d'une vraie originalité. Le thème de ce discours fut souvent emprunté à l'histoire de nos origines, aux circonstances qui accompagnèrent les premières années de notre Société, ou bien encore à l'histoire de la localité dans laquelle se tenait la réunion, à la biographie de ses grands hommes, aux curiosités dont la nature l'a dotée, etc. Tous les discours présidentiels, lus depuis 1815, ont été publiés. Leur collection est une précieuse mine d'information que les curieux de notre passé parcourent avec un vif intérêt. Il serait difficile d'en dresser la table des matières, attendu que leurs auteurs y ont fréquemment touché à des questions multiples et diverses, d'ordre administratif ou politique, par exemple, en même temps que d'ordre scientifique.

Quelques uns de ces discours ont une valeur historique, comme celui déjà cité d'Agassiz qui, à propos de l'action glaciaire, plaçait en 1837 ses auditeurs en face de vues nouvelles appuyées sur des faits encore inédits. Dans un domaine très différent, nous pourrions citer comme appartenant à cette catégorie, le discours original de Louis Soret consacré, en 1886, à l'exposé de ses idées personnelles sur les relations existant entre les sciences physiques et l'esthétique. Les cas où le Président, se soustrayant aux préoccupations locales, a concentré l'attention de la Société sur les progrès réalisés dans la science où il etait passé maître, ne sont pas exceptionnels; Auguste de la Rive traitant en 1845 de l'électricité, ou Cramer parlant des Bactéries en 1883, en fournissent de jolis exemples. Les théories générales et, particulièrement la théorie de Darwin, furent discutées à plus d'une reprise par nos anciens Présidents. Tout en acceptant le principe fondamental de l'évolution, Oswald Heer avait peine à se rallier à certaines des conséquences qui en dérivent. En 1864, à Zurich, il développait, en opposition à la variation lente admise par Darwin, l'hypothèse de variations brusques alternant avec de longues périodes de stabilité, hypothèse qui n'était pas sans analogie avec celle des mutations que de Vries a mise de nos jours à la mode. Les discours de Rütimeyer à Bâle, en 1876, sur la nature du progrès dans la phylogénie animale et de Brunner de Wattenwyl à Berne, en 1878, sur l'application des théories darwiniennes à la systématique, sont également empreints des notions introduites dans la science en 1859 par l'auteur de *l'Origine des espèces,* notions qui critiquées avec une honnêteté et une justesse auxquelles Darwin lui-même a rendu hommage, par Pictet de la Rive, et, défendues avec l'implacable et fougueuse logique qu'il mettait à défendre toutes les idées progressistes par Carl Vogt, ont rapidement pénétré dans l'esprit de leurs compatriotes.

Le discours de Brunner de Wattenwyl contient une chaleureuse exhortation à ne cultiver les sciences que pour elles-mêmes, et avec la seule ambition de connaître la vérité. Ne nous laissons jamais décourager, disait-il, par les railleries des impuissants!

Opposons leur *la continuité inlassable de nos efforts, ce sérieux et cette probité qui ont toujours inspiré les naturalistes suisses dont l'activité n'a point pour but la gloire ou l'intérêt matériel, mais simplement celui d'accomplir la mission de la raison humaine.* Nous retrouvons des conseils du même genre éloquemment exprimés par plusieurs des prédécesseurs de Brunner à la présidence de nos réunions annuelles et aussi par plusieurs de ceux qui l'ont suivi dans cette charge importante. Les sentiments qui leur servent de base ont été ceux de nos fondateurs; ils n'ont faibli à aucun moment de notre histoire et nous pouvons bien dire qu'ils résident encore intacts dans le cœur de tous les membres actuels de la Société helvétique.

Si les sujets sur lesquels roulèrent les discours de nos Présidents ont été très variés, il en fut de même de la position sociale des hommes qui les ont prononcés. Tous assurément étaient des hommes savants, adonnés à des professions dites libérales qui leur laissaient quelque loisir pour se mêler au mouvement scientifique; quelques uns furent même des inventeurs capables d'accélérer ce mouvement ou de lui imprimer des directions nouvelles. Pfluger de Soleure et C. Nicolet de la Chaux-de-Fonds étaient pharmaciens, comme l'avait été H.-A. Gosse, notre premier président. Zollikofer de St-Gall, Elmiger de Lucerne, Lusser, Kappeler, etc. exerçaient avec distinction l'art médical. Avec C. Lardy, nous eûmes un forestier, et un pédagogue avec Thurmann, directeur de l'Ecole normale de Porrentruy; et un fabricant avec Conrad Fischer de Schaffhouse, et des hommes politiques avec Sprecher von Bernegg qui présida à Coire en 1826, et avec Frey-Hérosé, futur Conseiller fédéral, deux fois président à Aarau, en 1835, puis en 1850.

Nous fûmes aussi présidés par des prêtres, tels que le chanoine Biselx à l'Hospice du St-Bernard, ou le Père Girard à Fribourg; par des ministres protestants du St-Evangile comme Wyttenbach, ou Chavannes, ou Hauri, auxquels nous pourrions ajouter Oswald Heer qui avait terminé ses études de théologie et qui, en 1832, appelé en qualité de pasteur à Schwanden se décida seulement alors pour la carrière scientifique. Mais Oswald Heer appartient par ses travaux à la série des Présidents qui cultivèrent la science et la firent avancer tout en enseignant dans nos Universités ou nos Gymnases. Cette série est la plus nombreuse; elle comprend des noms vénérés dans les Mathématiques, comme celui de Daniel Huber de Bâle; dans la Physique, comme ceux de M.-A. Pictet, d'Auguste de la Rive, de Hagenbach-Bischoff, ou dans les Sciences naturelles, à commencer par ceux de A.-P. de Candolle, L. Agassiz et Bernard Studer, pour finir, en ne citant que les disparus, par ceux de Mühlberg, de Cramer et de Renevier.

La lecture du discours présidentiel étant achevée, l'on passe à celles du Rapport du Comité central et des Rapports sur les travaux accomplis par les différentes Commissions. Ces lectures sont entrecoupées de conférences données par des membres de la Société, revenus de quelque exploration lointaine, ou que leurs travaux de laboratoire ont conduit à quelque trouvaille intéressante. La Séance d'ouverture de chaque session est publique; il en est de même des Séances générales qui, elles aussi, exercent d'ordinaire une certaine attraction sur la population indigène. Celle-ci vient y écouter des savants renommés traitant de questions à l'ordre du jour de la science, et, parmi ces questions, il peut s'en trouver qui présentent un intérêt général ou simplement un intérêt d'actualité. On comprend, par exemple, que les botanistes n'aient pas été seuls à s'intéresser à la communication faite en 1825 par de Candolle sur *l'Oscillatoria rubescens,* cette algue que de Candolle qualifiait encore à cette époque „d'animalcule infusoire" et qui, apparaissant périodiquement en nombre immense dans le lac de Morat, confère à ses eaux une coloration rougeâtre que l'imagination populaire attribue au *sang des Bourguignons.* Or, par un côté ou par l'autre, les travaux présentés aux séances générales de nos 96 sessions ont tous été ainsi de nature à intéresser non seulement l'ensemble des savants présents à la réunion, mais aussi la fraction la plus instruite du grand public. Dans tous les cantons de la Suisse il y a un public friand des choses de la science et tout à fait capable de se passionner à propos de la marche des glaciers, ou de l'augmentation de la température du sol avec la profondeur, ou des vertus thérapeutiques des eaux minérales du pays, ou du mode de formation de la chaîne des Alpes, ou de la confection de la carte topographique fédérale, toutes questions qui avec celles du crétinisme et de la tuberculose, avec celle de la distribution et de la protection des blocs erratiques sur le territoire helvétique, avec celle de la coloration dominante des yeux et des cheveux chez les populations des différents cantons, ou encore celle de la réimmigration postglaciaire des faunes et des flores en Suisse, comptent parmi les sujets qui furent le plus souvent discutés parmi nous.

C'est en Assemblée générale que Schœnbein présenta à ses collègues quelques unes de ses découvertes, que Carl Vogt disputa sur la parenté de l'homme et du singe et que, sauf erreur, Morlot parla pour la première fois de *deux* périodes glaciaires au cours d'une lecture sur les formations quaternaires du bassin du Rhône.

La liste qui énumérerait, ne fût-ce que les plus importantes conférences présentées devant nos grandes assemblées serait longue; elle ne représenterait cependant qu'une petite fraction de l'activité de la Société durant la majeure partie du siècle. Nous avons indiqué que, depuis 1835, après avoir siégé en réunion plénière pour entendre les rapports et les conférences, les membres se répartissent en sections dont le nombre varie selon la nature des communications annoncées. L'auditoire des sections, plus restreint que celui des assemblées générales, est aussi plus spécialisé; dans la section de physique se rencontrent seulement les physiciens; dans la section de médecine les médecins, et ainsi de suite. Si le nombre des communications annoncées sur la physique est petit, on réunit cette science avec la chimie en une seule section, et, dans les mêmes circonstances, c'est-à-dire si l'on prévoit peu de communications médicales, on rattache la médecine à la physiologie; il peut même arriver que médecine et physiologie soient groupées avec la zoologie en une même section. C'est au Comité annuel que revient le soin de déterminer le nombre des sections qui fonctionneront durant la session dont, réglementairement, il doit préparer le programme. Le Président annuel est désigné par l'Assemblée générale une année d'avance, mais chaque section nomme son président, elle le choisit comme bon lui semble, le prenant généralement parmi ses membres les plus éminents ou les plus anciens. L'élu dirige alors les débats de la section.

La seule mention des titres des travaux lus devant nos sections remplirait un volume; Siegfried avait déjà couvert de ces titres 26 grandes pages de son „Histoire" qui s'arrête à 1864 et, depuis ce temps, le nombre des communications faites en section s'est beaucoup accru, résultat de la spécialisation toujours plus étroite des savants et de la naissance de branches nouvelles sur le tronc toujours plus vigoureux des sciences de la nature.

Nous ne donnerions qu'une idée bien imparfaite de la physionomie de nos réunions de chaque année, si nous nous bornions à rappeler leur seule activité intérieure. Entre les séances officielles consacrées au travail scientifique et à l'administration de la Société, les participants se réunissent pour des promenades récréatives et pour des repas collectifs. Cette partie du programme de nos rencontres n'est pas sans importance, les comités annuels accordent avec raison beaucoup de soins à sa préparation, et, très souvent, ils trouvent auprès de riches particuliers et de sociétés littéraires ou artistiques locales, de gracieux concours qui leur permettent de lui donner un grand éclat. On ne doit pas oublier que le but principal de la Société helvétique étant l'avancement des sciences en Suisse, son but secondaire, mais très souhaitable aussi, est de susciter des liens d'amitié entre les naturalistes confédérés. Or, cette seconde partie de la noble tâche dévolue à notre association se réalise plus aisément au cours d'un dîner ou d'une excursion à travers de beaux paysages, que pendant les controverses relatives à quelque théorie scientifique. Nos savants n'ont jamais craint de donner essor à la joie qu'ils éprouvaient de se trouver ensemble, ils l'ont manifestée par des discours et par des chants, par des paroles ailées qui portaient au loin la bonne renommée de la Société, ou par des paroles réconfortantes qui décidaient du sort d'audacieuses entreprises; par des refrains patriotiques ou par des chansons de circonstance dans lesquels s'affirmaient leur amour de la patrie et leurs sentiments d'affection les uns pour les autres. La plupart étaient — et beaucoup sont encore — du tempérament de ces grands travailleurs qui s'amusent d'autant mieux que leur labeur a été plus pénible et plus fructueux et qui, comme Gay-Lussac et Thénard dansant une *bourrée* dans leur laboratoire à chaque découverte faite par eux, seraient prêts à se réjouir par de la musique et par des danses du succès de leurs efforts.

Les premiers mots prononcés le jour de la fondation de la Société et qui sont enregistrés dans nos annales, ainsi que nous l'avons rapporté, suivirent immédiatement la collation offerte par H.-A. Gosse à ses collègues. Ceux-ci après les avoir applaudis, se dispersèrent aux alentours. Ainsi procédons-nous encore, avec moins de simplicité et moins de bonhomie peut-être que ne le faisaient nos grand-pères, mais avec tout autant d'exubérante cordialité. Après les séances générales un banquet est servi. Quant aux travaux des sections, ils sont interrompus au milieu du jour par une légère agape. On chante probablement moins ensemble aujourd'hui qu'autrefois; en revanche on écoute les concerts que donnent plus souvent les Sociétés chorales et instrumentales de la localité qui reçoit, concerts très artistiques et très appréciés mais qui, cependant, ne remplacent pas les productions individuelles, telles qu'on en donnait au bon vieux temps. Lors d'une excursion jusqu'à Préfargier, où se trouve un Asile réputé pour le traitement des maladies mentales, les participants à la session neuchâteloise de 1866 entendirent des chœurs chantés par la Société l'„Echo du Rivage" qui présentait ceci de remarquable d'être composée exclusivement d'aliénés. En 1823, on chanta à Aarau des chœurs composés par le doyen Bridel pour la réception offerte par les frères Hérosé, et nous avons retrouvé, imprimés sur un papier jauni par le temps, les „couplets" dédiés à la Société helvétique par Cougnard aîné, le chansonnier joyeux et toujours en verve du „Caveau genevois", couplets que leur auteur chanta à la réunion de 1832 et qui commençaient ainsi:

Pour célébrer ce grand jour
Je veux boire
A votre gloire
Et mettre à sec sans détour
Tous ces flacons tour à tour.

Inutile d'ajouter que les flacons qu'il s'agit de „mettre à sec" pendant nos fraternelles agapes, contiennent à l'ordinaire des spécimens choisis des crus les plus renommés du pays, dus à la générosité des Municipalités ou des Gouvernements cantonaux, heureux d'offrir en aussi solennelle circonstance ce qu'ils ont de meilleur. On ne doit donc pas être surpris de rencontrer dans maintes de nos chroniques, anciennes ou récentes, des épithètes extrêmement élogieuses appliquées au „Cortaillod", au „Fendant", au „Dézaley" et à d'autres vins excellents qui eurent l'honneur de figurer sur nos tables officielles.

On pourrait, en choisissant parmi les discours et les „toasts" prononcés dans ces fêtes, composer un recueil intéressant pour la „petite" histoire de la Société. La plupart de ces productions ne nous sont que partiellement connues par les résumés qu'en donnèrent les journaux quotidiens; un petit nombre seulement d'entre eux nous ont été intégralement conservés dans quelques „Récits de fête" publiés dans les „Actes", et si, parmi ces derniers, il y a comme on dit „à prendre et à laisser", ce que l'on pourrait y puiser est en somme tout ce qui nous reste d'authentique sur certains épisodes de notre vie. On nous permettra de regretter que les procès-verbaux de nos sessions demeurent le plus souvent muets sur ces „à côté" de nos séances officielles, dans lesquels se disent beaucoup de choses éphémères et banales sans doute, mais aussi quelques unes qui mériteraient de ne pas être oubliées. Parmi les orateurs qui se firent ainsi entendre à la fin de nos banquets figurèrent, à différentes époques, les Dumas, les Wislicenus, les Milne-Edwards, les Virchow et d'autres savants illustres de la Suisse ou de l'étranger qui n'avaient guère la réputation de parler pour ne rien dire.

Nous remarquions tout à l'heure qu'en dehors des caractères communs à toutes nos sessions, chacune de celles-ci se distingue de ses semblables par des traits qui lui sont propres et par lesquels elle se grave plus particulièrement dans la mémoire de ceux qui y prennent part. Le plus souvent, ces traits distinctifs dérivent de circonstances secondaires qui n'ont rien à faire avec la science. Ainsi à Berne, en 1816, nous avons eu l'exhibition d'exercices de gymnastique qui firent sensation parce qu'ils étaient alors tout à fait à leurs débuts; à Zurich l'année suivante les réjouissances paraissent avoir été nulles. „Cette session fut terne, dit de Candolle dans ses *Mémoires*, aucune fête ne l'anima, nous aperçûmes à peine une dame, tant la séparation des sexes est d'usage dans cette ville". Mais de Candolle ajoute de suite que la réunion zurichoise suivante, laquelle eut lieu en 1827, présenta „beaucoup plus d'agrément et d'intérêt". Entre temps, la Société avait mangé à Lausanne la chair d'un Silure „qui pesait 43 Kilos". A la réunion d'Aarau on donna le spectacle du défilé du Corps des cadets, „avec son artillerie", et la Société avait admiré à celle de Soleure, pendant une réception chez le Chevalier de Roll, une „illumination" des bords de l'Aar, accompagnée d'un concert exécuté par la Société cantonale de musique.

Un vieil adage prétend qu'il vaut mieux ne pas discuter des goûts et des couleurs. Nous nous abstiendrons donc de rechercher pourquoi les uns apprécient davantage les réunions qui se tiennent dans nos capitales de canton, tandis que les autres préfèrent celles qui ont lieu dans de petits endroits plus difficilement accessibles. Quels que soient les avantages très apparents des premières, nous pensons que les sessions tenues „à la campagne" ou „en pleine montagne" sont celles dont la majorité des assistants gardent le plus long souvenir.

La première fois que la Société helvétique se hasarda a se réunir loin des villes, ce fut en 1829 pour accepter l'invitation que lui avaient adressée les Religieux du Grand St-Bernard. Quatre-vingt membres environ y participèrent sous la présidence du Chanoine Biselx, curé de Vauvri. Le 20 Juillet au matin, les rues de Martigny se couvrirent de chars et de mulets. On usa d'autant plus de ces modes de locomotion, les seuls qui existassent alors, que les prix en avaient été, par une délicate attention, abaissés „à la moitié du taux ordinaire". Le cortège formé par les montures et les véhicules mesurait au moins un quart de lieue de longueur; la pluie qui avait menacé pendant la nuit céda la place au ciel bleu à partir de 10 heures du matin. On dîna à Liddes, et la tête de la colonne arriva dès 4 heures à l'Hospice où elle reçut le plus gracieux accueil. La session dura les trois jours réglementaires. Chaque matin, les naturalistes prenaient part au service à l'église; ils déjeunaient à 7 heures, tenaient séance de 8 à 1 heure et, après dîner, faisaient des excursions „tantôt scientifiques, tantôt simplement pittoresques". „Peut-être, ajoute le chroniqueur de la *Bibliothèque universelle*, Aug. de la Rive, en rendant compte de la fête, la réunion de cette année ne sera pas l'une de celles auxquelles la science sera le moins redevable, comme elle sera certainement celle qui laissera les souvenirs les plus profonds chez ceux qui y ont assisté".

Le quatrième jour, la Société se sépara des Religieux qui avaient pris toutes les précautions imaginables pour assurer son bon retour. Le Rapport consacré dans nos Actes au récit de cette inoubliable rencontre se termine par l'heureuse constatation suivante: „Il est satisfaisant de pouvoir consigner ici que pendant les quatre jours employés tant au voyage qu'au séjour au Couvent, aucun accident ne vint troubler la gaîté de cette réunion; un des voyageurs avait une légère écorchure en montant, mais cela n'eût pas de suites".

Siegfried rapporte un curieux incident de la session de Lugano en 1833, lequel produisit, paraît-il, une étrange impression sur les participants. En arrivant devant la salle des séances, ceux-ci y trouvèrent placés d'un côté un garde militaire et de l'autre un capucin, comme si l'on avait voulu exprimer par là que la science peut exercer une influence réconciliatrice entre le pouvoir laïque et le pouvoir ecclésiastique. Influence discutable, si l'on refléchit qu'en 1852, la réunion de Sion faillit être troublée par un conflit entre le clergé qui avait mal interprêté une conférence de l'un de nos membres, et notre Comité. Une délégation fut envoyée à l'Evêque et le malentendu se dissipa heureusement assez vite. On peut bien d'ailleurs certifier d'une manière générale que notre Société a entretenu les meilleures relations avec les autorités religieuses de toutes les confessions. A Samaden en 1863, par exemple, il y eut échange de salutations télégraphiques entre les naturalistes et les membres de la Société pastorale suisse qui tenaient en même temps qu'eux séance à Coire. En 1868 l'assemblée se passa à Einsiedeln sans aucun nuage.

La réunion de Samaden est restée célèbre pour plusieurs raisons: d'abord le lieu est enchanteur, une récente chute de neige avait blanchi le sol environnant qui resplendissait au soleil et le village s'était paré de fleurs, de bannières et de guirlandes; la Haute-Engadine toute entière s'était mise en fête. D'autre part, la séance d'ouverture se tint, exceptionnellement, dans l'Eglise de Samaden superbement décorée et dont la chaire, convertie en corbeille de fleurs, était revêtue du drapeau fédéral. Enfin, parmi les assistants se trouvait le botaniste Charles Martins de Montpellier qui y avait été amené par ses amis Desor et Vogt et qui fut si enthousiasmé par tout ce qu'il y vit et tout ce qu'il y entendit, qu'il en publia un récit fort élogieux pour notre Association. Ce récit très agréable à lire fut remarqué en France et il a largement contribué à nous faire connaître dans ce pays, car il contient un résumé fidèle de notre constitution et de notre histoire.

Nous lui empruntons quelques détails amusants relatifs à la conférence que prononça Carl Vogt devant l'assemblée de Samaden sur les relations de parenté existant entre l'homme et les singes, détails qui confirment ce que nous venons de dire sur le rôle conciliateur que peut exercer la science entre des hommes professant les idées philosophiques les plus opposées: „Le professeur Vogt se demanda, raconte Ch. Martins, si l'homme, cet être modifiable et perfectible ne proviendrait pas originairement d'un type inférieur dont les singes anthropomorphes, l'orang, le chimpanzé et le gorille sont les représentants actuels. Posée dans une église chrétienne, la question produisit une certaine émotion, mais nul ne se récria, car la libre discussion est l'essence même d'un peuple et d'une religion affranchis du joug de l'autorité. Parmi les auditeurs se trouvait le professeur Hengstenberg, le fougueux prédicateur de la Cour de Berlin: apôtre du piétisme le plus exagéré, c'est lui qui a poussé le roi de Prusse dans la voie funeste où il s'est engagé; mais, comme le dit Hegel, toutes les antinomies finissent par se résoudre, et l'on peut voir sur le livre des étrangers aux eaux de Poschiavo, près de Samaden, le noms des MM. Vogt et Hengstenberg unis par une fraternelle accolade. C'est la réconciliation momentanée du piétisme le plus étroit avec le matérialisme le plus radical; c'est le rapprochement de deux antipodes intellectuels." [1])

Ce ne fut pas la seule fois que Vogt parla à la Société helvétique, dans une église. Il y eut récidive de sa part à la réunion de Bex en 1877. Cette session demi-villageoise, tenue comme celle de Samaden dans une contrée extrêmement belle, au milieu d'une population empressée à tout entreprendre pour assurer le plus de plaisir et de bien-être à ses hôtes, compte également parmi les mieux réussies du siècle écoulé. Elle devait être présidée par Louis Dufour, le premier physicien portant ce nom de Dufour si cher à chacun de nous, mais la maladie obligea le brillant professeur de Lausanne de se faire remplacer par son Vice-président, le botaniste J.-B. Schnetzler, lui aussi très aimé en Suisse et qui, grâce à sa souriante bienveillance contribua pour une bonne part au succès de cette fête qui fut surtout celle de Bernard Studer dont on célébra d'une façon touchante le 83e anniversaire. La petite ville vaudoise était, comme l'avait été Samaden, toute enguirlandée de fleurs, les drapeaux flottaient sur chaque maison, et des arcs de verdure portaient de poétiques devises. Un nombreux comité local avait habilement préparé toutes les cérémonies qui se déroulèrent aux sons harmonieux de la fanfare de Bex. On conférencia dans le temple, et comme Bex ne possédait pas de salle à manger assez vaste pour abriter trois cents convives, on dîna sous une tente en plein air. Ce fut une réunion éminemment champêtre qui s'écoula, d'un bout à l'autre, dans l'allégresse et dont le point culminant se présenta le deuxième jour, au Bévieux, où toute la population de Bex avait accompagné les naturalistes pour assister à la remise qui fut faite à leurs confrères de la Société vaudoise, de deux énormes blocs erratiques, la Pierre-Bessa et le Bloc-Monstre. Puis, comme les demoiselles de Bex s'apprêtaient à servir des bricelets arrosés de l'excellent vin de Crie, tout à coup la Pierre-Bessa sembla s'entr'ouvrir et l'on en vit sortir des gnomes et des fées aux charmants visages qui entonnèrent une cantate dont voici quelques paroles:

N'est-ce pas nous qui sur les hautes pentes,
De nos mains diligentes
Allons jeter la semence des fleurs?
N'allons-nous pas, quand la nuit fait silence
Surveiller leur croissance
Et les parer de leurs riches couleurs?
Puis nous versons sur la plante fanée
La goutte de rosée
Qui lui redonne un air plus vigoureux.

[1]) Le récit de Ch. Martins a été réuni par lui à d'autres récits de voyage sous le titre: *Du Spitzberg au Sahara*, en un volume in 8°. Paris 1866. J. B. Baillière & fils.

Alors, l'une des jeunes fées s'avança auprès du vénérable Studer et lui récita un compliment à l'occasion de son anniversaire que ses confrères en géologie et ses élèves avaient dignement fêté la veille par l'organe d'Alphonse Favre lui offrant un magnifique album. Le lendemain, le nom de B. Studer fut gravé dans le granit d'un bloc erratique situé à l'extrêmité Nord de la moraine de Monthey et le Bloc Studer prit place désormais parmi nos monuments préhistoriques.

Le programme de la réunion de Bex contenait une innovation; il avait prévu des excursions d'histoire naturelle pratique. Malheureusement, le mauvais temps empêcha de les faire, mais l'idée trouva sa réalisation dans les sessions suivantes. A plusieurs reprises durant ces trente dernières années, les jours qui précèdent ou qui suivent immédiatement la session ont été consacrés à des excursions zoologiques, botaniques ou géologiques, dirigées par un „chef de course" connaissant à fond la contrée.

On a vu quelquefois, dans le cas où le but de l'excursion offrait un intérêt général, la plupart des membres se joindre aux spécialistes. Ainsi, en 1882, accompagnâmes-nous en grand nombre M. le professeur Heim, au village d'Elm que l'éboulement du Risikopf avait, en Septembre de l'année précédente, partiellement détruit. Ainsi encore, en 1894, presque tous les sociétaires réunis à Schaffhouse, suivirent M. le Dr Nüesch, dans la célèbre grotte du Kesslerloch.

Combien de traits caractéristiques de nos sessions les plus mémorables ne resterait-il pas à citer encore si nous avions la prétention d'être complets?

Nous eûmes nos festspiels et nos représentations théâtrales. Sur la scène du „Schänzli" à Berne, on joua, en 1878, une pièce de M. Reymond qui, sous le titre: Die Alten und die Jungen, mettait en lutte la vraie science et la fausse, pour aboutir, bien entendu, à la victoire de la première. En 1899, une „Revue" intitulée Jean-Jacques Rousseau au 82e Congrès de la Société helvétique des sciences naturelles eut un grand succès à Neuchâtel et, dans un genre un peu différent, on applaudit à Lausanne, en 1893, les silhouettes fort ressemblantes, quoiqu'un peu caricaturales, des principaux naturalistes présents, dessinées et expliquées par le regretté Henri Golliez, alors professeur de minéralogie à l'Université.

De plus graves souvenirs se rattachent à la participation que prit notre Société en corps aux inaugurations des bustes d'A.-P. de Candolle en 1845 et d'Auguste de la Rive en 1902; au pèlerinage à la tombe de Gressly dans le cimetière de St-Nicolas à Soleure en 1869, ou à la maison natale de Louis Agassiz à Motier sur les bords du lac de Morat, en 1907, à l'occasion du centième anniversaire de sa naissance.

A aucun moment, on peut l'affirmer, la Société helvétique n'a oublié ceux qui par leurs travaux, ont ajouté à sa gloire, et c'est avec un sentiment de pieuse reconnaissance qu'elle se rendra encore cette année à Morges, afin d'inaugurer un modeste monument à la mémoire de François Forel l'un de ceux qui, la considérant comme sa famille agrandie, l'ont le plus profondément aimée.

A aucun moment non plus, notre Société n'a cessé de se préoccuper de la protection de nos beautés naturelles. C'est d'elle qu'est partie, récemment encore, l'initiative de la création d'un *Parc national*, objet actuel de toute sa sollicitude et qui deviendra bientôt un précieux champ de recherches pour nos naturalistes. Grâce à l'ardente conviction de son principal auteur, et au bienveillant appui de la Confédération, cette initiative a été couronnée d'un entier succès. L'esprit qui guidait nos aînés lorsque, naguères, ils appliquaient tous leurs efforts à conserver nos blocs erratiques, ou à défendre la Chute du Rhin à Schaffhouse, contre les convoitises d'industriels profanateurs, demeure toujours vivant parmi nous.

Et maintenant, sans avoir tout dit, il faut nous taire. Si incomplet que soit le „coup d'œil" que nous venons de jeter sur ce premier siècle d'existence de la Société helvétique, il suffira peut-être pour laisser l'impression que l'œuvre de celle-ci a été féconde et salutaire, que ses membres ont vraiment travaillé d'une façon désintéressée à enrichir les sciences de la nature et à mieux faire aimer notre cher pays de Suisse en révélant un plus grand nombre de ses beautés infinies.

Née aussitôt après les effroyables guerres du Premier-Empire, la Société helvétique des Sciences naturelles a vécu un siècle de paix relative. Elle va célébrer son premier centenaire au milieu de guerres plus effroyables encore que celles qui ont précédé sa naissance. Nos âmes attristées regardent néanmoins avec confiance vers l'avenir, pénétrées qu'elles sont d'amour pour notre Patrie, et de la certitude du triomphe définitif de l'Esprit sur la Matière, de l'Idéalisme pacifique qui glorifie la Justice sur le Matérialisme guerrier qui décerne la palme au plus fort.

Et, dans la douleur de l'heure présente, chacun de nous répète sincèrement dans le fond de son cœur ce vœu que chantaient nos pères à la réunion de 1832:

Dans un temps où de noirs nuages
Notre horizon semble obscurci
Afin d'échapper à l'orage
Au nom de Dieu, restons unis.

II.

RAPPORTS

SUR L'ACTIVITÉ

DES COMMISSIONS ET DES SECTIONS

DE LA

SOCIÉTÉ HELVÉTIQUE DES SCIENCES NATURELLES.

A. LES COMMISSIONS ACTUELLES.

B. LES ANCIENNES COMMISSIONS.

C. LES SECTIONS.

A. LES COMMISSIONS ACTUELLES.

1. Die Denkschriften-Kommission.

Die Geschichte der Denkschriftenkommission fusst, streng genommen, wenn nicht im eigentlichen Gründungsjahr unserer Gesellschaft, so doch in den ersten Statuten derselben, deren Entwurf anlässlich der zweiten Jahresversammlung, im Oktober 1816 in Bern, einer einlässlichen Beratung unterworfen wurde und die dann im folgenden Jahre 1817 an der zu Zürich tagenden Jahresversammlung angenommen wurden. Dass die Gründer der Schweizerischen Naturforschenden Gesellschaft in der Herausgabe einer eigenen Zeitschrift eine ihrer wesentlichen Aufgaben erblickten, geht sicherlich schon daraus hervor, dass dieses Traktandums im Einladungsschreiben zur Berner Versammlung besonders gedacht wurde.

Die Diskussion scheint dann auch in Bern reichlich benutzt worden zu sein. Es ist daraus ein revidierter Statutenentwurf hervorgegangen und als Wegleitung gewissermassen für die Redaktion der endgültigen Statuten wurden hinsichtlich der Beschäftigung der Gesellschaft, laut handschriftlich geschriebenem Protokoll jener denkwürdigen Sitzungen, nachstehende Bestimmungen aufgestellt:

„*Beschäftigung der Gesellschaft:*

Ausser den Versammlungen, durch Mitteilung gemachter Erfahrungen, Entdeckungen, Beobachtungen etc.

Diese Mitteilungen können geschehen:

1. ***durch Korrespondenz*** *der Mitglieder untereinander und mit dem Präsidenten. Auf diese Weise bliebe aber das Meiste den übrigen Mitgliedern der Gesellschaft unbekannt bis zur nächsten Versammlung und doch dürfte oft manchem daran gelegen sein, dass seine Beobachtung, Entdeckung, Anfrage oder Anzeige schnell zur allgemeinen Kunde käme. Es wäre daher zweckmässiger und bequemer, wenn diese Mitteilung*
2. ***durch ein gedrucktes Bulletin*** *geschehen könnte, zu dessen gemeinschaftlicher Herausgabe sich die Gesellschaft entschliessen sollte.*

*Der **Inhalt** eines solchen Bulletins wären also kurze Abhandlungen, Nachrichten von Beobachtungen, Entdeckungen, Anfragen, Berichtigungen etc.*

Einrichtung desselben.

Wie eine Art von Zeitung erschiene davon von Zeit zu Zeit 1—2 Bogen, jenachdem viel oder wenig Stoff dazu vorhanden wäre.

Wie oft könnte es erscheinen?

Hierüber lässt sich wohl nichts Bestimmtes feststellen, am besten wäre es, es so oft erscheinen zu lassen, als sich hinlänglicher Stoff dazu vorfindet.

Wie der Druck und die Mitteilung zu veranstalten?

Die Gesellschaft hält sich dazu einen oder mehrere Redaktoren. Den Druck selbst und die Versendung übertrüge sie einer Buchhandlung.

Wie sollten die Unkosten des Bulletins bestritten werden?

***Entweder** bloss durch Subskription sämtlicher Mitglieder, für die es zunächst bestimmt sein soll,*

***oder** aber, im Fall es auch für den Buchhandel sich eignen würde, durch einen Verleger, der sich gewiss leicht finden würde, wenn er nur die Kosten des Druckes und der Versendung zu übernehmen, aber kein Honorar zu zahlen hätte. In diesem Falle würde auch der Subskriptionspreis für die Mitglieder ungleich niedriger angestellt werden können.“*

Die 1817 an der Jahresversammlung in Zürich endgültig angenommenen Statuten erhielten in bezug auf die Herausgabe einer eigenen Zeitschrift auf Grund der gewalteten gründlichen Aussprache folgenden Wortlaut:

„Art. 7. Beschäftigung der Gesellschaft. b. ausser der Versammlungen. 2. Durch ein gedrucktes Tagblatt. Der Inhalt dieser Zeitschrift besteht in kurzen Aufsätzen, Nachrichten von Beobachtungen, Entdeckungen, Anfragen, Berichtigungen, Anzeigen und Ankündigungen neuer Schriften. Die Redaktion und Herausgabe desselben ist dem Herrn Professor Meisner in Bern, auf eigene Rechnung, einstweilen und für so lange überlassen, als die Gesellschaft darüber nichts anderes verfügen wird.

Die Mitglieder der Gesellschaft sind eingeladen, ihre Aufsätze, deren Inhalt und Form sich für diese Zeitschrift eignen, derselben vorzugsweise mitzuteilen.

Die Gesellschaft wird in der Folge über die Herausgabe grösserer Gesellschaftsschriften die erforderlichen Vorkehrungen treffen.“

Die Versammlung in Bern hatte also, wie aus dem Vorstehenden erhellt, die Herausgabe einer Zeitschrift unserer Gesellschaft unter dem Titel „Bulletin“ beschlossen, ohne noch über die Zeit seiner Eröffnung etwas näheres zu bestimmen, sich damit begnügend, die Ausführung der Zentral-Kommission zu übertragen, welche die Redaktoren vorschlagen oder auch selbst die Redaktion übernehmen und mit einem Verleger einen

Vertrag abschliessen sollte. Zugleich wurden die Mitglieder eingeladen, ihre durch Inhalt und Form für dieses Bulletin sich eignenden Arbeiten keinem andern Journal zu übergeben.

Die Zentral-Kommission hielt dafür: „ehe noch ein hinlänglicher Vorrat solcher Arbeiten, deren Bekanntmachung dem Verein der schweizerischen Naturforscher wirklich Ehre machen würde, gesammelt und zur Auswahl und Benutzung für eine Reihe von Heften beisammen sei, dürfte es nicht rätlich sein, die Zeitschrift zu eröffnen, auf dass nicht etwa damit die leidige Zahl derjenigen wissenschaftlichen Journale vermehrt werde, die bald nach ihrem ersten Auftritt schon an Auszehrung leiden oder zu Lückenbüssern ihre Zuflucht nehmen müssen; wir zweifelten, dass die an alle Mitglieder erlassene Einladung den gewünschten Erfolg haben dürfte, weil manche achtungswerte Glieder der Gesellschaft in frühern anderweitigen literarischen und persönlichen Verbindungen stehen, die sie aus mancherlei Gründen bewegen können, ihre Arbeiten wie bisher an schon bestehende und viel verbreitete Zeitschriften zu übergeben; wir glaubten endlich auch, für die kleinen Angaben, Bekanntmachungen, Anfragen u. drgl. könnten die vielen Tag- und Wochenblätter, deren auch bei uns einige allgemein gelesene und schnell sich verbreitende, von denen wissenschaftliche Gegenstände keineswegs ausgeschlossen sind, erscheinen, bequemer und leichter benutzt werden. Diese Ansicht, die im verwichenen Frühjahr den Gliedern der grösseren Kommission zur Prüfung vorgelegt ward, erhielt den Beifall der aargauischen und waadtländischen Gesellschafter, wogegen die Kommission in Bern, nicht nur in der beförderlichen Herausgabe eines eigenen Bulletins, ein kräftiges Mittel wahrnahm, um die Verhandlungen der Gesellschaft zu beleben und gegenseitige Mitteilungen zu vervielfachen, sondern darüberhin eines ihrer Glieder, das zugleich unter die Stifter unserer allgemeinen Gesellschaft gehört, Herrn Professor Meisner, der sich wiederholt anbot, die Herausgabe des Bulletins, als seine eigene Sache, auf seine Rechnung zu übernehmen, ermunterte alsobald zu beginnen. Bei so bewandten Umständen glaubte die Zentral-Kommission dem Wunsche des eifrigen und verdienstvollen Mannes entsprechen zu sollen und Herr Meisner ward bevollmächtigt, ein solches Bulletin als Privatunternehmung mit Genehmigung der Gesellschaft herauszugeben; woraufhin derselbe dann wirklich seinen naturwissenschaftlichen Anzeiger eröffnet hat, dessen erste Stücke schätzbare Urkunden der Bildung unseres Vereins und einige andere Arbeiten von unzweifelhaftem Werte enthalten.“ (Eröffnungsrede 1817.)

Anlässlich der Versammlung in Zürich (1817) wurde das erste Blatt dieser Zeitschrift vorgelegt. Dieselbe erschien unter der Aufschrift „Naturwissenschaftlicher Anzeiger“ vom 1. Juli 1817 an (Bern, Stämpfli) regelmässig als Monatsnummer bis 1. Christmonat 1822, von da an langsamer, so dass der 5. Jahrgang, der am 1. Juli 1822 begann, am 1. Juni 1823 (Bern, Jenni) schloss. Die letzte Nummer enthält das Register, das auch in Siegfried's Schriftchen: „Momente aus der Geschichte der Schweiz. Naturf. Gesellschaft (1848)“ abgedruckt ist. Über das Warum des frühzeitigen Abschlusses spricht sich Rohrdorf, der damalige Präparator des Berner Museums in seinem Meisner-Nekrolog (Annalen der Allgemeinen Schweiz. Gesellschaft für die gesamten Naturwissenschaften, II (1824), 248), wie folgt aus: „Leider hat sich die niederschlagende Erfahrung der meisten schweizerischen Zeitschriften auch hier bestätigt, indem trotz der unter günstigen Auspizien begonnenen Unternehmung, der beträchtlichen Abonnentenzahl und der vielen Beiträge von allen Seiten bei einer unermüdeten Tätigkeit des Herrn Redaktors der Vertrieb nach aussen allzu gering war, dass sie auf die Dauer hätte bestehen können."

Ungeachtet dieses Misserfolges erschienen als Fortsetzung, gleichfalls von Meisner redigiert und herausgegeben, die „Annalen der Allgemeinen Schweizerischen Gesellschaft für die gesamten Naturwissenschaften", nun allerdings in bedeutend bescheidenerem Format (Bern, C. A. Jenni und Leipzig, C. H. F. Hartmann). Hievon sind 2 Bände 8° erschienen, jeder in zwei Heften; beide Bände tragen die Jahreszahl 1824, doch ist das erste Heft des ersten Bandes schon 1823 erschienen. Mit dem am 12. Februar 1825 erfolgten Tode des tätigen Redaktors haben die Annalen ihren frühen Abschluss gefunden.

Die Frage der Herausgabe eines eigenen Publikationsorganes schlief damit aber keineswegs ein. In der dritten Sitzung der Jahresversammlung in Solothurn, 29. Juli 1825, wurde neuerdings die Herausgabe von Denkschriften als „angemessen und zweckmässig erachtet" und beschlossen, auch für diese Angelegenheit die Gefälligkeit und die erprobten Kenntnisse und Einsichten der Mitglieder und des Kantonalvereins von Zürich in Anspruch zu nehmen und von denselben über die Art und Weise der Ausführung Vorschläge zu erbitten". Der von den Zürchern erbetene und von diesen vorbereitete Antrag wurde an der Jahresversammlung in Chur (1826) in erster Linie vom Zentralkomitee geprüft und sodann nach nochmaliger Umarbeitung durch Staatsrat Usteri, in der Sitzung vom 27. Juli derselben Zusammenkunft der Versammlung unterbreitet. Er lautete:

„1. Die Gesellschaft hält ihren Bestrebungen und Zwecken entsprechend, eine periodische Sammlung von naturwissenschaftlichen Abhandlungen ihrer Mitglieder, die der Bekanntmachung wert erachtet würden, unter dem Namen ***Denkschriften der Allgemeinen Schweizerischen Naturforschenden Gesellschaft,*** *wofern nämlich die deshalb anzufragenden Kantonalgesellschaften dafür einstimmen und auf die Herausgabe von eigenen Sammlungen ihrer Arbeiten oder Memoiren verzichten wollen.*

2. Alljährlich erscheint von diesen Denkschriften eine Lieferung oder ein Band, dessen Stärke durch den Vorrat an Materialien bestimmt wird.

3. Die aufzunehmenden Denkschriften können in deutscher, französischer, italienischer oder lateinischer Sprache verfasst und abgedruckt werden.

4. Es sollen in die Sammlung nur solche Arbeiten aufgenommen werden, durch welche die Naturwissenschaft oder irgend ein einzelner Zweig der Naturkenntnis, vorzugsweise aber diejenige der Schweiz, Bereicherung, Zuwachs oder Berichtigung durch neue Beobachtungen, Entdeckungen oder Versuche erhält.

5. Zu Ausmittlung der Druckwürdigkeit der eingereichten Schriften ist eine vorherige Prüfung derselben notwendig. Für diese Prüfung wird von der Gesellschaft ein Komitee von drei Mitgliedern gewählt.

6. Demselben liegt hinwiederum die Redaktion sowohl als die ökonomische Besorgung der Herausgabe dieser Gesellschaftsschriften ob. Es wird deshalb, unter Vorbehalt der Genehmigung der Gesellschafts-Direktion, einen Vertrag mit einem Verleger abschliessen, und um diesen desto günstiger zu erzielen, die Mitglieder der Gesellschaft zu Unterzeichnung für den Ankauf der Sammlung einladen; so nämlich, dass die unterzeichnenden Mitglieder um die Hälfte des Ladenpreises die Schriften von dem Verleger erhalten.

7. Auf den jedesmaligen Bericht dieses engern Komitees wird die Gesellschaft in ihrer Jahresversammlung die Summe festsetzen, welche aus der Gesellschafts-Kasse, zum Behuf der Ausgabe der Denkschriften und zur Bereicherung derselben durch Kupfer- oder Steindrucktafeln, verwendet werden darf.

8. Dieses Komitee wird zu gleicher Zeit auch das andauernde General-Sekretariat der Gesellschaft sein, und es liegt demselben diejenige Leitung der Gesellschafts-Verhältnisse und -Geschäfte ob, welche nicht auf die Jahres-Versammlung Bezug haben, und die einer zusammenhängenden ununterbrochenen Behandlung bedürfen.

9. Das Komitee wird beauftragt, an die Kantonal-Gesellschaften die im ersten Artikel dieses Beschlusses bezeichnete Anfrage gelangen zu lassen und im Fall allseitig bejahender Antworten alle weitern obbemerkten Einleitungen für die Herausgabe der Schriften zu veranstalten.

10. Das Komitee oder General-Sekretariat wird von der Gesellschaft auf drei Jahre gewählt. Nach Abfluss dieser Zeit tritt alljährlich ein Mitglied aus; die austretenden Mitglieder sind wieder wählbar.“

Die Versammlung nahm in derselben Sitzung den Antrag an, wählte als Ort des im Antrage erwähnten Komitee's Zürich und als Mitglieder desselben die Herren Staatsrat Dr. P. Usteri, Hofrat Dr. J. C. Horner und Prof. Dr. H. R. Schinz.

In der nächstfolgenden Jahresversammlung in Zürich konnte Staatsrat Usteri der Versammlung die Mitteilung machen, dass das General-Sekretariat mit der Buchhandlung Orell Füssli & Comp. in Zürich einen Vertrag hinsichtlich der Herausgabe von „Denkschriften“ abgeschlossen habe und sich hiefür die Zustimmung der Gesellschaft erbitte. Sie wurde gewährt. 1829 erschien eine erste Abteilung des ersten Bandes, 4°, 1833 eine zweite, womit es sein Bewenden hatte. Schwierigkeiten mit dem Verleger wegen zu geringen Absatzes waren Ursache, dass die Gesellschaft 1835 an der Jahresversammlung eine Kommission, bestehend aus Oberstlieutnant Fischer von Schaffhausen, Professor H. R. Schinz von Zürich und Dr. Imhof von Basel zur Begutachtung des Berichtes des General-Sekretariates über die Herausgabe der Denkschriften einsetzte und auf deren Antrag hin beschloss, vorderhand keine weiteren eigenen Hefte der Denkschriften mehr herauszugeben, dagegen Abhandlungen interessanten Inhaltes, welche in der Gesellschaft gelesen und behandelt werden, in den jährlichen Verhandlungen der Gesellschaft abzudrucken.

Die Jahresversammlung in Solothurn des Jahres 1836 brachte dann die ganze Angelegenheit auf einen neuen Boden und damit in glücklicher Weise um einen Schritt weiter. Die Sektion für Geologie brachte nämlich folgenden Antrag ein:

„*1° La société reprend la publication de ses mémoires à ses périls et risques.*

2° La publication se fera par mémoires, avec pagination continuante; elle ne sera pas à époques fixes. Chaque branche des sciences naturelles peut former une série à part, avec pagination indépendante, et être vendue séparément.

3° Ces mémoires, feront suite aux mémoires de la société déjà publiés et paraîtront dans le même format.

4° Les mémoires publiés doivent:

a) Être écrits par des membres de la société.

b) Être adoptés par cinq membres de la commission.

c) Présenter des nouveautés importantes.

5° Une commission nommée à cet effet doit faire le choix des mémoires à imprimer. Cette commission composée de sept membres doit représenter les différentes branches des sciences naturelles.

6° Le président de la commission est chargé de la comptabilité et des arrangements nécessaires pour la publication.

7° Elle ne dépassera pas le crédit de seize cents francs de Suisse, jusqu'à la réunion prochaine; non compris la recette des mémoires vendus.

8° Sont nommés membres de la commission:

a) Président, Mr. Louis Coulon, à Neuchâtel.

b) Mathématique et physique, Mr. Mousson, professeur, à Zurich.

c) Chimie, Mr. Brunner, professeur, à Berne.

d) Géologie et minéralogie, Mr. Pierre Mérian, professeur, à Bâle.

e) Zoologie et Paléontologie, Mr. Agassiz, professeur, à Neuchâtel.

f) Botanique, Mr. de Candolle, à Genève.

g) Sciences médicales, Mr. le Docteur Rahn, à Zurich.“

In der Sitzung vom 27. Juli 1836 wurden diese Anträge im ganzen Umfange zum Beschluss erhoben. Schon im Jahre 1837 erschien in Neuenburg der I. Band unter der Aufschrift: Neue Denkschriften der Schweizerischen Gesellschaft für die gesamten Naturwissenschaften, Nouveaux Mémoires de la Société helvétique des sciences naturelles. An der Jahresversammlung 1837 nimmt die Gesellschaft Notiz von dem günstigen Gang der Angelegenheit und gewährt neuerdings einen Kredit im Betrage von Fr. 1600.—. Der Jahrespräsident Agassiz schlägt überdies im Interesse der Verbreitung der Gesellschaftspublikationen im Ausland vor, mit bekannten Buchhandlungen in Verbindung zu treten, diesen einen Rabatt von 50% auf dem Verkaufspreis zu gewähren und den Mitgliedern der Gesellschaft die Bände der Neuen Denkschriften zur Hälfte des Ladenpreises abzugeben. Die Gesellschaft gibt damit ihre Denkschriften in Kommission.

Die Drucklegung des zweiten Bandes bringt allerdings bereits einige Schmerzen, denn sie übersteigt um Fr. 500.— den gewährten Kredit, welches Defizit, wie die Verhandlungen von 1838 berichten, hauptsächlich durch den Druck der meteorologischen Abhandlung veranlasst worden ist. Die Kommission beantragte daher, den Kredit von Fr. 500.—, der im Jahre 1836 der meteorologischen Kommission eröffnet worden und unbenützt geblieben war, nun auf sie zu übertragen. Dies wurde genehmigt, zugleich die Rechnung gutgeheissen und ein neuer Kredit von Fr. 1600.— für den dritten Band der Denkschriften bewilligt. Ebenso wurde dem Wunsche des damaligen Kommissionspräsidenten, L. Coulon, es möchte der Preis der Denkschriften statt auf 4 Schweizerfranken in Zukunft auf 6 französische Franken angesetzt werden, entsprochen.

Die Verhandlungen des Jahres 1849, die Gesellschaft tagte in Frauenfeld, geben der Denkschriften-Kommission neuerdings Gelegenheit zu einem Rückblick. Immer und immer wieder ist die Frage der Weiterführung oder Sistierung der Publikation von Denkschriften aufgetaucht. Die Kommission warnt eindringlich davor, diese in jeder Hinsicht erspriessliche Tätigkeit der Gesellschaft abzubrechen und um die Weiterführung zu ermöglichen, stellt sie eine Reihe von Anträgen, die hier im Wortlaut des Protokolls folgen mögen:

„1. Mit dem X. Bande, welcher diesen Frühling erschienen ist, wird die erste Serie der Denkschriften abgeschlossen. Es beginnt von nun an eine neue Reihenfolge mit folgendem etwas verändertem Titel: Neue Denkschriften der Allgemeinen Schweizerischen Gesellschaft. Zweite Decade. 1. Band.

2. Es wird ein Zirkular an alle Gesellschaftsmitglieder gesandt, denselben darin die Bedeutung dieses Unternehmens ans Herz gelegt und sie zur Förderung desselben durch Subskription auf die neue Decade aufgefordert. In diesem Zirkular wird zugleich ein Verzeichnis der Abhandlungen der ersten Decade gegeben und angeboten, dieselbe unter ermässigten Preisen zu erlassen, nämlich:

Band	*I*	*zu 4*	*französischen*	*Fr.*	*statt*	*6.*
„	*II*	*„ 4*	*„*	*„*	*„*	*6.*
„	*III*	*„ 8*	*„*	*„*	*„*	*12.*
„	*IV*	*„ 8*	*„*	*„*	*„*	*12.*
„	*V*	*„ 8*	*„*	*„*	*„*	*12.*
„	*VI*	*„ 8*	*„*	*„*	*„*	*12.*
„	*VII*	*„ 5*	*„*	*„*	*„*	*8.*
„	*VIII*	*„ 7*	*„*	*„*	*„*	*10.*
„	*IX*	*„ 7*	*„*	*„*	*„*	*10.*

zusammen aber zu franz. Fr. 50 statt 88, wenn sie zur Subskription auf die neue Decade sich verpflichten wollen.

3. Ein ähnliches Zirkular wird an die Kantonalgesellschaften selbst gerichtet und dieselben eingeladen, sich ebenfalls für eine Zahl Exemplare zu verpflichten, wobei ihnen mit Bezug auf die frühern Bände dieselben Vergünstigungen der Ermässigung wie den einzelnen Mitgliedern bewilligt werden.

4. An Nichtmitglieder der Gesellschaft oder an Mitglieder und Gesellschaften, welche sich für die neubeginnende Decade nicht verpflichten wollen, werden die früheren Bände um die folgenden Preise überlassen:

Band	*I*	*zu*	*7*	*französischen*	*Fr.*	*statt*	*12.*
„	*II*	„	*7*	„	„	„	*12.*
„	*III*	„	*14*	„	„	„	*24.*
„	*IV*	„	*14*	„	„	„	*24.*
„	*V*	„	*14*	„	„	„	*24.*
„	*VI*	„	*14*	„	„	„	*24.*
„	*VII*	„	*9*	„	„	„	*16.*
„	*VIII*	„	*11*	„	„	„	*20.*
„	*IX*	„	*11*	„	„	„	*20.*

und zusammen um 90 franz. Fr. statt des bisherigen Preises von 176 franz. Fr.

5. Die Kommission der Denkschriften wird beauftragt, nach Erscheinen jedes Bandes eine kurze Anzeige des Inhalts nebst Angabe des Bezugsortes und Preises in geeignete öffentliche Blätter einzurücken. Dabei wird gleichzeitig auf die früheren Bände hingewiesen.

6. Es wird eine von der Kommission zu bestimmende Zahl von Exemplaren über die den Subskribenten zukommenden gedruckt und dieselbe einem Buchhändler zum Verkauf übergeben. Die Kommission ist ermächtigt, mit ihm die Bedingungen festzusetzen.

7. Der Betrieb der Denkschriften im Kreise der Gesellschaft wird von der Denkschriften-Kommission durch die Hand des Quästors der Gesellschaft, der zu dem Ende Mitglied derselben wird, besorgt. Ihm liegt es ob, gegen eine entsprechende Entschädigung die Subskriptionen bei den einzelnen Mitgliedern aufzunehmen, die erscheinenden Bände an die Subskribenten zu versenden, die Bezahlung dafür einzuziehen, endlich der Kommission jährlich über den ganzen Absatz Rechnung abzulegen.

Wir hoffen durch diese Bestimmungen den Verkauf so weit zu heben, dass aus dem Erlös die Herstellungskosten vollständig gedeckt werden können.“ (Verh. 1849.)

Anlässlich der Jahresversammlung in Solothurn (1869) beantragte das Zentral-Komitee eine Änderung des Reglementes für die Herausgabe der Denkschriften, da aber die Denkschriften-Kommission nicht vollzählig anwesend war, wurde beschlossen, ihr diese Angelegenheit zur Beratung und Antragstellung zuzuweisen. Die Gründe, die das Zentral-Komitee veranlasst haben mochten, eine Reglementsrevision anzuregen, erhellen aus der Berichterstattung der Denkschriften-Kommission an der nächstfolgenden Jahresversammlung, Frauenfeld 1871 (im Kriegsjahre 1870 war die Jahresversammlung ausgefallen). Der Kommissionspräsident P. Merian führte bei dieser Gelegenheit aus, „dass der Antrag des Zentral-Komitees aus der Besorgnis hervorgegangen sei, es könnte die Denkschriften-Kommission die der Gesellschaft zu Gebote stehenden Mittel, die allerdings vorzugsweise für die Denkschriften zu verwenden seien, überschreiten und eine ökonomische Verlegenheit für die Gesellschaft herbeiführen. Die Vorgänge bei der Herausgabe der beiden letzten Bände, des 22. und 23., welche beide viel stärker gewesen seien als die vorhergehenden, seien dazu angetan gewesen, einer solchen Besorgnis Raum zu gewähren, dass indessen bereits eine Ausgleichung herbeigeführt worden sei, indem dem neuen 24. Bande eine geringere Bogenzahl zugeteilt worden sei." Der Kommissionspräsident beantragte daher, von der Entwerfung eines neuen Reglementes zu abstrahieren und wie in früheren Jahren der Kommission einen unbestimmten Kredit für die Herausgabe eines neuen Bandes zu gewähren. Diese Anträge wurden in der zweiten Hauptversammlung zum Beschlusse erhoben.

An der Jahresversammlung in Aarau des Jahres 1881 macht sodann F. A. Forel, der an die Stelle des demissionierenden P. Merian als Kommissionspräsident getreten war, die Mitteilung, dass das Zentralkomitee im Mai desselben Jahres ein neues Reglement der Denkschriften-Kommission angenommen habe, und dass die Kommission beschlossen habe, künftighin auch die Einzelabhandlungen in den Verkauf zu bringen. Der Kommissionsverlag wird damit Georg in Basel übertragen.

In der Jahresrechnung 1888/89 erscheint dann zum ersten Mal ein Bundesbeitrag im Betrage von Fr. 2000.— zwecks Herausgabe der Denkschriften.

Das Jahr 1895 rückte die Frage der Drucklegung des grossen Werkes über das Schweizersbild in den Vordergrund. Die Denkschriften-Kommission kam hiebei zu der Erkenntnis, dass dessen Drucklegung ohne eine erhebliche, über die jährliche Bundessubvention von Fr. 2000.— hinausgehende Subsidie seitens des Bundes, unmöglich wäre, und das Zentralkomitee gelangte daher an den Bundesrat mit einem diesbezüglichen Gesuche, dem der damalige Vorsteher des Departementes des Innern, Herr Bundesrat Schenk entsprach, indem er einen ansehnlichen Betrag in das Budget pro 1896 aufnahm, um durch Abonnement auf 200 Exemplare des Werkes über das Schweizersbild die Veröffentlichung desselben in den Denkschriften zu ermöglichen. So weist denn die Rechnung des Gesellschaftsjahres 1896/97 an Beiträgen des Bundes Fr. 2000.— Subvention und Fr. 3000.— Subskription des Bundes auf 200 Exemplare von Band 35, 1. Rate auf und im folgenden Jahre Fr. 2000.—, entsprechend dem normalen Beitrag und Fr. 2700.— als 2. Rate des Subskriptionsbetrages.

Nachdem das Zentralkomitee von der Jahresversammlung in Engelberg (1897) die Aufgabe übernommen hatte, über die Eingabe der Zentralkommission für die schweiz.

Landeskunde an die Bundesbehörden betreffend die Herausgabe der Werke verstorbener schweizerischer Gelehrter die Meinung der kantonalen Gesellschaften einzuholen, hatte dasselbe der Jahresversammlung in Bern (1898) beantragt, die Angelegenheit an die Denkschriften-Kommission zum Studium zu weisen. Die Versammlung hatte sich diesem Antrage angeschlossen und 1899 referierte der Kommissionspräsident Prof. Dr. Arnold Lang in eingehendster Weise über die im Schosse der Denkschriftenkommission gepflogene Beratung (Verhandlungen von Neuenburg, 1899). Als Resultat derselben war zu verzeichnen: Aufnahme eines Alinea zu § 22 der damals in Kraft stehenden Gesellschaftsstatuten, dem folgender Wortlaut gegeben wurde:

Die Denkschriftenkommission kann Neuauflagen gedruckter oder die Herausgabe ungedruckter Werke und Abhandlungen verstorbener hervorragender schweizerischer Gelehrter veranstalten, sofern sich dafür ein grosses wissenschaftliches und vaterländisches Interesse oder Bedürfnis nachweisen lässt. Ferner wurde beantragt: 1. alljährlich in den Verhandlungen einen separaten Anhang auf Kosten der Denkschriften-Kommission herauszugeben, *„welcher neben einer Biographie oder einem Nekrolog oder einem Curriculum vitae ein kompletes Verzeichnis sämtlicher wissenschaftlicher Publikationen der im Berichtsjahre verstorbenen schweizerischen Naturforscher und Mathematiker enthält“* und 2. das Zentralkomitee zu beauftragen, beim Departement des Innern die Anregung zu machen, dass es die Frage prüfen wolle, ob nicht die Aufgabe der schweizerischen Kommission für Landeskunde dahin erweitert werden könnte, dass diese Kommission mit der Herausgabe der kompleten Bibliographien der hervorragenden verstorbenen schweizerischen Gelehrten betraut würde. Die sämtlichen Anträge der Denkschriften-Kommission erhielten die Sanktion der Jahresversammlung. Die Folge dieses Beschlusses war, dass schon im selben Bande der Verhandlungen ein besonderer Anhang erschien mit dem Titel: „Nekrologe und Biographien verstorbener Mitglieder der Schweiz. Naturf. Gesellschaft und Verzeichnisse ihrer Publikationen, herausgegeben von der Denkschriften-Kommission“. — 1902 gelangte die Denkschriften-Kommission durch das Zentralkomitee an die Bundesbehörden mit dem Gesuche die jährliche Subvention derselben für die Herausgabe der Denkschriften von Fr. 2000.— auf Fr. 5000.— erhöhen zu wollen. Das Ansuchen musste abschlägig beschieden werden, und die Denkschriften-Kommission, die vor der Frage der Drucklegung einer neuen grossen und wertvollen Arbeit der Herren Nüesch, Kollmann und Klaatsch über „Neue Pygmäenfunde“ stand und der durch die „Nekrologe und Biographien verstorbener Naturforscher und der Verzeichnisse ihrer Publikationen“ und der (Initiative Prof. Graf's) „Herausgabe bedeutender Werke hervorragender, verstorbener schweizerischer Gelehrter“, grosse Geldmittel erheischende Aufgaben erwachsen waren, kam hiedurch in nicht geringe Verlegenheit.

Die drohende Gefahr notgedrungenen Stillstandes wurde aber glücklich abgewendet, indem die Bundesversammlung dann doch beschloss, der Denkschriften-

Kommission an die Kosten ihrer wissenschaftlichen Publikationen einen Nachtragskredit pro 1902 im Betrage von Fr. 3000.— und für das Jahr 1903 ausserdem eine ordentliche Subvention von Fr. 5000.— (bisher Fr. 2000.—) auszurichten. Von da ab hat sich denn auch die jährlich bewilligte Subvention in dieser Höhe gehalten bis zum Jahre 1915, für welches Jahr infolge des ausgebrochenen europäischen Krieges der Beitrag des Bundes von Fr. 5000.— auf Fr. 2000.— reduziert werden musste.

1904 berichtet der Kommissionspräsident, dass er von der Kommission die Einladung erhalten habe, die Frage zu prüfen, ob es tunlich und möglich sei, neben den Denkschriften noch ein anderes, aus ganz kurzen wissenschaftlichen Mitteilungen sich zusammensetzendes, in rasch aufeinanderfolgenden Heften zu veröffentlichendes Publikationsmittel herauszugeben, das, ohne bestehenden Zeitschriften Eintrag zu tun, geeignet wäre, als Sammelstelle für die Resultate naturwissenschaftlicher Forschungen der ganzen Schweiz, über die Gesamtleistungen auf dem Gebiete einen Überblick zu verschaffen. Wir kommen auf die Weiterentwicklung dieser Frage am Schlusse unserer Berichterstattung zurück.

Bei dieser Gelegenheit wurde auch eine kleine Änderung am Reglement der Denkschriften-Kommission vorgeschlagen und angenommen, gemäss welcher in Zukunft nicht nur der Präsident der Kommission, sondern auch die übrigen Mitglieder der Denkschriften-Kommission und die Bibliothek des eidgenössischen Polytechnikums (jetzt eidg. technische Hochschule) je ein Freiexemplar der Veröffentlichungen der Kommission erhalten sollten und endlich wurde der Kommission der Schläflistiftung durch das Zentralkomitee der Wunsch ausgedrückt, sie möchte in die Statuten der Schläflistiftung die Bestimmung aufnehmen, dass die preisgekrönten Arbeiten in den Denkschriften zu publizieren seien.

Nachdem an der Jahresversammlung in Freiburg (1906) die Denkschriften-Kommission auf Antrag der Herren Rudio, Geiser, Kleiner und Moser eingeladen worden war, eine Subkommission von sieben Mitgliedern zu bestellen, mit dem Auftrag: *Die Mittel und Wege zu studieren, die zu einer Gesamtausgabe der Werke Euler's erforderlich seien und die Vorarbeiten so zu fördern, dass der nächsten Jahresversammlung Bericht erstattet werden könne,* schritt die Denkschriften-Kommission in ihrer Sitzung vom 2. Oktober 1907 zur Bestellung dieser Subkommission. Sie setzte sich zusammen aus den Herren Prof. Ferd. Rudio als Präsidenten, Prof. Ed. Hagenbach-Bischoff, Prof. J. H. Graf, Prof. Chr. Moser, Prof. C. F. Geiser, Prof. P. Von der Mühll, Prof. A. Riggenbach, Prof. R. Gautier, Prof. Ch. Caillier, Prof. H. Amstein und dem Berichterstatter als dem Vorsitzenden der Denkschriften-Kommission. Die Vorarbeiten konnten in der Folge so gefördert werden, dass 1909 die Subkommission von der Denkschriften-Kommission losgelöst und als selbständige Euler-Kommission konstituiert werden konnte. Das Nähere über deren Aufgaben und Leistungen erhellt aus deren Bericht.

1908 schloss die Denkschriften-Kommission mit der Firma Georg & Co. in Basel einen Vertrag betreffend den Debit im Buchhandel der Neuen Denkschriften der

Schweiz. Naturf. Gesellschaft ab und legte der Jahresversammlung desselben Jahres ein revidiertes Reglement für die Veröffentlichung der Neuen Denkschriften und Nekrologe vor, das die Genehmigung der Versammlung erhielt. Im folgenden Jahre, 1909, wurden mit der Firma Zürcher & Furrer in Zürich Verträge betreffend den Druck der Denkschriften und die Aufbewahrung und Verwaltung der Clichés aus den Denkschriften abgeschlossen.

1910 gelangte die Denkschriften-Kommission an das Zentralkomitee mit dem Ansuchen, die Bundesbehörden um eine Erhöhung der jährlichen Bundessubvention von Fr. 5000.— auf Fr. 10,000.— anzugehen, welchem Wunsche das Zentralkomitee Rechnung trug. Die Bundesbehörden sahen sich dann allerdings mit Rücksicht auf die Finanzlage der Eidgenossenschaft nicht in der Lage die Erhöhung den Räten beantragen zu können.

Im Verlaufe des Gesellschaftsjahres 1912/13 hatte sich, auf Ansuchen des Zentralkomitees die Denkschriften-Kommission mit dem „International Catalogue of Scientific Literature" zu beschäftigen. Das Zentralkomitee unserer Gesellschaft war nämlich schon mehrfach von verschiedenen massgebenden Seiten darauf aufmerksam gemacht worden, dass der vom hohen Bundesrat subventionierte, in London erscheinende „International Catalogue of Scientific Literature" in bezug auf schweizerische wissenschaftliche Publikationen ausserordentlich viel zu wünschen übrig lässt, dass in den ersten Jahren dessen Bestehens entweder schweizerische Publikationen überhaupt vollständig — und zwar bedauerlicherweise in ansehnlicher Zahl — unberücksichtigt geblieben sind, oder doch erst mit sehr grosser, Jahre umfassender Verspätung Aufnahme gefunden haben. Das Zentralkomitee erachtete diese Unzuträglichkeiten als von umso grösserer Bedeutung, als der Bundesrat, indem er den „International Catalogue" subventioniert, voraussetzen muss, dass infolgedessen auch alle in der Schweiz erscheinenden, naturwissenschaftlichen Publikationen in diesem Repertorium figurieren, und es werden daher gewissermassen alle nicht aufgenommenen Publikationen für ihn offiziell nicht existieren. Nachdem nun das Zentralkomitee auf Grund einer dem Berichterstatter im Verein mit Herrn Prof. Dr. Ph. Guye (Genf) übertragenen vorläufigen Prüfung die Überzeugung gewonnen hatte, dass das mit der Bibliographie der schweizerischen wissenschaftlichen Publikationen betraute Regionalbureau in Bern, allermindestens unmittelbar nach der Inangriffnahme des „International Catalogue of Scientific Literature" nicht in durchwegs zufriedenstellender Weise funktioniert hatte, erschien es ihm als das einfachste, wenn die sämtlichen schweizerischen wissenschaftlichen Periodica eingeladen würden, zum Zwecke einer umfassenden, sorgfältigen allgemeinen Revision, ihrerseits durch eine Separat-Revision festzustellen, inwieweit die von ihnen publizierten Artikel in dem Catalogue Berücksichtigung gefunden haben, und zwar sollte hiefür nur in Betracht kommen die Zeitspanne 1902 bis und mit 1907, indem das Regionalbureau in Bern dem Zentralkomitee Mitteilung gemacht hatte, dass seine bibliographischen Arbeiten soweit gediehen seien, dass vom Jahre 1907 an auf lückenlose Vollständigkeit gerechnet werden könne. Mit der Ausführung dieses Beschlusses wurde die Denkschriften-Kommission bezw. deren Präsident betraut.

Von 51 Seiten ist der Anregung entsprochen worden und es sind uns im ganzen 1800 bibliographische Zettel zugestellt worden, die wir der Direktion der Landesbibliothek in Bern eingeliefert haben. Letztere wird sich nun in erster Linie mit einer sorgfältigen Überprüfung derselben zu befassen haben.

Damit sind wir am Schlusse unserer die Denkschriften betreffenden Berichterstattung angelangt, und es erübrigt nur noch kurz auf die Geschichte der Frage einer „Zeitschrift", die schon mehrfach im Schosse unserer Gesellschaft angeregt und diskutiert worden ist, einzutreten.

Zeitschrift.

Wie aus der vorstehenden Geschichte der Entwicklung der Denkschriften-Kommission hervorgeht, schwebte den Gründern unserer Gesellschaft der Gedanke eines periodisch erscheinenden Bulletins oder Tageblattes vor. Das Projekt fand seine Verwirklichung in dem von Professor Meisner herausgegebenen „Naturwissenschaftlichen Anzeiger", der vom 1. Juli 1817 bis zum 1. Juni 1823 erschienen ist; die sich ihm anschliessenden, gleichfalls von Meisner herausgegebenen „Annalen der allgemeinen schweizerischen Gesellschaft etc." sind in ihrer ganzen Anlage schon eher die Vorläufer der später erscheinenden „Denkschriften". Im Protokoll der Jahresversammlung in Glarus, 1851, lesen wir sodann: *Dem ablehnenden Antrage des vorberatenden Komitees, in bezug der Gründung einer Zeitschrift für Naturwissenschaften, wird ohne Diskussion beigestimmt.* Leider fehlt sowohl im handschriftlichen wie im gedruckten Protokoll dieser Jahresversammlung jede Andeutung darüber, von wem die Anregung ausgegangen ist, und da über die Verhandlungen der vorberatenden Kommission kein Protokoll geführt worden zu sein scheint, jedenfalls nicht aufgenommen worden ist, sind wir auch über die Gründe der Ablehnung im Ungewissen, nur eines geht daraus hervor, dass der Wunsch nach einem in rascher Aufeinanderfolge erscheinenden Organ stets wach geblieben war. 1904 taucht er denn auch neuerdings auf, diesmal ausgehend von der Denkschriften-Kommission, bezw. deren Präsidenten Prof. Dr. A. Lang. Die sorgfältig erwogenen Anregungen werden in der Jahresversammlung in Winterthur entgegengenommen und einem weitern Studium empfohlen. 1905 kann die Denkschriften-Kommission mitteilen, dass das Projekt einer neuen zentralen, rasch referierenden Zeitschrift, nach sehr zahlreichen zustimmenden Voten aus allen Teilen des Landes zu urteilen, eine ausserordentlich günstige Aufnahme gefunden habe.

Die Verhandlungen des Jahres 1906 enthalten zwei Entwürfe zu einem Reglement über die Veröffentlichung der projektierten neuen Zeitschrift: eine Vorlage des Präsidenten der Denkschriften-Kommission, und ein Gegenprojekt des Herrn Prof. F. A. Forel in Morges, das eine rein referierende und bibliographische Zeitschrift vorsah. Einer zum

Zwecke der Prüfung dieser Vorlagen durch Zuzug der Mitglieder des Zentralkomitees, der Mitglieder der frühern Zentralkomitees, der Präsidenten der Tochtergesellschaften und Kommissionen und einiger anderer sachkundiger Mitglieder der Schweiz. Naturf. Gesellschaft erweiterten Kommission lagen diese beiden Projekte zur Aussprache vor; nach lebhafter und langer Diskussion wurde der Entwurf Forel's nahezu einstimmig abgelehnt und derjenige der Denkschriften-Kommission mit einigen Modifikationen gutgeheissen (Bernerkonferenz). Anlässlich der Jahresversammlung in Freiburg (1907) konnte das inzwischen ausgereifte Projekt zur Diskussion unterbreitet werden, und zwar war auf diesen Anlass hin ein Probeheft der neuen Zeitschrift, bezeichnet als „Schweizerische wissenschaftliche Nachrichten" (mit dem Untertitel „Beiblatt zu den Neuen Denkschriften der Schweizerischen Naturforschenden Gesellschaft") vorbereitet und verteilt worden. Der Vorschlag ging dahin, ein aus fünf Serien sich zusammensetzendes Organ ins Auge zu fassen:

Serie A: Mathematik, Physik, Astronomie, Meteorologie.
Serie B: Chemie, Pharmakologie.
Serie C: Mineralogie, Petrographie, Geologie, Geographie, Ethnographie, Paläontologie.
Serie D: Botanik, Bakteriologie.
Serie E: Zoologie, Anthropologie, Anatomie, Physiologie, Pathologie.

Das der Diskussion zur Unterlage dienende Probeheft zählt 125 Seiten, 3 Tafeln und 7 Seiten Bibliographie. Nachstehend erwähnte Autoren verteilen sich auf die fünf obgenannten Serien:

Serie A: C. F. Geiser-Zürich (Über Systeme von Kegeln zweiten Grades), Ch. Moser-Bern (1. Studien zur Versicherungs-Mathematik. Über die Intensität der Sterblichkeit und die Intensitätsfunktionen verschiedener Ordnung. 2. Über die Vergleichung krankenstatistischer Beobachtungen und das Auftreten Bessel'scher Funktionen); J. Maurer-Zürich (Unsere erdmagnetischen Verhältnisse im Spiegel ihrer Literatur); G. Schärtlin-Zürich (Zur mathematischen Theorie der Invaliditätsversicherung); Louis Maillard-Lausanne (Note sur une expérience de cours, relative à la rotation de la Terre); J. Kunz-Zürich (Lösung des Theoremes von Poincaré-Lorentz mit Hülfe des Greenschen Satzes).

Serie B: A. Werner und J. Jovanovits-Zürich (Über eine Reihe von komplexen Acetatochromverbindungen); Ed. Schär-Strassburg (Über die Verwendung der Lösungen des Chloralhydrates, Chloralalkoholates und Bromalhydrates bei chemischen, mikroskopischen und mikrochemischen Arbeiten); Ph. A. Guye et G. Ter-Gazarian-Genève (Densité de l'acide chlorhydrique gazeux; poids atomique du chlore); P. Pfeiffer-Zürich (Über die Alkylverbindungen des zweiwertigen Zinn); A. Tschirch-Bern (Grundlinien einer physiologischen Chemie der pflanzlichen Sekrete).

Serie C: J. Heierli-Zürich (Die Hallstattgräber von Schötz).

Serie D: P. Vogler-St. Gallen (Kleine botanische Beobachtungen); O. Roth-Zürich (Zur Frage der Schwefelwasserstoffbildung im Passugger Ulricus Wasser); E. Neuweiler-Zürich (Über die subfossilen Pflanzenreste von Güntenstall bei Kaltbrunn); J. Kürsteiner-Zürich Untersuchungen über Anaerobiose mit Anwendung der Leuchtbakterienmethode als Kontrollmittel für das Fehlen des Sauerstoffs); A. Ursprung-Freiburg (Das exzentrische Dickenwachstum); E. Chuard-Lausanne (Le cuivre dans le sol des vignobles); A. Engler-Zürich (Über „klimatische Varietäten" unserer Waldbäume).

Serie E: Stauffacher-Frauenfeld (Über Phylloxera vastatrix Pl.); K. Hescheler-Zürich (Reste von Ovibos moschatus Zimm. aus der Gegend des Bodensees); Herm. Schwyter-Zürich (Die Gestaltsveränderungen des Pferdefusses infolge Stellung und Gangart); P. Meier-Zürich (Beiträge zur vergleichenden Blutpathologie); A. Bryner-Zürich (Beitrag zur Pseudotuberkulose der Vögel); Jos. Blunschy-Zürich (Untersuchungen über die Veränderungen der Schleimhaut bei der Magen-Darmstrongylose des Rindes); O. Schnyder-Zürich (Beitrag zur Kenntnis der Magen-Darmstrongylosis des Rindes); E. Yung-Genève (Des variations de la longueur de l'intestin chez Rana fusca et Rana esculenta).

Den bibliographischen Teil redigierte der Berichterstatter, dem auch die Antragstellung und Begründung übertragen war. In der Sitzung der vorberatenden Kommission wurde der Antrag der Denkschriften-Kommission mit 23 Stimmen gegen 15 angenommen, in der Hauptversammlung dagegen mit 53 Stimmen gegen 34 abgelehnt. — Damit war dieses Traktandum für einmal wieder von der Tagesordnung abgesetzt. Nicht für immer, dessen ist der Berichterstatter felsenfest überzeugt. Und die Erfahrungen der letzten Jahre geben ihm Recht, denn bereits sieht sich das Zentralkomitee wieder in die Notwendigkeit versetzt, die alte Frage von neuem zu prüfen: die Zeitschrift wird kommen, sei's früher, sei's später.

Liste der von der Gesellschaft bestellten Herausgeber der Denkschriften.

1826 wird ein Generalsekretariat, bestehend aus Staatsrat Dr. P. Usteri, Hofrat Dr. J. C. Horner und Prof. Dr. H. R. Schinz, mit Sitz in Zürich bestellt und mit der Herausgabe von „Denkschriften" betraut.

1829 erscheint Abteilung I und 1833 Abteilung II des ersten Bandes der „Denkschriften" (Verlag von Orell Füssli & Comp., Zürich).

1836 wird auf Antrag der geologischen Sektion eine Denkschriften-Kommission eingesetzt und als deren Präsident Louis Coulon, Sohn-Neuenburg bezeichnet. Die Publikation erscheint unter der Bezeichnung „Neue Denkschriften", Band I im Jahre 1837 (Band I—X in Neuenburg gedruckt, von Band XI ab in Zürich bei Zürcher & Furrer).

1836—1848 teilen sich Louis Agassiz und Louis Coulon, Sohn, in das Präsidium der Kommission; Coulon besorgte namentlich die Kassengeschäfte.

1849—1880: Präsident Prof. Dr. P. Merian-Basel.
1880—1889: „ „ „ F. A. Forel-Morges.
1889—1892: „ „ „ Ed. Schär-Zürich.
1892—1893: „ „ „ C. Cramer-Zürich.
1893—1907: „ „ „ Arnold Lang-Zürich.
1907— : „ „ „ Hans Schinz-Zürich.

Nekrologen-Sammlung.

Schon mit dem ersten Jahre des Bestehens unserer Gesellschaft ist jeweilen hingeschiedener Mitglieder derselben gedacht worden, zuerst in den Eröffnungsreden der Jahrespräsidenten oder in besondern, in den Versammlungen verlesenen Nekrologen. Später, als sich die Verhandlungsstoffe anzuhäufen begannen, musste von einem Verlesen solcher Nachrufe abgesehen werden und sie wurden nun in der Folge in den Verhandlungen, gewöhnlich an deren Schluss gedruckt. Die Beschlüsse der Neuenburger-Versammlung des Jahres 1889 brachten dann, wie bereits erwähnt worden ist, hierin insofern eine Neuerung, als nunmehr die Denkschriften-Kommission mit der Aufgabe betraut wurde, diese Nekrologe zu sammeln und unter dem Titel „Nekrologe und Biographien verstorbener Mitglieder der Schweiz. Naturf. Gesellschaft", auf ihre Kosten herauszugeben. Diese Sammlung erscheint nun alljährlich als Anhang zu den Verhandlungen; seit 1903 hat sich namentlich Fräulein Fanny Custer, unsere Quästorin, im Auftrage der Denkschriften-Kommission um die Zusammenstellung dieser Nekrologe und Biographien, die namentlich ihrer bibliographischen Verzeichnisse wegen höchst wertvoll sind, verdient gemacht.

Von der Gesellschaft ausgeschriebene Preisaufgaben.

Schon 1816 ward Preisaufgaben auszuschreiben beschlossen, für welche das Protokoll dieses Jahres 13 Vorschläge enthält; 1817 wurde mit folgender der Anfang gemacht:

1. „Ist es wahr, dass unsere höheren Alpen seit einer Reihe von Jahren verwildern?" (Vergl. Naturw. Anzeiger 1817, Nr. 5.).

Die Eingabefrist war auf den 1. Januar festgesetzt und der erste Preis auf 600.—, der zweite auf 300 Franken bestimmt worden.

Diese letztere Summe ward als erster Preis für die ausgezeichnete, wenn schon nur teilweise (nämlich auf den Kanton Bern beschränkte) Beantwortung, gemäss dem Antrag der dazu niedergesetzten Kommission (Escher, Horner, Ebel, Pictet, Charpentier) im Jahre 1820 (Genf) Herrn C. Kasthofer, Oberförster in Unterseen, zuerkannt.

Da die Gesellschaft einsah, dass die vollständige Lösung obiger Preisaufgabe mit zu grossen Schwierigkeiten verbunden war, so wurde diese (Versammlung in Genf, 1820) für die Zukunft dahin bestimmt:

„Über das Wachsen und Abnehmen der Gletscher in verschiedenen Gegenden der Alpen, über die Verschlechterung oder Verbesserung der Alpweiden, und über den früheren und gegenwärtigen Zustand der Wälder genaue und gut beobachtete Tatsachen zu sammeln." 300 Franken wurden als erster, 200 als zweiter Preis (Accessit) festgesetzt.

Der erste Preis ward, auf Antrag derselben Kommission, in Bern 1822, Herrn Ignaz Venetz, Strasseninspektor in Sitten zugesprochen.

Die Versammlung schrieb sodann 1820 eine neue Preisfrage aus, indem sie 400 Franken demjenigen zuerkannte, der die beste physische Statistik in Beziehung auf die drei Naturreiche irgend eines der 22 Kantone liefern würde. Sie erklärte auch ihre Geneigtheit, für Landwirtschaft, Industrie und Handel ähnliche Preisaufgaben auszuschreiben, insofern der Erfolg der Bewerbung ihren Hoffnungen entsprechen sollte. Es scheint aber nicht, dass dies der Fall gewesen ist, wenigstens wird dieses dritten Preissauschreibens keiner Erwähnung mehr getan.

Indessen ward schon 1820 von Prof. Fr. Meisner (im Naturw. Anzeiger Nr. 9) die Zweckmässigkeit solcher Preisaufgaben in Zweifel gezogen und der Wunsch geäussert worden, es möchten dieselben durch angewiesene spezielle Arbeiten ersetzt werden, die man an bestimmte Mitglieder übertrüge und über deren teilweise oder ganze Ausführung immer bei der nächsten Zusammenkunft Bericht abgelegt würde (Kommissionen).

1827 (Zürich) wird als fernere Preisaufgabe die Naturgeschichte der den Obstbäumen schädlichen Insekten ausgeschrieben. Die Eingaben müssen vor dem 1. Mai 1829 gemacht sein. Der erste Preis ist eine Denkmünze von 300 Franken an Wert, der zweite eine solche von 160 Franken.

Letzterer ward 1829 (Grosser St. Bernhard) Herrn Dr. Jak. Hegetschweiler von Rifferswil, späterem Statthalter des zürcherischen Bezirkes Affoltern zuerkannt (S. 17 Verh. und Bericht von Dr. H. R. Schinz, S. 61—67).

Genannte drei Abhandlungen sind in den alten Denkschriften abgedruckt.

Endlich sei noch erwähnt, dass Prof. Chavannes an der Versammlung auf dem Grossen St. Bernhard (1829) von einem Briefe des Oberstleutenant von Dompierre-Payerne Kenntnis gab, mit dem von Dompierre der Gesellschaft 10 Louis zur Verfügung stellte in der Meinung, dass dieser Betrag einem von der Gesellschaft auszuschreibenden Preise für ein Preisausschreiben betreffend „Vorschläge hinsichtlich eines Ersatzes des auf den Grossen St. Bernhard zu transportierenden Brennholzes durch den in der Nähe des Hospizes befindlichen Anthrazit" zuzulegen sei. Die Gesellschaft nahm sich, ohne sich der Motion Dompierre's völlig anzuschliessen, vor, das Preisausschreiben zu erlassen und als Preis die 10 Louis zu bestimmen. Das weitere Schicksal dieser Anregung ist uns unbekannt.

Im Jahre 1832 (Genf) ward eine Geschichte und Statistik der Gewässer der Schweiz, der Ströme, Flüsse und Seen zur Bewerbung ausgeschrieben, der Preis auf 1000 Franken festgesetzt und als Eingabefrist zur Beantwortung der 1. Januar 1836 bestimmt. Genaueres geben die Verhandlungen jenes Jahres (S. 40, 41) und das für diesen Zweck von einer eigenen Kommission (für Hydrographie; s. unten) ausgearbeitete Programm (Biblioth. univers. 1832).

Im Jahre 1835 wurde die Preisbewerbung um ein Jahr verlängert, damit die Bewerber auf die durch die schrecklichen Verheerungen im August 1834 veranlassten hydrotechnischen Arbeiten und Untersuchungen Rücksicht nehmen können.

Da keine Abhandlung eingegeben ward, so beschloss 1837 auf Antrag von Choisy die Gesellschaft, die Preisaufgabe zurückzuziehen und die Bewerbung zu schliessen (Verh. von Neuenburg S. 3).

Der 1849 in Frauenfeld gestellte Antrag, ein Preisausschreiben für die Abfassung eines naturwissenschaftlichen Unterrichtsbuches zu erlassen, ist, nachdem eine Kommission zur Prüfung der Anregung, bestehend aus O. Heer, R. Schinz, Ingenieur Sulzberger bestellt worden war, 1851 definitiv fallen gelassen worden.

(Zum Teil aus J. J. Siegfried, Die wichtigsten Momente etc. [1848]). Vergl. im übrigen den Tätigkeitsbericht der Kommission der Schläflistiftung.

Benützte Quellen:

Die handschriftlich geführten, in der Stadtbibliothek in Bern aufbewahrten Gesellschaftsprotokolle.

Fr. Meisner, Naturwissenschaftlicher Anzeiger, 1817—1823.

Fr. Meisner, Annalen, 1823 und 1824.

Verhandlungen der Schweiz. Naturf. Gesellschaft. 1817—1914.

J. J. Siegfried, Die wichtigsten Momente aus der Geschichte der drei ersten Jahrzehnde der Schweiz. Naturf. Gesellschaft. 1848.

J. J. Siegfried, Geschichte der Schweiz. Naturf. Gesellschaft zur Erinnerung an den Stiftungstag, den 5. Oktober 1815. 1865.

Hans Schinz,
Präsident der Denkschriften-Kommission.

Verzeichnis der von der Gesellschaft herausgegebenen Denkschriften.

Serie I.

Band I. 1829. 1. Abtheilung. 270 Seiten, 9 Tafeln.

Hegetschweiler, Dr. Joh. Versuch über die helvetischen Arten von Rubus, nebst Bemerkungen über Speciesbildung im Allgemeinen. S. 1—47.

Merian, Peter. Geognostischer Durchschnitt durch das Jura-Gebirge von Basel bis Kestenholz bey Aarwangen, nebst Bemerkungen über den Schichtenbau des Jura im Allgemeinen. S. 48 bis 85, 2 Tafeln.

Baldenstein, Thom. Conr. v. Beyträge zur Naturgeschichte des Bartgeyers (Gypaetos barbatus). S. 86—96.

De Candolle, A. P. Mémoire sur le Fatioa, genre nouveau de la famille des Lythraires. S. 97 bis 99, 1 Tafel.

La Nicca, R. Correction des Rheins im Domleschger-Thal. S. 100—129, 2 Tafeln.

Hegetschweiler, Dr. Jac. Bemerkungen über die Vegetation der Moose und Revision des Genus Sphagnum. S. 130—143, 1 Tafel.

Lusser, Dr. C. Geognostische Forschung und Darstellung des Alpen-Durchschnittes vom St.-Gotthard bis Art am Zugersee. S. 144—172, 2 Tafeln.

Rengger, Dr. A. Über den Umfang der Jura-Formation, ihre Verbreitung in den Alpen und ihr Verhältniss zum Tertiär-Gebirge; als Einleitung einer Beschreibung des Aargauischen Jura-Gebirges, sammt einem Quer-Durchschnitte des letztern. S. 173—238, 1 Tafel.

Brunner, C. und **Pagenstecher, J.** Chemische Analyse der Heilquellen von Leuk im Canton Wallis. S. 239—270.

Band I. 1833. 2. Abtheilung. 280 Seiten, 4 Tafeln.

Venetz, J. Mémoire sur les variations de la température dans les Alpes de la Suisse (rédigé en 1821). S. 1—38.

Schinz, H. R. Über die Überreste organischer Wesen, welche in den Kohlengruben des Cantons Zürich bisher aufgefunden wurden. S. 39—64, 2 Tafeln.

Hegetschweiler, Dr. Joh. Jak. Versuch zur Beantwortung der von der naturforschenden Schweizerischen Gesellschaft aufgestellten Fragen, die Verwüstungen der Obstbäume durch Insekten betreffend. S. 65—136.

Horner, C. Beobachtungen über den Einfluss der Tageszeit auf die Messung der Höhen vermittelst des Barometers. S. 137—174.

Troxler, Dr. P. V. Der Cretinismus und seine Formen als endemische Menschenentartung in unserm Vaterlande. S. 175—199.

Lardy, Ch. Essai sur la constitution géognostique du St-Gothard. S. 200—280, 2 Tafeln.

Serie II. „Neue Denkschriften".

Band I. 1837. 307 Seiten, 10 Tafeln.

Schinz, H. R. Fauna helvetica. Verzeichnis der in der Schweiz vorkommenden Wirbeltiere. 168 Seiten, 1 Tafel.

Charpentier, Jean de. Fauna helvetica. Catalogue des Mollusques terrestres et fluviatiles de la Suisse. 28 Seiten, 2 Tafeln.

Studer, B. Die Gebirgsmasse von Davos. 60 Seiten, 4 Tafeln.

Otth, Dr. A. Beschreibung einer neuen europäischen Froschgattung, Discoglossus. 8 Seiten und 1 Tafel.

Tschudi, J. Monographie der schweizerischen Echsen. 43 Seiten, 2 Tafeln.

Band II. 1838. VI und 367 Seiten, 9 Tafeln.

Schinz, H. R. Bemerkungen über die Arten der wilden Ziegen. 26 Seiten, 4 Tafeln.

Stähelin, Christoph. Untersuchungen der Badequellen von Meltingen, Eptingen und Bubendorf im Sommer 1826. 13 Seiten.

Heer, Dr. Oswald. Die Käfer der Schweiz. I. Theil. 1. Lieferung. VI und 96 Seiten.

— Die Käfer der Schweiz. II. Theil. 1. Lieferung. 55 Seiten.

Merian, P.; Trechsel, F.; Meyer, D. Mittel- und Hauptresultate aus den meteorologischen Beobachtungen in Basel, Bern und St. Gallen (1826 bis 1832). 64 Seiten.

Gressly, A. Observations géologiques sur le Jura soleurois. 1re partie. 113 Seiten, 5 Tafeln.

Band III. 1839. VIII und 491 Seiten, 27 Tafeln.

Escher v. d. Linth, Arn. Erläuterung der Ansichten einiger Contact-Verhältnisse zwischen kristallinischem Feldspathgestein und Kalk im Berner Oberlande. 14 Seiten, 2 Tafeln.

Escher, A. und **Studer, B.** Geologische Beschreibung von Mittel-Bünden. 218 Seiten, 5 Tafeln.

Agassiz, L. Description des Echinodermes fossiles de la Suisse. 1re partie: Spatangoïdes et Clypéastroïdes. VIII und 101 Seiten, 14 Tafeln.

Moritzi, Alexander. Die Pflanzen Graubündens (die Gefässpflanzen). 158 Seiten, 6 Tafeln.

Band IV. 1840. VI und 364 Seiten, 22 Tafeln.

Heer, Dr. Oswald. Die Käfer der Schweiz. I. Theil. 2. Lieferung. 67 Seiten.

Agassiz, L. Description des Echinodermes fossiles de la Suisse. 2e partie: Cidarides. IV und 108 Seiten, 11 Tafeln.

Vogt, Dr. Carl. Beiträge zur Nevrologie der Reptilien. II und 60 Seiten, 4 Tafeln.

Gressly, A. Observations géologiques sur le Jura soleurois. 2e partie. 129 Seiten, 7 Tafeln.

Band V. 1841. VIII und 423 Seiten, 17 Tafeln.

Gressly, A. Observations géologiques sur le Jura soleurois. 3e et dernière partie. 107 Seiten, 2 Tafeln.

De Candolle, Aug. Pyr. et **Alph.** Monstruosités végétales. 23 Seiten, 7 Tafeln.

Nägeli, Dr. Carl. Die Cirsien der Schweiz. VIII und 170 Seiten, 7 Tafeln.

Bugnion, Ch.; Blanchet, Rod.; Forel, Al. Mémoire sur quelques insectes qui nuisent à la vigne dans le canton de Vaud. 44 Seiten, 1 Tafel.

Heer, Dr. Oswald. Die Käfer der Schweiz. 1. Theil. 3. Lieferung. 79 Seiten.

Band VI. 1842. 213 Seiten, 20 Tafeln.

Neuwyler, M. Die Generationsorgane von Unio und Anodonta. 32 Seiten, 3 Tafeln.

Valentin, G. Beiträge zur Anatomie des Zitteraales (Gymnotus electricus). 74 Seiten, 5 Tafeln.

Nicolet, H. Recherches pour servir à l'histoire des Podurelles. 88 Seiten, 9 Tafeln.

Martins, Ch. Matériaux pour servir à l'hypsométrie des Alpes pennines. 5 Seiten.

Lusser, Dr. Nachträgliche Bemerkungen zu der geognostischen Forschung und Darstellung des Alpendurchschnittes vom St. Gotthard bis Art am Zugersee (vergl. alte Denkschriften Band I, 1. Abth.). 14 Seiten, 3 Tafeln.

Band VII. 1845. 177 Seiten, 21 Tafeln.

Vogt, Dr. Carl. Beiträge zur Naturgeschichte der schweizerischen Crustaceen. 19 Seiten, 2 Tafeln.

Vogt, Dr. C. Anatomie der Lingula anatina. 18 Seiten, 2 Tafeln.

Agassiz, L. Iconographie des coquilles tertiaires, etc. 67 Seiten, 15 Tafeln.

Brunner, Dr. Einiges über den Stein-Löcherpilz (Polyporus Tuberaster Jacq. et Fries) und die Pietra Fungaja der Italiener. 20 Seiten, 2 Tafeln.

Sacc, F. Expériences sur les parties constituantes de la nourriture qui se fixent dans les corps des animaux. 9 Seiten.

Sacc, F. Expériences sur les propriétés physiques et chimiques de l'huile de lin. 18 Seiten.

Studer, B. Hauteurs barométriques prises dans le Piémont, en Valais et en Savoie. 4 Seiten.

Brunner, C. Über natürliches und künstliches Ultramarin. 22 Seiten.

Band VIII. 1847. 410 Seiten, 17 Tafeln.

Kölliker, A. Die Bildung der Samenfäden in Bläschen als allgemeines Entwicklungsgesetz. 82 Seiten, 3 Tafeln.

Mousson, Alb. Bemerkungen über die natürlichen Verhältnisse der Thermen von Aix in Savoyen. 48 Seiten, 3 Tafeln.

Raabe, Dr. J. L. Ueber die Factorielle
$$\binom{m}{k} = \frac{m(m-1)(m-2)\ldots(m-k+1)}{1.2.3\ldots k}$$
mit der complexen Basis m. 19 Seiten.

Koch, Heinrich. Einige Worte zur Entwicklungsgeschichte von Eunice. Mit einem Nachworte von *A. Kölliker*. 31 Seiten, 3 Tafeln.

Heer, Dr. O. Die Insektenfauna der Tertiärgebilde von Oeningen und von Radoboj in Croatien (I. Abtheilung: Käfer). 230 Seiten, 8 Tafeln.

Band IX. 1847. 410 Seiten, 13 Tafeln.

Schweizer, Dr. E. Über Doppelsalze des chromsauren Kalis mit der chromsauren Talkerde und dem chromsauren Kalke und über das Verhalten der arsenigen Säure und des Stickoxyds zu dem chromsauren Kali. 16 Seiten.

Nägeli, Carl. Die neuern Algensysteme und Versuch zur Begründung eines eigenen Systems der Algen und Florideen. 275 Seiten, 10 Tafeln.

Bremi, J. Beiträge zu einer Monographie der Gallmücken (Cecidomyia Meigen). 71 Seiten, 2 Tafeln.

Deschwanden, J. W. v. Ueber Locomotiven für geneigte Bahnen. 48 Seiten, 1 Tafel.

Band X. 1849. VIII und 367 Seiten, 12 Tafeln und 1 Tabelle.

Amsler, Jacob. Zur Theorie der Vertheilung des Magnetismus im weichen Eisen. 26 Seiten.

De Candolle, Alph. Notice sur le genre Gaertnera Lam., avec planches de M. Bojer, professeur à Port-Louis, île Maurice. 1 Seite, 2 Tafeln.

Sacc, F. Mémoire sur les phénomènes chimiques et physiologiques que présentent les poules nourries avec de l'orge. 54 Seiten.

Braun, Alexander. Übersicht der schweizerischen Characeen. 23 Seiten.

Hofmeister, H. Untersuchungen über die Witterungsverhältnisse von Lenzburg, Kt. Aargau (1839 bis 1845). 78 Seiten, 1 Tabelle.

Brunner, C., Sohn. Untersuchungen über die Cohäsion der Flüssigkeiten. 46 Seiten, 2 Tafeln.

Nägeli, Carl. Gattungen einzelliger Algen physiologisch und systematisch bearbeitet. VIII und 139 Seiten, 8 Tafeln.

Band XI. 1850. V und 439 Seiten, 21 Tafeln, 1 Karte.

Zweite Folge: I. Band.

Heer, Dr. O. Die Insektenfauna der Tertiärgebilde von Oeningen und Radoboj in Croatien. 2. Abtheilung. V und 264 Seiten, 17 Tafeln.

Rütimeyer, L. Ueber das schweizerische Nummulitenterrain mit besonderer Berücksichtigung des Gebirges zwischen dem Thunersee und der Emme. 120 Seiten, 1 Karte, 4 Tafeln.

Sacc, F. Fonctions de l'acide pectique dans le développement des végétaux. 15 Seiten.

— — Analyse des graines de pavot blanc, variété à yeux ouverts. 20 Seiten.

Henry, Delcroz, Trechsel. Observations astronomiques pour déterminer la latitude de Berne faites en 1802. 20 Seiten.

Band XII. 1852. 584 Seiten, 17 Tafeln.

Amsler, Jacob. Ueber die Gesetze der Wärmeleitung im Innern fester Körper unter Berücksichtigung der durch ungleichförmige Erwärmung erzeugten Spannung. 24 Seiten.

Brunner, C. Aperçu géologique des environs du lac de Lugano. 18 Seiten, 2 Tafeln.

Girard, Charles. Révision du genre Cottus des auteurs. 28 Seiten.

Quiquerez, A. Recueil d'observations sur le terrain sidérolithique dans le Jura bernois et particulièrement dans les vallées de Delémont et de Moutier. 63 Seiten, 7 Tafeln.

Brunner, C. Beitrag zur Elementaranalyse der organischen Substanzen. 11 Seiten, 1 Tafel.

Frick, H. R. Über schlesische Grünsteine. 25 Seiten, 2 Tafeln.

Bruch, Dr. Carl. Beiträge zur Entwicklungsgeschichte des Knochensystems. 176 Seiten, 4 Tafeln.

Meyer-Dür. Verzeichnis der Schmetterlinge der Schweiz: I. Abt. Tagfalter. 239 Seiten, 1 Tafel.

Band XIII. 1853. VI und 685 Seiten, 36 Tafeln.

De la Harpe, Dr. J. C. Faune Suisse. Lépidoptères. IV. Partie: Phalénides (avec premier supplément). 160 Seiten, 1 Tafel.

Mousson, Alb. Ueber die Whewell'schen oder Quetelet'schen Streifen. 46 Seiten, 1 Tafel.

Stähelin, Dr. Chr. Die Lehre der Messung von Kräften mittelst der Bifilarsuspension. 204 Seiten, 9 Tafeln.

Heer, Dr. Oswald. Die Insektenfauna der Tertiärgebilde von Oeningen und von Radoboj in Croatien. III. Abtheilung: Rhynchoten. IV und 139 Seiten, 15 Tafeln.

Escher v. d. Linth, A. Geologische Bemerkungen über das nördliche Vorarlberg und einige angrenzenden Gegenden. II und 136 Seiten, 3 Tabellen und 10 Tafeln.

Band XIV. 1855. 512 Seiten, 1 Tabelle und 19 Tafeln.

Zschokke, Dr. Th. Die Ueberschwemmungen in der Schweiz im September 1852. 23 Seiten, 1 Tabelle.

Pestalozzi, H. Ueber die Höhenänderungen des Zürichsee's. 26 Seiten, 10 Tafeln.

Renevier, E. Mémoire géologique sur la perte du Rhône et ses environs. 72 Seiten, 4 Tafeln.

Denzler, H. H. Die untere Schneegrenze während des Jahres vom Bodensee bis zur Säntisspitze. 59 Seiten.

Greppin, Dr. Jean-Baptiste. Notes géologiques sur les terrains modernes, quaternaires et tertiaires du Jura bernois et en particulier du val de Delémont. 72 Seiten, 3 Tafeln.

De la Harpe, Dr. J. C. Second Supplément aux Phalénides de la faune suisse. 36 Seiten, 1 Tafel.

— — Faune suisse. Lépidoptères. V. Partie: Pyrales. 75 Seiten.

Mousson, Alb. Ueber die Veränderungen des galvanischen Leitungswiderstandes der Metalldrähte. 91 Seiten, 1 Tafel.

Volger, G. H. Otto. Epidot und Granat. Beobachtungen über das gegenseitige Verhältnis dieser Krystalle etc. 58 Seiten.

Band XV. 1857. IV und 480 Seiten, 30 Tafeln, 1 Karte.

Brunner-v. Wattenwyl, C. Geognostische Beschreibung der Gebirgsmasse des Stockhorns. 56 Seiten, 6 Tafeln.

Heer, Dr. Oswald. Ueber die fossilen Pflanzen von St. Jorge in Madeira. 40 Seiten, 3 Tafeln.

Greppin, Dr. Jean-Baptiste. Complément aux notes géologiques, publiées dans les Nouveaux Mémoires de la Soc. Helv. Sc. Nat., Tome XIV. 18 Seiten, 1 Tafel.

Hartung, Georg. Die geologischen Verhältnisse der Inseln Lanzarote und Fuertaventura. IV und 164 Seiten, 11 Tafeln, 1 Karte.

Lebert, Dr. Ueber die Pilzkrankheit der Fliegen nebst Bemerkungen über andere pflanzlich-parasitische Krankheiten der Insekten. 48 Seiten, 3 Tafeln.

Mœsch, Casimir. Das Flözgebirge im Kanton Aargau. I. Theil. 80 Seiten, 3 Tafeln.

Wild, Dr. H. Beitrag zur Theorie der Nobili'schen Farbenringe. 42 Seiten, 1 Tafel.

Rütimeyer, L. Ueber Anthracotherium magnum und hippoideum. 32 Seiten, 2 Tafeln.

Band XVI. 1858. 417 Seiten, 23 Tafeln.

Müller, Jean. Monographie de la famille des Résédacées. 239 Seiten, 10 Tafeln.

De la Harpe, Dr. J. C. Faune Suisse. Lépidoptères. VIe partie: Tortricides. 131 Seiten.

Gaudin, Charles-Théophile et **Strozzi, Carlo.** [1er] Mémoire sur quelques gisements de feuilles fossiles de la Toscane. 47 Seiten, 13 Tafeln.

Band XVII. 1860. VIII und 526 Seiten, 50 Tafeln und 3 Karten.

Graeffe, Eduard. Beobachtungen über Radiaten und Würmer in Nizza. 59 Seiten, 10 Tafeln.

Ooster, W. A. Catalogue des Céphalopodes fossiles des Alpes Suisses, avec la description et les figures des espèces remarquables. I[e] partie: Céphalopodes acetabulifères (1857), 34 Seiten, 3 Tafeln; IIe partie: Céphalopodes d'ordres incertains (1857), 32 Seiten, 4 Tafeln; IIIe partie: Céphalopodes tentaculifères, Nautilides (1858), 21 Seiten, 5 Tafeln; Atlas des pétrifications remarquables, explication des figures, VIII Seiten.

Zschokke, Dr. Th. Die Gebirgsschichten, welche im Tunnel zu Aarau durchschnitten wurden. 16 Seiten, 1 Tafel.

Gaudin, Charles-Th. et **Strozzi, C.** Contributions à la flore fossile italienne. 2e et 3e mémoire. (Val d'Arno, Travertins de Massa.) 59 resp. 20

Seiten, 10 resp. 4 Tafeln, 1 Karte und 1 Tafel Profile.

Theobald, G. Unterengadin. Geognostische Skizze. 76 Seiten, 1 Karte.

Meyer-Dür. Ein Blick über die schweizerische Orthoptern-Fauna. 32 Seiten.

Gaudin, Charles-Th. et **Strozzi, Carlo.** Contributions à la flore fossile italienne. 4e mémoire: Travertins Toscans par Charles-Th. Gaudin et Carlo Strozzi. 5e mémoire: Tufs volcaniques de Lipari par Charles-Th. Gaudin et le Baron Piraino de Mandralisca. 30 resp. 12 Seiten, 7 resp. 3 Tafeln.

Kaufmann, F. J. Untersuchungen über die mittel- und ostschweizerische subalpine Molasse. 135 Seiten, 1 Karte und 2 Tafeln Profile.

Band XVIII. 1861. XXII und 438 Seiten, 62 Tafeln.

Thurmann, Jul. Lethea Bruntrutana ou Etudes paléontologiques sur le Jura bernois. Oeuvre posthume, terminée et publiée par A. Etallon, 1re partie. 145 Seiten, 13 Tafeln.

Venetz, Ign., père. Mémoire sur l'extension des anciens glaciers. Oeuvre posthume, rédigée en 1857 et 1858. 33 Seiten.

Ooster, W. A. Catalogue des Céphalopodes fossiles des Alpes Suisses. IVe partie (G. Ammonites). 160 Seiten, 15 Tafeln.

Ooster, W. A. Catalogue des Céphalopodes fossiles des Alpes Suisses. Ve partie (G. Scaphites, Ancyloceras etc.). 100 Seiten, 34 Tafeln. — Suite de la description des figures au T. XVII. S. IX bis XXX.

Band XIX. 1862. 608 Seiten, 47 Tafeln.

Rütimeyer, Dr. L. Die Fauna der Pfahlbauten der Schweiz. 248 Seiten, 6 Tafeln und Holzschnitte.

Thurmann, J. et **Etallon, A.** Lethea Bruntrutana. 2e partie. S. 147--353, 36 Tafeln.

Rütimeyer, Dr. L. Eocäne Säugethiere aus dem Gebiet des schweizerischen Jura. 98 Seiten, 5 Tafeln.

Schläfli, Dr. Alexander. Versuch einer Klimatologie des Thales von Janina (Epirus). 55 Seiten.

Band XX. 1864. 512 Seiten, 33 Tafeln.

Thurmann, J. et **Etallon, A.** Lethea Bruntrutana. 3e et dernière partie. S. 355—500, 16 Tafeln.

De la Harpe, Dr. J. C. Suppléments à la faune des Lépidoptères suisses. 3e Supplément aux Phalénides de la faune suisse. Premier supplément aux Pyralidides et aux Crambides. Premier supplément aux Tortricides. 81 Seiten.

Gaudin, Charles-Th. et **Strozzi, Carlo.** Contributions à la flore fossile italienne. 6e mémoire. 31 Seiten, 4 Tafeln.

Schläfli, Dr. Alexander. Zur physikalischen Geographie von Unter-Mesopotamien. 123 Seiten.

Cramer, Dr. C. Physiologisch-systematische Untersuchungen über die Ceramiaceen. 131 Seiten, 13 Tafeln.

Band XXI. 1865. 500 Seiten, 11 Tafeln und 3 Tabellen.

Dritte Folge: I. Band.

Heusser, Dr. J. Ch. und **Claraz, George.** Beiträge zur geognostischen und physikalischen Kenntniss der Provinz Buenos Aires. 1. Abtheilung. 22 Seiten, 1 Tafel.

— — Essai pour servir à une description physique et géognostique de la Province argentine de Buenos Aires. 2e partie. 139 Seiten, 1 Tafel.

Heer, Osw. Über einige fossile Pflanzen von Vancouver und Britisch-Columbien. 10 Seiten, 2 Tafeln.

Dietrich, Kaspar. Beitrag zur Kenntnis der Insektenfauna des Kantons Zürich: Käfer. 240 Seiten.

Stöhr, Emil. Die Kupfererze an der Mürtschenalp und der auf ihnen geführte Bergbau. 36 Seiten, 4 Tafeln und 3 Tabellen.

Quiquerez, A. Rapport sur la question d'épuisement des mines de fer du Jura bernois. 53 Seiten, 3 Tafeln.

Band XXII. 1867. 589 Seiten, 20 Tafeln.

Capellini, J. et **Heer, O.** Les Phyllites crétacées du Nebrasca. 22 Seiten, 4 Tafeln.

Rütimeyer, L. Versuch einer natürlichen Geschichte des Rindes etc. 1. und 2. Abtheilung. 103 und 175 Seiten, 6 Tafeln.

Heer, Dr. O. Fossile Hymenopteren aus Oeningen und Radoboj. 42 Seiten, 3 Tafeln.

Lang, Fr. und **Rütimeyer, L.** Die fossilen Schildkröten von Solothurn. 47 Seiten, 4 Tafeln.

Fick, Adolf. Untersuchungen über Muskel-Arbeit. 68 Seiten, 2 Tafeln.

Christ, Dr. H. Ueber die Verbreitung der Pflanzen der alpinen Region der europäischen Alpenkette. 85 Seiten, 1 Tafel.

Prym, Dr. Friedrich. Zur Theorie der Functionen in einer zweiblättrigen Fläche. 47 Seiten.

Band XXIII. 1869. 667 Seiten, 26 Tafeln.

Gerlach, H. Die penninischen Alpen. Beiträge zur Geologie der Schweiz. 133 Seiten, 4 Tafeln.

Heer, Dr. Oswald. Beiträge zur Kreide-Flora. I. Flora von Moleten in Mähren. 24 Seiten, 11 Tafeln.

Wild, Dr. H. Bericht über die Arbeiten zur Reform der schweizerischen Urmaasse. 170 Seiten, 3 Tafeln.

Stierlin, Dr. G. und **Gautard, V. v.** Fauna coleopterorum helvetica. Die Käferfauna der Schweiz. I. Theil. 216 Seiten.

Loriol, P. de und **Gilliéron, V.** Monographie paléontologique et stratigraphique de l'étage urgonien inférieur du Landeron (Cant. de Neuchâtel). 124 Seiten, 8 Tafeln.

Band XXIV. 1871. 337 Seiten, 11 Tafeln.

Stierlin, Dr. G. und **Gautard, V. v.** Fauna coleopterorum helvetica. Die Käferfauna der Schweiz. II. Theil. S. 217—372.

Heer, Dr. Oswald. Beiträge zur Kreideflora. II. Zur Kreide-Flora von Quedlinburg. 15 Seiten, 3 Tafeln.

Bernoulli, Dr. Gustav. Uebersicht der bis jetzt bekannten Arten von Theobroma. 15 Seiten, 7 Tafeln.

Schneider, Gustav. Dysopes Cestonii in Basel, eine für die Schweiz neue Fledermaus. 9 Seiten, 1 Tafel.

Pfeffer, Dr. W. Bryogeographische Studien aus den rhätischen Alpen. 142 Seiten.

Band XXV. 1873. IX und 361 Seiten, 23 Tafeln.

Mousson, A. Révision de la faune malacologique des Canaries. IV und 176 Seiten, 6 Tafeln.

Rütimeyer, L. Die fossilen Schildkröten von Solothurn und der übrigen Juraformation. V und 185 Seiten, 17 Tafeln.

Band XXVI. 1874. IV, 462 und V Seiten, 2 Tafeln.

Forel, Auguste. Les Fourmis de la Suisse. Systématique. Notices anatomiques et physiologiques. Architecture. Distribution géographique. Nouvelles expériences et observations de mœurs.

Band XXVII. 1876/77. XIV und 454 Seiten, 8 Tafeln und 1 Karte.

Favre, Ernest. Recherches géologiques dans la partie centrale de la chaîne du Caucase. 4, VIII und 118 Seiten, 1 Tafel, 1 Karte und 32 Textfiguren.

Heer, Oswald. Ueber fossile Früchte der Oase Chargeh. 11 Seiten, 1 Tafel.

Lebert, Hermann. Die Spinnen der Schweiz. VI und 321 Seiten, 6 Tafeln.

Band XXVIII. 1883. 348 Seiten, 14 Tafeln, 2 Karten.

Heer, Dr. Oswald. Beiträge zur fossilen Flora von Sumatra. 22 Seiten, 6 Tafeln.

Cramer, Dr. C. Ueber die geschlechtslose Vermehrung des Farn-Prothallium namentlich durch Gemmen resp. Conidien. 15 Seiten, 3 Tafeln.

Kollmann, Dr. Die statistischen Erhebungen über die Farbe der Augen, der Haare und der Haut in den Schulen der Schweiz. 42 Seiten, 2 Karten.

Rothpletz, A. Das Diluvium um Paris und seine Stellung im Pleistocän. 132 Seiten, 3 Tafeln.

Keller, Dr. Conrad. Die Fauna im Suez-Kanal und die Diffusion der mediterranen und erythräischen Thierwelt. Eine thiergeographische Untersuchung. 39 Seiten, 2 Tafeln.

Stierlin, Dr. Gustav. Zweiter Nachtrag zur Fauna coleopterorum helvetica. 98 Seiten.

Band XXIX. 1885. VIII und 476 Seiten, 9 Tafeln.

Mathey, F. Coupes géologiques des tunnels du Doubs. 21 Seiten, 3 Tafeln.

Heer, Dr. Oswald. Ueber die nivale Flora der Schweiz. 114 Seiten.

Beust, Fritz. Untersuchung über fossile Hölzer aus Grönland. 43 Seiten, 6 Tafeln und 4 Tabellen.

Forel, Dr. F.-A. La faune profonde des lacs suisses. VIII und 234 Seiten.

Du Plessis-Gouret, Dr. G. Essai sur la faune profonde des lacs de la Suisse. 64 Seiten.

Band XXX. 1888—1890. IV und 509 Seiten, 9 Tafeln.

Früh, Dr. J. J. Beiträge zur Kenntnis der Nagelfluh der Schweiz. 203 Seiten, 4 Tafeln und 17 Textfiguren.

Cramer, Dr. C. Ueber die verticillierten Siphoneen besonders Neomeris und Cymopolia. 50 Seiten, 5 Tafeln.

Franzoni, Alberto. Le Piante fanerogame della Svizzera insubrica enumerate secondo il metodo Decandolliano. Opera postuma ordinata e annotata dal D[re] *A. Lenticchia* con note ed aggiunte di *L. Favrat*. IV und 256 Seiten.

Band XXXI. 1890. XLIV und 448 Seiten.

Favre, Emile. Faune des Coléoptères du Valais et des régions limitrophes, avec Introduction par le *Dr. Edouard Bugnion*.

Band XXXII. 1891. VII und 261 Seiten, 12 Tafeln.

Fischer, Dr. Ed. Untersuchungen zur vergleichenden Entwicklungsgeschichte und Systematik der Phalloideen. 103 Seiten, 6 Tafeln.

Cramer, Dr. C. Ueber die verticillierten Siphoneen besonders Neomeris und Bornetella. 48 Seiten, 4 Tafeln.

Riggenbach, Dr. Albert. Die Niederschlags-Verhältnisse von Basel. VII und 110 Seiten, 2 Tafeln.

Band XXXIII. 1893—98. 172 Seiten, 20 Tafeln.

Emden, Dr. Robert. Ueber das Gletscherkorn. 44 Seiten, 6 Tafeln.

Nägeli, Carl v. Ueber oligodynamische Erscheinungen in lebenden Zellen. Mit einem Vorwort von *S. Schwendener* und einem Nachtrag von *C. Cramer*. 52 Seiten.

Fischer, Dr. Ed. Neue Untersuchungen zur vergleichenden Entwicklungsgeschichte und Systematik der Phalloideen. 56 Seiten, 3 Tafeln.

Baltzer, A. Studien am Unter-Grindelwaldgletscher über Glacialerosion, Längen- und Dickenveränderung in den Jahren 1892—97. 20 Seiten, 11 Tafeln.

Band XXXIV. 1895. LVI und 472 Seiten.

Jaccard, Henri. Catalogue de la flore valaisanne.

Band XXXV. 1896. VI und 344 Seiten, 25 Tafeln, 1 Karte und 8 Textfiguren.

Nüesch, Dr. Jakob. Das Schweizersbild, eine Niederlassung aus paläolithischer und neolithischer Zeit. Mit Beiträgen von *Pfarrer A. Bächtold, Dr. J. Früh, Dr. A. Gutzwiller, Dr. A. Hedinger, Prof. Dr. J. Kollmann, Prof. J. Meister, Prof. Dr. A. Nehring, Prof. Dr. A. Penck, Dr. O. Schötensack, Prof. Dr. Th. Studer*. I. u. II. Auflage, 1896 bis 1902.

Band XXXVI. 1898—1900. 400 Seiten, 21 Tafeln.

Standfuss, Dr. M. Experimentelle zoologische Studien mit Lepidopteren. 82 Seiten, 5 Tafeln.

Christ, Dr. H. Monographie des Genus Elaphoglossum. 159 Seiten, 4 Tafeln und 78 Textfiguren.

Fischer, Dr. Ed. Untersuchungen zur vergleichenden Entwicklungsgeschichte und Systematik der Phalloideen. III. Serie. Mit einem Anhang: Verwandtschaftsverhältnisse der Gastromyceten. 84 Seiten, 6 Tafeln und 4 Textfiguren.

Hugi, Dr. Emil. Die Klippenregion von Giswyl. 75 Seiten, 6 Tafeln und 4 Textfiguren.

Band XXXVII. 1900. VI und 400 Seiten, 8 Tafeln, 4 Karten.

Zschokke, Dr. F. Die Tierwelt in den Hochgebirgsseen.

Band XXXVIII. 1901. IV und 391 Seiten, 18 Tafeln.

Schläfli, L. † Theorie der vielfachen Kontinuität. Herausgegeben von *J. H. Graf*. IV und 239 Seiten.

Wild, H. Ueber den Föhn und Vorschlag zur Beschränkung seines Begriffes. 152 Seiten, 18 Tafeln.

Band XXXIX. 1903—1904. XVI und 254 Seiten, 40 Tafeln.

Nüesch, Dr. Jakob. Der Dachsenbüel, eine Höhle aus frühneolithischer Zeit, bei Herblingen,

Kt. Schaffhausen. Mit Beiträgen von *Prof. Dr. J. Kollmann, Dr. O. Schötensack, Dr. M. Schlosser und Prof. Dr. S. Singer.* VIII und 126 Seiten, 6 Tafeln und 14 Textfiguren.

— — Das Kesslerloch, eine Höhle aus paläolithischer Zeit, neue Grabungen und Funde. Mit Beiträgen von *Prof. Dr. Th. Studer, Dr. O. Schötensack.* VIII und 128 Seiten, 34 Tafeln und 6 Textfiguren.

Band XL. 1905/06. 728 Seiten, 14 Tafeln.

Studer, Dr. Th. Ueber neue Funde von Grypotherium Listaei Amegh. in der Eberhardtshöhle von Ultima Esperanza. 18 Seiten, 3 Tafeln.

Gerber, Dr. Ed. Beiträge zur Geologie der östlichen Kientaleralpen. 70 Seiten, 3 Tafeln und 28 Textfiguren.

Schönemann, Dr. A. Schläfenbein und Schädelbasis, eine anatomisch-otiatrische Studie. 72 Seiten, 8 Tafeln und 5 Textfiguren.

Zahn, Karl Hermann. Die Hieracien der Schweiz. 568 Seiten.

Band XLI. 1906/07. 525 Seiten, 3 Tafeln.

Thellung, A. Die Gattung Lepidium (L.) R. Br. Eine monographische Studie. 340 Seiten, 12 Textfiguren.

Frey, Oskar. Talbildung und glaziale Ablagerungen zwischen Emme und Reuss. 185 Seiten, 3 Tafeln und 2 Textkarten.

Band XLII. 1907/08. IV und 253 Seiten, 6 Tafeln.

Bach, Dr. Hugo. Das Klima von Davos nach dem Beobachtungsmaterial der eidgenössischen meteorologischen Station in Davos. IV und 105 Seiten, 13 Textfiguren und 30 Tabellen.

Carl, Dr. Joh. Monographie der Schweizerischen Isopoden. 148 Seiten, 6 Tafeln und 8 Textfiguren.

Band XLIII. 1907. VI und 214 Seiten, 32 Tafeln und 14 Textfiguren.

Heierli, Dr. J. Das Kesslerloch bei Thaingen. Unter Mitwirkung der Herren *Prof. Dr. Henking, Prof. Dr. C. Hescheler, Prof. J. Meister, Dr. E. Neuweiler* und anderer Forscher.

Band XLIV. 1909. XL und 455 Seiten, mit einer Arvenkarte der Schweiz, einer Waldkarte von Davos, 19 Spezialkarten, 9 Tafeln und 51 Textbildern. I. Teil: Text; II. Teil: Tafeln und Karten.

Rikli, Dr. M. Die Arve in der Schweiz. Ein Beitrag zur Waldgeschichte und Waldwirtschaft der Schweizeralpen.

Band XLV. 1910. XVI und 292 Seiten, 4 Tafeln und 1 Karte.

Becker, W. Die Violen der Schweiz. VIII und 82 Seiten, 4 Tafeln.

Schwerz, Franz. Versuch einer anthropologischen Monographie des Kts. Schaffhausen speziell des Klettgaues. VIII und 210 Seiten, 89 Textfiguren, 1 Karte und 87 Tabellen.

Band XLVI. 1911. 188 Seiten, 10 Tafeln.

Rollier, Dr. Louis. Revision de la Stratigraphie et de la Tectonique de la Molasse au Nord des Alpes en général et de la Molasse subalpine suisse en particulier. 101 Seiten, 2 Tafeln.

Keller, Dr. Conrad. Studien über die Haustiere der Mittelmeer-Inseln. Ein Beitrag zur Lösung der Frage nach der Herkunft der europäischen Haustierwelt. 87 Seiten, 8 Tafeln und 20 Textfiguren.

Band XLVII. 1912/13. X und 306 Seiten, 11 Tafeln und 1 Karte.

Ganz, Ernst. Stratigraphie der mittleren Kreide (Gargasien, Albien) der oberen helvetischen Decken in den nördlichen Schweizeralpen. VII und 149 Seiten, 11 Tafeln, 20 Textfiguren und 2 Kartenskizzen.

Bärtschi, Ernst. Das westschweizerische Mittelland. Versuch einer morphologischen Darstellung. III und 157 Seiten, 1 Karte und 19 Textfiguren.

Band XLVIII. 1913. VII und 347 Seiten, 4 Tafeln, 1 Isochionenkarte und Textfiguren.

Braun, Josias. Die Vegetationsverhältnisse der Schneestufe in den Rätisch-Lepontischen

Alpen. Ein Bild des Pflanzenlebens an seinen äussersten Grenzen.

Band IL. 1913/14. 181 Seiten, 9 Tafeln.

Keller, Dr. Conrad. Studien über die Haustiere der Kaukasusländer. 61 Seiten, 8 Tafeln und 21 Textfiguren.

Schaub, Samuel. Das Gefieder von Rhinochetus jubatus und seine postembryonale Entwicklung. 120 Seiten, 1 Tafel und 12 Textfiguren.

Band LI. 1915. 129 Seiten.

Tröndle, Arthur. Untersuchungen über die geotropische Reaktionszeit und über die Anwendung variationsstatistischer Methoden in der Reizphysiologie. 84 Seiten mit 2 Textfiguren.

Bretscher, Dr. K. Der Vogelzug im schweizerischen Mittelland in seinem Zusammenhang mit den Witterungsverhältnissen. 45 Seiten.

Der vorliegende Jubiläumsband bildet den **L. Band** dieser Serie der Neuen Denkschriften.

---

2. Die Geologische Kommission.

I. Vorgeschichte.

Die Geschichte der Geologischen Kommission und die Geschichte der geologischen Erforschung der Schweiz decken sich keineswegs. Wenn auch der Kommission seit ihrer Gründung ein hervorragendes Verdienst an der planmässigen Untersuchung des Bodens unseres Vaterlandes zuzuschreiben ist, so hat immer auch nebenher, unabhängig von ihr, eine grosse Zahl von Männern daran gearbeitet, die Natur des Bodens der Schweiz zu erforschen. Namentlich gehen auch die Anfänge der Geologie der Schweiz viel weiter zurück als die Existenz der Geologischen Kommission, und es wäre gewiss eine dankbare Aufgabe, einmal eine Geschichte der Geologie der Schweiz zu schreiben und den Anteil der verschiedenen Forscher daran festzustellen.

Hier kann es sich natürlich nicht darum handeln. Wenn im folgenden also auch einzelne Vorgänger der Kommission aufgeführt werden, so kann diese Darstellung doch keinen Anspruch auf Vollständigkeit machen; sie muss ferner ganz darauf verzichten, die Männer und ihre Werke auch nur zu nennen, die später nicht im Auftrage der Kommission, sondern auf eigene Faust unser Land untersucht haben.

In den älteren Jahrgängen der „Verhandlungen der Schweiz. Naturf. Gesellschaft" werden gelegentlich Horace Bénedicte de Saussure (1740—1799), Joh. Gottfr. Ebel (1764—1830), Hans Konrad Escher von der Linth (1767—1823) als Erforscher der Alpen genannt. — Die erste Forderung aber, deren Verwirklichung im Laufe der Jahre dann später zur Schaffung einer geologischen Kommission geführt hat, stellte Bernhard Studer von Bern am 28. Juli 1828[1]) an der Versammlung in Lausanne auf: Er legte der Gesellschaft ein „Memoire" vor, in dem er die Erstellung einer topographischen Karte der Schweiz in genügendem Masstabe verlangte. Er zeigte, wie ungenügend die bisherigen Karten der Schweiz seien, um darin die Ergebnisse der geologischen Untersuchungen einzutragen und fand die Zustimmung der Gesellschaft. Diese wählte eine Kommission (später topographische Kommission genannt), bestehend aus Friedr. Trechsel, Bernh. Studer, Peter Merian, Necker de Saussure, Jean de Charpentier, Charles Lardy, Hans Caspar Horner. — Die Kommission verfolgte den Plan weiter;

[1]) Verhandlungen 1828, S. 21.

1830 beschloss die Schweiz. Naturf. Gesellschaft in St. Gallen[1]), die Erstellung einer solchen Karte durch Subskription zu unterstützen und an die eidgenössischen Militärbehörden das Gesuch zu stellen, diese möchten die Frage ebenfalls prüfen. In der Tat fand dann vom 4.—9. Juni 1832 in Bern unter dem Vorsitze des Generalquartiermeisters Wurstemberger die erste Sitzung einer eidgenössischen Kommission statt, 1833 unter dessen Nachfolger Wilh. Henri Dufour eine zweite Sitzung, worin das Arbeitsprogramm zur definitiven Vollendung der Triangulation festgestellt wurde. — Aber wenn dann auch, dank der Energie Dufours, bis 1840 die trigonometrische Aufnahme durchgeführt wurde, so ging doch bei den ganz ungenügenden Krediten, über die Dufour verfügte, die Detailaufnahme sehr langsam vor sich. Daher ist es Jahr für Jahr ein Wunsch der Naturf. Gesellschaft, die Publikation der Karte möchte beschleunigt werden. Um das zu erreichen, wurde z. B. 1834 in Luzern[2]) beschlossen, der Militäraufsichtsbehörde für zwei Jahre eine Subvention von je Fr. 1500.— zu bewilligen, 1837[3]) kam der Vertrag mit derselben zustande; die Gesellschaft zahlte Fr. 3000.— und sollte dafür dann eine Anzahl Karten erhalten. Aber erst 1844[4]) konnten (in Genf) die zwei ersten Blätter der Dufourkarte vorgelegt werden, und erst 1850[5]) erhielt die Gesellschaft nach wiederholten Reklamationen ihre 30 Exemplare der „Topographischen Karte" als Gegenwert ihrer Subvention.

Damit war endlich die Forderung Bernh. Studers erfüllt; nun lag eine zuverlässige topographische Karte vor, auf der die geologischen Ergebnisse richtig eingetragen werden konnten. Neben der Darstellung der geologischen Kenntnisse im Masstab 1 : 100 000 wurde aber gleichzeitig auch die Kartierung in kleinerem Masstab, für eine Übersichtskarte der Schweiz, in Angriff genommen. So sagt das Protokoll der geologischen Sektion, für die Sitzung in Aarau, den 5. August 1850[6]), allerdings recht unbestimmt: „Der Präsident (Bernhard Studer) legt einige Blätter der geognostischen Karte der Schweiz vor, die er im Verein mit Herrn Prof. (Arnold) Escher von der Linth und andern schweizerischen Geologen zu bearbeiten unternommen habe. Diese vielversprechende und allen Geologen so sehr wünschenswerte Arbeit nahm das Interesse der Versammlung längere Zeit in Anspruch".

Aus dieser Protokollnotiz geht also nicht hervor, ob es sich dabei um „einige" Blätter der neuen topographischen Karte in 1 : 100 000 handelte, oder um Karten in grösserem Masstabe. Auf alle Fälle war das nichts Fertiges, sondern es handelte sich wahrscheinlich um Materialien für die von Studer geplante Übersichtskarte der Schweiz. Dagegen zeigte Bernh. Studer am 18. August 1852 in Sitten in der geologischen Sektion die westliche Hälfte einer geologischen Karte der Schweiz, die von Arnold Escher und von ihm herrührte. Die topographische Unterlage der Karte war die Karte der Schweiz von Melchior Ziegler (erschienen 1850). Die ältere Karte von H. Keller

---

[1]) Verhandlungen 1830, S. 24. — [2]) Verhandlungen 1834, S. 22. — [3]) Verhandlungen 1837, S. 3. — [4]) Verhandlungen 1844, S. 16. — [5]) Verhandlungen 1850, S. 27. — [6]) Verhandlungen 1850, S. 98.

hatte sich als zu klein und zu ungenau erwiesen. — Studer erzählte[1]) die Geschichte der geologischen Karte und gab die zahlreichen Mitarbeiter an.

Im folgenden Jahr, an der Versammlung 1853 in Pruntrut[2]) wies dann Lardy, offenbar im Namen Studers, die ganze Karte fertig vor und zeichnete die Geschichte und die Quellen der Karte. Die Gesellschaft beschloss einstimmig, den beiden Autoren Escher und Studer den Dank der schweizerischen Naturforscher auszusprechen.

In diesem ersten Zeitabschnitte, bis 1858, sehen wir also die Bestrebungen der Geologen vor allem darauf gerichtet, eine gute topographische Grundlage für ihre Aufnahmen zu erhalten. Mühsam und langsam geht diese Forderung ihrer Erfüllung entgegen; denn die alte Tagsatzung war eine langsam arbeitende Instanz, und die Mittel, die sie für die Triangulation der Schweiz jährlich bewilligte, mehr als bescheiden. Erst die neue Bundesverfassung brachte nach 1848 ein etwas rascheres Tempo in die Ausführung dieser Arbeiten.

II. Die Gründung der Geologischen Kommission.

Den Anstoss zur Einsetzung einer geologischen Kommission durch die Schweiz. Naturf. Gesellschaft gab Bernhard Studer in seiner Eröffnungsrede zur Jahresversammlung am 2. August 1858 in Bern.[3]) Er berichtete über die Geschichte der Topographischen Karte (Dufourkarte), von der damals 18 Blätter fertig und zwei bald fertig waren. Daran knüpfte er nun für die schweizerischen Geologen die Aufgabe, diese sämtlichen Blätter nach und nach geologisch koloriert herauszugeben. Es handelte sich also — wenn man die zum Teil leeren Grenzblätter berücksichtigte, um die Aufnahme von 15—18 Dufourblättern, von denen einzig Blatt VII nach den Untersuchungen von Thurmann, Gressly und Greppin schon damals hätte publiziert werden können. Aber von den vielen Blättern im alpinen Teil war noch keines in Angriff genommen, obgleich Materialien dazu nicht fehlten, wie z. B. die Karte des Kantons St. Gallen in 1 : 25 000, welche „durch den unermüdlichen Escher geologisch koloriert worden war". Es war Studer also klar, dass die grosse Arbeit einer geologischen Karte in 1 : 100 000 nicht einzig aus Privatmitteln durchgeführt werden konnte; daher verlangte er dafür die Hilfe des Bundes, und zwar eine jährliche Subvention von Fr. 10 000.—.

Dieser Wunsch Studers sollte — wenn auch zunächst in bescheidenerem Umfange — bald in Erfüllung gehen, vielleicht rascher als sein Urheber gedacht hatte. Zwar wurde die Versammlung der Schweiz. Naturf. Gesellschaft, die 1859 in Lugano hätte stattfinden sollen, wegen des Krieges in Oberitalien verschoben. Dafür veranstaltete die „Société de physique et d'histoire naturelle" in Genf, unterstützt von einigen Mitgliedern der Schweiz. Naturf. Gesellschaft und mit Zustimmung des Zentralkomitees, eine quasi

---

[1]) Verhandlungen 182, S. 76. — [2]) Verhandlungen 1853, S. 19. — [3]) Verhandlungen 1858, S. 1 ff.

familiäre und nicht offizielle Zusammenkunft auf den 24. und 25. August 1859.[1]) Über diese Versammlung findet sich deswegen nichts in den „Verhandlungen", ebensowenig in den Protokollen des Zentralkomitees. Dagegen lässt sich aus den Zeitungsberichten die Sache rekonstruieren:

Am Vorabend, Dienstag den 23. August war Empfang der Teilnehmer bei Prof. de la Rive, rue de l'Hôtel de Ville, No. 74. Eine Hauptanziehung war, dass Agassiz (von Amerika zurückkommend) anwesend war; er hatte namentlich auch den Wunsch ausgedrückt, bei dieser Gelegenheit wieder unter seinen Freunden zu sein. Unter den Teilnehmern, deren Liste aber ganz unvollständig ist, werden u. a. genannt: Desor, Escher, Favre, Merian, Studer. Mittwoch den 24. August begann um 10 Uhr die erste Sitzung im Conservatoire de Musique, unter dem Vorsitz von de la Rive; abends war Empfang in der Campagne von de Candolle, au Vallon. Donnerstag den 25. August war um 9 Uhr die zweite Sitzung, ebenfalls im Conservatoire de Musique. Um 1 Uhr fand das Bankett im „Stand" statt und abends war Empfang in der Campagne von Alph. Favre, in Prégny.

Aus den Verhandlungen dieser beiden Tage ist nun aus der Sitzung vom 24. August folgendes für die Gründung der Geologischen Kommission von Wichtigkeit:[2])

„La réunion, ayant été informée qu'une allocation de 3000 francs avait été, sur la proposition du Conseil Fédéral, décrétée par les Chambres Fédérales en faveur de la *Société helvétique des sciences naturelles,* a exprimé le désir que cette somme fut *consacrée à la confection d'une carte géologique de la Suisse.* La réunion n'a pas jugé non plus convenable d'attendre jusqu'à la session officielle de Lugano pour témoigner hautement sa reconnaissance envers les autorités fédérales."

Aus diesem Bericht geht nicht hervor, wer die Nachricht von dieser ersten Bundessubvention der Versammlung in Genf überbracht hat (die offizielle Mitteilung des Bundesrates an das Zentralkomitee erfolgte erst am 11. Oktober 1859)[3]); ebensowenig ist festgestellt, durch wen der Bundesrat veranlasst wurde, den Posten von Fr. 3000.— ins Budget einzusetzen. — Nach der Eröffnungsrede von Franz Lang zur Versammlung der Schweiz. Naturf. Gesellschaft in Solothurn[4]) scheint die Sache so gegangen zu sein:

Die Anregung dazu hat offenbar B. Studer durch seine Eröffnungsrede 1858 in Bern gegeben. Daraufhin hat Bundesrat J. B. Pioda, Vorsteher des Departementes des Innern, von sich aus an B. Studer die Anfrage gerichtet, ob die Schweiz. Naturf. Gesellschaft einen Beitrag von Fr. 3000.— annehmen würde unter dem Vorbehalt, dass

---

[1]) Journal de Genève 1859, No. 195, 199, 200, 201, 203, 204.

[2]) Journal de Genève 1859, No. 203.

[3]) Missivenbuch der Schweiz. Naturf. Gesellschaft, I, 105.

[4]) Verhandlungen 1888, S. 19 ff. (Fr. Lang kann hier offenbar gute Aufschlüsse geben, denn er war 1859 an dieser Genfer Versammlung anwesend, daneben damals fast 30 Jahre mit Studer bekannt und befreundet.)

eine der Schweiz nützliche Verwendung dieser Summe nachgewiesen würde. Studer antwortete, dass die Gesellschaft, um ihre Unabhängigkeit zu wahren, ähnliche Anerbieten stets abgelehnt habe, dass er indes den Antrag empfehlen werde, da die Summe zur Vorbereitung einer geologischen Karte der Schweiz zu benutzen sei.

An der Genfer Versammlung beantragte dann Studer, „nachdem er sich mit seinen Freunden beraten hatte, dass das vom h. Bundesrate gemachte Anerbieten sowohl vom Zentralkomitee, als auch von den in Genf versammelten Naturforschern verdankt und die Summe selbst für die Herstellung einer geologischen Karte der Schweiz verwendet werde . . . . Die Versammlung bestätigte die Anträge und beschloss, dieselben dem Zentralkomitee und der nächsten Jahresversammlung in Lugano zu empfehlen."

Am 30. November 1859 verdankte dann in der Tat das Zentralkomitee dem Bundesrate die Subvention und erklärte sich mit der in Genf vorgeschlagenen Verwendung einverstanden unter der Bedingung, dass die nächste Versammlung der Gesellschaft (in Lugano) dem ebenfalls zustimme. — Am 29. Februar 1860 erklärte sich auch das Departement des Innern damit einverstanden und verlangte bloss Vorlage von Bericht und Rechnung über die Verwendung des Geldes. Daraufhin fasste am 20. März 1860 das Zentralkomitee folgende Beschlüsse[1]) welche als eigentliche Gründungsurkunde der Geologischen Kommission zu betrachten sind:

„Das Zentralkomitee beschliesst, auf den hohen Wert der Sache selbst, sowie auf den ausgesprochenen Wunsch der voriges Jahr in Genf versammelten Mitglieder sich stützend, den vom Bundesrat der Gesellschaft bereits ausdrücklich hauptsächlich zu diesem Zweck bewilligten Kredit von Fr. 3000.— zur Herstellung einer geologischen Karte unseres Landes zu verwenden. Zu diesem Behuf bestellt dasselbe eine Kommission aus fünf Mitgliedern, nämlich den Herren Prof. Bernhard Studer, Präsident, Prof. Peter Merian, Prof. Arnold Escher von der Linth, Prof. Alphonse Favre und Prof. Eduard Desor, mit dem Auftrage:

1. Dieselbe wird ersucht, einen Plan über die ganze Ausführung des Unternehmens zu entwerfen.

2. Sie wird bevollmächtigt, mit tunlichster Beförderung diejenigen Anordnungen zu treffen, welche es möglich machen, bereits dieses Jahr mit den Arbeiten zu beginnen.

3. Zu diesem Ende hin ist derselben ein Kredit bis auf den Betrag von Fr. 3000.— bei dem Quästor eröffnet.

4. Sie wird eingeladen, jenen Plan und einen Bericht über den Stand und Fortgang der Arbeiten dem Komitee vor der diesjährigen Versammlung der Gesellschaft in Lugano einzugeben, damit teils die Genehmigung von seite dieser letztern eingeholt und weitere Beschlüsse gefasst, teils an den h. Bundesrat gemäss dem im Schreiben vom 20. Februar 1860 ausgesprochenen Wunsche hinwieder ein Bericht erstattet werden könne.

5. Diese Beschlüsse sollen dem Jahresvorstande vorgelegt und dessen Beistimmung nachgesucht werden.

6. Das hierauf bezügliche Schreiben soll mit der Unterschrift des Jahrespräsidenten Herrn Lavizzari in Lugano dem Bundesrate sofort noch vor Ende März zugestellt und derselbe ersucht werden, bei Beratung des Voranschlages für 1861 die Gesellschaft mit einer zweiten Anweisung auf die eidgenössische Kasse bedenken zu wollen.

---

[1]) Protokoll des Zentralkomitees, 1860.

7. Genannte fünf Mitglieder sind von dem gefassten Beschlusse sofort in Kenntnis zu setzen und zu ersuchen, sich miteinander zu verständigen über das, was nun zur Ausführung des Beschlusses zu tun sei."

Diese Beschlüsse des Zentralkomitees erhielten dann wirklich ihre Genehmigung am 11. September 1860 in Lugano:[1])

„L'assemblea approva le decisioni prese dal Comitato Centrale di Zurigo intorno all impiego di franchi 3000.— assegnati alla Società Elvetica di Scienze Naturali dall'Assemblea Federale per l'anno 1859, e autorizza la Commissione nominata dal Comitato Centrale e composta dei Signori Studer di Berna, Merian di Basilea, Escher della Linth di Zurigo, Desor di Neuchâtel, Favre di Ginevra, a continuare i suoi lavori per l'allestimento d'una carta geologica generale della Svizzera."

Die gewählte Kommission machte sich unverzüglich an die Arbeit, sobald sie vom Zentralkomitee (29. Februar 1860) bestellt worden war. Schon am 3. Juni 1860 stellte sie in Olten die nachfolgenden

Statuten über die geologische Aufnahme der Schweiz[2])

auf:

1. Die Schweiz. Naturf. Gesellschaft übernimmt die geologische Detailaufnahme der Schweiz und die Darstellung ihrer geologischen Verhältnisse, durch entsprechende Koloration des Atlasses von Dufour, und die Veröffentlichung dieser Karte, nebst der zur Kenntnis der Felsarten, organischen Überreste und Lagerungsverhältnisse erforderlichen Zeichnungen und Beschreibungen.

2. Sie überträgt die Direktion dieser Unternehmung einer Kommission von fünf Mitgliedern, welche über die von der h. Bundesversammlung, oder von anderer Seite her, zu diesem Zwecke gegebenen Summen zu verfügen hat.

3. Die Kommission ist ermächtigt, Entschädigungen an diejenigen Geologen auszurichten, welche sich unter nachfolgenden Bedingungen an der Aufnahme beteiligen wollen.

4. Nur Geologen, die bereits eine von der Kommission als genügend anerkannte geologische Aufnahmearbeit, schriftlich oder im Druck, geliefert haben, können für ihre ferneren Arbeiten Reiseentschädigungen erhalten.

5. Die gegenseitige Verpflichtung wird auf ein Jahr abgeschlossen.

6. Der sich meldende, oder von der Kommission aufgeforderte Geologe zeigt dieser an, welche Gegend er zu bearbeiten willens ist, welche Hülfsmittel ihm zu Gebote stehen, wieviel Tage er auf die Arbeit zu verwenden denkt, wieviel Terrain er im Laufe des Jahres aufzunehmen hofft.

7. Für jeden Reisetag oder Arbeitstag auf dem Felde hat der Betreffende Anspruch auf eine Entschädigung von Fr. 12.—. Ein Drittel der vorgesehenen Summe wird bei dem Beginn der Arbeit vorausbezahlt, der Rest nach Ablieferung derselben, sofern diese den Erwartungen der Kommission entspricht.

8. Die Aufnahmen sind womöglich auf Karten von $^1/_{25}$- oder $^1/_{50}$-Tausendstel der w. G. aufzutragen. Die Kommission wird sich bemühen, von den betreffenden Behörden Blätter in diesem Masstabe zu erhalten.

9. Der Geologe hat auf diesen Blättern die Grenzen der Steinarten und Formationen und was sonst der Fixierung wert erscheint, wie wichtige Fundorte von Mineralien oder Petrefakten, Steinbrüche, Erzgänge, die Richtung des Streichens, antiklinale oder Verwerfungslinien usw. mit möglichster Genauigkeit

---

[1]) Verhandlungen 1860, S. 15.

[2]) In einem Sammelband in der Stadtbibliothek in Bern.

aufzutragen. Im versteinerungsleeren Hochgebirge hält er sich vorzugsweise an die Differenzen der in grössern Massen auftretenden Felsarten, im Sedimentgebirge an die Verschiedenheit der paläontologischen Altersstufen, in der jüngsten Bedeckung an die Verschiedenheit von Kies, Gletscherschutt, Sand, Lehm, Torf, ohne Berücksichtigung der Dammerde oder Vegetation.

10. Zur Erläuterung der Lagerungsverhältnisse werden jedem Blatt ein oder mehrere Durchschnitte beigegeben. Dieselben werden, mit möglichst treuer Nachahmung der äussern Formen, und in der Regel mit gleichem Masstab für die Höhen und Horizontalen, senkrecht auf das Streichen gezogen.

11. Die an Ort und Stelle geschriebenen Notizen sollen alles geologisch oder industriell Bemerkenswerte enthalten, das in den Durchschnitten und Karten nicht eingetragen werden kann: Beschreibung der Steinarten, Streichen, Fallen und Mächtigkeit der Lager, Vorkommen von Mineralien oder Petrefakten, Verwitterungszustand, Benutzung zu Bausteinen, zur Bedachung, zu Mörtel, Strassenmaterial usw.

12. Der arbeitende Geologe verständigt sich mit dem Direktor der mineralogischen Sammlungen des Polytechnikums in Zürich über die Steinarten oder Petrefakten, welche an diese Sammlungen abzuliefern sind. Das Polytechnikum trägt die Kosten der Verpackung und der Fracht, und die abgegebenen Stücke bleiben sein Eigentum.

13. Die geologischen Blätter, Durchschnitte, Zeichnungen und Notizen werden am Schluss der guten Jahreszeit der Kommission zur Einsicht abgeliefert. Der Winter wird von den betreffenden Geologen benutzt zu einer genaueren Ausarbeitung der gesammelten Beobachtungen. Die von ihnen geologisch kolorierten Karten und Durchschnitte, oder Kopien davon, bleiben Eigentum der Naturforschenden Gesellschaft, deren Geologische Kommission für ihre Benutzung und für die Bekanntmachung der schriftlichen Erläuterungen Fürsorge trifft.

14. Die Kommission erstattet der Schweiz. Naturf. Gesellschaft und der bundesrätlichen Direktion des Innern Bericht über den Fortgang der Arbeiten.

Olten, den 3. Juni 1860. Namens der Geologischen Kommission,
Der Präsident: B. Studer.

Wenn man diese ersten Statuten durchgeht, so wird man mit Erstaunen sehen, mit welcher Vollständigkeit dieselben abgefasst sind. Würde man sie heute aufstellen, so würden sie mit Ausnahme von wenigen nebensächlichen Punkten nicht viel anders lauten.

Leider sind die Akten über die Gründungsgeschichte der Geologischen Kommission an einigen Stellen lückenhaft, und man ist auf mehr oder weniger begründete Vermutungen angewiesen. Nicht nur ist, wie oben (S. 81) angeführt, nicht festgestellt, ob die Einsetzung der ersten Bundessubvention ins Budget der Eidgenossenschaft spontan durch Bundesrat J. B. Pioda erfolgte, oder ob dieser dazu von dritter Seite (wahrscheinlich von B. Studer) angeregt worden war — es fehlen auch Protokolle oder sonstige Notizen über die erste oder die ersten Sitzungen der Geologischen Kommission. Der I. Protokollband im Archiv der Geologischen Kommission beginnt auf Seite 1 mit der Sitzung vom 23. Februar 1861, ohne ein Wort von früheren Sitzungen, ohne irgendeine historische Angabe über Gründung, Zweck etc. der Kommission. Von diesem Datum an sind dann allerdings die Protokolle lückenlos vorhanden.

III. Organisation.

Die Organisation der Geologischen Kommission, die bei der Gründung derselben geschaffen wurde, hat sich so bewährt, dass daran in den 55 Jahren ihres Bestehens nichts geändert wurde. Die Kommission wird also von der Schweiz. Naturf. Gesellschaft gewählt, und zwar auf eine Amtsdauer von drei Jahren, mit steter Wiederwählbarkeit der Mitglieder. Die Zahl der Mitglieder war viele Jahre lang immer fünf, dann wurde in den Statuten vom 14. März 1874 der Kommission das Recht zugestanden (§ 2), „je nach Bedürfnis eine Vermehrung dieser Zahl mit eingereichtem Wahlvorschlag zu beantragen".

In den revidierten Statuten vom 2. Mai 1896 ist die Mitgliederzahl auf 5—7 angesetzt. Davon ist eigentlich nur vorübergehend Gebrauch gemacht worden, indem 1894 die Zahl der Mitglieder auf sieben erhöht wurde. Nachher hat sie sich durch einen Rücktritt und einen Todesfall wieder auf die alte Zahl fünf reduziert.

Bei der Erneuerungswahl oder bei Ergänzungswahlen macht die Kommission dem Zentralkomitee Vorschläge über die Besetzung der Stellen. Der erste Präsident wurde aus der Zahl der Mitglieder von der Gesellschaft bestimmt, die nachfolgenden wurden von der Kommission aus ihrer Mitte gewählt. Als Sekretär wirkte bis 1894 ein Mitglied der Kommission; seither besorgt Dr. Aug. Aeppli-Zürich, der nicht Mitglied ist, die Arbeit des Sekretärs. Das Rechnungswesen ist von Anfang an durch den Quästor der Gesellschaft besorgt worden. Die Rechnung wird jeweilen zuerst vom Präsidenten, dann vom Zentralkomitee geprüft; hierauf gelangt sie an das Eidgenössische Departement des Innern. Ausserdem ist letzterem jeweilen auf Jahresschluss auch ein Bericht über die Tätigkeit im abgelaufenen Jahr abzustatten. Einen andern Bericht erhält die Schweiz. Naturf. Gesellschaft jedesmal auf die Zeit ihrer Jahresversammlung. Dieser Bericht wird regelmässig in den Verhandlungen abgedruckt.

Über die Zusammensetzung der Kommission mag folgende Übersicht nähern Aufschluss geben:

1859, bezw. 1860 werden gewählt:

Bernhard Studer, Bern, als Präsident,
Arnold Escher von der Linth, Zürich,
Peter Merian, Basel,
Eduard Desor, Neuenburg,
Alphonse Favre, Genf.

Von 1859—1885 wurde die Kommission von B. Studer präsidiert. 1865 wurde als sechstes Mitglied P. de Loriol gewählt, weil P. Merian durch Krankheit schon zwei Jahre verhindert war, an den Sitzungen teilzunehmen. Nach dem Tode Merians wurde er nicht ersetzt. Als aber 1872 A. Escher starb, wurde an seine Stelle Fr. Lang gewählt, während die Lücke, die 1882 durch den Hinschied von Ed. Desor entstand, nicht mehr ausgefüllt wurde.

Im Jahr 1884, nach dem Rücktritte Studers, wurde A. Favre Präsident. Nach dessen Demission 1889 zählte also die Kommission nur noch zwei Mitglieder (Loriol und Lang). Da wurde sie 1888 wieder ergänzt durch die Wahl von Armin Baltzer, Ernest Favre und Albert Heim. Präsident wurde Fr. Lang, der dieses Amt bis 1894 bekleidete.

Sein Nachfolger als Präsident ist Alb. Heim seit nunmehr 20 Jahren. Im gleichen Jahr 1894 wurde die Kommission auf sieben Mitglieder verstärkt durch die Neuwahl von E. Renevier und U. Grubenmann. Als dann 1896 P. de Loriol zurücktrat, wurde an seine Stelle L. Du Pasquier gewählt, der aber schon 1897 starb. — Nach dem Tode von E. Renevier 1906 folgte die Wahl von H. Schardt; dann wurden 1912 nach dem Rücktritte von Ernest Favre als neue Mitglieder gewählt M. Lugeon und Ch. Sarasin. Endlich raffte der Tod 1913 Armin Baltzer weg, so dass gegenwärtig wieder die Zahl fünf erreicht ist.

In den nachstehenden Notizen über die einzelnen Mitglieder der Kommission findet sich obige Zusammenstellung vervollständigt.

a) Personalien der Präsidenten.

1. Bernhard Studer[1]) wurde am 21. August 1794 im Pfarrhaus zu Büren a. A. geboren. Als Pfarrerssohn ward er zum Theologen bestimmt; er vollendete auch seine theologischen Studien und hielt seine Antrittspredigt; diese erste Predigt war aber auch seine letzte. Er hatte sich immer mit Naturwissenschaften und Mathematik beschäftigt; so wurde er denn auch 1815, als 21jährig, zum Lehrer der Mathematik am Gymnasium in Bern gewählt. Nach einem Aufenthalt in Göttingen, wo er mit Peter Merian von Basel zusammentraf und mit ihm Freundschaft fürs ganze Leben schloss, erhielt er 1825 die ausserordentliche Professur für Mineralogie in Bern; 1845 wurde er Ordinarius für Geologie und blieb der Hochschule Bern treu, auch als ihm 1854 die Professur für Geologie am Polytechnikum angetragen wurde.

Studers lange und unermüdliche Tätigkeit war für die Entwicklung der Geologie in der Schweiz vielfach von grundlegender Bedeutung. Dabei traf es sich glücklich, dass er zwei Mitarbeiter hatte, die ihn glücklich ergänzten. Hatte Studer den weiten Überblick, so lieferte Arnold Escher von der Linth (siehe die biographischen Notizen über ihn) eine gewaltige Fülle von Detailbeobachtungen, und Peter Merian von Basel war für die damalige Zeit ein Meister der Paläontologie. Studer eröffnete die Reihe seiner geologischen Werke 1825 mit seiner „Monographie der Molasse“, eine Arbeit, die

[1]) Verhandlungen 1887: Nekrolog von L. Rütimeyer; ferner Wolf, in der Vierteljahrsschrift der Zürcher Naturf. Gesellschaft 1887, Heft 1.

in ihrem Tatsachenmaterial heute noch klassisch ist; dann folgten 1834: „Geologie der westlichen Schweizeralpen"; 1836: „Die Gebirgsmasse von Davos"; 1839 mit A. Escher zusammen: „Geologische Beschreibung von Mittelbündten"; 1844: „Mémoire géologique sur les montagnes entre la route du Simplon et celle du St-Gotthard". Alle diese Arbeiten waren mit geologischen Karten und Profilen begleitet. Das Bedeutendste aber war seine „Geologie der Schweiz", 1851—53, zu der gewissermassen als Illustration dann noch 1853 die „Geologische Karte der Schweiz" in 1 : 380 000 kam, die er mit A. Escher zusammen (vergl. die Notizen über Escher) auf der Grundlage der neuen Karte von J. Melchior Ziegler herausgab.

Im Jahr 1858 war er Präsident der Schweiz. Naturf. Gesellschaft, der er seit der Gründung (1815) angehörte; seine grosse Eröffnungsrede gab den Anstoss dazu, dass der Bundesrat zum erstenmal der Gesellschaft eine Subvention aussetzte (vgl. Abschnitt II). Er hat dann auch an der Versammlung in Genf es durchgesetzt, dass der Betrag für die Erstellung einer geologischen Karte bestimmt wurde; auf ihn geht also auch die Gründung der Geologischen Kommission zurück. Es war daher begreiflich, dass das Zentralkomitee ihn 1859 zum ersten Präsidenten wählte. Diese Stellung bekleidete er volle 25 Jahre, bis 1884; als Neunzigjähriger legte er das Amt wegen schwerer Augenleiden nieder. Unter seiner Leitung hat die Geologische Kommission von 1859—84 sämtliche Blätter der Dufourkarte, soweit sie geologisches Kolorit haben, bis auf zwei publiziert; dazu 27 Textbände in 4°. Von den beiden fehlenden Blättern erschien Blatt XIV noch im folgenden Jahre 1885 und Blatt XIII wenige Tage vor Studers Tode. — Er hat also die Vollendung seines Lebenswerkes noch erlebt, und es war gewiss ein wohlverdientes Zeichen der Anerkennung, als ihm 1885 der Bundesrat für die 25jährige Leitung der Geologischen Kommission einen Ehrenpokal mit passender Zuschrift und den Emblemen der geologischen Wissenschaft überreichen liess.

Er starb am 2. Mai 1887 im Alter von fast 93 Jahren.

2. Jean Alphonse Favre[1]) wurde am 30. März 1815 in Genf geboren. Er wählte die Geologie zu seinem Spezialstudium und hörte unter anderm 1839 in Paris Elie de Beaumont; 1841 gab er die Arbeit „Anthracites des Alpes" heraus und schon 1843 wies er den Faltenbau des Mont Salève nach. Von 1844 bis 1851 war er Professor der Geologie in Genf, dann trat er vom Amte zurück. Volle zwanzig Jahre lang, 1847—67, galt seine Tätigkeit speziell der Erforschung der benachbarten Savoyer Alpen und dem Kanton Genf. Über die erstern handelt sein Hauptwerk (1862): „Carte géologique de la Savoie, du Piémont et de la Suisse voisine du Mont Blanc"; die Karte ist von drei Textbänden à 500 Seiten begleitet. Dann erschien 1870 seine „Géologie du canton de Genève", mit einer geologischen Karte.

Alphonse Favre gehörte zu den Männern, die 1859 als Mitglieder der Geologischen Kommission gewählt wurden. Von 1859 bis zum Rücktritte Studers (1884) war er

[1]) Verhandlungen 1890; Nekrolog von Lucien de la Rive.

Sekretär der Kommission; dann rückte er zum Präsidenten vor und leitete die Arbeiten bis zu seinem Rücktritte 1889. Schon ein Jahr nachher, am 11. Juli 1890, erlag er der Krankheit, unter der er schon lange gelitten hatte.

Während der 25 Jahre, da B. Studer Präsident war, hat er weder Aufnahmen für ein Dufourblatt noch die Ausarbeitung eines Textbandes im Auftrag der Kommission ausgeführt. Alph. Favre dagegen übernahm es, die Materialien über die Ausdehnung der diluvialen Gletscher in der Schweiz zu sammeln und zu bearbeiten. So entstand die „Carte des anciens glaciers du versant nord des Alpes suisses", 4 Blätter in 1 : 250 000. Sie zeigt nach dem damaligen Stande der Kenntnisse die Abgrenzung der verschiedenen Gletschergebiete, die obere Grenze der glazialen Geschiebe und zum Teil auch den Verlauf der Moränen. — Alph. Favre hatte im Sinne, dazu noch einen ausführlichen Textband zu schreiben, der als Lieferung 28 der „Beiträge zur geologischen Karte der Schweiz" gedacht war. Krankheit und Tod haben ihn verhindert, das zu machen. Später (1896) übernahm dann Léon Du Pasquier die Aufgabe, den fehlenden Textband zu schaffen; allein er starb schon 1897. Da beschloss die Geologische Kommission, eine vorläufige Mitteilung: „Notice sur les anciens glaciers du revers septentrional des Alpes", die Alph. Favre in den „Archives des Sciences de la Bibliothèque universelle" 1876 gemacht hatte, wieder abzudrucken und nebst einer Biographie von Léon Du Pasquier als Lieferung 28 herauszugeben.

3. Franz Vinzenz Lang[1]) wurde am 19. Juli 1821 in Olten geboren. Er durchlief die Schulen von Olten und dann Gymnasium und Lyzeum in Solothurn, um Apotheker zu werden. In der Tat war er Apothekerlehrling in Solothurn, dann Provisor in Freiburg. Aber die Naturwissenschaften zogen ihn stärker an; 1844—46 studierte er in Bern und wurde dann sofort Lehrer der Naturwissenschaften in Solothurn. Als Rektor der Kantonsschule und als Museumsdirektor hat er sich grosse Verdienste erworben.

Im Jahr 1872 wurde er als Nachfolger Eschers zum Mitgliede der Geologischen Kommission gewählt. Nach dem Rücktritte von Alph. Favre rückte er 1889 zum Präsidenten vor und leitete die Verhandlungen mit Geschick und grosser Gewissenhaftigkeit bis 1894. Die Kommission wählte ihn dann zum Ehrenpräsidenten; an den Sitzungen nahm er auch später noch wiederholt teil bis zu seinem Tode, der am 21. Januar 1899 in Solothurn erfolgte.

4. Albert Heim, geboren in Zürich am 12. April 1849, studierte an der Universität Zürich und am Eidgenössischen Polytechnikum Mathematik und Naturwissenschaften, besonders Geologie. Seine Studien setzte er fort an der Universität und an der Bergakademie in Berlin. Im Jahr 1873 wurde er Professor der Geologie am Polytechnikum, 1875 auch an der Universität Zürich. Im Jahr 1911 trat er nach 38jähriger Lehrtätigkeit in den Ruhestand. In die Geologische Kommission wurde er 1888 gewählt; deren Präsidium bekleidet er seit 1894 bis heute.

[1]) Verhandlungen 1899, Nekrolog von J. E.

b) Personalien der übrigen Mitglieder.

5. Arnold Escher von der Linth.[1]) Am 8. Juni 1807 wurde Arnold Escher als Sohn von Hans Conrad Escher, dem späteren Erbauer des Linthkanals, in Zürich geboren. Früh schon begleitete er seinen Vater auf dessen geologischen Exkursionen in die Alpen. Nach seines Vaters Tode (1823) studierte er 1825—27 in Genf, 1827—29 in Halle und Berlin, überall sich hauptsächlich der Geologie und den verwandten Gebieten zuwendend. Dann machte er 1830—33 grosse Reisen in Deutschland, Böhmen, Kärnten, Steiermark, Tirol und besonders zwei Jahre lang mit Fr. Hoffmann von Berlin zusammen in Italien. Von da an bis zu seinem Tode hat er dann jeden Sommer grösstenteils in den Alpen zugebracht.

Im Jahr 1834 wurde er zum Lehrer der Mineralogie und Geologie an der kürzlich gegründeten Universität Zürich ernannt, 1852 rückte er zum Professor vor und 1856 wurde ihm auch die Professur am Polytechnikum übertragen, dagegen sein Lehrauftrag auf Geologie beschränkt. Seine Vorlesungen hielt er nur im Winter; im Sommer war er bald allein, bald mit seinen Studenten in den Alpen. Diese 39 Sommer haben ihn zum grössten Alpengeologen gemacht. Vorher erschienen die Alpen als ein wildes Chaos; er hat — unter Ausschluss aller theoretischen Spekulationen, nur basiert auf seine unermüdliche induktive Forschung — zuerst Ordnung in diesen Wirrwarr gebracht. Die alpine Stratigraphie ist Eschers Arbeit; vor ihm hatte man in den Alpen nur petrographische Unterscheidungen auch in den Sedimenten; er fand so viel Petrefakten, dass er die Horizonte in den grossen Zügen bestimmen konnte. Er hat den Faltenbau der Alpen nachgewiesen; er zeigte die ganz vorherrschende Rolle der Erosion bei der Talbildung und wies die Zweiteilung der Eiszeit nach.

Die geologische Karte der Schweiz in 1:380 000, die er mit Studer zusammen 1853 herausgab, ist mehr als zur Hälfte, vielleicht zu $^2/_3$ das Resultat der Escher'schen Beobachtungen. Aber auch da, wo sein Name nicht auf dem Titel steht, stecken seine Beobachtungen oft drin. Escher konnte sich nämlich nicht entschliessen, seine Beobachtungen zusammenzufassen und zu publizieren. Wenn man ihn aufforderte, das doch zu tun, erwiderte er: „Es geht doch nicht verloren; andre werden es publizieren". Dagegen stellte er seine Notizen mit grösster Zuvorkommenheit jedem zur Verfügung. So hat sie Studer für einen grossen Teil seiner „Geologie der Schweiz" benutzt; vieles ist in Oswald Heer's „Urwelt der Schweiz" übergegangen usw.

Im Jahr 1859 wurde Escher auch unter die ersten Mitglieder der Geologischen Kommission berufen und blieb bis zu seinem Tode am 12. Juli 1872 darin. Da seine Aufnahmen im Säntisgebiete am weitesten ins Detail vorgeschritten waren, so wollte die Kommission eine Monographie des Säntis mit Karte in 1:25 000 von seiner Hand

[1]) Verhandlungen 1873, Nekrolog von Alb. Heim, ferner Verhandlungen 1898; Eröffnungsrede von Alb. Heim.

herausgeben. Bevor aber Escher an die Karte die letzte Hand legen konnte, und bevor er den Text definitiv redigiert hatte, überraschte ihn der Tod. Da beschloss die Kommission, die Karte mit Profilen so herauszugeben, wie sie vorlag, und den Text Casimir Mösch zur letzten Redaktion zu übertragen. So entstand die Lieferung 13 der „Beiträge". — Eine bedeutende Zahl von Beobachtungen Eschers ist ferner auf Dufourblatt IX und XIV verwendet worden.

6. Ratsherr Peter Merian[1]) wurde am 20. Dezember 1795 in Basel geboren; seine Jugend verlebte er in dem Pfarrhause in Muttenz. Im Jahr 1815 wandte er sich nach Göttingen, wo er Physik, Chemie und Geologie besonders pflegte. Da machte er auch die Bekanntschaft mit Bernhard Studer, die zu einer Freundschaft fürs Leben wurde. Nach Basel zurückgekehrt, wurde er 1820 zum Professor der Physik und Chemie, dann 1835 zum Professor der Geologie und Paläontologie ernannt. Seine Hauptverdienste liegen auf stratigraphischem Gebiete: Er war einer der ersten, der eine richtige Stratigraphie von Buntsandstein, Muschelkalk und Keuper aufstellte; ebenso sind seine Einteilungen für Jura und Molasse grundlegend geworden; er hat auch die ostalpine Fazies der Trias in Bünden und am Comersee richtig gedeutet.

Seine übrigen grossen Verdienste als Ratsherr (1824—73), als Mitglied der Naturforschenden Gesellschaft Basel (1819—83), deren Festschrift zum 50jährigen Jubiläum er 1867 verfasste, als Bibliothekar der Naturforschenden Gesellschaft und als Konservator der geologisch-paläontologischen Sammlungen sind nicht minder gross, betreffen aber in erster Linie seine engere Heimat.

1873 zwang ihn zunehmende Schwerhörigkeit, seinen Austritt aus dem Grossen Rate zu nehmen; seine übrigen Ehrenämter als Bibliothekar und Konservator behielt er aber bei bis zu seinem Lebensende, immer, wenn die Kredite seiner Institute zu klein waren für die gewünschten Anschaffungen, aus seinem eigenen Beutel nachhelfend. Er starb am 8. Februar 1883.

7. Jean-Pierre-Edouard Desor,[2]) geboren am 13. Februar 1811 in Friedrichsdorf bei Frankfurt a. M., studierte in Giessen und Heidelberg Jurisprudenz. Infolge der politischen Umwälzungen floh er nach Paris, wo er sich mühsam mit Stundengeben und mit Übersetzen von Ritter's Geographie durchschlug. Im Jahr 1837 kam er mit Karl Vogt zu Agassiz nach Neuenburg als Sekretär für dessen wissenschaftliche Publikationen; in den Sommern 1840—46 nahm er teil an den Beobachtungen und Messungen der „Neuenburger" auf dem Aaregletscher und publizierte 1844 zwei Bände über die Alpen und die Gletscher. 1846 ging er mit Agassiz nach Amerika, kehrte aber schon 1852 zurück und wurde Professor der Geologie in Neuenburg. Seine grosse „Synopsis des Echinides fossiles" verschaffte ihm den Ehrendoktor der Universität Basel; von da an

[1]) Verhandlungen 1883, S. 108 ff. — Nekrolog von Alb. Müller.
[2]) Verhandlungen 1882, S. 81 ff. Nekrolog von L. Favre, Prof.

gab er mit Loriol zusammen die „Echinologie helvétique" heraus. Einen grossen Anteil nahm er von 1854 an auch an den Pfahlbaustudien am Neuenburgersee.

Der Geologischen Kommission gehörte er seit ihrer Gründung 1859 an. Sehr häufig fanden die Sitzungen, die gewöhnlich 2—3 Tage dauerten, in Neuenburg statt und Desor nahm alle gastfreundlich auf, sei es in Le Crêt bei Neuenburg, sei es im Sommer in seinem Landhaus Combe-Varin bei Les Ponts. Im Alter litt Desor viele Jahre lang an Gicht. Am 21. Mai 1881 fand zum letztenmal eine Sitzung der Kommission bei ihm statt; im Herbst reiste er nach Nizza ab, um dort Linderung zu finden. Aber am 23. Februar 1882 starb er und liegt auf dem Friedhof Du Château dort begraben.

8. Perceval de Loriol[1]) wurde am 24. Juli 1828 in Genf geboren und verlebte seine Jugend teils da, teils im Kanton Waadt. Sein Vater bestimmte ihn zur Landwirtschaft; er verwaltete denn auch mehrere Jahre ein grosses Gut in Lothringen. Dann aber kehrte er nach Genf zurück und widmete sich ganz dem Studium der Paläontologie unter F. J. Pictet de la Rive. Von da an hat Loriol während 50 Jahren paläontologisch gearbeitet; die von seinem Lehrer begründete Zeitschrift „Matériaux pour la Paléontologie de la Suisse" hat er fast 40 Jahre lang weiter redigiert und zu deren Unterstützung die „Société suisse de Paléontologie" gegründet und geleitet. Andere Hauptarbeiten sind die dreibändige, mit Desor begonnene, dann von Loriol allein vollendete „Echinologie helvétique", eine grosse Zahl von Untersuchungen über Echinodermen, wie die „Monographie des Crinoïdes de la Suisse" u. a. Ferner war er 40 Jahre lang Konservator der paläontologischen Sammlungen in Genf. Mitglied der Geologischen Kommission wurde er 1865 und blieb es bis 1896. Bei seinem Rücktritte wurde er zum Ehrenmitglied ernannt. Geistig und körperlich frisch bis ins höchste Alter, starb er nach kurzer Krankheit 1908 auf seinem Landgute in Frontenex bei Genf.

9. Armin Baltzer[2]) wurde geboren den 16. Januar 1842 in Zwochau bei Merseburg in Preussen als Sohn eines Pfarrers. Infolge der politisch-religiösen Kämpfe der 40er Jahre verliess der Vater die Heimat; es folgten unruhige Wanderjahre durch Belgien und die Schweiz, und erst 1855 liess sich die Familie in Zürich nieder. 1860 bezog der junge Baltzer die Universität Zürich, hauptsächlich Naturwissenschaften studierend. 1862—64 war er in Bonn, wo er in Zoologie promovierte. Dann kehrte er nach Zürich zurück, wurde Assistent von Wislicenus und vertrat diesen beim Unterricht in der Chemie an der Kantonsschule. Bald wurde er definitiver Lehrer der Chemie, Mineralogie und Geologie an der Industrieschule. Daneben „hatten es ihm die Berge angetan"; er wurde einer der kühnsten Bergsteiger und dadurch immer spezieller zur Geologie geführt. Ein Relief des Glärnisch und die Monographie: „Der Glärnisch, ein Problem alpinen Gebirgsbaues" (1873) waren erste Früchte davon.

[1]) Verhandlungen 1909, S. 1 ff. Nekrolog von Ch. Sarasin.
[2]) Verhandlungen 1914, Nekrolog von Alb. Heim und E. Hugi.

Im Jahr 1873 wurde er Privatdozent für Geologie an der Universität und ar Polytechnikum in Zürich; 1874 nahm er Urlaub und machte Reisen in Sachsen, Böhme und in Italien, wo er die tätigen Vulkane studierte (Vesuv, Vulcano, Ätna). — I die Schweiz zurückgekehrt, wandte er sich den Kontakterscheinungen von Gneiss un Kalk im Berneroberland zu, und 1880 erschien als Frucht mehrjähriger Aufnahme Lieferung 20 der „Beiträge zur geologischen Karte der Schweiz": Der Kontak zwischen Gneiss und Kalk in den Berner Alpen. Darin zeigte er, dass es sich hie nicht um einen Eruptivkontakt handelt, sondern um einen mechanischen, und dass e eine mechanische Gesteinsmetamorphose gibt, die imstande ist, Kalkstein in Marmo umzuwandeln. 1888 folgte die Lieferung 24 der „Beiträge": Das Aarmassiv nebs einem Abschnitt des Gotthardmassivs — und 1896 Lieferung 30: Der diluviale Aare gletscher bei Bern. Die kartographischen Ergebnisse der beiden ersten Lieferunge fanden ihre Darstellung auch auf Blatt XIII der geologischen Karte der Schweiz.

Im Jahr 1888 wurde Baltzer zum Mitglied der Geologischen Kommission ge wählt; er hat ihr bis zu seinem Tode angehört und an den Verhandlungen imme regen Anteil genommen, solange seine Gesundheit es erlaubte. Immer stärker zeigt sich nämlich in den letzten Jahren ein altes Übel, nervöse Kopfschmerzen mit tiefe Gemütsdepression, so 1893, dann 1908/9 und dann wieder 1913. Am 4. November 191 machte ein Hirnschlag in Hilterfingen am Thunersee, wo er Heilung gesucht hatte seinem arbeitsreichen Leben ein Ende.

10. Ernest Favre wurde am 14. Juni 1845 in Genf geboren. Er studierte i Genf, Heidelberg und Paris Naturwissenschaften, besonders Geologie und Paläontologie Abgesehen von einigen grossen Reisen (Kaukasus usw.) lebte er bis heute in Genf al Privatgelehrter. In die Geologische Kommission wurde er 1888 gewählt; bis 1894 be sorgte er die Geschäfte des Sekretärs. 1912 trat er als Mitglied der Kommissio zurück.

11. Eugène Renevier[1]), geboren am 26. März 1831 in Lausanne, studiert 1851—54 in Genf und Paris Geologie und Paläontologie; 1859 kehrte er nach Lausann zurück und wurde zum Professor der Geologie ernannt. Er wurde bald Mitarbeite an der geologischen Karte der Schweiz; 1875 erschien seine „Cartes des Hautes Alpe Vaudoises" in 1 : 50 000, und 1890 dazu ein starker Textband, Lieferung 16 der „Bei träge": „Monographie géologique des Hautes Alpes Vaudoises". Diese Aufnahme bildeten einen wesentlichen Beitrag für Blatt XVII in 1 : 100 000, zu dem auch di Untersuchungen von Ischer, Ernest Favre und Gerlach benutzt wurden (1870). Ferne hat Renevier durch die Aufnahmen, die er mit M. Lugeon zusammen im Chablais ge macht hat, auch wesentlich an der 2. Auflage von Blatt XVI (1899) mitgewirkt.

---

[1]) Verhandlungen 1906, S. LXXXVIIff. Nekrolog von Maurice Lugeon.

Nach dem Rücktritte von Fr. Lang wurde Renevier in die Geologische Kommission gewählt, der er bis zum Tode als eifriges Mitglied angehörte. Am 4. Mai 1906 stürzte er in einem Privathause in Lausanne in den Schacht eines Aufzuges und erlag den Verletzungen schon nach einem Tage.

12. Ulrich Grubenmann wurde in Trogen (Kt. Appenzell) am 15. April 1850 geboren. Er studierte 1872—1874 am Polytechnikum in Zürich als Fachlehrer für Naturwissenschaften hauptsächlich Chemie und Geologie, 1875—76 am Polytechnikum München und 1886 an der Universität Heidelberg. Von 1874—1893 war er Fachlehrer für Chemie, Mineralogie und Geologie an der Kantonsschule Frauenfeld, daneben von 1887—93 Privatdozent für Mineralogie und Petrographie an den beiden Hochschulen in Zürich. Seit 1893 bekleidet er die Professur für Mineralogie und Petrographie an der Eidgenössischen Technischen Hochschule und an der Universität Zürich. Der Geologischen Kommission gehört er seit 1894 an.

13. Léon Du Pasquier[1]), geboren in Neuenburg am 24. April 1864, studierte in Neuenburg, Zürich, Bonn und Berlin Naturwissenschaften, speziell Geologie und doktorierte 1890 mit seiner Arbeit „Über die flurioglazialen Ablagerungen der Nordschweiz (Beiträge zur geologischen Karte der Schweiz, 2. Serie, 1. Lieferung). Darin zeigte er zuerst die Dreiteilung der Eiszeit für die Schweiz. 1893 wurde er zum Mitglied der Schweizerischen Gletscherkommission, 1894 zum Mitglied und Sekretär der Internationalen Gletscherkommission gewählt; 1895 wurde er Mitglied der Geologischen Kommission und Professor der Geologie in Neuenburg. Man hoffte also, dass nun die Glazialgeologie der Schweiz einheitlich revidiert und gefördert werde; Du Pasquier übernahm die Revision der Favre'schen Gletscherkarte in 1 : 250 000 und die Schaffung eines Textes dazu. Da raffte ihn ganz plötzlich der Tod am 1. April 1897 hinweg.

14. Hans Schardt wurde am 18. Juni 1858 in Basel geboren. Er studierte 1878—79 und 1881—83 in Genf und Lausanne Naturwissenschaften, besonders Geologie; dann 1892—93 in Heidelberg Geologie und Petrographie. Von 1884—97 war er Lehrer am Collège in Montreux; 1897 wurde er Professor der Geologie an der Akademie (später Universität) Neuenburg bis 1911 und seither Professor der Geologie an der Eidgenössischen Technischen Hochschule und an der Universität Zürich. Der Geologischen Kommission gehört er seit 1906 als Mitglied an.

15. Maurice Lugeon wurde am 10. Juli 1870 in Poissy (S. et O., Frankreich) geboren, stammt aber aus Chevilly (Waadt). Zuerst zum Kaufmann bestimmt, studierte er 1890—93 in Lausanne Naturwissenschaften, besonders Geologie und physische Geographie; er setzte seine Studien fort 1893—94 in München, 1894—95 in Paris und

[1]) Verhandlungen 1897, Seite 231 ff. Nekrolog von F. A. F(orel).

1895 wieder in Lausanne. 1891 wurde er Mitarbeiter an der „Carte géologique de France", 1896 Privatdozent für physische Geographie in Lausanne, 1898 Professor für dieses Fach und 1906 Professor für Geologie und Paläontologie. Zum Mitglied der Geologischen Kommission wurde er 1912 gewählt.

16. Charles Sarasin. Er wurde am 21. Mai 1870 in Genf geboren; seine Studien machte er in Leipzig, Berlin, Strassburg, Zürich und Paris, hauptsächlich über Paläontologie der Wirbellosen, Stratigraphie und Tektonik. Im Jahr 1896 wurde er ausserordentlicher, 1899 ordentlicher Professor für Geologie und Paläontologie an der Universität Genf. Zum Mitglied der Kommission wurde er 1912 gewählt.

c) Personalien der Sekretäre.

1. Jean-Alphonse Favre, Sekretär von 1859—1884, siehe unter a) Präsidenten der Kommission.

2. Ernest Favre, Sekretär von 1884—1894, siehe unter b) Mitglieder der Kommission.

3. August Aeppli, geboren am 1. Mai 1859 in Bauma, Kt. Zürich, besuchte 1875—79 das Lehrerseminar in Küsnacht, war 1879—81 Lehrer in Effretikon und Winterthur. Von 1881—83 studierte er an den Universitäten Zürich und Genf und bestand das Examen als Sekundarlehrer. Neben seiner Lehrtätigkeit an der Sekundarschule Zürich trieb er Studien in Geologie und Geographie und promovierte 1894 in Geologie; 1897 wurde er zum Lehrer der Geographie an der Kantonsschule Zürich gewählt. Die Geschäfte des Sekretärs besorgt er seit 1894.

d) Personalien der Quästoren.

1. Jakob Siegfried[1]) wurde als Sohn einer ganz armen Familie am 2. August 1800 in Zürich geboren. Wegen seiner auffallenden Begabung wurde ihm das Studium ermöglicht; er passierte das Collegium humanitatis und wurde 1825 zum Theologen ordiniert. Dann wandte er sich nach Lausanne, Genf und Paris, wo er namentlich Naturwissenschaften betrieb. Er wurde Hauslehrer in England, dann 1830 Lehrer an der Kantonsschule Trogen; 1833 nach Zürich zurückgekehrt, wird er Oberlehrer am Waisenhaus, dann am Landknaben- und Landtöchterinstitut. Eine zunehmende Schwerhörigkeit zwang ihn, die Lehrtätigkeit aufzugeben. Seit 1845 war er Quästor der Schweiz. Naturf. Gesellschaft bis zu seinem Tode, der am 10. Dezember 1879 erfolgte.

---

[1]) Verhandlungen 1880, Nekrolog von Gamper-Steiner.

2. Joh. Dav. Hermann Custer[1]), geboren den 19. April 1823 in Rheineck (St. Gallen), besuchte die Gewerbeschule Aarau und machte 1841/3 seine Lehrzeit als Apotheker in Bern; 1850 wurde er eidgenössischer Münzwardein, 1855 Münzdirektor. Im Jahr 1857 kehrte er nach Aarau zurück und beteiligte sich an einer Seidenbandfabrik, dann an einer Mineralwasserfabrik. Zum Quästor wurde er 1880 gewählt und bekleidete dieses Amt bis zu seinem Tode, am 27. August 1893.

3. Fräulein Fanny Custer wurde am 28. Januar 1867 in Aarau geboren. Sie erwarb sich 1885 am Lehrerinnenseminar in Aarau und 1886 an der Ecole supérieure in Neuenburg das Lehrerinnenpatent. 1886—88 war sie Lehrerin im Burgerlichen Mädchenwaisenhaus in Bern; seit 1893, als Nachfolgerin ihres Vaters, ist sie Quästorin der Schweiz. Naturf. Gesellschaft und als solche auch der Geologischen Kommission.

e) Die Mitarbeiter an der geologischen Karte der Schweiz.

1. Aeppli, August (siehe S. 94). — Beiträge: II. Serie, Lieferung 4, 1894.

2. Arbenz, Paul, geboren den 23. September 1880 in Zürich, studierte 1900—04 in Zürich, 1904—05 an der Universität und an der Bergakademie Berlin Naturwissenschaften, hauptsächlich Geologie; 1908—14 war er Privatdozent an der Eidg. Techn. Hochschule in Zürich und seit 1914 Professor der Geologie an der Universität Bern. — Beiträge: II. Serie, Lieferung 18, 1905; Karte von Engelberg und Umgebung, 1911; Mitarbeiter an der Karte des Vierwaldstättersees, 1915.

3. Argand, Emile, geboren den 6. Februar 1879 in Genf, studierte in Lausanne und Zürich zuerst Architektur, dann Geologie. Seit 1911 ist er Professor der Geologie an der Universität Neuenburg. — Beiträge: II. Serie, Lieferung 24, 2. Teil, 1910; Lieferung 31, 1. Teil, 1911. Carte du massif de la Dent Blanche, 1908. Carte des Alpes occidentales, 1912.

4. Bachmann, Isidor[2]), geboren den 4. April in Winikon (Luzern), studierte in Basel und Zürich Naturwissenschaften, besonders Geologie; 1863 wurde er Lehrer für Naturwissenschaften an der Kantonsschule Bern, 1868 Privatdozent an der Universität und 1873 B. Studer's Nachfolger als Professor der Geologie in Bern. Er verunglückte in der Aare am 2. April 1884. — Beiträge: Blatt XII, zusammen mit Gilliéron und Jaccard, 1879; Blatt XVIII zusammen mit Fellenberg, Mösch und Gerlach, 1885. — Ausserdem besorgte er die 2. Auflage der Studer'schen geologischen Karte der Schweiz in 1 : 380 000, 1867.

[1]) Verhandlungen 1893.
[2]) Berner Schulblatt, 1884.

5. Baumberger, Ernst, geboren den 6. September 1866 in Leuzigen (Bern), studierte 1888—90 in Bern, 1895—1902 in Basel Naturwissenschaften und Mathematik. Von 1886—88 war er Primarlehrer in Koppigen (Bern), 1890-99 Sekundarlehrer in Twann und in Basel, seit 1899 Lehrer für Naturwissenschaften und Geographie an der Höhern Töchterschule in Basel. — Beiträge: Mitarbeiter an Blatt VIII, 2. Auflage, 1913; dito an der Karte des Vierwaldstättersees, 1915.

6. Baltzer, Armin (siehe S. 91). — Beiträge: I. Serie, Lieferung 20, 1880; dito, Lieferung 24, 4. Teil, 1888; dito, Lieferung 30, 1896; Blatt XIII (kristalliner Teil).

7. Beck, Paul, geboren den 1. Februar 1882 in Bern, studierte 1903—09 in Bern Naturwissenschaften und Mathematik, besonders Geologie. Von 1907—10 war er Sekundarlehrer in Wichtrach (Bern), seither Lehrer der Naturwissenschaften an der Mädchensekundarschule in Thun. — Beiträge: II. Serie, Lieferung 29, 1910.

8. Bloesch, Eduard, geboren den 13. August 1884 in Laufenburg, studierte 1904—07 an der Eidg. Techn. Hochschule in Zürich Naturwissenschaften, besonders Geologie. Von 1907—11 war er Assistent für Geologie am Polytechnikum, seither als Geologe in Amerika. — Beiträge: II. Serie, Lieferung 31, 2. Teil, 1911; Mitarbeiter an der 2. Auflage von Blatt VIII, 1913.

9. Blumenthal, Moritz, geboren 1. November 1886 in Chur, studierte 1906—11 in Wien, Leipzig, Zürich und Berlin; seit 1912 ist er als Petrolgeolog hauptsächlich in Niederländisch-Indien tätig. Beiträge: II. Serie, Lieferung 33, 1911; dito, Lieferung 39, 1912.

10. Blumer, Ernst, geboren den 27. Oktober 1881 in Mailand, studierte 1900—1904 an der Eidg. Techn. Hochschule in Zürich Geologie; 1904—05 war er Assistent für Geologie, seit 1906 als Geolog, besonders für Petrollagerstätten in Niederländisch-Indien, Nord- und Südamerika tätig. — Beiträge: Mitarbeiter an Lieferung 16, II. Serie (östlicher Teil des Säntisgebietes).

11. Burckhardt, Dr. Karl, geboren den 26. März 1869 in Basel, studierte 1889—93 in Basel und Zürich Geologie, besonders Paläontologie; 1896—1901 war er Landesgeologe in Argentinien; seit 1904 ist er Chefgeologe in Mexiko. — Beiträge: II. Serie, Lieferung 2, 1893; Lieferung 5, 1896.

12. Buxtorf, August, geboren den 16. Dezember 1877 in Basel, studierte Mathematik und Naturwissenschaften in Basel von 1895—98, dann bis 1900 speziell Geologie in Grenoble, Göttingen und Basel. Von 1900—04 war er als Petrolgeolog in Niederländisch-Indien; 1907—14 Privatdozent und seit 1914 Professor für Geologie und Palä-

ontologie in Basel. — Beiträge: II. Serie, Lieferung 11, 1901; Lieferung 21, 1907 (zusammen mit Rollier und Künzli). Karte des Bürgenstocks, 1910. Karte der Rigihochfluh, 1915. Karte des Vierwaldstättersees (mit Arbenz, Baumberger, Tobler etc.), 1915.

13. Collet, Léon W., geboren den 23. September 1880 in Fiez bei Grandson, studierte 1899—1904 in Genf Naturwissenschaften. Von 1905—06 war er Assistent von Sir John Murray, 1907—11 Privatdozent für Geologie an der Universität Genf und seit 1912 Direktor der Abteilung für Wasserwirtschaft im Departement des Innern in Bern. — Beiträge: II. Serie, Lieferung 19, 1904.

14. Du Pasquier, Léon (siehe S. 93). — Beiträge: II. Serie, Lieferung 1, 1891.

15. Dyhrenfurth, Günter, geboren den 12. November 1886 in Breslau, studierte 1904—09 Geologie und Paläontologie in Freiburg i. B., Wien und Breslau; seit 1913 Privatdozent für Geologie und Paläontologie an der Universität Breslau. — Beiträge: II. Serie. Lieferung 44, 1915.

16. Erni, Arthur, geboren den 19. Dezember 1885 in Olten, studierte in Zürich Naturwissenschaften, besonders Geologie. Seit 1912 Petrolgeolog in Russland. — Beiträge: Aufnahmen zur Revision von Blatt VIII, Zeichnung des Originals von Blatt VIII, 1913.

17. Escher von der Linth, Arnold (siehe S. 89). — Beiträge: I. Serie, Lieferung 13, 1878 (nach seinem Tode); eine Menge seiner Beobachtungen sind ferner verwendet auf Blatt VIII, IX, XIV usf.

18. Favre, Alphonse (siehe S. 87). — Beiträge: Carte des anciens glaciers etc. 1 : 250 000, 1884.

19. Favre, Ernest (siehe S. 92). — Beiträge: I. Serie, Lieferung 22, 1887; Blatt XVII (mit Ischer, Renevier und Gerlach), 1870.

20. Favre, Jules, geboren den 6. November 1882 in Le Locle, studierte 1902—08 in Neuenburg und Genf Naturwissenschaften; seit 1907 Assistent am Musée d'histoire naturelle in Genf. — Beiträge: Carte géologique des environs du Locle et de La Chaux-de-Fonds, 1911.

21. Fellenberg, Edmund von[1]), geboren den 9. März 1838 in Bern, studierte 1858 an der Bergakademie in Freiberg und wurde Bergingenieur bei Goppenstein im

[1]) Verhandlungen 1902, Nekrolog von A. Baltzer.

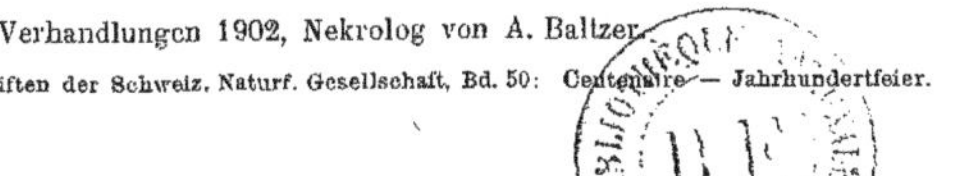

Lötschental. Daneben und nach dem Stillstehen dieses Bergwerks beschäftigte er sich eifrig mit Alpengeologie und mit Bergsport. Von 1886 bis zu seinem Tode war er Direktor des Naturhistorischen Museums in Bern. Es starb am 10. Mai 1902. — Beiträge: Blatt XVIII, 1885 (zusammen mit Bachmann, Mösch und Gerlach); I. Serie, Lieferung 21, 1893.

22. Frei, Roman, geboren den 6. Februar 1888 in Rietheim (Aargau), studierte am Polytechnikum in Zürich Naturwissenschaften, besonders Geologie. 1912 reiste er als Petrolgeolog nach Niederländisch-Indien, wo er am 20. März 1914 in Balikpapan (Ost-Borneo) am Typhus starb. — Beiträge: II. Serie, Lieferung 37, 1912; Lieferung 41, 2. Teil, 1912; Lieferung 45, 1. Teil, 1914.

23. Fritsch, Karl W. G. von [1]), wurde am 11. November 1838 in Weimar geboren. Er studierte in Göttingen Geologie, machte Reisen nach den Kanaren, nach Madeira, Santorin und Marokko. 1865 war er Privatdozent am Polytechnikum in Zürich, 1867 Dozent für Mineralogie und Geologie bei der Senkenbergischen Gesellschaft in Frankfurt, von 1873 bis zu seinem Tode Professor in Halle. Er starb im Februar 1906. — Beiträge: I. Serie, Lieferung 15, mit Karte des Gotthardgebietes, 1873.

24. Gerber, Eduard, geboren den 6. Februar 1876 in Trachselwald (Bern), studierte in Bern Naturwissenschaften, besonders Geologie; Seminarlehrer in Muristalden und Direktor der mineralogisch-geologischen Sammlung am Naturhistorischen Museum in Bern seit 1907. — Beiträge: Karte der Gebirge zwischen Lauterbrunnental, Kandertal und Thunersee, 1907 (zusammen mit E. Helgers und A. Trösch).

25. Gerlach, Heinrich [2]), geboren den 24. November 1822 in Madfeld in Westfalen, besuchte das Gymnasium in Arnsberg und war dann in dem Bergwerk in Ramsbeck beschäftigt. Von 1850 an leitete er den Abbau der Kupfer- und Nickelerze im Val d'Anniviers; 1869 wurde er Direktor der Kupfergruben in Massa Marittima in Toscana. Von der Geologischen Kommission nahm er 1866 den Auftrag an, im Wallis Aufnahmen für Blatt XXII und XXIII zu machen. Dabei traf ihn am 7. September 1871 ein von einer weidenden Ziege in Bewegung gesetzter Stein so unglücklich auf den Hinterkopf, dass er am folgenden Tag starb. — Er liegt in Sitten begraben, der einzige Geologe, der seit Gründung der Kommission bei den Aufnahmen verunglückt ist. — Beiträge: I. Serie, Lieferung 9, 1872; Lieferung 27, 1883 (nach seinem Tode erschienen); Blatt XXII, 1870; Blatt XXIII, 1882; Blatt XVII (zum Teil), 1883; Blatt XVIII (zum Teil), 1885.

26. Gilliéron, Victor [3]), geboren am 30. März 1826 in Genf, wurde Lehrer in Lutry und Aubonne, dann 1835—66 in Neuveville und von 1866 an an der Höhern

[1]) Poggendorf, biograph. Handwörterbuch.
[2]) Nekrolog in Verhandlungen 1871 (von B. St.).
[3]) Verhandlungen 1890, Nekrolog von Ed. Grappin.

Töchterschule in Basel. Nebenbei studierte er Stratigraphie und Paläntologie, so dass ihm die Geologische Kommission die Kartierung von Blatt XII übertrug. Er starb am 26. März 1890 in Basel. — Beiträge: I. Serie, Lieferung 12, 1873; Lieferung 18, 1885; Blatt XII, 1879 (zusammen mit Jaccard und Bachmann).

27. Gogarten, Karl Emil, geboren am 29. November 1881 in Dortmund, studierte Berg- und Hütteningenieur in Hannover und Aachen und Geologie in Würzburg und Zürich 1906—10. Von 1910—11 war er Vizedirektor des Concilium Bibliographicum in Zürich und wurde als Schweizer naturalisiert, seit 1911 Petrolgeologe in Niederländisch-Indien. — Beiträge: II. Serie, Lieferung 40, 1913.

28. Greppin, Jean-Baptiste[1]), geboren 1819 in Courfaivre (Delémont), studierte Medizin in Freiburg i. B., wurde Arzt erst in Delsberg, dann in Basel. In seiner Mussezeit beschäftigte er sich immer mit Geologie und wurde in seinen Arbeiten über den Berner Jura der Nachfolger von Thurmann und Gressly. Er starb in Basel den 29. Oktober 1881. — Beiträge: I. Serie, Lieferung 8, 1870.

29. Greppin, Eduard, geboren den 28. September 1856 in Delémont (Bern) als Sohn des J.-B. Greppin, studierte 1876—78 am Polytechnikum in Zürich Chemie und arbeitete seit 1879 in verschiedenen chemischen Fabriken in Hüningen, Basel und Grenzach. — Beiträge: Karte des Blauen, 1908.

30. Grubenmann, Ulrich (siehe S. 93). — Beiträge: II. Serie, Lieferung 23, 1910.

31. Gutzwiller, Andreas, geboren den 12. September 1845 in Therwil (Baselland), studierte 1864—69 in Zürich und Paris Naturwissenschaften, besonders Geologie. Von 1869—76 war er Lehrer an der Mädchenrealschule in St. Gallen, von 1876—1912 an der Obern Realschule in Basel; seit 1912 ist er pensioniert. — Beiträge: I. Serie, Lieferung 14, 1. Teil, 1877; Lieferung 19, 1883; Blatt IV, V und IX in 1 : 100 000 (1875—79).

32. Heim, Albert (siehe S. 88). — Beiträge: I. Serie, Lieferung 25, 1891; Blatt XIV, 1885; Blatt XXI, 1887; Karte der Schweiz 1 : 500 000, 1894 und 1912.

33. Heim, Arnold Albert, geboren den 20. März 1882 in Zürich, studierte an der Eidg. Techn. Hochschule in Zürich, an der Universität und Bergakademie Berlin, in Edinburg und Paris Naturwissenschaften, besonders Geologie. Er machte als geologischer Experte grosse Reisen nach Grönland (Kohlen), Sumatra, Oklahoma, Kalifornien (Petroleum). — Beiträge: II. Serie, Lieferung 20, 1911—13; Karte des Walensees, 1907.

[1]) Verhandlungen 1882, Nekrolog von Vict. Gilliéron.

34. Helgers, Eduard, geboren den 5. September 1874 in Frankfurt a. M., wurde zuerst Kaufmann, dann studierte er 1898—1904 an der Eidg. Techn. Hochschule in Zürich, Heidelberg, Bern, Paris und Wien Naturwissenschaften, besonders Geologie. Seit 1910 wissenschaftlicher Mitarbeiter am Senckenbergischen Museum in Frankfurt a. M. — Beiträge: Karte der Gebirge zwischen Lauterbrunnental, Kandertal und Thunersee, 1907.

35. Hug, Jakob, geboren den 12. Februar 1880 in Marthalen (Zürich). Er erwarb sich 1903 das Patent als zürcherischer Sekundarlehrer und studierte daneben speziell Geologie. Von 1904 an war er Sekundarlehrer in Birmensdorf, seit 1909 in Zürich. — Beiträge: II. Serie, Lieferung 15, 1907; Karten von Andelfingen, Rheinfall und Kaiserstuhl, 1905.

36. Ischer, Gottfried[1]), geboren den 19. Dezember 1832 in Thun; als Pfarrerssohn studierte er in Bern Theologie, hörte daneben aber auch Bernhard Studers Vorlesungen über Geologie. Nachdem er 1857 zum Pfarrer ordiniert worden war, besuchte er 1860—61 noch die Hochschulen von Berlin und Paris, dann wurde er Pfarrer in Lenk, dessen engere und weitere Umgebung er geologisch kartierte; 1870 kam er nach Mett; am 4. Dezember 1896 starb er an einem Schlaganfall in Biel. — Beiträge: Von Blatt XVII (1882) ist der nördliche Teil: Wildstrubel, Wildhorn etc. von ihm aufgenommen. Den Text dazu, der den 2. Teil von Lieferung 22 hätte bilden sollen, konnte er nicht mehr vollenden.

37. Jaccard, Auguste[2]) wurde am 6. Juli 1833 in Ste-Croix (Waadt) geboren; er wurde Graveur und war bis zu seinem Ende immer als Guillocheur tätig. Daneben erwarb er sich durch Selbststudium so gründliche geologische Kenntnisse, dass er schon von 1861 an von der Geologischen Kommission für die Aufnahmen im Jura auf den Blättern VI, XI und XVI engagiert wurde. In Anerkennung seiner Verdienste um die Erforschung des Jura ernannte ihn denn auch die Universität Zürich 1883 zum Doctor honoris causa; ferner war er lange Jahre, bis zu seinem Tode, Professor der Geologie an der Académie in Neuenburg. Er starb am 5. Januar 1895. — Beiträge: I. Serie, Lieferung 6, 1869; Lieferung 7, 1. Teil, 1870; id., 2. Teil, 1894; Blatt II, 1874; Blatt VI, 1870; Blatt XI (1. Auflage), 1867; Blatt XII (mit Bachmann und Gilliéron), 1879; Blatt XVI (1. Auflage), 1869.

38. Jeannet, Alphonse, geboren den 17. September 1883 in La Chaux-du-Milieu (Neuenburg), erwarb an der Ecole Normale in Lausanne das Patent als Primarlehrer, studierte dann 1904—07 an der Universität Lausanne Naturwissenschaften, besonders

[1]) Verhandlungen 1898, Nekrolog von H. Schardt.
[2]) Verhandlungen 1895, Nekrolog von M. Tribolet.

Geologie. Daneben war er bis 1912 Assistent für Geologie in Lausanne und seither Adjunkt der Geologischen Kommission in Zürich. — Beiträge: II. Serie, Lieferung 34, 1. Teil, 1912; Carte géologique des Tours d'Aï, 1912.

39. Jenny, Fridolin, geboren 1862 in Sool (Glarus), studierte 1882—86 in Bern Naturwissenschaften. Seither Lehrer für Naturgeschichte und Geographie erst an der Untern, dann an der Obern Realschule in Basel. — Beiträge: Karte von Bern (mit A. Baltzer und E. Kissling), 1896.

40. Jerosch, Dr. Marie (jetzt Frau Brockmann-Jerosch), von Königsberg (Ostpreussen), geboren am 24. April 1877, studierte 1897—1901 an der Eidg. Techn. Hochschule in Zürich Naturwissenschaften, besonders Geologie und war 1901—04 Assistent für Geologie. — Beiträge: II. Serie, Lieferung 6 (mit Alb. Heim, Arn. Heim und Ernst Blumer), 1905.

41. Kaufmann, Franz Joseph[1]), geboren den 15. Juli 1825 in Winikon (Luzern), studierte zuerst 1848—51 in Zürich und Berlin Naturwissenschaften, dann bis 1854 in Würzburg, Prag und Wien Medizin und bestand das medizinische Staatsexamen. Trotzdem wurde er im gleichen Jahre Lehrer der Naturwissenschaften in Luzern und blieb es bis zu seinem Rücktritte 1892. Wenige Monate später, am 19. November, starb er. — Beiträge: I. Serie, Lieferung 5, 1867; Lieferung 11, 1872; Lieferung 24, 1. Teil, 1877; Blatt VIII (Molasse), 1871; Blatt IX (Molasse, Eocän und Kreide), 1875; Blatt XIII (mit Baltzer und Mösch), 1887.

42. Keller, W. A., geboren den 26. April 1887 in Luzern, studierte 1908—12 Chemie und Geologie in Zürich, seit 1913 Petrolgeolog in Russland. — Beiträge: II. Serie, Lieferung 42, 1912.

43. Kissling, Ernst, geboren den 29. Dezember 1865 in Bern, studierte dort 1885—89 Botanik, Zoologie und besonders Geologie. Von 1889—1906 war er Lehrer an der Knabensekundarschule in Bern, daneben Privatdozent für Geologie 1893—1906. Seither Geologe der Deutschen Petroleum-Aktiengesellschaft in Berlin. — Beiträge: III. Serie, Lieferung 2 (für die Kohlenkommission), 1903; Karte von Bern (mit Baltzer und Jenny), 1896; Blatt VII, 2. Auflage, 1904 (Molasse).

44. Letsch, Emil, geboren den 28. März 1864 in Dürnten (Zürich), studierte 1884—86 und 1892—99 in Zürich Naturwissenschaften. Von 1887—92 war er Sekundarlehrer in Fehraltorf, von 1892—1907 in Zürich, seit 1907 Lehrer der Geographie am Gymnasium Zürich, daneben Sekretär der Kohlenkommission und der Geotechnischen Kommission. — Beiträge: III. Serie, Lieferung 1 (für die Kohlenkommission).

[1]) Verhandlungen 1905, Nekrolog von H. Bachmann.

45. Lorenz, Theodor, geboren den 8. Januar 1875 in Hamburg, studierte 1893—99 in Kiel und Freiburg i. B. Geologie. Er war Assistent in Freiburg, machte geologische Aufnahmen im Rhätikongebiet und reiste während zwei Jahren in Ostasien und Nordamerika; 1905 wurde er Privatdozent in Marburg und starb dort am 23. Mai 1909. — Beiträge: II. Serie, Lieferung 10, 1900.

46. Lugeon, Maurice (s. Seite 93). — Beiträge: II. Serie, Lieferung 30 (erster Teil), 1915; Lieferung 38, 1912. — Carte des Hautes Alpes calcaires, 1910.

47. Mayer-Eymar, Karl[1]), stammt von St. Gallen, wurde aber am 29. Juli 1826 in Marseille geboren; 1858 wurde er in Zürich Privatdozent für Stratigraphie und Paläontologie, dann Assistent und Custos für die Sammlungen, 1875 Professor für Stratigraphie und Paläontologie. Sein Lebenswerk war das Studium der Tertiärfossilien, die er auf seinen vielen Reisen sammelte (elfmal in Oberitalien, viermal in Südfrankreich, achtmal in Ägypten); ihm verdankt man die erste gründliche Stratigraphie des Tertiärs und die Parallelisierung der Schichten verschiedener Länder. — Auf der Rückkehr von seiner letzten Reise nach Ägypten 1906 erlitt er eine Erkältung, deren Folgen er am 22. Februar 1907 erlag. — Beiträge: I. Serie, Lieferung 5 (Anhang), 1867; Lieferung 11 (Beilage), 1872; Lieferung 14 (Teil II b), 1877; Lieferung 24 (II. Teil), 1887.

48. Mösch, Kasimir[2]) wurde am 15. Januar 1827 in Frick (Aargau) geboren, sollte zuerst Apotheker werden, wurde aber in München durch Kobell u. a. zur Naturwissenschaft gezogen; 1864 arbeitete er mit beim Umzug der Sammlungen im Polytechnikum. Dann wurde er Konservator, später Direktor der zoologischen Sammlungen und starb am 18. August 1898. — Schon 1856 hatte er der Schweiz. Naturf. Gesellschaft in Basel eine geologische Karte des Aargau vorgelegt, in der zum erstenmal eine Einteilung des Malm versucht wurde; von 1861 an war er Mitarbeiter der Geologischen Kommission und hat als solcher namentlich in der Stratigraphie Bedeutendes geleistet. — Beiträge: I. Serie, Lieferung 4, 1867; Lieferung 10, 1874; Lieferung 13 (auf Grundlage von Eschers Tagebüchern), 1878; Lieferung 14, III. Teil, 1881; Lieferung 21, II. Teil, 1893; Lieferung 24, III. Teil, 1894; Blatt III, 1876; Blatt IX (mit Escher, Gutzwiller, Kaufmann), 1875; Blatt XIII (mit Kaufmann und Baltzer), 1887; Blatt XVIII (mit Fellenberg, Bachmann und Gerlach), 1885.

49. Mühlberg, Friedrich, geboren den 19. April in Aarau, studierte 1859—61 am Polytechnikum in Zürich Chemie; von 1862—66 war er Lehrer der Naturwissenschaften an der Industrieschule in Zug, von 1866—1911 Lehrer der Naturgeschichte an der Kantonsschule in Aarau. 1911 wurde er pensioniert, blieb aber noch Konser-

[1]) Verhandlungen 1907, Nekrolog von Klein und Rollier.
[2]) Verhandlungen 1899, Nekrolog von A. Baltzer.

vator des kantonalen naturhistorischen Museums in Aarau. Er starb am 25. Mai 1915. — Beiträge: Karte der Lägern, 1901; dito von Brugg und Umgebung, 1904; dito von Aarau und Umgebung, 1908; dito des Hallwilersees, 1910; dito Roggen-Born-Boowald (zusammen mit Niggli), 1913; dito des Hauensteins, 1914; Blatt VIII, 2. Auflage (namentlich Jura und Molassegebiet), 1913.

50. Müller, Albrecht[1]), geboren den 19. März 1819 in Basel, wurde zuerst Kaufmann; 1848 sattelte er um und wandte sich unter Merians Leitung ganz der Geologie zu. Er lieferte durch seine Untersuchungen im Kanton Basel das Manuskript zur ersten Lieferung der „Beiträge" und die erste geologische Karte; 1854 wurde er Privatdozent, 1861 Professor der Mineralogie und Geologie in Basel. Er starb am 3. Juni 1890 in Basel. — Beiträge: I. Serie, Lieferung 1, 1862; Blatt II (zusammen mit Jaccard), 1874.

51. Negri, Gaetano de[2]), geboren den 11. Juli 1838 in Mailand, ward zuerst Offizier; 1862 wandte er sich der Geologie zu; 1875 erschien seine „Geologia d'Italia". Dann wurde er auch Munizipalrat in Mailand, später Senator und starb am 31. Juli 1902 in Mailand. — Beiträge: Blatt XXIV (mit Spreafico und Stoppani), 1876.

52. Niethammer, Gottlob, geb. den 16. November 1882 in Basel, studierte 1900—04 in Basel Naturwissenschaften, besonders Geologie. Seit 1910 als Geologe in Sumatra, im Kaukasus, in Galizien und Englisch-Borneo, namentlich um Petrol zu suchen. — Beiträge: Mitarbeit an der II. Auflage der geologischen Karte der Schweiz in 1:500000, 1912; dito an der Karte des Vierwaldstättersees, 1915.

53. Niggli, Paul, geb. den 26. Juni 1888 in Zofingen; studierte 1907—11 an der Technischen Hochschule in Zürich Naturwissenschaften, besonders Mineralogie, Petrographie und Geologie; dann in Karlsruhe und in Washington D. C. 1911—13 besonders physikalische Chemie; 1913 wurde er Privatdozent in Zürich und 1914 Professor für Mineralogie und Petrographie an der Universität Leipzig. — Beiträge: II. Serie, Lieferung 36, 1912; Lieferung 45, III. Teil (mit W. Staub), 1914; Karte von Zofingen, 1912; Karte Roggen-Born-Boowald (mit Mühlberg), 1913.

54. Oberholzer, Jakob, geboren den 9. Oktober 1862 in Turbental (Zürich), besuchte 1878—82 das Lehrerseminar Unterstrass, dann bis 1884 die Universität Zürich und bestand das Sekundarlehrerexamen (mathematisch-naturwissenschaftliche Richtung). Zuerst war er Lehrer in Herisau, seit 1887 an der Höhern Stadtschule in Glarus, seit 1897 Prorektor der Schule. — Beiträge: II. Serie, Lieferung 9, 1900; Karte des Walensees (mit Arnold Heim), 1907; Karte der Glarneralpen, 1910.

[1]) Verhandlungen 1890, Nekrolog von C. Schmidt.
[2]) Poggendorf, biographisches Handwörterbuch.

55. Pannekoek van Rheden, Joh. Jakob, geboren den 2. März 1876 in Batavia (Niederländisch-Indien), studierte 1896—98 in Amsterdam Chemie, 1898—1904 in Zürich Geologie. Als geologischer Experte reiste er 1904 in Rumänien, 1905 in Südafrika, 1906—09 in Malakka, 1910 in Britisch-Borneo, 1910—14 als Geologe der Niederländisch-Indischen Regierung. — Beiträge: II. Serie, Lieferung 17, 1905.

56. Piperoff, Christo, geboren 1871 in Rustschuk (Bulg.), studierte 1893—97 in Zürich Geologie, und wurde 1897 Professor in Philippopel. — Beiträge: II. Serie, Lieferung 10, 1897.

57. Preiswerk, Heinrich, geboren den 19. Mai 1876 in Binningen (Basel), studierte 1896—1901 in Basel und Heidelberg Naturwissenschaften, besonders Mineralogie, Petrographie und Geologie. 1904 wurde er Privatdozent, 1912 Professor für Mineralogie und Geologie in Basel. — Beiträge: I. Serie, Lieferung 26, 1907; Karte des Simplon (zusammen mit Schmidt), 1908.

58. Quereau, Edmund C., geboren den 18. März 1868 in Aurora (Illinois), studierte 1888—90 in Aurora und Evanston (Illinois), dann 1890—93 in Freiburg i. B. und in Zürich Naturwissenschaften, besonders Geologie und Zoologie; 1893 wurde er Dozent für Geologie an der Universität Chicago, 1894 an der Universität Syracuse (N. Y.). Seit 1907 zurückgetreten, in Bay City (Texas). — Beiträge: II. Serie, Lieferung 3, 1893.

59. Rabowski, Ferdinand, geboren den 5. Februar 1884 in Wloclawek (Polen), studierte 1905—1911 in Lausanne Geographie und besonders Geologie; Privatgelehrter in Lausanne. — Beiträge: Carte du Niedersimmental, 1913.

60. Renevier, Eugène (s. Seite 92). — Beiträge: I. Serie, Lieferung 16, 1890; Blatt XVI, 2. Auflage (mit Schardt), 1899; Blatt XVII (mit Ischer, E. Favre und Gerlach), 1883.

61. Rittener, Théophile, geboren den 2. Dezember 1857 in Château-d'Oex, war zuerst Primarlehrer, dann studierte er Mineralogie, Geologie und Botanik in Lausanne und war Präparator bei E. Renevier. Seit 1887 Sekundarlehrer in Ste. Croix. — Beiträge: II. Serie, Lieferung 13, 1902.

62. Rolle, Friedrich[1]), geboren 1827 in Homburg a. d. H., studierte in Bonn Naturwissenschaften und Bergbau; 1853 machte er geologische Untersuchungen in Steiermark, 1859 war er am k. und k. Hofmineralienkabinett angestellt; 1860 kehrte er nach Homburg zurück. Für die Geologische Kommission arbeitete er 1875—77. Er starb am 10. Februar 1887 in Homburg. — Beiträge: I. Serie, Lieferung 23, 1881; Blatt XIX, 1882.

[1]) Deutsche Biographien, Band 29, Seite 76: Nekrolog von v. Gümbel.

63. Rollier, Henri-Louis, geboren den 19. Mai 1859 in Nods (Berner Jura), studierte 1877—80 Geologie und Naturwissenschaften in Zürich; 1880—90 war er Lehrer der Naturwissenschaften in St. Imier, 1891—1903 Assistent, 1903—11 Privatdozent und Konservator, seit 1911 Professor an der Eidg. Techn. Hochschule in Zürich. — Beiträge: I. Serie, Lieferung 8, erstes Suppl., 1894; Lieferung 29, 1907; II. Serie, Lieferung 8, 1898; Lieferung 21 (mit Buxtorf), 1907; Lieferung 25, 1911; Blatt VII, 2. Auflage (mit Kissling), 1904; Carte de St-Imier, 1894; Carte de Moutier, 1901; Carte de Bellelay, 1901; Carte du Weissenstein, 1904; Carte de Delémont, 1904; Carte du Locle et de La Chaux-de-Fonds (avec Jules Favre), 1911.

64. Schaad, Ernst, geboren den 27. November 1876 in Oberhallau (Schaffhausen), studierte 1899—1903 in Neuenburg, Zürich und Basel hauptsächlich Geologie und Mineralogie. Von 1903—04 war er Lehrer an der Realschule Neuhausen, seither an der Mädchensekundarschule Basel. — Beiträge: II. Serie, Lieferung 22, 1908.

65. Schalch, Ferdinand, geboren den 11. Januar 1848 in Schaffhausen, studierte 1865—70 in Zürich, Würzburg und Heidelberg Geologie und Paläontologie. Von 1871—75 war er Lehrer in Sissach (Baselland), 1875—76 Assistent an der geologischen Abteilung der Gotthardbahn, 1876—89 Sektionsgeolog bei der Sächsischen geologischen Landesanstalt, seither badischer Landesgeologe. — Beiträge: I. Serie, Lieferung 19 (mit Gutzwiller), 1883; Blatt IV (mit Gutzwiller), 1879; K. von Stühlingen, 1912.

66. Schardt, Hans (s. Seite 93). — Beiträge: I. Serie, Lieferung 22 (mit E. Favre), 1887; Blatt XVI, 2. Auflage (mit Renevier), 1899.

67. Schider, Rudolf, geboren den 18. Juni 1889 in Basel, studierte in Basel 1908—13 Naturwissenschaften und Mathematik; seit 1913 Geologe einer englischen Petrolgesellschaft auf Trinidad. — Beiträge: II. Serie, Lieferung 43, 1913.

68. Schmidt, Karl, geboren den 23. Juni 1862, studierte in Genf, Strassburg etc. Mineralogie, Petrographie und Geologie. Von 1886—89 war er Assistent in Freiburg i. B., seit 1890 Professor der Geologie in Basel. — Beiträge: I. Serie, Lieferung 25 (mit Alb. Heim), 1891; Karte der Schweiz in 1:500000 (mit Alb. Heim), 1. Auflage, 1894; Karte des Simplon (mit Preiswerk), 1908.

69. Spitz, Albrecht, geboren den 7. Juli 1883 in Iglau (Mähren), studierte 1902—06 in Wien Geologie. Seit 1911 ist er Volontär an der k. k. geologischen Reichsanstalt in Wien. — Beiträge: II. Serie, Lieferung 44 (mit Dyhrenfurth), 1915.

70. Spreafico, Emilio, geboren 1844 in Mailand, studierte 1863—66 am Polytechnikum in Mailand, wurde Assistent für Geologie bei Stoppani in Mailand und starb dort 1874. — Beiträge: Blatt XXIV (mit Negri und Stoppani), 1876.

71. Staub, Walter, geboren den 15. Mai 1886 in Bern, studierte in Zürich 1904—09 hauptsächlich Geologie, 1910 ebenso in Lausanne; 1912 wurde er Petrolgeologe in Baku, seit 1914 ebenso in Niederländisch-Borneo. — Beiträge: II. Serie, Lieferung 32, 1911; Lieferung 45, III. Teil (mit Niggli), 1914.

72. Stoppani, Antonio[1]), geboren den 15. August 1824 in Lecco, wurde zuerst Priester (1848), dann 1861 Professor der Geologie an der Universität Pavia, 1863 am Technischen Institut in Mailand, 1877 Professor für Geologie und physische Geographie in Florenz. Er starb am 1. Januar 1891 in Mailand. — Beiträge: Blatt XXIV, 1876 (mit Negri und Spreafico).

73. Stutz, Ulrich[2]), geboren den 15. November 1826 in Pfäffikon (Zürich), wurde nach Absolvierung des Lehrerseminars Küsnacht schon mit 18 Jahren Lehrer; von 1846—86 war er der Reihe nach Lehrer am Waisenhaus, dann an der Primarschule und Sekundarschule Zürich. Daneben hörte er die Vorlesungen von Escher, Heer, Mousson und Oken, und während eines Urlaubes 1857—58 widmete er sich ganz der Geologie in München und Tübingen; 1860 wurde er Privatdozent für Geologie am Polytechnikum. Im Jahr 1886 wurde er pensioniert, 1891 siedelte er nach Basel über und starb dort am 9. Juni 1895. — Beiträge: Blatt III, 1876.

74. Taramelli, Torquato, geboren den 15. Oktober 1845 in Bergamo, studierte an der Universität Pavia und am Polytechnikum in Mailand. Von 1866 bis 1875 war er Professor am Technischen Institut in Udine, seither Professor für Geologie und Paläontologie in Pavia. — Beiträge: I. Serie, Lieferung 17, 1880.

75. Tarnuzzer, Christian, geboren 1860 in Schiers (Graubünden), absolvierte das Lehrerseminar Schiers, studierte dann 1882—83 und 1886—87 in Zürich. Einige Jahre war er Hauslehrer, dann wurde er 1890 Lehrer der Naturgeschichte an der Kantonsschule Chur. — Beiträge: II. Serie, Lieferung 23 (mit Grubenmann), 1910.

76. Theobald, G.[3]), geboren den 21. Dezember 1810 in Altendorf bei Hanau. Als Pfarrerssohn studierte er zuerst Theologie in Marburg und Halle. Aber daneben hatte er immer das grösste Interesse an den Naturwissenschaften; daher blieb er nur ganz kurze Zeit Hilfsprediger in Hanau und wurde dort schon 1836 zum Lehrer der Naturwissenschaften gewählt. Wegen politischer Umtriebe flüchtete er sich 1848 nach Genf und wurde 1854 zum Lehrer an die Kantonsschule Chur berufen. Da warf er sich mit grösstem Eifer auf die Alpengeologie seines neuen Wirkungsgebietes und legte das

---

[1]) Poggendorf, biographisches Handwörterbuch.
[2]) Verhandlungen 1895, Nekrolog von C. Schmidt.
[3]) Bericht der Naturwissenschaftlichen Gesellschaft St. Gallen, Nekrolog von Chr. Walkmeister.

naturhistorische Museum in Chur neu an. Er starb am 15. September 1869. — Beiträge: I. Serie, Lieferung 2, 1863; Lieferung 3, 1866; Blatt X, 1865; Blatt XIV (mit Heim, Escher und Fritsch), 1885; Blatt XV, 1864; Blatt XX, 1865.

77. Tobler, August, geboren den 29. April 1872 in Basel, studierte 1890—94 in Basel und München Stratigraphie und Paläontologie. Er wurde 1899 Privatdozent für Mineralogie und Geologie in Basel, seit 1900 Geologe teils für Privatgesellschaften, teils für die Regierung in Niederländisch-Indien. — Beiträge: Karte des Vierwaldstättersees (mit Buxtorf, Baumberger u. a.), 1915.

78. Tolwinski, Konstantin, geboren 1877 in Krepkowo (Russland), studierte 1905—10 an der Universität Zürich Geologie. Von 1911—13 war er Petrolgeologe in Niederländisch-Indien. — Beiträge: Karte der Gebirge zwischen Linth und Rhein, 1915.

79. Troesch, Alfred, geboren den 31. Oktober 1877 in Wimmis (Bern), wurde zuerst Primarlehrer, dann studierte er in Bern und Freiburg i. B. 1899—1907 Naturwissenschaften, besonders Geologie. Von 1903—05 war er Sekundarlehrer in Langenthal, seit 1905 in Bern. — Beiträge: Karte der Gebirge zwischen Lauterbrunnen- und Kandertal (mit Gerber und Helgers), 1907.

80. Weber, Friedrich, geboren den 16. Juni 1878 in Zürich, studierte 1897—1900 in Zürich, 1902—03 in Berlin und 1906 in Freiberg i. S. Naturwissenschaften, besonders Mineralogie, Petrographie und Geologie. Er war 1901—02 Assistent für Mineralogie in Zürich, 1907 geologischer Experte in Mazedonien und auf den Ägäischen Inseln, seit 1909 Geologe in Niederländisch-Indien. — Beiträge: II. Serie, Lieferung 14, 1904.

81. Wehrli, Leo, geboren den 25. Februar 1870 in Aarau, studierte 1889—95 in Berlin und Zürich Botanik und Geologie. Er wurde 1894 Assistent am mineralogisch-petrographischen Institut Zürich, von 1896—98 Landesgeolog am La Plata-Museum in Argentinien; seit 1900 ist er Lehrer für Chemie und Geologie an der Höhern Töchterschule in Zürich. — Beiträge: II. Serie, Lieferung 6, 1896.

82. Zyndel, Fortunat, geboren am 21. Juli 1882 in Maienfeld (Graubünden), studierte (mit Unterbrechungen wegen Lehrtätigkeit) von 1901—12 in Neuenburg, Bern und Basel Geologie, Mineralogie und Physik. Von 1901—04 war er jeweilen im Winter Lehrer an der Realschule Flims, von 1906—12 Lehrer an der Knabensekundarschule und am Obern Gymnasium in Basel, seit 1912 Geologe in Trinidad (Westindien). — Beiträge: II. Serie, Lieferung 41, I. Teil, 1912.

IV. Rechnungswesen.

Da die Geologische Kommission eine von den zahlreichen Kommissionen der Schweiz. Naturf. Gesellschaft ist, so war es ganz natürlich, dass das Rechnungswesen auch für sie vom Quästorate der Gesellschaft besorgt wurde. So ist es von 1860 an immer gehalten worden. Von den drei Quästoren besorgte J. Siegfried die finanzielle Verwaltung von 1860—79, J. D. Hermann Custer von 1880—93 und seither dessen Tochter, Fräulein Fanny Custer.[1])

Die Mittel zur Durchführung der Arbeiten lieferte der Kommission die Eidgenossenschaft durch die alljährliche Subvention.[2]) Diese betrug, wie schon früher erwähnt, in den ersten beiden Jahren Fr. 3000.—, in den nächsten vier Jahren je Fr. 5000.—, dann zweimal je Fr. 8000.—. Von 1868 bis 1904 bewegt sich der Betrag zwischen Fr. 10 000.— und Fr. 20 000.—. Die Schwankungen hängen z. T. zusammen mit den Bedürfnissen der Kommission, z. T. mit der mehr oder minder günstigen Finanzlage der Eidgenossenschaft. Die sprunghafte und vorübergehende Erhöhung 1893 auf Fr. 20 000.— und 1895 auf Fr. 25 000.— erklärt sich durch einen Extrakredit von Fr. 10 000.—, bezw. Fr. 15 000.—, der wegen ausserordentlicher Ausgaben nachgesucht worden war. 1905 gelang es, eine bleibende Erhöhung auf Fr. 20 000.—, 1907 auf Fr. 25 000.— zu erhalten. Endlich 1910 erhöhten die Bundesbehörden den ordentlichen Kredit auf Fr. 40 000.—. So blieb es bis 1914; der Ausbruch des europäischen Krieges war schuld, dass die Subvention für die Geologische Kommission für das Jahr 1915 auf Fr. 20 000.— herabgesetzt wurde. — Von 1909—14 kam zu dem ordentlichen Kredit jeweilen noch ein Extrakredit von Fr. 2500.— dazu, der für die Aufnahmen im Grenzgebiet des Grossherzogtums Baden und der Schweiz bestimmt war.[3])

Ein zweiter Einnahmeposten wird durch den Erlös für verkaufte Publikationen, Textbände und Karten, gebildet. Die Tabelle zeigt merkwürdige, unregelmässige Schwankungen in den eingegangenen Verkaufssummen, immerhin ist doch im allgemeinen ein Ansteigen der jährlichen Beträge zu konstatieren. Den buchhändlerischen Vertrieb hat von Beginn an bis heute die gleiche Firma, bezw. deren Rechtsnachfolger, im Kommissionsverlag besorgt, nämlich J. Dalp, nachher Schmid & Francke und jetzt A. Francke in Bern.

Unter den Ausgaben sind die beiden ersten Kolonnen natürlich die wichtigsten. Die erste enthält die Ausgaben für vorbereitende Arbeiten aller Art, also namentlich die Entschädigung der Geologen für die Aufnahmen im Felde. Da bei den bescheidenen Krediten nicht daran gedacht werden konnte, einen „Landesgeologen" fix

---

[1]) Vergl. darüber auch den Abschnitt III d): Personalien der Quästore.
[2]) Vergl. dazu die tabellarische Übersicht der Rechnungen, Seite 110.
[3]) Siehe Abschnitt V, E.

anzustellen und für seine ganze Arbeitszeit zu entschädigen, so war die Kommission daran gebunden, ihre Mitarbeiter hauptsächlich unter den Geologen der schweizerischen Universitäten und Mittelschulen zu suchen, welche jeweilen einen Teil ihrer Ferien zu Aufnahmen im Felde verwendeten. Die Entschädigung für einen Arbeitstag betrug anfänglich Fr. 12.—, später Fr. 15.—, ausserdem wird die Hin- und Rückreise vergütet. Zu den vorbereitenden Arbeiten gehören in neuerer Zeit auch chemische Gesteinsanalysen und Dünnschliffe, für die von den Mitarbeitern jeweilen besondere Kredite nachgesucht werden müssen. Die Erhöhung der Subvention vom Jahr 1910 an machte es endlich möglich, einen Adjunkten anzustellen, dessen Aufgabe darin besteht, bei der Revision der vergriffenen Blätter in 1 : 100 000 die Reinzeichnung aus den Originalen der verschiedenen Mitarbeiter zusammenzustellen und Lücken oder Widersprüche darin durch eigene Aufnahmen zu beseitigen. Ferner hat er bei der Korrektur der Druckproben mitzuwirken; auch kann ihm die Kommission nach Bedarf andere Arbeiten übertragen (neuestens z. B. die geologische Bibliographie von 1910 an). Dafür erhält er ein Fixum von Fr. 2000.— und eine Tagesentschädigung von Fr. 10.— für Arbeit im Bureau, von Fr. 15.— für Aufnahmen im Feld.

Die zweite Ausgabenkolonne enthält die Kosten für die Drucklegung der Textbände und Karten. Den Textdruck hat zum weitaus grössten Teil die Druckerei Stämpfli & Co. in Bern ausgeführt; einzelne Bände sind auch anderswo gedruckt worden. Die Karten hat meistens die Firma Wurster & Randegger in Winterthur (später J. Schlumpf, jetzt Kartographia Winterthur A.-G.) gemacht; von den ältern Karten sind manche bei Furrer in Neuenburg, von den neuern einige bei Hofer & Co., andre beim Polygraphischen Institut in Zürich ausgeführt worden.

Zu den übrigen Kolonnen noch folgende Bemerkungen: Von 1874—82 wurde die Geologische Kommission veranlasst, einen Beitrag an die Besoldung des Geologen der Gotthardbahn zu bezahlen, und zwar jährlich Fr. 1500.—. Von den Resultaten der Untersuchung ist allerdings der Kommission nichts zugute gekommen; sie wurden anderweitig publiziert. — In den Jahren 1891 und 1892 wurde ein Beitrag an die Kosten der Rhonegletscher-Vermessung ausgerichtet, die vom Schweizerischen Alpenklub durch das Topographische Bureau ausgeführt wurde.

Dem Extrakredit von Fr. 2500.— (1909—14) für Aufnahmen im Grenzgebiet von Baden entsprechend, erscheinen ab 1910 die Ausgaben dafür, die sich im Durchschnitt unter dem Budgetansatz gehalten haben.

Die Erhöhung des ordentlichen Kredites 1910 auf Fr. 40 000.— ermöglichte es, den Mitarbeitern, die bis dahin ausser Taggeld und Reiseentschädigung bei den Aufnahmen gar nichts erhalten hatten, ein bescheidenes Honorar für die Ausarbeitung des Textes und für die Zeichnung der Karten und Profile zu bewilligen. Leider mussten diese Honorare dann aber für 1915 wegen des Krieges sistiert werden. Die plötzliche Reduktion des Kredites auf die Hälfte hat die Kommission nicht nur gezwungen, diese bescheidenen Honorare zu streichen, sondern sogar sämtliche Aufnahmen für 1915 ein-

Tabellarische Übersicht über das Rechnungswesen der Geologischen Kommission.

Jahr	Einnahmen										Ausgaben															
	Saldo-Vortrag		Bundesbeitrag		Erlös für Karten und Textbände		Zinse, verschiedene Einnahmen		Summe der Einnahmen		Aufnahmen im Feld etc.		Druck, Lithographie				Honorare		Besoldungen		Sitzungen		Verschiedenes		Summe der Ausgaben	
	Fr.	Rp.	Fr.	Rp.	Fr.	Rp.	Fr.	Rp.	Fr.	Rp.	Fr.	Rp.	Fr.	Rp.	Fr.	Rp.	Fr.	Rp.	Fr.	Rp.	Fr.	Rp.	Fr.	Rp.	Fr.	Rp.
1860	—	—	3000	—	—	—	83	05	3083	05	2120	—	626	—	—	—	—	—	—	—	—	—	16	65	2762	65
61	320	40	3000	—	—	—	—	—	3320	40	2630	—	706	50	—	—	—	—	—	—	—	—	22	80	3359	30
62	[1] 38	90	5000	—	—	—	[2] 500	—	5461	10	2379	—	2703	40	—	—	—	—	—	—	—	—	10	25	5092	65
63	368	45	5000	—	—	—	263	35	5631	80	2972	—	1847	35	—	—	—	—	—	—	—	—	47	10	4866	45
64	765	35	5000	—	69	10	204	75	6039	20	1910	—	3208	30	—	—	—	—	—	—	—	—	45	80	5164	10
65	875	10	5000	—	413	50	—	—	6288	60	2750	—	1340	55	—	—	—	—	—	—	—	—	7	90	4098	45
66	2190	15	8000	—	296	50	532	60	11019	25	4194	—	5527	95	—	—	—	—	—	—	—	—	15	70	9737	65
67	1281	60	8000	—	—	—	—	—	9281	60	2450	—	10104	40	—	—	—	—	—	—	—	—	13	—	12567	40
68	[1] 3285	80	12000	—	2010	—	—	—	10724	20	5125	—	2503	—	—	—	—	—	—	—	—	—	11	25	7639	25
69	3084	95	10000	—	838	40	568	—	14491	35	3815	—	10180	90	—	—	—	—	—	—	—	—	15	60	14011	50
1870	479	85	15000	—	665	—	—	—	16144	85	2855	—	5632	10	—	—	—	—	—	—	—	—	16	10	8503	20
71	7641	65	13000	—	657	50	150	—	21449	15	5235	—	4335	63	—	—	—	—	—	—	—	—	14	60	9585	23
72	11863	92	—	—	247	—	446	70	12557	62	4665	—	7248	50	Gotthard-		—	—	—	—	—	—	17	95	11931	45
73	626	17	13000	—	1822	35	—	—	15448	52	1965	—	8503	50	Geologe		—	—	—	—	—	—	14	55	10483	05
74	4965	47	15000	—	1600	35	264	90	21830	72	5285	70	5792	30	[3] 625	60	—	—	—	—	—	—	21	15	11760	45
75	10070	27	15000	—	1051	55	—	—	26121	82	10333	10	5092	95	[3] 1500	—	—	—	—	—	—	—	49	—	16975	05
76	9146	77	15000	—	831	80	1242	65	26221	22	7237	87	8365	10	[3] 1500	—	—	—	—	—	—	—	66	20	17169	17
77	9052	05	15000	—	385	70	220	45	24658	20	14560	75	5952	55	[3] 1500	—	—	—	—	—	—	—	24	60	22037	90
78	2620	30	15000	—	975	55	180	20	18776	05	9716	08	5775	22	[3] 1500	—	—	—	—	—	—	—	31	05	17022	30
79	1753	75	14500	—	879	35	42	—	17193	10	5706	—	2294	30	[3] 1500	—	—	—	—	—	—	—	19	70	9420	—
1880	7673	10	15000	—	1105	15	217	10	23995	35	3810	15	8730	05	[3] 3000	—	—	—	—	—	—	—	30	87	15570	57
81	8424	78	15000	—	1645	75	316	75	25387	28	4821	05	16204	65	—	—	—	—	—	—	—	—	21	30	20547	—
82	4840	28	15000	—	1245	35	143	80	21229	43	2610	80	7777	40	[3] 2250	—	—	—	—	—	—	—	11	60	12649	80
83	8579	63	15000	—	247	65	241	10	24068	38	3926	70	5079	20	—	—	—	—	—	—	—	—	16	57	9022	47
84	15045	91	15000	—	604	80	730	90	31381	61	1615	70	11795	45	—	—	—	—	—	—	—	—	8	85	13420	—
85	17961	61	10000	—	1108	80	480	60	29551	01	1234	55	14497	80	—	—	—	—	—	—	—	—	11	20	15743	55
86	13807	46	10000	—	1642	10	582	70	26032	26	1950	—	10907	90	—	—	—	—	—	—	—	—	21	35	12879	25
87	13153	01	10000	—	1551	80	322	55	25027	36	—	—	18369	75	—	—	—	—	—	—	—	—	23	25	18393	—
88	6634	36	9000	—	991	70	241	35	16867	41	1307	15	6200	58	—	—	—	—	—	—	—	—	70	05	7577	78
89	9289	63	10000	—	1205	50	313	40	20808	53	254	20	5328	75	—	—	—	—	—	—	—	—	15	35	5598	30

Jahr	Saldo-Vortrag		Bundes-beitrag		Erlös für Karten und Textbände		Zinse, verschiedene Einnahmen		Summe der Einnahmen		Aufnahmen im Feld etc.		Druck, Lithographie				Honorare		Besoldungen		Sitzungen		Ver-schiedenes		Summe der Ausgaben	
	Fr.	Rp.	Fr.	Rp.	Fr.	Rp.	Fr.	Rp.	Fr.	Rp.	Fr.	Rp.	Fr.	Rp	Rhonegl. Vermessg.		Fr.	Rp.	Fr.	Rp.	Fr.	Rp.	Fr.	Rp.	Fr.	Rp.
1890	15210	23	10000	—	940	40	419	55	26570	18	1803	45	9412	55			—	—	—	—	—	—	22	80	11238	80
91	15331	38	10000	—	1124	70	455	95	26912	03	3828	05	8908	25	[4] 600	—	—	—	—	—	—	—	48	55	13384	85
92	13527	18	10000	—	2223	95	438	40	26189	53	11902	95	7500	20	[4] 400	—	—	—	—	—	—	—	99	95	19903	10
93	6286	43	20000	—	1177	65	266	18	27730	26	4783	80	22424	70	—	—	—	—	—	—	—	—	53	25	27261	75
94	468	51	10000	—	1147	70	70	15	11686	36	3413	—	7323	—	—	—	—	—	—	—	—	—	[5] 194	50	10930	50
95	755	86	25000	—	3639	20	216	20	29611	26	5075	10	23648	80	—	—	—	—	[6] 200	—	140	75	80	70	29145	35
96	465	91	10000	—	1809	10	101	95	12376	96	5387	—	5015	15	—	—	—	—	[7] 300	—	—	—	309	35	11011	50
97	1365	46	10000	—	1673	65	139	—	13178	11	4408	15	7758	10	—	—	—	—	[8] 350	—	149	70	283	80	12950	35
98	227	76	10000	—	2244	80	232	—	12704	56	6409	15	4702	45	—	—	—	—	350	—	140	95	289	57	11892	12
99	812	44	15000	—	1520	80	240	50	17573	74	5925	25	8786	15	—	—	—	—	350	—	193	10	613	60	15868	10
1900	1705	64	10000	—	2119	56	213	75	14038	95	6315	25	5820	65	—	—	—	—	350	—	—	—	186	10	12672	—
01	1366	95	15000	—	2450	75	324	75	19142	45	7404	50	6954	—	—	—	—	—	350	—	163	05	113	10	14984	65
02	4157	80	15000	—	1843	95	295	45	20797	20	7896	15	11521	65	—	—	—	—	350	—	136	95	154	10	20058	85
03	738	35	15000	—	2257	18	347	90	18343	43	7012	70	897	—	—	—	—	—	350	—	196	10	130	72	8586	52
04	9756	91	15000	—	1534	83	[9] 2567	30	28859	04	10311	35	16662	10	—	—	—	—	350	—	111	60	476	57	27911	62
05	947	42	20000	—	656	75	[10] 1492	45	23096	62	9425	50	12502	30	—	—	—	—	350	—	279	40	138	—	22695	20
06	401	42	20000	—	2409	60	[11] 540	05	23351	07	11094	75	10470	05	—	—	—	—	350	—	115	10	194	35	22224	25
07	1126	82	25000	—	2349	80	914	15	29390	77	8828	30	15570	10	—	—	—	—	[12] 550	—	295	40	165	70	25409	50
08	3981	27	25000	—	2198	08	704	15	31883	50	11950	85	15274	55	Bad. Geol.		Honorar		550	—	228	30	304	75	28308	45
09	3575	05	[14] 27500	—	1709	40	614	15	33398	60	10462	70	14153	70	Landes-Aust.		—	—	550	—	237	40	[13] 475	65	25879	45
1910	7519	15	[14] 42500	—	2007	80	1061	55	53088	50	14377	85	12360	70	2227	40	3171	25	[15] 1100	—	267	20	[16] 701	25	34205	65
11	18882	85	[14] 42500	—	1229	51	1549	20	64161	56	22126	05	24307	65	—	—	1497	50	[17] 1403	—	248	40	[18] 831	35	50413	95
12	13747	61	[14] 42500	—	2340	65	1123	55	59711	81	22210	10	27407	55	3639	50	2027	—	[19] 1465	50	420	—	[20] 1067	27	58236	92
13	1474	89	[14] 42500	—	2953	83	1028	15	47956	87	18644	90	14021	90	1357	45	2887	—	[21] 2445	—	498	55	[22] 1534	12	41388	92
14	6567	95	[14] 42500	—	2830	90	1300	20	53199	05	11836	67	27606	60	1840	05	75	—	[23] 1620	—	141	30	[24] 1686	45	44806	07
15	8392	98	20000	—																						

[1] *Passivsaldo.* — [2] 500: Geschenk von Dr. H. Gessner. — [3] 1874/82: Beitrag zur Besoldung des Gotthardgeologen. — [4] 1881/92: Beitrag an die Vermessung des Rhonegletschers. — [5] 138: ein Pult. — [6] 200: Sekretär. — [7] 300: id. — [8] id.; 50: Quästor. — [9] 750: Beitrag der Geotechn. Kommission an Lieferung III; 879,20: Rückzahlung von Dr. Tobler für Druck. — [10] 250: Solothurn-Münsterbahn; 957,65: Rückvergütung. — [11] 250: Solothurn-Münster. — [12] 450: Sekretär; 100: Quästor; — [13] 198,75: Versicherung. — [14] 2500: Baden. — [15] 500: Präsident; 450: Sekretär; 150: Quästor. — [16] 301,95: Versicherung. — [17] 758: Präsident; 495: Sekretär; 150: Quästor. — [18] 550,70: Versicherung. — [19] 845,50: Präsident; 470: Sekretär; 150: Quästor. — [20] 401,85: Versicherung. — [21] 1500: Präsident; 795: Sekretär; 150 Quästor. — [22] 775,45: Versicherung. — [23] 1020: Präsident; 450: Sekretär; 150: Quästor. — [24] 728,45: Versicherung.

zustellen. Mit Mühe wird es gelingen, die angefangenen Druckarbeiten fertig zu machen. Hoffentlich treten bald wieder bessere Verhältnisse ein.

Bis zum Jahre 1894 wurde die Arbeit des Sekretärs von einem Mitglied der Kommission unentgeltlich besorgt. Als dann ein Sekretär ausserhalb der Kommission gewählt wurde, erhielt er zuerst eine Vergütung von Fr. 200.—, später wurde diese mit der immer zunehmenden Arbeit nach Massgabe der Zahl der Arbeitsstunden erhöht. — Von 1896 an erhielt auch der Quästor für seine immer grösser werdende Arbeit eine Gratifikation, die nach und nach auf Fr. 150.— erhöht wurde. — Als mit den reicheren Mitteln von 1910 an eine ungleich grössere Arbeit geleistet werden konnte, liess sich auch das Amt des Präsidenten nicht mehr als reines Ehrenamt betrachten; erforderte es doch in den Jahren 1910—14 wöchentlich 3—5 halbe Arbeitstage, um einerseits die ganze Korrespondenz und den Druck der Texte zu leiten und zu überwachen, anderseits die Originalien für die Karten und Profiltafeln druckfertig vorzubereiten, die Farbenskalen so zu bereinigen, dass man mit möglichst wenig Farben doch ein gutes geologisches Bild herausbrachte, und die schwierigen und zeitraubenden Korrekturen zu leiten und durchzuführen. Die Kommission beschloss daher, es sei auch dem Präsidenten eine seiner Arbeitszeit entsprechende Entschädigung nach den gewöhnlichen Ansätzen zu gewähren.

Die Kommission vergütet ferner seit 1895 den Mitgliedern für die Sitzung der Kommission jeweilen die Fahrt und ein Taggeld von Fr. 10.— (später Fr. 15.—). Meistens fanden jährlich zwei Sitzungen statt, selten eine oder drei.

Endlich ist in der Kolonne „Verschiedene Ausgaben" von 1909 an auch die Versicherungsprämie enthalten. Es ist nämlich nach vielen vergeblichen Bemühungen gelungen, mit der „Assicuratrice Italiana" einen Vertrag für die Unfallversicherung unserer Mitarbeiter abzuschliessen, der nicht nur alle Unfälle bei Aufnahmen, sondern auch diejenigen des täglichen Lebens umfasst, und der auch das Alleingehen im Hochgebirge einschliesst, mit alleiniger Ausnahme ausgesprochener Gletschertouren. Dabei ist die Sache mit den Mitarbeitern so geordnet, dass die Kommission die eine Hälfte der Prämie übernimmt, der Geolog die andre.

V. Die Arbeiten der Geologischen Kommission.

A. Geologische Karte in 1 : 50 000.

Sofort nach ihrer Gründung begann die Geologische Kommission ihre Tätigkeit mit grösstem Eifer. Bei dem geringen Kredite von nur 3000 Fr. jährlich musste sie naturgemäss die vorhandenen privaten Vorarbeiten benutzen, wenn sie in absehbarer Zeit mit Resultaten an die Öffentlichkeit treten wollte. (Siehe auch unter B: Geologische

Karte in 1 : 100 000.) Daher benutzte sie den Umstand, dass A. Müller 1860 eine Arbeit über den Basler Jura publiziert hatte, dass aber die Karte dazu nicht erschienen war. So wurde diese Karte, deren topographische Grundlage von Kündig herrührte, geologisch koloriert, 1863 als erste Karte herausgegeben.

Unabhängig hievon wurde nun aber 1861 und 1862 die Frage eifrig erörtert, welchen Masstab die geplante einheitliche geologische Karte der Schweiz haben sollte. Man war sich sofort klar, dass der Masstab der Dufourkarte 1 : 100 000 für die Eintragung einer Menge geologischer Details zu klein sei. Man einigte sich dann auf den Masstab 1 : 50 000, während Escher für manche Gebiete 1 : 25 000 vorgezogen hätte; aber man wollte eine einheitliche Karte, deren zusammenstossende Blätter man auch zusammensetzen konnte. Daher verzichtete man auch von vornherein auf die Benutzung der verschiedenen kantonalen Karten, die schon erschienen waren; denn diese zeigten verschiedene Masstäbe und verschiedene Terraindarstellung (teils Schraffen-, teils Höhenkurven, teils Farben) und brachen immer an den Kantonsgrenzen ab, so dass man sie nicht zusammensetzen konnte. Eine einheitliche Karte in 1 : 50 000 existierte also nicht; sie musste erst geschaffen werden. Nachdem Wurster & Cie. in Winterthur es abgelehnt hatten, eine solche Karte herauszugeben, richtete die Kommision am 5. Mai 1862 ein ausführliches Gesuch an den Bundesrat, dieser möchte eine einheitliche Karte der Schweiz in 1 : 50 000 herstellen lassen, die dann als Grundlage für die geologische Karte zu dienen hätte, die aber auch für die kantonalen Verwaltungen, für die Gemeinden, für militärische und landwirtschaftliche Zwecke von grösster Bedeutung wäre.[1]) Im einzelnen wurden in der Eingabe folgende Vorschläge gemacht: Die Blatteinteilung sollte sich so an die Dufourblätter anlehnen, dass ein Blatt in 1 : 100 000 in 4 Blätter in 1 : 50 000 (also gerade von gleicher Papiergrösse) zerfallen würde. Das Terrain sollte durch Höhenkurven von 30 zu 30 m und der Fels durch Schraffen dargestellt werden. Die Karte hätte, unter Weglassung der leeren Eckblätter, 84 Blätter umfasst; der Druck war von Kupfer vorgesehen und die Kosten waren für eine Auflage von 600 Exemplaren auf Fr. 200 000.— devisiert. Bei einem Verkaufspreis von 4 Franken für das Blatt wären die Kosten (ohne Zinse) durch den Verkauf von 600 Exemplaren gedeckt worden.

Aber schon am 8. Oktober 1862 kam vom Bundesrat der ablehnende Bescheid. Mit Rücksicht auf die Kosten (die Dufour auf Fr. 300 000.— berechnet hatte) und „wegen der grossen Werke von allgemein anerkanntem Nutzen für die Gesamtheit, die in den nächsten Jahren auszuführen seien", trat der Bundesrat auf das Gesuch nicht ein.

[1]) Man muss bedenken, dass damals die Karten im Masstab der Originalaufnahmen (1 : 25 000, 1 : 50 000) noch nicht publiziert waren, abgesehen von den Karten einzelner Kantone.

B. Geologische Karte in 1 : 100 000.

Nachdem so der Plan einer einheitlichen Karte der Schweiz in 1 : 50 000 zunichte geworden war, musste sich die Kommission wohl oder übel damit begnügen, die geologische Karte der Schweiz auf Grundlage der „Topographischen Karte der Schweiz in 1 : 100 000" (Dufourkarte) herauszugeben. Von vornherein wurde aber daneben angenommen, dass besonders wichtige oder komplizierte Gebiete in grösserem Masstabe, also 1 : 50 000 oder 1 : 25 000, herausgegeben werden. In diesen Masstäben sollten auch die Originalaufnahmen gemacht werden.

Das war aber damals noch nicht so einfach wie heute, weil die Aufnahmen des Topographischen Bureaus in 1 : 50 000 und 1 : 25 000 (sogen. Siegfriedatlas) noch nicht publiziert waren. Es war daher ein grosses Entgegenkommen des Bundesrates, als dieser (8. Oktober 1862) gestattete, die Originalkarten („Minutes") im „Topographischen Bureau" durch einen Angestellten desselben auf Pauspapier kopieren zu lassen. Die Kosten für eine solche Kopie stellten sich auf 36—94 Franken. Im ganzen sind gegen 50 solcher Kopien angefertigt worden.

Bei dem bescheidenen Kredit in den ersten Jahren konnte natürlich nicht daran gedacht werden, auch nur einen Geologen ständig anzustellen, wie es andere Länder schon damals in ihren geologischen Landesanstalten taten. Die Kommission war darauf angewiesen, private Vorarbeiten soweit als möglich zu benutzen und dieselben ergänzen zu lassen, wo Lücken vorhanden waren. Welche bescheidenen Entschädigungen sie dafür bezahlte, ergibt sich aus den Statuten vom 3. Juni 1860, § 7 (Seite . .). Das deckte gerade knapp die Auslagen, die der aufnehmende Geolog hatte; von einer Bezahlung für die aufgewendete Arbeit und Zeit konnte keine Rede sein. Folglich konnten auch nur Männer zu Mitarbeitern gewonnen werden, die als Lehrer an Universitäten oder Mittelschulen ihre Lebensstellung hatten und dann ihre Ferien aus Liebe zur Geologie ganz oder teilweise opferten. Es ist daher eine ungeheure Summe von wissenschaftlicher Arbeit und von körperlichen Leistungen, die seit 1859 bis heute (denn diese Einrichtung ist bis heute prinzipiell gleichgeblieben) eigentlich unentgeltlich geleistet worden ist, um den Boden unseres Vaterlandes zu erforschen.

Die Zahl der Mitarbeiter war anfangs sehr bescheiden; 1861 zum Beispiel sind es Theobald, Mösch, Kaufmann und Stutz. Von den Mitgliedern der Kommission ist anfangs nur Escher (ohne Taggelder!), später auch A. Favre dazu zu zählen. Von Anfang an wurde darauf gesehen, dass alle Hauptgebiete der Schweiz: Alpen, Voralpen, Mittelland und Jura berücksichtigt waren. So arbeiteten zum Beispiel in den Alpen in den ersten Jahren: Theobald, Gerlach, Ischer, später auch: Rolle, Spreafico, Fritsch, Fellenberg, Baltzer, Albert Heim; in den Voralpen: Escher, Kaufmann, Gillieron, Bachmann, später auch: Mösch, Renevier, Baltzer, E. Favre; im Mittelland: Kaufmann, Mösch, Gutzwiller, Schalch; im Jura: Stutz, Mösch, Jaccard, Müller.

Das erste fertige Original für ein Dufourblatt lag schon am 30. Januar 1863 der Kommission vor. Es war Blatt XV, koloriert nach den Aufnahmen von Theobald. Da entstand dann die grosse Frage, wie der Druck ausgeführt werden solle. Bei dem damaligen Stande der Drucktechnik handelte es sich ernstlich um die Frage, ob die Karten in Kupferstich gedruckt und von Hand koloriert werden sollen oder ob man die Lithographie anwenden und in diesem Falle auch die Farben durch Druck herstellen wolle. Nach verschiedenen Proben und auf Grundlage der Voranschläge der drei Firmen Wurster & Cie. in Winterthur, Mercier in Genf und Furrer in Neuenburg entschied sich die Kommission für die erstere Firma. Die Kostenvoranschläge für 300 Exemplare, inbegriffen den Druck in Schwarz, betrugen bezw. Fr. 755, 745 und 800. Die andern beiden Firmen sollten bei folgenden Blättern berücksichtigt werden. — Die Auflage wurde also, allzu bescheiden, auf 300 Exemplare angesetzt, bei späteren Blättern erhöhte man sie sukzessive auf 400—500 Exemplare; erst in neuester Zeit, nach der Revision von Blatt VIII, ging man auf 800.

Ein anderes Problem, das die Kommission in vielen Sitzungen 1862 und 1863 beschäftigte, war die einheitliche Einteilung der geologischen Formationen und die Farbenskala dazu. Es wurde ein Heftchen hergestellt, welches als Farbenskala dienend, die zu unterscheidenden Terrains und Gesteine mit den dafür gewählten Farben und Monogrammen aufführte. Soviel als möglich sollten sich die aufnehmenden Geologen an diese Normen halten. Abgesehen von lokal notwendigen Abweichungen entsprechen dieser Normalskala die auf dem Rande der einzelnen Kartenblätter figurierenden Farberklärungen. Nach Vollendung der ganzen Karte sind dieselben (1887), einheitlich gruppiert, auf dem sonst leeren Eckblatte XXI durch Albert Heim zusammengestellt worden.

Das erste Blatt wurde 1864 fertig; das letzte 1887. Der Druck wurde ausgeführt in der lithographischen Anstalt von H. Furrer in Neuenburg für die Blätter II, III, III mit Grenzgebiet, VI, VII, XI, XVI; bei Wurster, Randegger & Co. in Winterthur für die Blätter IV, V, VIII, IX, X, XII, XIII, XIV, XV, XVII, XVIII, XIX, XX, XXI, XXII, XXIII, XXIV; bei dem Nachfolger von Wurster, Randegger & Co., bei J. Schlumpf, (später Kartographia Winterthur A.-G.) für die 2. Auflagen der Blätter VII, VIII, XI und XVI. Die Reihenfolge ergibt sich aus der folgenden chronologischen Zusammenstellung.

1864.	Blatt	XV.	(Martinsbruck, Davos) G. Theobald. 267 Expl.
1865.	„	X.	(Feldkirch, Arlberg) G. Theobald. 270 Expl.
	„	XX.	(Sondrio, Bormio) G. Theobald. 400 Expl.
1867.	„	III.	(Liestal, Schaffhausen) C. Mösch, U. Stutz, Ausgabe ohne Grenzgebiet. 320 Expl.
	„	XI.	(Pontarlier, Yverdon) A. Jaccard. 370 Expl.
1869.	„	XVI.	(Lausanne, Genève) A. Jaccard. 370 Expl.
1870.	„	VI.	(Le Locle) A. Jaccard. 350 Expl.
	„	VII.	(Porrentruy, Solothurn) J. B. Greppin, Is. Bachmann. 380 Expl.
	„	XXII.	(Martigny, Aosta) H. Gerlach. 350 Expl.

1871. Blatt VIII. (Zürich, Luzern) F. J. Kaufmann, C. Mösch. 400 Expl.
1874. „ II. (Basel, Belfort) A. Jaccard und A. Müller. 400 Expl.
1875. „ IX. (Schwyz, Sargans) A. Escher, A. Gutzwiller, C. Mösch, F. J. Kaufmann. 410 Expl.
„ XV. (Martinsbruck, Davos) II. unveränderte Auflage. G. Theobald. 200 Expl.
1876. „ XXIV. (Lugano, Como) Spreafico, Negri urd Stoppani. 406 Expl.
„ III. (Liestal, Schaffhausen) C. Mösch, A. Stutz, Insp. Vogelgesang, P. Merian. Ausgabe mit Grenzgebiet. 260 Expl.
1879. „ XII. (Fribourg, Bern) V. Gilliéron, A. Jaccard, I. Bachmann. 450 Expl.
„ IV. (Frauenfeld, St. Gallen) A. Gutzwiller und F. Schalch. 450 Expl.
1882. „ XIX. (Bellinzona, Chiavenna) Fr. Rolle. 450 Expl.
„ XXIII. (Arona, Domo d' Ossola) H. Gerlach. 450 Expl.
1883. „ XVII. (Vevey, Sion) G. Ischer, E. Favre, E. Renevier, H. Gerlach. 450 Expl.
1885. „ XVIII. (Brig, Airolo) E. v. Fellenberg, I. Bachmann, C. Mösch, H. Gerlach. 450 Expl.
„ XIV. (Altorf, Chur) Alb. Heim, E. Escher, G. Theobald, K. v. Fritsch. 450 Expl.
1887. „ XXI. (Interlaken, Stanz) F. J. Kaufmann, A. Baltzer, C. Mösch. 450 Expl.
„ XIII. (SW-Ecke) Alb. Heim: Vergleichende Legende. 450 Expl.

Ohne geologisches Kolorit:

„ V. (NE-Ecke) Doppelortsnamen. 450 Expl.
„ XXV. (SE-Ecke) Höhenangaben. 450 Expl.
„ I. (NW-Ecke) Titel. 500 Expl.

An der Versammlung der Schweiz. Naturf. Gesellschaft 1888 in Solothurn war ein Exemplar der sämtlichen 25 Blätter, zusammen als Wandkarte montiert, ausgestellt und Fr. Lang schilderte in seiner Eröffnungsrede den Werdegang der Karte in kurzen Zügen. Im folgenden Jahre wanderte dieses Exemplar an die Weltausstellung in Paris und erhielt den Grand Prix.

Diese höchste Auszeichnung war sicher eine wohlverdiente; denn die schweizerische Karte darf sich neben all denjenigen anderer Nationen sehen lassen, wenn sie schon mit ungleich bescheideneren Mitteln geschaffen wurde. So ist namentlich die technische Ausführung nach dem damaligen Stande der lithographischen Kunst eine vorzügliche. Dann unterscheidet sie sich prinzipiell dadurch von den meisten Karten andrer Länder (z. B. Deutschlands) im gleichen Masstab, dass sie die geologischen Farben auf der Terraindarstellung enthält. Während man also bei andern Karten daneben immer noch die topographische Karte haben muss, um den geologischen Bau zu verstehen, bietet die schweizerische Karte Terrain und Geologie in einem Bilde vereinigt.

C. Revidierte Ausgabe der Karte in 1 : 100 000.

Kaum lag die geologische Karte der Schweiz in 1 : 100 000 vor, so waren auch schon einzelne Blätter vergriffen, weil man im Anfang auch gar zu kleine Auflagen gedruckt hatte. Es entstand daher die neue Aufgabe, diese Blätter wieder herauszugeben. Nun fragte es sich, ob man sie unverändert neu drucken wolle, oder ob der Neudruck auf Grundlage einer gründlichen Revision oder gar neuer Aufnahmen erfolgen solle.

Die Kommission entschied sich sofort für das zweite Verfahren; denn inzwischen hatte die geologische Wissenschaft solche Fortschritte gemacht, dass die erste Auflage nach dem neuen Stande der Kenntnisse veraltet erscheinen musste. Dazu kam, dass auch die lithographische Technik jetzt ungleich feinere, kompliziertere Darstellung erlaubte, als es früher der Fall gewesen war. So sind denn bis jetzt die nachfolgenden Blätter der Karte auf Grund neuer Detailaufnahmen in 1 : 25 000 oder 1 : 50 000 in zweiter Auflage erschienen:

1893. Blatt XI. (Pontarlier, Yverdon.) Zweite Auflage. A. Jaccard. Mit „Erläuterungen".
1899. „ XVI. (Lausanne, Genève.) Zweite Auflage. H. Schardt und E. Renevier. Mit „Erläuterungen".
1904. „ VII. (Porrentruy, Solothurn.) Zweite Auflage. L. Rollier und E. Kissling.
1913. „ VIII. (Zürich, Luzern.) Zweite Auflage. Nach den Aufnahmen von Fr. Mühlberg, A. Erni, R. Frei, E. Baumberger u. a. Mit „Erläuterungen".

Dabei wurde auch die Neuerung eingeführt, dass zu einem Kartenblatt ein kleines Heft in 8°: „Erläuterungen" gegeben wurde, das ohne Behandlung weiterer geologischer Details oder Fragen eine ausführliche Erklärung der Kartenlegende darstellt.

Die Arbeit der Revision vergriffener Karten in 1 : 100 000 wird fortgesetzt; denn noch sind folgende Blätter, zum Teil schon seit Jahren, vergriffen: Blatt IX, X, XII, XIII, XIV, XV, XVII, XX, XXII. Es bleibt also da noch vieles zu tun. Die Schnelligkeit, mit der weiter gefahren werden kann, hängt in erster Linie von den Mitteln ab, welche uns von den Bundesbehörden zur Verfügung gestellt werden. Es ist daher dringend zu wünschen, dass der infolge des Krieges reduzierte Kredit (siehe Rechnungswesen) bald wieder auf die frühere Höhe gebracht werden könne.

D. Die „Beiträge zur geologischen Karte der Schweiz".

Erste Serie, Lieferung 1—30.

Sobald die Geologische Kommission den Plan gefasst hatte, eine einheitliche geologische Karte der Schweiz zu schaffen, wurde auch beschlossen, zur Erklärung und Ergänzung der in den Karten dargestellten Beobachtungen eine Reihe von Textbänden herauszugeben. In der Sitzung vom 8. Februar 1862 wurden die Grundlinien für diese Publikation festgelegt; sie sind mit geringen Abweichungen bis heute in Kraft geblieben. Es sind folgende:

Die Publikation soll eine Reihe von Bänden in -4°, im Format der „Denkschriften der Schweiz. Naturf. Gesellschaft" umfassen, deren Text mit Profilen begleitet ist. Als Titel wurde bescheiden gewählt: „Beiträge zur geologischen Karte der Schweiz", herausgegeben von der Geologischen Kommission der Schweiz. Naturf. Gesellschaft, auf Kosten der Eidgenossenschaft — oder französisch: *Matériaux pour la carte géolo-*

gique de la Suisse, publiés par la Commission Géologique de la Société Helvétique des Sciences Naturelles, aux frais de la Confédération. — Die Auflage wurde auf 250 Exemplare festgesetzt; sie ist später allmählich erhöht worden und beträgt jetzt fast ausnahmslos 450 Exemplare. — Es wurden anfänglich zwei Serien von Textbänden vorgesehen, eine für den Jura, eine für die Alpen. Diese Trennung ist nicht zur Ausführung gelangt; vielmehr wurden die Lieferungen nachher so eingereiht, wie sie durch den Druck, zum Teil auch durch den Beginn der Arbeit aufeinander folgten.

Wie bei den Karten, so wollte man auch bei diesen Textbänden den eidgenössischen Behörden möglichst bald zeigen, dass die Subvention eine zweckentsprechende und erfolgreiche Verwendung gefunden habe. Daher wurde A. Müller in Basel ersucht, zu seiner Karte des Basler Jura einen erweiterten Text zu schreiben, der dann 1863 als erste Lieferung der „Beiträge" erschien. Der Präsident, Studer, wurde beauftragt, dazu einen „Vorbericht" zu verfassen, in dem die Entstehung und der Plan des ganzen Unternehmens entwickelt wurde. Diese Einleitung wurde von Desor übersetzt und sollte in beiden Sprachen der ersten Lieferung beigegeben werden.[1])

Schon damals wurde auch in Aussicht genommen, einen Text von Theobald als zweite Lieferung zu publizieren; sie folgte wirklich schon 1863.

Inzwischen war das Gesuch, es möchte die Eidgenossenschaft eine einheitliche Karte in 1 : 50 000 herausgeben, vom Bundesrat abgelehnt worden; die Kommission war also auf die Dufourkarte in 1 : 100 000 angewiesen. Da wurde mit Bezug auf die Textbände der Plan gefasst, es sollte im allgemeinen zu jedem Dufourblatt auch ein Band der „Beiträge" kommen, der das auf der Karte dargestellte Gebiet geognostisch erläutern sollte. Daher sind folgende Lieferungen der „Beiträge" in der Tat monographische Bearbeitungen des Gebietes eines Dufourblattes:

Liefg.					Liefg.			
Liefg.	2	für Blatt	X, XV		Liefg.	17	für Blatt	XXIV
„	3	„ „	XX		„	18	„ „	XII
„	4	„ „	III		„	19	„ „	IV, V
„	6	„ „	VI, XI		„	21	„ „	XVIII
„	7	„ „	XI, XVI		„	22	„ „	XVII
„	8	„ „	II, VII		„	23	„ „	XIX
„	9	„ „	XVII, XXII		„	24	„ „	XIII
„	10	„ „	VIII		„	25	„ „	XIV
„	11	„ „	VIII		„	26	„ „	XXIII
„	14	„ „	IX					

Man blieb aber nicht streng bei diesem Plane, welcher 21 Lieferungen der „Beiträge" gegeben hätte (da die 4 Eckblätter von vornherein nicht in Betracht kamen).

[1]) Die erste Auflage von Lieferung I ist selten geworden (II. Aufl. 1884). In den Exemplaren, die ich gesehen habe, findet sich wohl der deutsche und französische Titel, aber nur der deutsche „Vorbericht". Vielleicht liegt aber da eine Sünde des Buchbinders vor.

Dazu war der Inhalt der Kartenblätter doch zu ungleich gross und zu ungleich kompliziert. So erhielten die Blätter II, VI und X, wo nur wenig schweizerisches Gebiet lag, keinen eigenen Band, sondern wurden mit VII, bezw. XI und XV zusammenbehandelt. Dafür wuchsen andere Lieferungen (14, 24) zu 3—4 Bänden heran.

Lieferung 26 ist eigentlich heute noch nicht vollendet. Sie sollte den Text bilden von Blatt XXIII; aber Gerlach, der die Aufnahmen gemacht hatte, fand den tragischen Tod im Felde (Seite 98). Seither sind dann Spezialaufnahmen in diesem Gebiet gemacht worden (C. Schmidt, H. Preiswerk) und eine Spezialkarte (Simplon) ist erschienen. Aber von dem Textband liegt erst ein kleines Stück vor (Lieferung 26, I. Teil von H. Preiswerk). Eine Fortsetzung ist in Aussicht (Gebirge des nördlichen Tessins).

Ausser diesen geognostischen Monographien eines Dufourblattes zählt die erste Serie der „Beiträge“ aber auch einige spezielle Monographien kleinerer Gebiete, begleitet von Spezialkarten. Dahin zählen u. a.:

Liefg. 1: Müller, Basler Jura.
„ 5: Kaufmann, Pilatus.
„ 12: Gilliéron, Alpes de Fribourg.
„ 13: Escher: Säntis.
„ 15: Fritsch, Gotthardgebiet.
„ 16: Renevier, Hautes Alpes Vaudoises.
„ 30: Baltzer, Der diluviale Aaregletscher bei Bern.

Eine Monographie nicht einer Gegend, sondern einer geologischen Frage ist: Lieferung 20: A. Baltzer, Der Kontakt zwischen Gneiss und Kalk in den Berneralpen.

Etwas Ähnliches hätte Lieferung 28 werden sollen, nämlich eine detaillierte Behandlung des Glazialphänomens der Schweiz, wie es von A. Favre auf der 4-blättrigen Karte in 1 : 250 000 dargestellt worden war. Allein A. Favre starb 1890; seine Arbeit übernahm 1895 L. Du Pasquier; aber er konnte sie nicht vollenden, da ihn der Tod schon 1897 hinwegraffte. Es war keine Aussicht vorhanden, dass in absehbarer Zeit ein Text zur Favre'schen Gletscherkarte entstehen werde; daher wurde ein kurzer, früher anderswo schon publizierter Text von A. Favre hier nochmals gedruckt, begleitet von kurzen biographischen Notizen über A. Favre und L. Du Pasquier.

Endlich sollte eine geologische Bibliographie der Schweiz den Schlusstein in dem monumentalen Werke der „Beiträge“ bilden. Sie ist, allerdings erst 1909, durch L. Rollier, in vieljähriger Arbeit als Lieferung 29 fertig geworden.

Zweite Serie, Lieferung 1—45.

Während die erste Serie der „Beiträge“ nach Plan in der Hauptsache geognostische Beschreibungen eines Blattes der Karte in 1 : 100 000 enthält (19 Lieferungen), dazu sieben Lieferungen, welche eine monographische Darstellung eines kleineren Gebietes bieten und nur zwei Lieferungen (20 und 28), die ein geologisches Thema ohne Rücksicht auf die Grenzen eines Kartenblattes behandeln, so war es nach der Vollendung der ganzen Karte das natürliche, dass sich die Untersuchungen mehr und mehr einzelnen Spezialgebieten oder einzelnen geologischen Fragen zuwandten. Oft sind diese beiden Dinge auch eng miteinander verknüpft, indem die Spezialaufnahme einer Gegend den Schlüssel zu irgendeiner Frage geliefert hat.

In der Hauptsache gruppieren sich die Lieferungen der zweiten Serie etwa folgendermassen:

a) Spezialaufnahmen bestimmter Gebiete,

deren Text daher dann auch von einer Spezialkarte begleitet ist:

Liefg. 3. QUEREAU. Die Klippenregion von Iberg im Sihltal. 1893.
„ 5. BURCKHARDT. Kreideketten zwischen Klöntal, Sihl und Linth. 1896.
„ 6. L. WEHRLI. Das Dioritgebiet von Schlans bis Disentis im Bündner Oberland. 1896.
„ 7. CHR. PIPEROFF. Geologie des Calanda. 1887.
„ 10. TH. LORENZ. Monographie des Fläscherberges. 1900.
„ 11. A. BUXTORF. Umgebung von Gelterkinden im Basler Tafel-Jura. 1901.
„ 13. TH. RITTENER. La Côte-aux-Fées et les environs de Ste-Croix et de Baulmes. 1902.
„ 15. J. HUG. Geologie der nördlichen Teile des Kantons Zürich. 1907.
„ 16. ALB. HEIM. Das Säntisgebirge. Mitarbeiter: Marie Jerosch, Ernst Blumer und Arn. Heim. 1905.
„ 17. J. J. PANNEKOEK. Seelisberg und Umgebung. 1905.
„ 18. P. ARBENZ. Frohnalpstockgebiet (Kt. Schwyz). 1905.
„ 19. L. W. COLLET. La chaîne Tour Saillère — Pic de Tanneverge. 1904.
„ 20. ARN. HEIM. Monographie der Churfirsten-Mattstock-Gruppe. I. Teil, 1911; II. Teil, 1913.
„ 21. A. BUXTORF, L. ROLLIER und E. KÜNZLI. Geologie des Weissensteintunnels. 1907.
„ 23. U. GRUBENMANN und CHR. TARNUZZER. Geologie des Unterengadin. 1910.
„ 29. P. BECK. Geologie der Gebirge nördlich von Interlaken. 1910.
„ 30. M. LUGEON. Monographie des Hautes Alpes calcaires. 1915.
„ 32. W. STAUB. Geologische Beschreibung der Gebirge zwischen Schächental und Maderanertal im Kanton Uri. 1911.
„ 33. M. BLUMENTHAL. Geologie der Ringel-Segnesgruppe. 1911.
„ 34. A. JEANNET. Monographie géologique des Tours d'Aï. (Ire partie). 1912.
„ 38. M. LUGEON. Les sources thermales de Loèche-les-Bains. 1912.
„ 39. M. BLUMENTHAL. Der Calanda. 1912.
„ 42. W. A. KELLER. Autochthone Kreide am Bifertenstock-Selbsanft. 1912.
„ 43. R. SCHIDER. Geologie der Schrattenfluh. 1913.
„ 44. A. SPITZ & G. DYHRENFURTH. Die Unterengadiner Dolomiten. 1915.

b) Abhandlungen über ein geologisches Thema,

sei es eine bestimmte Formation oder eine mehr theoretische Frage:

Liefg. 1. L. DU PASQUIER. Über die fluvioglacialen Ablagerungen der Nordschweiz. 1891.
„ 2. C. BURCKHARDT. Die Kontaktzone von Kreide und Tertiär am Nordrande der Schweizeralpen vom Bodensee bis Thunersee. 1893.
„ 4. A. AEPPLI. Erosionsterrassen und Glacialschotter in ihrer Beziehung zur Enstehung des Zürichsees. 1894.
„ 9. J. OBERHOLZER. Monographie einiger prähistorischen Bergstürze in den Glarneralpen. 1900.

Liefg. 14. FR. WEBER. Über den Kali-Syenit des Piz Giuf. 1904.
„ 22. E. SCHAAD. Die Juranagelfluh. 1908.
„ 24. 1. P. ARBENZ. Bohnerzformation in den Schweizeralpen. 2. EM. ARGAND. Racine de la nappe rhétique. 3. ARN. HEIM. Autochthone Kreide am Kistenpass. 1910.
„ 31. 1. EM. ARGAND. Les nappes des recouvrement des Alpes Pennines. 2. F. BLÖSCH. Die grosse Eiszeit in der Nordschweiz. 3. ARN. HEIM. Zur Tektonik des Flysches der östl. Schweizeralpen. 4. ALB. HEIM. Beobachtungen aus der Wurzelregion der Glarnerfalten. 1911.
„ 36. P. NIGGLI. Die Chloritoidschiefer am Nordostrande des Gotthardmassivs. 1912.
„ 37. R. FREI. Monographie des Deckenschotters. 1912.
„ 41. 1. F. ZYNDEL. Über den Gebirgsbau Mittelbündens. 2. R. FREI. Über die Verbreitung der diluvialen Gletscher in der Schweiz. 1912.
„ 45. 1. R. FREI. Geologische Untersuchungen zwischen Sempachersee und Oberem Zürichsee. 2. H. P. CORNELIUS. Über die Stratigraphie und Tektonik der sedimentären Zone von Samaden. 3. P. NIGGLI und W. STAUB. Neue Beobachtungen aus dem Grenzgebiet zwischen Gotthard- und Aarmassiv. 1914.

Die vorliegenden Lieferungen 31, 41 und 45 setzen sich also aus zwei bis drei kleinern Arbeiten zusammen, die unter sich keinen Zusammenhang haben. Es sind z. T. Resultate, die sich gewissermassen neben einer grössern Arbeit ergaben, z. T. sind es vorläufige Mitteilungen, deren Publikation die Kommission nicht zurückhalten wollte, um dem Autor das Prioritätsrecht zu wahren; hätte man den Abschluss der ganzen Untersuchung abwarten wollen, so hätte das eine Verzögerung oft um mehrere Jahre bedeutet.

c) Verschiedene Abhandlungen.

Die Bände

Liefg. 8. L. ROLLIER. IIe Supplément à la Description géologique de la partie jurassienne de la Feuille VII. 1898.

und

Liefg. 25. L. ROLLIER. IIIe supplément à la Description géologique du Jura central. 1911.

sind in ähnlichem Sinne aufzufassen, wie die Textbände der ersten Serie. Sie bieten, zusammen mit Lieferung 8, erste Serie, Ier supplément, den Kommentar zur II. Auflage von Blatt VII.

Endlich bildet

Liefg. 40. E. GOGARTEN und W. HAUSWIRTH. Geologische Bibliographie von 1900 bis 1910. 1913.

die Fortsetzung der grossen Bibliographie, die als Lieferung 29 in der ersten Serie enthalten ist. Sie soll für jedes folgende Jahrzehnt eine Fortsetzung erhalten.

E. Die geologischen Spezialkarten.

Wie früher erwähnt, hätte die Geologische Kommission am liebsten von Anfang an eine einheitliche geologische Karte der Schweiz in 1 : 50 000 herausgegeben. Da aber dafür die topographische Grundlage nicht erhältlich war, so musste sie sich mit der Karte in 1 : 100 000 begnügen. Getreu dem Beschlusse vom 24. September 1862 wurden nun aber nach und nach eine grosse Zahl von interessanten oder komplizierten Gebieten, für die der Masstab 1 : 100 000 nicht ausreichte, im grösseren Masstab 1 : 50 000 oder 1 : 25 000 herausgegeben, je nachdem durch die Aufnahmen des Topographischen Bureaus die Grundlage dazu vorhanden war. — In einigen wenigen Fällen, wo das vorhandene Material nicht genügt hätte, um die geologischen Ergebnisse zur Darstellung zu bringen, wurde eine eigene topographische Grundlage geschaffen.

So hat J. Oberholzer für seine Karte der Bergstürze bei Glarus, Schwanden und Näfels (Nr. 21) die Karte in 1 : 50 000 vergrössert, durch eine Menge von Details korrigiert und ergänzt und in 1 : 20 000 herausgegeben.

Für die Karte der Fli-Falte in 1 : 3000 (Nr. 53) und für diejenige des Fli-Baches in 1 : 4000 hat Arnold Heim eine eigene Aufnahme mit Messtisch und Aneroid gemacht. Ebenso beruht die Karte des Bifertenstocks-Selbsanft in 1 : 15 000 auf neuer Aufnahme von W. A. Keller, der namentlich die photogrammetrische Methode anwendete.

Die Mehrzahl dieser Karten ist als Beilage zu einem Textbande erschienen; trotzdem sind die meisten darunter auch separat käuflich. Bei einigen dagegen war ein besonderer Textband überhaupt nicht vorgesehen; zu diesen wurde dann ein Heft in -8°: „Erläuterungen" beigegeben.

So entstand bis heute folgende stattliche Reihe von Spezialkarten:

Nr. 1. A. Müller. Karte des Kantons Basel, 1 : 50 000. 1863.
„ 2. C. Mösch. Karte von Brugg, 1 : 25 000. 1867.
„ 3. F. J. Kaufmann. Karte des Pilatus, 1 : 25 000. 1867.
„ 4. a, b. L. Rollier. 2 Cartes de St-Imier, 1 : 25 000. 1894.
„ 5. a, b, c, d. A. Escher von der Linth. Karte des Säntis, 1 : 25 000. 1878. Mit 2 Profiltafeln.
„ 6. a, b, c, d. K. v. Fritsch. St. Gotthard, 1 : 50 000. 1873. 3 Profiltafeln.
„ 7. E. Renevier. Carte des Hautes Alpes vaudoises au 1 : 50 000. 1890.
„ 8. A. Baltzer. Karte der Kontaktzone von Kalk und Gneiss zwischen Lauterbrunnen und Reussthal, 1 : 50 000. 1880.
„ 9. E. Favre et H. Schardt. Carte du Pays-d'Enhaut vaudois, 1 : 25 000. 1887.
„ 10. a, b. A. Baltzer, F. Jenny und E. Kissling. Karte von Bern, 1 : 25 000. 1896.
„ 13. C. Burckhardt. Die nördlichste Kreidekette der Alpen von der Sihl bis zur Thur, 1 : 50 000. 1893.
„ 14. E. C. Quereau. Klippenregion von Iberg, 1 : 25 000. 1893.
„ 15. A. Aeppli. Gebiet zwischen Zürcher- und Zugersee, 1 : 25 000. 1894.
„ 16. C. Burckhardt. Die Kreidegebirge nördlich des Klöntales, 1 : 50 000. 1896.
„ 17. L. Wehrli. Das Dioritgebiet von Disentis bis Brigels, 1 : 50 000. 1896.
„ 18. Chr. Piperoff. Karte des Calanda, 1 : 50 000. 1897.
„ 19. L. Rollier. Carte des environs d'Asuel, au 1 : 25 000. 1898.
„ 20. L. Rollier. Carte de la Hohe Winde, au 1 : 25 000. 1898.
„ 21. J. Oberholzer. Karte der Bergstürze bei Glarus, Schwanden und Näfels, 1 : 20 000. 1900.
„ 22. Th. Lorenz. Karte des Fläscherberges, 1 : 25 000. 1900.
„ 23. L. Rollier. Carte tectonique des environs de Moutier au 1 : 25 000. 1901.
„ 24. L. Rollier. Carte tectonique des environs de Bellelay au 1 : 25 000. 1901.
„ 25. Fr. Mühlberg. Karte der Lägern, 1 : 25 000. Mit „Erläuterungen". 1901.
„ 26. A. Buxtorf. Karte von Gelterkinden, 1 : 25 000. Mit 2 Profiltafeln. 1901.

Nr. 27. A. BUXTORF. Karte des Bürgenstocks, 1 : 25000. Mit Profiltafel und „Erläuterungen". 1910.
„ 29. A. BUXTORF. Karte der Rigi-Hochfluh, 1 : 25000. Mit Profiltafel und „Erläuterungen". 1915.
„ 30. TH. RITTENER. Carte de la Côte-aux-Fées et des environs de Ste-Croix et Baulmes, 1 : 25000. 1902.
„ 31. FR. MÜHLBERG. Karte von Brugg und Umgebung, 1 : 25000. Mit „Erläuterungen". 1904.
„ 32. L. ROLLIER. Carte géologique du Weissenstein, 1 : 25000. 1904.
„ 33. L. ROLLIER. Carte géologique des environs de Delémont, 1 : 25000. 1904.
„ 34. J. HUG. Karte von Andelfingen und Umgebung, 1 : 25000. 1905.
„ 35. J. HUG. Karte der Umgebung des Rheinfalles, 1 : 25000. 1905.
„ 36. J. HUG. Karte der Umgebung von Kaiserstuhl, 1 : 25000. 1905.
„ 37. ARN. HEIM. Karte vom Westende des Säntisgebirges, 1 : 25000. 1905.
„ 38. ALB. HEIM. Karte des Säntis, 1 : 25000. 1905.
„ 39. ERNST BLUMER. Karte vom Ostende des Säntisgebirges, 1 : 25000. 1905.
„ 40. J. J. PANNEKOEK. Karte von Seelisberg, 1 : 25000. 1905.
„ 41. P. ARBENZ. Karte des Frohnalpstockes bei Brunnen, 1 : 25000. 1905.
„ 42. L. W. COLLET. Carte géologique de la chaîne Tour Saillère — Pic de Tanneverge, 1 : 50000. 1904.
„ 43. a, b. E. GERBER, E. HELGERS und A. TRÖSCH. Gebirge zwischen Lauterbrunnental, Kandertal und Thunersee, 1 : 50000. Mit Profiltafel und „Erläuterungen". 1907.
„ 44. ARN. HEIM und J. OBERHOLZER. Karte der Gebirge am Walensee, 1 : 25000. 1907.
„ 45. FR. MÜHLBERG. Karte von Aarau und Umgebung, 1 : 25000. Mit „Erläuterungen". 1908.
„ 46. A. BUXTORF. Karte des Weissenstein-Tunnelgebietes, 1 : 25000. 1907.
„ 47. L. ROLLIER. Carte géologique de la région du tunnel du Weissenstein. 1907.
„ 48. a, b, c, d. C. SCHMIDT und H. PREISWERK. Karte der Simplongruppe, 1 : 50000. Dazu 3 Tafeln (II—IV) und „Erläuterungen" mit 5 Tafeln (V—IX). 1908.
„ 49. E. GREPPIN. Karte des Blauen, 1 : 25000. Mit „Erläuterungen". 1908.
„ 50. J. OBERHOLZER und ALB. HEIM. Karte der Glarneralpen, 1 : 50000. 1910.
„ 52. EM. ARGAND. Carte géologique du massif de la Dent Blanche, 1 : 50000. 1908.
„ 53. ARN. HEIM. Karte der Fli-Falte, 1 : 3000. 1910.
„ 54. FR. MÜHLBERG. Karte des Hallwilersees, 1 : 25000. Mit Profiltafel und „Erläuterungen". 1910.
„ 55. P. ARBENZ. Karte von Engelberg und Umgebung, 1 : 50000. 1911.
„ 55bis P. ARBENZ. Geologisches Stereogramm des Gebirges zwischen Engelberg und Meiringen.
„ 56. P. BECK. Karte der Gebirge nördlich von Interlaken, 1 : 50000. Mit Profiltafel. 1910.
„ 57. P. BECK. Karte des Burst, 1 : 20000. 1910.
„ 58. W. GRUBENMANN und CHR. TARNUZZER. Karte des Unterengadins, 1 : 50000. 1910.
„ 59. L. ROLLIER et JULES FAVRE. Carte des environs du Locle et de la Chaux-de-Fonds, 1 : 25000. 1911.
„ 60. MAUR. LUGEON. Carte des Hautes Alpes calcaires entre la Kander et la Lizerne, 1 : 50000. 1910.
„ 61. ARN. HEIM. Karte des Fli-Baches, 1 : 4000. 1911.
„ 62. W. STAUB. Karte der Windgällengruppe, 1 : 50000. 1911.
„ 65. P. NIGGLI. Zofingen, 1 : 25000. Mit „Erläuterungen". 1912.
„ 66. BUXTORF, BAUMBERGER u. a. Karte des Vierwaldstättersees, 1 : 50000. Mit Profiltafel und „Erläuterungen". 1915.
„ 67. FR. MÜHLBERG & P. NIGGLI. Roggen-Born-Boowald, 1 : 25000. Mit „Erläuterungen". 1913.
„ 68. A. JEANNET. Tours d'Aï, 1 : 25000. 1912.
„ 69. F. RABOWSKI. Simmental et Diemtigtal, 1 : 50000. Avec profils. 1913.
„ 70. R. FREI. Lorze, 1 : 25000. 1912.
„ 72. A. SPITZ & G. DYHRENFURTH. Unterengadiner Dolomiten, 1 : 50000. Mit Profiltafel. 1915.
„ 73. FR. MÜHLBERG. Hauensteingebiet, 1 : 25000. Mit „Erläuterungen". 1914.
„ 75. W. A. KELLER. Bifertenstock-Selbsanft, 1 : 15000. 1912.
„ 76. R. SCHIDER. Schrattenfluh, 1 : 25000. Mit Profiltafel. 1913.

Eine besondere Erwähnung gebührt noch den Karten aus dem Grenzgebiet des Grossherzogtums Baden und der Schweiz. Da sollen nämlich die Blätter 144: Stühlingen, 145: Wiechs, 146: Hilzingen, 157: Griessern und 158: Jestetten gemeinsam von der Grossherzoglich Badischen Geologischen Landesanstalt und der Geologischen Kommission herausgegeben werden. Das ist so gekommen: Unser Landsmann und früherer Mitarbeiter Dr. Ferd. Schalch von Schaffhausen war badischer Landesgeolog geworden; er hegte den lebhaften Wunsch, zum Schlusse seiner Tätigkeit noch das Gebiet seiner Heimat, den Kanton Schaffhausen, fertig aufzunehmen. Nun liegt das ganze Grenzgebiet der Gegend von Schaffhausen bis über den Rhein hinüber auf der badischen topographischen Karte in 1 : 25 000, deren Blätter nach und nach alle mit geologischem Kolorit publiziert werden sollen. Die Badische Geologische Landesanstalt (Direktor Herr Prof. Dr. W. Deecke) erklärte sich bereit, die Aufnahmen zu beschleunigen, wenn die Geologische Kommission einen Beitrag an die Kosten der Aufnahme und des Druckes leiste. So kam dann ein Vertrag zustande, der vom Badischen Ministerium des Innern und vom Schweizerischen Bundesrate genehmigt wurde und dessen Hauptbestimmungen sind:

1. Die geologische Detailaufnahme des Grenzgebietes zwischen Baden und der Schweiz in den badischen Grenzblättern: 144 Stühlingen, 145 Wiechs, 146 Hilzingen, 157 Griessern, 158 Jestetten wird von den badischen Landesgeologen, insbesondere von Herrn Bergrat Dr. Ferd. Schalch aus Schaffhausen vorgenommen.
2. Die Ausführung der Karten nach topographischer Grundlage, Format, Farbenskala, Randprofilen etc. geschieht nach den Regeln der Bad. Geologischen Landesanstalt.
3. Die Kosten für die Taggelder des aufnehmenden Geologen, sowie für die Herstellung der Druckplatten werden proportional den Flächen, welche auf die beiden Länder fallen, unter die Kontrahenten verteilt.
4. Reisekosten und Besoldung des aufnehmenden Geologen dagegen fallen ganz zu Lasten der Bad. Geologischen Landesanstalt.

Für die Durchführung dieses Planes hat die Geologische Kommission von 1909 bis 1914 jährlich Fr. 2500.— Extrakredit erhalten. Bis jetzt ist das Blatt Stühlingen mit „Erläuterungen" erschienen (1912). Das Blatt Wiechs, das fast nur schaffhauserisches Gebiet umfasst, ist fertig aufgenommen und befindet sich im Druck. Das Blatt Jestetten ist fast fertig aufgenommen; 1915 wird noch das Blatt Griessern an die Reihe kommen und später als letztes Hilzingen (Hegau).

F. Die geologischen Übersichtskarten.

a) Karte in 1 : 250 000.

Das Bedürfnis nach einer geologischen Übersichtskarte der Schweiz war vorerst befriedigt durch die privatim von Studer und Escher geschaffene Karte der Schweiz in 1 : 380 000, die 1853 erschienen war. Studer selbst hat zwar von Anfang an die

Karte als einen ersten Versuch, als eine Grundlage für die genaueren Aufnahmen betrachtet, welche die Geologische Kommission in 1 : 100 000 herausgeben würde. Dass aber die Übersichtskarte einem Bedürfnisse entsprach, beweist die Notwendigkeit einer 2. Auflage, die 1867 erschien und in der Is. Bachmann den damaligen Stand der Forschung berücksichtigt hatte.

Als aber die Karte in 1 : 100 000 1887 in Solothurn an der Versammlung der Schweiz. Naturf. Gesellschaft fertig vorgelegt werden konnte, entwickelte Fr. Lang in seiner Eröffnungsrede[1]) den Plan, die Resultate der grossen Karte in einer neuen, offiziellen Übersichtskarte zusammenzufassen, die den privaten Vorläufer, die Studer-Escher-Karte, ablösen sollte. Als Grundlage schlug er die „Generalkarte der Schweiz", 4 Blätter in 1 : 250 000 vor.

b) Karte in 1 : 500 000.

Lang's Plan wurde bis jetzt nicht ausgeführt. An die Stelle einer solchen vierblättrigen Karte trat vielmehr 1894 eine geologische Übersichtskarte der Schweiz in einem Blatt in *1 : 500 000,* auf der topographischen Grundlage der Leuzinger'schen Karte. Sobald nämlich bekannt war, dass der VI. Internationale Geologenkongress 1894 in der Schweiz stattfinden werde, so beschloss die Geologische Kommission, auf diesen Zeitpunkt eine Übersichtskarte herauszugeben. Die Zeit wäre zu kurz gewesen, die vierblättrige Karte rechtzeitig zu vollenden; auch waren manche Blätter in 1 : 100 000 derart veraltet, dass sie für eine Reduktion in 1 : 250 000 nicht genug richtige Details geboten hätten. Dagegen genügten sie, ohne neue Revisionsaufnahmen, doch für die Reduktion auf 1 : 500 000. So entstand unter der Leitung von Alb. Heim und C. Schmidt die neue Karte, in der ausser den Blättern in 1 : 100 000 eine Menge neuerer Aufnahmen von Renevier, Schardt, Rollier, Lugeon, Mühlberg, Penck u. a. mitverarbeitet wurden. Sie erschien rechtzeitig auf den Kongress hin und fand allgemeine Anerkennung und Bewunderung nicht bloss wegen des Inhaltes, sondern auch wegen der technischen Ausführung durch die Firma J. Schlumpf (vormals Wurster, Randegger & Co.). Die Auflage betrug 1500 Exemplare; sie war nach 15 Jahren vergriffen.

Sobald das bevorstand, wurde die 2. Auflage in Angriff genommen. Unter der Leitung von Alb. Heim wurden alle seither erschienenen neuen Materialien zusammengetragen und unter der Mitarbeit von A. Erni, G. Niethammer, E. Argand, P. Arbenz entstand eine fast völlig neue Karte, die die 1. Auflage in der Feinheit der Details noch übertrifft. Es ist hier entschieden das Maximum dessen geleistet, was man in diesem Masstab noch darstellen kann. Auch der Farbendruck ist von einer Klarheit und Schönheit, die die 1. Auflage weit in den Schatten stellt. Das gilt namentlich von den Exemplaren, die zwar mit Terrain (in braunen Kurven und mit einem grauen Schattenton in SE-Beleuchtung), aber ohne Schrift gedruckt wurden. Sie wirken durch die Harmonie der Farben geradezu wie ein Gemälde. Die ausführende

[1]) Verhandlungen 1888, S. 1 ff.

Firma hat sich durch den Druck ein unvergängliches Denkmal gesetzt. Nicht zu unterschätzen ist dabei allerdings auch der Anteil, den Alb. Heim durch die richtige Wahl und Kombination der Farben und durch fortlaufende Kontrolle des Druckes am Gelingen hat.

Die 2. Auflage erschien 1911 in einer Auflage von 1500 Exemplaren, davon 100 ohne Schrift.

c) Übersichtskarte der Westalpen in 1:500000.

Einen andern Typus geologischer Karten repräsentiert die Karte von E. Argand: Les nappes de recouvrement des Alpes occidentales, 1 : 500 000, 1912. Es ist in erster Linie eine tektonische Karte, die den Deckenbau der Westalpen zur Darstellung bringt und also zusammen mit drei Profiltafeln eine theoretische Auffassung zur Darstellung bringt.

d) Übersichtskarten einzelner Formationen.

Dahin gehört:

Alph. Favre, Carte du phénomène erratique et des anciens glaciers du versant nord des Alpes suisses et de la chaîne du Mont Blanc, 1884. — Vier Blätter in 1 : 250 000. Sie stellt die Verbreitungsgebiete der einzelnen diluvialen Gletscher und einen grossen Teil der Endmoränenwälle, sowie die höchste Lage erratischer Blöcke dar. Ein ausführlicher Text dazu konnte nicht erscheinen, weil der Tod den Autor der Karte zu früh ereilte und weil auch L. Du Pasquier, der diesen Text später schaffen wollte, plötzlich starb, nachdem er die Arbeit kaum begonnen hatte. (Vergleiche die beiden Biographien und Lieferung 28.)

Ferner werden einzelne Formationen grösserer Gebiete behandelt in folgenden Karten:

Du Pasquier, Karte der fluvioglazialen Ablagerungen in der Nordschweiz, 1 : 100 000, 1891.

Du Pasquier, der Niederterrassenschotter ausserhalb der innern Moränen (der nordwestlichen Schweiz), 1 : 250 000, 1891.

J. Hug, Übersicht der Abflussverhältnisse im Eiszeitalter (im Kanton Zürich), 1 : 250 000, 1905.

E. Schaad, Übersichtskarte der Juranagelfluh (von Geisslingen in Württemberg bis Basel), 1 : 250 000, 1908.

R. Frei, Übersichtskarte der Verbreitung des Deckenschotters in der Schweiz (vom Bodensee bis Basel), 1 : 250 000, 1912.

R. Frei, Die diluvialen Gletscher der Schweizeralpen, 1 : 1 000 000, 1912.

Trotz des kleinen Masstabes bildet die letzte Karte eine Revision der grossen Favre'schen Karte, was die Abgrenzung der diluvialen Gletscher betrifft. Sie geht z. T. noch über diese hinaus, indem sie auch diejenigen Gebiete besonders unterscheidet, die bei den Schwankungen bald vom einen, bald vom andern Gletscher bestrichen wurden.

G. Eine topographische Karte der ganzen Schweiz in 1 : 25 000.

Bei den neueren geologischen Detailaufnahmen im Alpengebiet zeigte sich oft, dass die topographische Unterlage in 1 : 50 000 nicht genügte, um all die vielen Details zur Darstellung zu bringen, die in komplizierten Gebieten beim heutigen Stande der Wissenschaft angegeben werden sollten. Infolgedessen machte der Präsident der Geologischen Kommission, Alb. Heim, in der Sitzung vom 18. Februar 1911 den Vorschlag, die Kommission möchte mit Unterstützung der Schweiz. Naturf. Gesellschaft, des Schweizerischen Alpenklubs und anderer Gesellschaften, sowie kantonaler Behörden die Herausgabe einer Karte des schweizerischen Alpengebietes in 1 : 25 000 durch die Schweizerische Landestopographie anregen. Die Kommission war damit einverstanden, das Zentralkomitee unterstützte den Vorschlag, und im Oktober 1913 wurde nachstehende Petition an den Bundesrat abgesandt:

An den h. schweizerischen Bundesrat in Bern.

Hochgeachteter Herr Bundespräsident!

Hochgeachtete Herren Bundesräte!

Die Unterzeichneten erlauben sich, Ihnen hiermit das Gesuch vorzulegen, es möchte die Schweizerische Landestopographie beauftragt werden, die Aufnahmen für den **Topographischen Atlas der Schweiz** („Siegfriedatlas") in dem Sinne auszudehnen, dass allmählich das ganze schweizerische Gebirge im Masstabe 1 : 25 000 aufgenommen und herausgegeben werde.

Wir führen zur Begründung dieses Gesuches folgendes an:

1. Für den Jura und das Mittelland der Schweiz haben wir den Masstab 1 : 25 000. Hier hat er sich ausgezeichnet bewährt. Bei den viel einfacheren Terrainverhältnissen reicht er in der Regel aus, ja er würde in diesen Gebieten noch mehr Genauigkeit und reicheres Detail zulassen, als es gewöhnlich in den Kartenblättern vorhanden ist, ohne dass die Karte überladen würde; ihr Masstab ist kartenzeichnerisch noch nicht voll ausgenützt. Besondere Bedürfnisse sind in diesen Gebieten auf Pläne in grösseren Masstäben zu verweisen, die topographische Karte kann beim Masstab 1 : 25 000 bleiben. Allein gerade im Gebirge, wo die Terrainform sich enorm kompliziert, also ein grösserer Masstab erwünscht wäre, um das Terrain richtig darzustellen und die Karte allseitig benutzbar zu machen, da bricht dieser grössere Masstab von 1 : 25 000 ab, und es folgt der kleinere. Oft sind allerlei Arbeiten in den Grenzgebieten der Masstäbe recht gehindert, und oft empfinden wir es sehr unangenehm, dass gerade da der kleinere Masstab beginnt, wo eher der grössere angewendet sein sollte. Wir sind der Überzeugung, dass ein einheitlicher Masstab 1 : 25 000 durch das ganze Schweizerland für seine topographischen Aufnahmen rationeller wäre, da die Zeiten vorüber sind, wo man sich mit einer Darstellung des Gebirges im kleineren Masstabe begnügen konnte.

2. Für eine ganze Anzahl von kulturellen, wissenschaftlichen und technischen Zwecken genügt der Masstab 1 : 50 000 längst nicht mehr. Man empfindet dessen Unzulänglichkeit bei Herstellung von Übersichtsprojekten für Strassen, Bahnen, Wasserwerksanlagen, Rutschungsentwässerungen, von Wildbach-

und Flusskorrektionen, Lawinenverbauungen, Quellenfassungen etc. Die Unzulänglichkeit des Masstabes 1:50000 im Gebirge zeigt sich bei der Frage nach Gangbarkeit oder Ungangbarkeit der Gehänge, bei Darstellung von Wegen, bei der Touristik. In besonderem Masse ist er im Gebirge ganz unzureichend für wissenschaftliche Zwecke und für die auf die Wissenschaft abstellenden technischen Arbeiten. Je tiefer die Gebirgsforschung eindringt, desto merkwürdigere Komplikationen im geologischen Bau des Gebirges lassen sich erkennen. Die Forschung ist oft völlig auf die Möglichkeit der Darstellung der Beobachtungen in der Karte angewiesen und muss vor ungenügender Karte mit Bedauern innehalten. Worte, Beschreibungen ersetzen die Karte nicht. Die geologische Landesaufnahme z. B. hätte stets für das Gebirge grösseren Kartenmasstab nötig als für die Ebene. Die Geologen verlangen also nach Gebirgskarten in grösseren Masstäben; denn nur vollauf detaillierte geologische Karten dienen den Bedürfnissen der Technik. Nur an Hand von solchen kann man Rohmaterial suchen und ausbeuten, Tunnel- und Stollenbau, Bahn- und Strassenbau etc. richtig beurteilen. Ebensowenig genügt der Masstab 1:50000 zur Eintragung von forstlichen, alpwirtschaftlichen, pflanzengeographischen Verhältnissen im Gebirge. Er ist, an praktischen Bedürfnissen gemessen, stets zu klein und erlaubt zu wenig Detail. Die kulturellen Bedürfnisse und Anforderungen an topographische Karten sind gestiegen und verlangen einen Schritt voran auch in der kartographischen Darstellung des Gebirgslandes.

3. Unsere Nachbarländer, Österreich und Italien haben gerade im Grenzgebirge gegen die Schweiz vielfach Karten im Masstab 1:25000, die an unsere Karten in 1:50000 anstossen. Der Deutsche und Österreichische Alpenverein hat durch seine vortrefflichen 1:25000-Hochgebirgskarten die älteren Aufnahmen unseres Siegfriedatlasses in manchem übertroffen. Die Schweiz, die früher für die Gebirgskartographie bahnbrechend und allen andern voran war, darf nicht allmählich in Rückstand gelangen.

4. Es gibt heute neue graphische Methoden, welche eine viel richtigere Kurvenzeichnung ermöglichen; die Photogrammetrie und weitere verbesserte Hülfsmittel sind entwickelt worden, welche alle die Herstellung guter 1:25000-Gebirgskarten leichter gestatten, als dies früher der Fall gewesen wäre. Unser Wunsch ist nicht so übermässig gross, wie er noch vor 50 Jahren erschienen wäre. Zudem wird es gewiss gelingen, durch eine richtige Verbindung mit der vom Zivilgesetz geforderten Grundbuchvermessung die Lösung der grossen Aufgabe wesentlich zu erleichtern.

5. Auch aus der Schweiz besitzen wir bereits eine ganze Anzahl Gebirgskartenblätter in 1:25000. Wir erinnern an solche der Kantone Waadt, St. Gallen, Appenzell, einen Teil des Vierwaldstätter See-Gebietes, an die herrliche 1:25000-Karte des Simplon, an die prachtvollen Schiesskarten vom Gotthard und von St. Maurice in 1:10000 und 1:20000, die freilich kulturellen und allgemein menschlichen und wissenschaftlichen Zwecken verborgen gehalten werden. Die Existenz dieser letztern Karten beweist uns aber auch, dass nicht nur kulturelle Bestrebungen aller Art, sondern dass auch die militärischen Aufgaben grössere Masstäbe verlangen. Man ist also bei uns in den 1:25000-Gebirgskarten über das Versuchsstadium hinausgekommen; man hat schon begonnen, solche Wünsche zu berücksichtigen. Um so weniger gross und schwierig sollte der Schritt zu dem Beschlusse sein, das schon begonnene Werk allmählich einheitlich durchzuführen.

Selbstverständlich denken wir nicht daran, dass unser Vorschlag von einem Jahre auf das folgende in Ausführung gesetzt werden könne. Eine grosse kulturelle Aufgabe muss erst in der Idee Wurzel fassen, um dann beim Eintreten günstiger Bedingungen zur Frucht auszureifen. Wir erinnern uns daran, dass die Anregung zur topographischen Karte der Schweiz in 1:100000 im Jahre 1828 von dem Geologen B. Studer ausgegangen ist, dass acht Jahre später die Arbeit in Angriff genommen und wiederum neun Jahre später die ersten Blätter unter finanzieller Unterstützung durch die Schweiz. Naturf. Gesellschaft erschienen sind. Den Mangel einer einheitlichen Alpenkarte in 1:25000 empfinden wir schon jetzt bei hundertfältigen Gelegenheiten und Aufgaben. Es wäre also ein Unrecht, denselben länger zu verschweigen. Dagegen bleibt es Sache der Behörden, die Ausführung vorzubereiten und sie im günstigen Moment ins Werk zu setzen.

Wir alle sind der Überzeugung, dass es in hohem Masse im vielseitigen, allgemeinen Interesse unseres Landes und seines guten Rufes liegt, wenn nun auch in der kartographischen Darstellung desselben wieder ein kräftiger Schritt vorwärts getan wird.

Wir bitten um die einheitliche Karte in 1 : 25 000 auch für das Schweizer Alpenland.

In ausgezeichneter Hochachtung

Zürich, den 30. September 1913.

Namens der sämtlichen nachfolgend verzeichneten Amtsstellen und Gesellschaften und im Auftrage der Geologischen Kommission der Schweizerischen Naturforschenden Gesellschaft,

Der Präsident der Schweizerischen Geologischen Kommission:

Dr. **Alb. Heim,** a. Professor.

Der Sekretär:

Dr. **Aug. Aeppli.**

Beilage.

Die Schweizerische Geologische Kommission hat den Entwurf zur vorstehenden Eingabe an 133 verschiedene Behörden und Gesellschaften versandt und sie um ihre Meinung darüber ersucht. Es sind uns 109 zustimmende Antworten erfolgt, nämlich von:

11 Regierungsräten der Gebirgskantone,
11 Kantonsingenieuren der Gebirgskantone,
9 kantonalen Forstämtern der Gebirgskantone (2 haben nicht geantwortet),
19 naturforschenden Gesellschaften (von 21 haben 2 nicht geantwortet),
48 Sektionen des Schweizerischen Alpenklubs (13 haben nicht geantwortet, 1 erklärt sich inkompetent, 1 ist dagegen),
5 geographischen Gesellschaften (alle in der Schweiz existierenden),
6 verschiedenen schweizerischen Gesellschaften etc.

Ablehnend — nicht aus sachlichen, sondern aus formellen Gründen — lauteten 4 Antworten, und von 20 Angefragten ging keine Antwort ein.

Wir sind jederzeit gerne bereit, Ihnen die sämtlichen Originalbriefe zur Verfügung zu stellen. Im einzelnen sind es folgende Behörden und Gesellschaften, die unser Gesuch um die einheitliche Karte des schweizerischen Alpenlandes in 1 : 25 000 mitunterzeichnet haben:

a) Das Eidgenössische Oberforstinspektorat;
b) die Regierungsräte der Gebirgskantone Bern, Uri, Schwyz, Obwalden, Nidwalden, Luzern, Glarus, St. Gallen, Graubünden, Tessin, Wallis;
c) die Kantonsingenieure von Bern, Uri, Schwyz, Obwalden, Luzern, Glarus, Freiburg, St. Gallen, Graubünden, Tessin, Waadt;
d) die kantonalen Forstämter von Bern, Uri, Schwyz, Nidwalden, Luzern, Glarus, St. Gallen, Graubünden, Waadt;
e) die Schweizerische Naturforschende Gesellschaft,
die Schweizerische Geologische Gesellschaft,
die Aargauische Naturforschende Gesellschaft in Aarau,
die Naturforschende Gesellschaft in Basel,
die Naturforschende Gesellschaft Baselland,
die Naturforschende Gesellschaft Bern,

die Société fribourgeoise des sciences naturelles, Fribourg,
die Société de physique et d'histoire naturelle, Genève,
die Naturforschende Gesellschaft des Kantons Glarus,
die Naturforschende Gesellschaft Graubündens in Chur,
die Naturforschende Gesellschaft Luzern,
die Naturforschende Gesellschaft Solothurn,
die St. Gallische Naturwissenschaftliche Gesellschaft, St. Gallen,
die Naturforschende Gesellschaft des Kantons Thurgau in Frauenfeld,
die Società ticinese di scienze naturali, Lugano,
die Murithienne, Société valaisane des sciences naturelles, Sion,
die Société vaudoise des sciences naturelles, Lausanne,
die Naturwissenschaftliche Gesellschaft Winterthur,
die Naturforschende Gesellschaft in Zürich;

f) das Zentralkomitee des Schweizerischen Alpenklubs,
die Sektionen des Schweizerischen Alpenklubs: Affoltern, Altels, Bachtel, Basel, Bern, Bernina, Bregaglia, Biel, Blümlisalp, Bodan, Burgdorf, Chaux-de-Fonds, Davos, Diablerets, Einsiedeln, Gotthard, Grindelwald, Hinterrhein, Hoher Rohn, Jaman, Lägern, Moléson, Monte Rosa, Montreux, Mythen, Neuchâtel, Oberhasli, Oberland, Olten, Pfannenstiel, Piz Sol, Piz Terri, Prättigau, Randen, Rhein, Rorschach, Rossberg, St. Gallen, Säntis, Thurgau, Ticino, Titlis, Toggenburg, Uto, Weissenstein, Winterthur, Zofingen, der Akademische Alpenklub in Zürich;

g) der Schweizerische Ingenieur- und Architektenverein,
der Schweizerische Forstverein,
die Schweizerische Offiziersgesellschaft,
Brown, Boveri & Co., Baden;

h) die Geographisch-ethnographische Gesellschaft in Zürich,
die Geographische Gesellschaft Bern,
die Geographische Gesellschaft St. Gallen,
die Société neuchâteloise de géographie,
die Société de géographie de Genève.

Ein Entscheid ist bis jetzt von den Bundesbehörden noch nicht getroffen worden. Die Petition ist an eine Kommission zur Begutachtung überwiesen worden. Inzwischen ist der europäische Krieg ausgebrochen; damit ist auch dieses Kulturwerk, wie so viele andere, zurückgeschoben worden. Hoffen wir, dass es doch und zwar bald in Angriff genommen werden könne.

Damit würde der geologischen Wissenschaft, sowie allen andern Wissenschaften, die kartographische Darstellungen brauchen, ein grosser Dienst geleistet; aber auch die verschiedensten Gebiete der Technik würden aus einer solchen Karte, wie in der Petition angedeutet ist, die grössten Vorteile ziehen.

H. Ausstellungen.

Die Geologische Kommission hat nie darnach gestrebt, sich auf Ausstellungen Medaillen für ihre Leistungen zu holen. Aber wenn die Eidgenossenschaft sich offiziell an einer Ausstellung beteiligte, so musste die Geologische Kommission jeweilen auch ihre Werke ausstellen, um zu zeigen, was sie für die erhaltene Subvention geleistet habe. So beteiligte sie sich

1874 an der Weltausstellung in Wien,
1876 am internationalen Geographenkongress in Paris (Preis erster Klasse),
1889 an der Weltausstellung in Paris durch Ausstellung der eben fertig gewordenen ganzen Karte in 1 : 100 000 (Grand Prix),
1904 an der Weltausstellung in St. Louis Mo. (Grand Prize).

Auch an den schweizerischen Landesausstellungen, also 1883 in Zürich, 1896 in Genf und 1914 in Bern, stellte sie jedesmal aus in der Gruppe: Wissenschaftliche Forschungen.

VI. Die Schweizerische Kohlenkommission.

Im Jahr 1892 entstand als eine Subkommission der Geologischen Kommission die Schweizerische Kohlenkommission. Damit hat es folgende Bewandtnis:

Eine Anzahl schweizerischer Industrieller und Kapitalisten, denen die Kohlennot der Schweiz während des deutsch-französischen Krieges noch lebhaft vorschwebte, gründete 1874 die „Schweizerische Steinkohlenbohrgesellschaft" mit dem Zwecke, auf wissenschaftlicher Grundlage nach dem Vorhandensein von Kohlen in der Schweiz zu suchen. Eine erste Bohrung wurde bei Rheinfelden unternommen; sie ergab ein negatives Resultat, indem sich zeigte, dass an dieser Stelle das „Rotliegende" der Dyas direkt auf dem Granit des Schwarzwaldes liegt. Der Rest der eingezahlten Gelder reichte zu einer zweiten Bohrung an einer andern Stelle, die mehr Erfolg versprochen hätte, nicht mehr; er wurde nicht unter die Gesellschafter verteilt, sondern dem Regierungsrate des Kantons Aargau übergeben, in der Meinung, dass dieser Fonds zu gelegener Zeit zur Nachforschung nach Steinkohlen in der Schweiz Verwendung finden solle.

Fast zwanzig Jahre blieb dieser Fond nun liegen, bis 1892 Prof. Dr. Fr. Mühlberg in Aarau die Initiative ergriff für eine abschliessende wissenschaftliche Feststellung der bekannten Kohlenvorkommnisse in der Schweiz und für eine Untersuchung der Möglichkeiten, wo allenfalls mit einiger Aussicht auf Erfolg nach Kohlen gesucht werden könnte. Zu diesem Zwecke hielt Mühlberg einen Vortrag vor der Aargauischen Naturforschenden Gesellschaft und vor der Kaufmännischen Gesellschaft in Aarau; infolgedessen stellten beide Gesellschaften das Gesuch an den aargauischen Regierungsrat, dieser möchte den in seiner Verwaltung liegenden Fonds der ehemaligen Steinkohlenbohrgesellschaft zum Zwecke einer gründlichen Untersuchung der ganzen Kohlenfrage in der Schweiz herausgeben. Der Regierungsrat anerkannte, dass eine solche Verwendung am besten der ursprünglichen Bestimmung des Fonds entspreche, und nachdem auch das letzte noch lebende Mitglied der Steinkohlenbohrgesellschaft, alt Regierungsrat Gottlieb Ziegler in

Winterthur, seine Zustimmung erklärt hatte, beschloss er, das Geld zu diesem Zwecke zur Verfügung zu stellen.

So wurde denn durch ein Schreiben vom 26. Mai 1892 die Untersuchung der Kohlenfrage der Schweiz. Geologischen Kommission übertragen. Zu diesem Zwecke bestellte diese sofort eine Subkommission, bestehend aus dem Initianten:

Prof. Dr. Fr. Mühlberg als Präsident, ferner
Prof. Dr. Alb. Heim, Präsident der Geologischen Kommission, und
Dr. Leo Wehrli als Sekretär.
(Später (1897) wurde Dr. E. Letsch als Sekretär gewählt.)

Diese Subkommission entwarf ein detailliertes Programm über die Art des Vorgehens, das am 9. April 1894 vom Regierungsrate von Aargau genehmigt wurde. Das Programm sah eine Zusammenstellung aller früher betriebenen oder noch in Betrieb befindlichen Kohlenbergwerke der Schweiz vor und einen abschliessenden Bericht über die Aussichten für das Suchen nach Kohlen. Es ist daher natürlich, dass die Arbeit lange Jahre erforderte; denn Gründlichkeit und Vollständigkeit stand auf dem Programm. Als Schlussbericht waren drei bis vier Bände in Aussicht genommen, und zwar nach folgendem Plane:

a) Die Kohlen des Diluviums,
b) die Kohlen der Molasse,
c) die Kohlen des Jura,
d) die Kohlen der Alpen.

Davon sind bis jetzt erschienen:

E. Letsch, die schweizerischen Molassekohlen östlich der Reuss;
E. Kissling, die schweizerischen Molassekohlen westlich der Reuss.

In Bälde soll erscheinen:

L. Wehrli, die Kohlen der Alpen.

Die Bearbeitung der Kohlen des Diluviums, sowie derjenigen des Jura hat Fr. Mühlberg übernommen.[1]) Er wird dann auch einen Schlussbericht zur ganzen Untersuchung geben. Endlich wird Dr. Max Mühlberg das Vorkommen von Bitumen (Asphalt etc.) in der Schweiz bearbeiten.

Inzwischen ist — infolge der Motion Bossy vom 17. Dezember 1897 im Nationalrate — im Jahr 1899 die Schweizerische Geotechnische Kommission gegründet worden[2]), deren Aufgabe die Erforschung der technisch wichtigen Rohmaterialien der Schweiz ist. Diese beschloss, ihre Berichte in einer besonderen, geotechnischen Serie der „Beiträge zur Geologie der Schweiz" herauszugeben. Die Kohlenkommission und die Geotechnische Kommission waren sofort darin einig, dass die Arbeit der ersteren

---

[1]) Am 25. Mai 1915 ist Fr. Mühlberg gestorben; die Kommission wird aber dafür sorgen, dass die von ihm begonnene Arbeit planmässig vollendet wird.

[2]) Vergleiche darüber die „Geschichte der Geotechnischen Kommission".

einen wichtigen Programmpunkt der letzteren erledige; daher wurden die Publikationen der Kohlenkommission in die Geotechnische Serie der „Beiträge“ aufgenommen; die bis jetzt erschienenen Bände von E. Letsch und E. Kissling bilden davon die beiden ersten Lieferungen.

VII. Der Tauschverkehr.

Als die erste Lieferung der „Beiträge“ fertig war, beschloss die Kommission am 16. November 1862, davon je ein Freiexemplar an nicht weniger als 121 Adressen zu senden. Es geschah dies natürlich in erster Linie, um die neue Publikation in der wissenschaftlichen Welt bekanntzumachen, dann aber auch, um den Behörden zu zeigen, dass man für die empfangenen Bundessubventionen in ganz kurzer Zeit etwas Rechtes geleistet habe. So finden wir also unter den Empfängern der Freiexemplare z. B.: die 7 Bundesräte, 4 eidgenössische Institute, die 25 Regierungsräte der sämtlichen Kantone, die sämtlichen kantonalen naturforschenden Gesellschaften, 32 wissenschaftliche Gesellschaften oder Institute des Auslandes, dann die Mitglieder der Geologischen Kommission und die Mitarbeiter, 20 Geologen der Schweiz und des Auslandes (darunter z. B. Oswald Heer, Rütimeyer, Gressly, Elie de Beaumont, Lory etc.).

Diese Sendung wurde der Ausgangspunkt zu einem bedeutenden Tauschverkehr. Es gingen bald als Gegengaben für die versandten Exemplare der „Beiträge“ verschiedene geologische Karten und andere Werke ein. Der Präsident B. Studer fragte bei Bundesrat Schenk an, ob diese Gaben an die Bibliothek der Schweiz. Naturf. Gesellschaft oder an diejenige des Eidg. Polytechnikums abzuliefern seien. Bundesrat Schenk antwortete, dass es passender sei, die im Tausch erhaltenen Werke an das Polytechnikum abzugeben, und am 19. Februar 1864 beschloss die Kommission, das in Zukunft so zu machen.

Seither hat sich der Tauschverkehr in dem Sinne weiter entwickelt, dass man mit den ausländischen Gesellschaften einen regelmässigen Austausch der gegenseitigen Publikationen organisierte, so dass dadurch der Bibliothek des Polytechnikums (jetzt: Eidg. Techn. Hochschule) alljährlich ein ganz bedeutender und wertvoller Zuwachs zukommt. Im grossen und ganzen aber ist die Versendungsliste merkwürdig wenig geändert worden. Verschwunden sind daraus eigentlich nur die Privatgelehrten der ersten Liste; die übrigen Kategorien sind gleichgeblieben, so dass jetzt die Zahl der Frei- und Tauschexemplare ca. 160 beträgt. Es werden nämlich verschickt:

17 Ex. an eidgenössische Behörden und Institute,
25 „ „ die Regierungen der Kantone,
7 „ „ die geologischen Institute der schweizerischen Universitäten,
20 „ „ die naturforschenden Gesellschaft in der Schweiz,
54 „ „ ausländische wissenschaftliche Gesellschaften und Institute,
40 „ „ die Mitglieder der Geologischen Kommission und die Mitarbeiter an den „Beiträgen“.

Als Gegenwert dieser Sendungen ist im Laufe der Jahre eine solche Menge von Werken in der Bibliothek der Eidg. Techn. Hochschule eingegangen, dass diese dadurch eine ganz bedeutende Bereicherung und namentlich eine Ergänzung nach der naturwissenschaftlichen und speziell der geologischen Seite hin erfahren hat. Von den eingegangenen Werken werden allerdings nur die Textbände direkt in die Bibliothek einverleibt; die geologischen (und andern) Karten dagegen, soweit sie nicht in die Bände eingebunden sind, werden im Geologischen Institut der Eidg. Techn. Hochschule deponiert. In Anerkennung dieser Bereicherung der Bibliothek durch unsern Tauschverkehr hat der Oberbibliothekar Professor Dr. F. Rudio seit 1895 in höchst verdankenswerter Weise sämtlichen schweizerischen Geologen die freie Benutzung der Bibliothek bewilligt; nur die Karten, die also im Geologischen Institute liegen, können nicht ausgeliehen werden, sondern müssen an Ort und Stelle benützt werden.

Wie reichhaltig der Eingang von Tauschwerken gewesen ist, ergibt sich aus dem nachstehenden Verzeichnis.

Viertes Verzeichnis der Tauschsendungen [1]),

welche als Gegenleistung für die Abgabe der „Beiträge zur geologischen Karte der Schweiz" bis Ende 1913 eingegangen und aufbewahrt sind in der Bibliothek der Eidgen. Technischen Hochschule in Zürich.

Erster Teil. — Textbände.

I. Europa.

A. Schweiz.

1. *Schweizerische Naturforschende Gesellschaft.*
   a) Verhandlungen zur Schweizerischen Naturforschenden Gesellschaft 1816—1912.
   b) Denkschriften der Schweizerischen Naturforschenden Gesellschaft, Band 1 = 1829 bis 1835.
   c) Neue Denkschriften der Schweizerischen Naturforschenden Gesellschaft, neue Folge, Band 1—47 = 1837—1913.
2. *Geologische Kommission der Schweizerischen Naturforschenden Gesellschaft.*
   a) Beiträge zur geologischen Karte der Schweiz. Lieferung 1—26 [1], 27—41, 43—55, 59, 61—63, 71—73.
   b) Idem, geotechnische Serie, Lieferung 1—4.
3. *Naturforschende Gesellschaft des Kantons Aargau, in Aarau.*
   Mitteilungen der Aargauischen Naturforschenden Gesellschaft, Heft 1—12 = 1878—1911.
4. *Naturforschende Gesellschaft in Basel.*
   Verhandlungen der Naturforschenden Gesellschaft in Basel. Band 1 bis N. F. Band 23 = 1835—1912.
5. *Naturforschende Gesellschaft in Bern.*
   Mitteilungen der Naturforschenden Gesellschaft in Bern. 1843—1912.

[1]) I. Verzeichnis in „Eclogae", Vol. V, pag. 201 ff.
II. " " " " VI, " 15 ff.
III. " " " " VIII, " 553 ff.

6. *Naturforschende Gesellschaft Graubündens, in Chur.*
Jahresbericht der Naturforschenden Gesellschaft Graubündens, neue Folge, Band 1—54 = 1854—1912/13.

7. *Naturforschende Gesellschaft des Kantons Thurgau, in Frauenfeld.*
Mitteilungen der Thurgauischen Naturforschenden Gesellschaft, Heft 1—20 = 1857—1913.

8. *Société fribourgeoise des sciences naturelles, Fribourg.*
a) Bulletin de la Société fribourgeoise des sciences naturelles, Vol. 1—20 = 1880—1912.
b) Mémoires:
Bactériologie, Vol. 1;
Botanique, Vol. 1—3;
Chimie, Vol. 1—3;
Géologie et Géographie, Vol. 1—8;
Mathématiques et Physique, Vol. 1—2;
Zoologie, Vol. 1.

9. *Institut national genevois, Genève.*
a) Bulletin de l'Institut, Vol. 1—38, 40 = 1852 bis 1913.
b) Mémoires de l'Institut, Vol. 1—21 = 1853—1910.

10. *Société de physique et d'histoire naturelle, Genève.*
a) Mémoires de la société de physique, Vol. 11—37.
b) Compte rendu des séances, 1884—1912.

11. *Naturforschende Gesellschaft des Kantons Glarus.*
a) Neujahrsblatt der Naturforschenden Gesellschaft des Kantons Glarus, Heft 1—2 = 1898—1907.
b) Wirz, Flora des Kantons Glarus. 1896.

12. *Société vaudoise des sciences naturelles, Lausanne.*
Bulletin de la société vaudoise, Vol. 1—49 = 1841—1913.

13. *Società ticinese di scienze naturali, Lugano.*
Bollettino 1—8 = 1904—1912.

14. *Naturforschende Gesellschaft in Luzern.*
Mitteilungen der Naturforschenden Gesellschaft in Luzern, Heft 1—6 = 1895—1911.

15. *Société neuchâteloise des sciences naturelles, Neuchâtel.*
a) Mémoires de la société neuchâteloise, t. 1 = 1855, t. 4 = 1859.
b) Bulletin de la société neuchâteloise, vol. 1—39 = 1843—1912.

16. *Naturwissenschaftliche Gesellschaft in St. Gallen.*
a) Bericht über die Tätigkeit der St. Gallischen Naturwissenschaftlichen Gesellschaft, 1858 bis 1900.
b) Jahrbuch der St. Gallischen Naturwissenschaftlichen Gesellschaft 1901/02—1912.

17. *La Murithienne; société valaisanne des sciences naturelles, Sion.*
Bulletin des travaux de la Murithienne, fasc. 1—35 = 1868—1909.

18. *Naturforschende Gesellschaft in Solothurn.*
a) Berichte der Naturforschenden Gesellschaft in Solothurn, Heft 1—12, 1899.
b) Mitteilungen der Naturforschenden Gesellschaft in Solothurn, 1—4, 1911.

19. *Naturwissenschaftliche Gesellschaft Winterthur.*
Mitteilungen, Heft 1—9 = 1897—1912.

20. *Naturforschende Gesellschaft in Zürich.*
a) Vierteljahrsschrift der Naturforschenden Gesellschaft in Zürich. Jahrgang 1—58 = 1856—1913.
b) Neujahrsblatt der Naturforschenden Gesellschaft in Zürich 1799—1913.

B. Belgien.

21. *Musée royal d'histoire naturelle de Belgique, Bruxelles.*
a) Bulletin du musée, t. 1—4 = 1882—86.
b) Annales du musée, t. 1—11, 13, 14 = 1877 bis 1887.
c) Mémoires du musée, t. 1—4, 6 = 1900—1912.

22. *Société royale malacologique de Belgique, Bruxelles.*
Annales de la société royale malacologique, t. 1 bis 46 = 1863—1911.
Procès-verbaux des séances de la société royale malacologique, Vol. 22—27 = 1893—98.

23. *Société géologique de Belgique, Liège.*
a) Annales de la société géologique, t. 1—40 = 1874—1913.
b) Mémoires de la société géologique, t. 1—3 = 1899—1912.

C. Deutschland.

24. *Königlich preussische Akademie der Wissenschaften, Berlin.*
a) Abhandlungen der königlich preussischen Akademie, 1845—1913.

b) Monatsberichte der königlich preussischen Akademie, 1866—81; davon bildet die Fortsetzung: Sitzungsberichte der königlich preussischen Akademie, 1882—1913.

25. *Deutsche geologische Gesellschaft, Berlin.*
Zeitschrift der deutschen geologischen Gesellschaft, Band 1—65 = 1849—1913.

26. *Königlich preussische geologische Landesanstalt, Berlin.*
a) Abhandlungen zur geologischen Spezialkarte von Preussen, Band 1—10 = 1880—92.
b) Abhandluugen der königlich preussischen geologischen Landesanstalt, neue Folge, Band 1—68 = 1889—1913.
c) Jahrbuch der königlich preussischen geologischen Landesanstalt, Band 1—33 = 1880 bis 1912.
d) Potonié, H. Abbildungen und Beschreibungen fossiler Pflanzenreste, Lieferung 1—9 = 1903 bis 1913.

27. *Königlich preussische Landesanstalt für Gewässerkunde, Berlin.*
Jahrbuch für die Gewässerkunde Norddeutschlands: Abflussjahr 1901—1910.
Besondere Mitteilungen, Band 1—2.

28. *Grossherzoglich hessische geologische Landesanstalt, Darmstadt.*
a) Abhandlungen der grossherzoglich hessischen geologischen Landesanstalt, Band 1—5 = 1889—1913.
b) Notizblatt des Vereins für Erdkunde, Darmstadt,
1. Folge, Band 1—2 = 1855—1856,
2. Folge, Jahrgang 1—2 = 1857—1860.
3. Folge, Heft 1—18 = 1862—1879.
4. Folge, Heft 1—33 = 1880—1912.

29. *Naturforschende Gesellschaft zu Freiburg im Breisgau.*
Berichte der Naturforschenden Gesellschaft zu Freiburg, Band 1—20 = 1886—1913.

30. *Grossherzoglich badische geologische Landesanstalt, Heidelberg.*
Mitteilungen der grossherzoglich badischen geologischen Landesanstalt, Band 1—7 = 1890 bis 1913, und Ergänzung 1—4 zu Band 1.

31. *Königlich physikalisch-ökonomische Gesellschaft, Königsberg.*
a) Schriften der physikalisch-ökonomischen Gesellschaft, Jahrgang 1—53 = 1860—1912.
b) Beiträge zur Naturkunde Preussens, Heft 1— = 1868—1890.

32. *Königlich bayrische Akademie der Wissenschafte München.*
a) Abhandlungen d. mathematisch-physikalische Klasse, Band 9—26 = 1863—1913.
b) Abhandlungen d. mathematisch-physikalische Klasse, Supplementsband 1—4.
c) Sitzungsberichte der mathematisch-physik lischen Klasse der Akademie, 1860—191

33. *Königlich bayrisches Oberbergamt, München.*
a) Geognostische Jahreshefte des königlich bay Oberbergamtes, Jahrgang 1—25 = 1888 b 1912.
b) Gümbel, 1. Band: Alpengebirge; 2. Ban Grenzgebirge; 3. Band: Fichtelgebirge; Band: Das fränkische Keuper- und Jur gebiet; 5. Band, 1. Teil.

34. *Universitäts-Bibliothek Strassburg i. E.*
Mathematisch-naturwissenschaftliche Disserta tionen 1897—1913.

35. *Geologische Landesanstalt von Elsass-Lothringe Strassburg.*
a) Mitteilungen der geologischen Landesanstalt v Elsass-Lothringen, Band 1—8 = 1878—191
b) Abhandlungen zur geologischen Spezialkart Band 1—5 = 1875—1897.
c) Abhandlungen zur geologischen Spezialkart neue Folge, Heft 1—6 = 1898—1905.

36. *Verein für vaterländische Naturkunde von Württen berg, Stuttgart.*
Jahreshefte 50—69 = 1894—1913.

37. *Königlich württembergisches statistisches Lande amt, Stuttgart.*
Mitteilungen der geologischen Abteilung Nr. 1— = 1907—1912.

D. England.

38. *Royal Society, Edinburgh.*
a) Transactions of the royal society, vol. 23, 2 bis 48 = 1862—1913.
b) Proceedings of the royal society, vol. 4—3 = 1857—1913.

39. *British Geological Survey, London.*
a) Memoirs of the geological Survey of Gre Britain, vol. 1—3 = 1846—1881.
b) Memoirs of the geological Survey of the Un ted Kingdom:

1. Jurassic rocks, vol. 1—5 = 1892—1895.
2. Monographs, vol. 1—4 = 1859—1878.
3. British organic remains, Decades 1—13 = 1849—1872.
4. Cretaceous rocks, vol. 1—3 = 1900—1904.
5. Silurian rocks, vol. 1, Scotland, 1899.
6. Scotland: Geology of Cowal, 1897.
   The oil-shales of the Lothians, 1906.
   The oil-shales of the Lothians, 2d ed., 1912.
7. Summary of progress, 1897—1912.
8. Mineral Statistics, 1868—1869.
9. A. Strahan. Geological model of Ingleborough, 1910.
10. G. W. Lamplugh and F. L. Kitchin. On the mesozoic rocks in some of the coal explorations in Kent, 1911.
11. W. Whitaker. The water supply of Suffolk, 1906.
12. W. Whitaker. The water supply of Hampshire, 1910.
13. W. Whitaker. The water supply of Sussex (Suppl.), 1911.
14. R. T. Tiddemann. The water supply of Oxfordshire, 1910.
15. H. B. Woodward. The geology of the London district, 1909.
16. W. Gibson. The concealed coalfield of of Yorkshire and Nottinghamshire, 1913.
17. G. Barrow and L. J. Wills. Records of London wells, 1913.

40. Geological Society, London.

a) Quarterly Journal of the geological society, 1861—1913.

b) Catalogue of the library of the geological society 1881, mit Additions 1894—1911.

E. Frankreich.

41. Institut géologique de l'Université de Grenoble.

Travaux du laboratoire de géologie de l'Université, t. 2—10 = 1894—1912.

42. Musée d'histoire naturelle, Lyon.

Achives du musée d'histoire naturelle, t. 1—11 = 1872—1912.

43. Académie des Sciences, Paris.

Comptes-rendus hebdomadaires de l'Académie des Sciences, vol. 1—157 = 1835—1913.

44. École nationale supérieure des Mines, Paris.

a) Annales des mines, 1892—1913.

b) Aguillon, l'école des mines, 1889.

45. Société géologique de France, Paris.

a) Bulletin de la société géologique, série III, vol. 1—28 = 1873—1900.
   Bulletin de la société géologique, série IV, vol. 1—12 = 1901—1912.

b) Compte-rendu des séances de la société géologique de France, 1896.

46. Services de la carte géologique détaillée de la France, Paris.

a) Bulletin des services de la carte géologique, vol. 1—20 = 1889—1910.

b) Mémoires pour servir à l'explication de la carte géologique:

1. Lapparent. Le pays de Bray, 1879.
2. Fouqué et Lévy. Minéralogie micrographique. 1879.
3. Gosselet. L'Ardenne, 1888.
4. Grossouvre. Recherches sur la craie supérieure,
   1e partie, Stratigraphie générale, 1901.
   2e partie, Paléontologie, 1894.
5. Nentien. La Corse, 1897.
6. Carez. Pyrénées françaises. Fasc. 1—6 = 1903—1909.
7. Termier. Les montagnes entre Briançon et Vallouise, 1903.
8. Kilian et Revil. Les Alpes occidentales. t. I—II₁ — 1904—1908.

c) Études des gîtes minéraux de la France:

1. L. Gruner. Bassin houiller de la Loire, 2 vol. avec atlas, 1882.
   E. Coste. Nouvelles contributions à la topographie souterraine. 1900.
2. Bassin houiller de Valenciennes:
   α.) R. Zeiller. Description de la flore fossile, avec atlas, 1888.
   β.) A. Olry. Bassin de Valenciennes: Partie comprise dans le département du Nord, 1886.
3. Bassin houiller d'Autun et d'Epinac:
   Fasc. II: R. Zeiller. Flore fossile, 1896.
   Fasc. III: H. E. Sauvage. Poissons fossiles, 1890.

Fasc. IV, 2: B. Renault. Flore fossile, 1896.
Fasc. V: H. E. Sauvage. Poissons fossiles, 1893.

4. Bassin houiller de Briver:
   Fasc. I: G. Mouret. Stratigraphie, 1891.
   Fasc. II: R. Zeiller. Flore fossile.
5. Bassin houiller du Pas de Calais:
   Ire partie: Soubeiran. Sous-arrondissement minéralogique d'Arras, 1895.
   IIe partie: Soubeiran. Sous-arrondissement minéralogique de Béthune, 1898.
6. Terrains tertiaires de la Bresse:
   Delafond et Depéret. Gîtes de lignites et de minerais de fer, 1893.
7. Bassin de Blanzy et du Creusot:
   Fasc. I: M. Delafond. Stratigraphie, 1902.
   Fasc. II: R. Zeiller. Flore fossile, 1906.
8. Les assises crétaciques et tertiaires du nord de la France:
   J. Gosselet. Fasc. I: Région de Douai, 1904.
   J. Gosselet. Fasc. II: Région de Lille, 1905.
   J. Gosselet. Fasc. III: Région de Béthune, 1911.
9. Bassin houiller du Boulonnais:
   A. Olry. Topographie souterraine, 1904.
10. Tertiaire parisien:
   L. Cayeux. Structure et origine des grès du Tertiaire parisien, 1906.
11. Bassin houiller de la Basse-Loire:
   E. Bureau. Fasc. I: Histoire des concessions. Descriptions géologiques du Bassin, 1910.
12. Les minérais de fer oolithique de France. Fasc. I: L. Cayeux. Minérais de fer primaires, 1909.

d) Etudes des gîtes minéraux de la France; Colonies: R. Zeiller. Flore fossile des gîtes de charbon du Tonkin, 1902.

e) Explications de la carte géologique de France. 4 vol., 1841—1879.

f) Matériaux pour la carte géologique de l'Algérie:
Série 1, Nr. 3, 1897.
Série 2, Nr. 1, 1891.
Série 2, Nr. 2, 1897.

F. Holland.

47. *Holländische Gesellschaft der Wissenschaften, Haarlem.*

a) Archives néerlandaises des sciences exactes et naturelles, t. 1—30 = 1866—1897.

b) id., IIe série, t. 1—15 = 1897—1910.

c) id., IIIe série, A, t. 1—3; B, t. 1 = 1911—1913.

48. *Königliche Akademie der Wissenschaften, Amsterdam.*

a) Verhandelingen der konninklijke Akademie van Wetenschapen, Deel 1—29 = 1854—1892.

b) Idem, neue Folge, 1. Sectie, Deel 1—11 = 1893—1913.

c) Idem, neue Folge, 2. Sectie, Deel 1—17 = 1893—1913.

d) Mededeelingen omtrent de geologie van Nederland, No. 1—19 = 1891—1895.

e) Verslagen der Zittingen, Deel 1—21 = 1893 bis 1913.

f) Proceedings of the section of sciences, vol. 1—15 = 1898—1913.

G. Italien.

49. *Società italiana di scienze naturali, Milano.*

a) Atti della società italiana delle scienze naturali, vol. 5—52 = 1863—1913.

b) Memorie, t. 1—7 = 1865—1910.

50. *Reale Ufficio geologico, Roma.*

a) Memorie per servire alla descrizione della carta geologica d'Italia, vol. 1—5 = 1871—1912.

b) Memorie descrittive della carta geologica, d'Italia, vol. 1—13, 15 = 1886—1912.

c) Bollettino del r. comitato geologico d'Italia, 1870—1872, 1890—1912.

51. *Reale Accademia delle scienze, Torino.*

a) Atti dell' Academia reale delle scienze, classe di science fisiche, matematiche e naturale, vol. 17—48 = 1881—1913.

b) Memorie dell' Accademia ecc., 1^a^ serie, vol. 12—16, 18—20, 25—40.

c) Memorie dell' Accademia ecc., 2^a^ serie, classe di scienze fisiche, matematiche e naturale: vol. 21—30, 34—39, 45—63 (1913).

d) Bolletino dell' Osservatorio, Torino 1879—87; dazu als Fortsetzung:

e) Osservazioni meteorol., Torino, 1888—1911.

H. Norwegen.

52. *Universitäts-Bibliothek, Kristiania.*

a) Beobachtungen, meteorologische, in Kristiania, 1837—65.

b) Archiv for Mathematik och Naturvidenskab, Band 15—32.

c) Kjerulf, Th. Om Skurings märker, Glacialformationen etc. — Udsigt over det sydlige Norges Geology. — Stenriget og Fjeldlären. — Om Stratifikationens Spor. — Ein Stück Geographie in Norwegen.

d) Helland, A. Forkomster af kise i Norge. — Lakis kratere og lavastromme. — Om bottner og Saekkedale.

e) Reusch, H. H. En Hule paa Garden Njos, etc. — Sillurfossiler og pressede Konglomerater i Bergensskifrene. — Bommelön og Karmön.

f) Barth, Grania antiqua in Norvegia inventa, 1896.

g) Universitets Bibliothekets Aarbog for 1894 bis 1895.

I. Oesterreich-Ungarn.

53. *Königlich ungarische geologische Anstalt, Budapest.*

a) Jahresbericht der königlich ungarischen geologischen Anstalt, 1882—1911.

b) Mitteilungen aus dem Jahrbuch der königlich ungarischen geologischen Anstalt, Band 1 bis 21 = 1872—1913.

c) Evkönyve (Annalen der königlich ungarischen geologischen Anstalt), Band 1—21 = 1871 bis 1913.

d) Köslönye földtani (geologische Mitteilungen), Band 2—43 = 1873—1913.

e) Évi jelentése (Jahresbericht), 1905—1911.

f) Katalog der Bibliothek und allgemeinen Kartensammlung, Nachtrag 1—4.

g) Populäre Schriften der königlich ungarischen geologischen Reichsanstalt, Band 1, 1910.

54. *Ferdinandeum, Innsbruck.*
Zeitschrift des Ferdinandeums, 3. Folge, Heft 5—8, 13—56 = 1860—1912.

55. *Geographisches Institut der k. k. Universität Wien.*

a) Geographische Abhandlungen, Band 1—7.

b) Abhandlungen der k. k. geographischen Gesellschaft in Wien, Band 7—9 = 1908 bis 1912.

c) Geographischer Jahresbericht aus Oesterreich, Jahrgang 8—9 = 1910—1911.

56. *Geologisches Institut der k. k. Universität Wien.*
Beiträge zur Paläontologie und Geologie Oesterreich-Ungarns und des Orients. Band 11 bis 25 = 1898—1912.

57. *K. k. geologische Reichsanstalt, Wien.*

a) Jahrbuch der k. k. geologischen Reichsanstalt, Band 1—63 = 1850—1913.

b) Verhandlungen der k. k. geologischen Reichsanstalt, Jahrgang 1867—1913.

K. Portugal.

58. *Direction des travaux géologiques du Portugal, Lisbonne.*

a) Communicações da Secção dos Trabalhos geologicos de Portugal, t. 1—8 = 1883—1911.

b) Contributions à la connaissance géologique des colonies portugaises d'Afrique, 1—2 = 1903—1905.

c) Mémoires in 4° (la plupart avec traduction française en regard):

1. Gomes, B. A. Vegetaes fosseis: Flora fossil do terreno carbonifero etc., 1865.
2. Pereira da Costa. Da existencia do homem em epocas remotas no valle do Tejo, 1865.
3. Pereira da Costa. Gasteropodes dos depositos terciarios de Portugal, 1866—68.
4. Ribeiro. Descripção do terreno quaternario das bacias do Tejo e Sado, 1866.
5. Delgado. Noticia ácerca das grutas da Cesareda, 1867.
6. Ribeiro. Memoria sobre o abastecimento de Lisboa com aguas de nascente et aguas de rio, 1867.
7. Pereira da Costa. Descripção de alguns dolmino ou antas de Portugal, 1868.
8. Ribeiro. Descripção de alguns silex e quartzites lascados encontrados nas camadas dos terrenos terciario e quaternario das bacias do Tejo e Sado, 1871.
9. Delgado. Sobre a existencia do terreno siluriano no Baixo Alemtejo, 1876.
10. Ribeiro. Noticia del algunas estações e monumentos prehistoricos, 2 vol., 1878 bis 1880.
11. Choffat. Etude stratigraphique et paléontologique des terrains jurassiques du Portugal, 1880, 1re livr.
12. Cabral. Estudo de depositos superficiaes da bacia do Douro, 1881.
13. Heer, Osw. Contributions à la flore fossile du Portugal, 1881.

14. Description de la faune jurassique du Portugal:
 1er vol. Choffat. Mollusques lamellibranches. 2e ordre, 1885—93. — 2e vol. Loriol. Echinides, 1890—91.
15. Choffat. Recueil de monographies stratigraphiques sur le système crétacique du Portugal, 1885.
16. Delgado. Estudo sobre os Bilobites das quartzites do systemo silurico de Portugal, 1885.
17. Delgado. Supplemento do No. 16.
18. Recueil d'études paléontologiques sur la faune créatique du Portugal:
 1er vol. Choffat. Espèces nouvelles ou peu connues, 1886—98. — 2e vol. Loriol. Description des Echinides, 1888.
19. Lima, W. de. Monographia do genero Dicranophyllum (systema carbonico), 1888.
20. Choffat. Etude géologique du tunnel de Rocio, 1889.
21. Delgado. Fauna silurica de Portugal, 1892.
22. Choffat. Faune jurassique, Céphalopodes I, 1893.
23. Choffat. Idem, Mollusques lamellibranches, 1er ordre, 1893.
24. Saporta. Nouvelles contributions à la flore mésozoïque, 1894.
25. Loriol. Echinodermes tertiaires du Portugal, 1896.
26. Delgado. Novas observaciones ácerca de Lichas Rib. 1897.
27. Sauvage. Poissons et reptiles du jurassique et du créatique, 1897—98.
28. Pereira da Costa. Planches de céphalopodes, gastéropodes et pélécypodes, 1903.
29. Delgado. Système silurique du Portugal, 1908.
30. Choffat. Essai sur la tectonique de la chaîne de l'Arrabida, 1908.
31. Delgado. Terrains paléozoïques du Portugal. — Etude sur les fossiles des schistes à Néréites de San Domingos et des schistes à Néréites et à Graptolithes de Barrancos, 1910.
32. Choffat et Bensaude. Etudes sur le séisme du Ribatéjo du 23 avril 1909, 1911.

c) Publications diverses:
1. Ribeiro e Delgado. Relatorio ácerca da arborisação geral do paiz, 1868.
2. Delgado. Relatorio da commissão desempenhada em Hespanha em 1878.
3. Congrès international d'anthropologie e d'archéologie préhistoriques, 1884.
4. Delgado. Relatorio ácerca da quinta sessão do Congresso geologico internacional em Londres, 1888.
5. Delgado. Relatorio ácerca da decima sessão do Congresso internacional de antropologia e archeologia, 1890.
6. Choffat. Les eaux d'alimentation de Lisbonne, 1897.

L. Russland.

59. Commission géol. de la Finlande, Helsingfors.
 a) Bulletin de la Commission géol. No. 1—3[…] = 1892—1911.
 b) Geotekniska meddelanden, No. 1—9 = 190[…] bis 1911.

60. Académie impériale des sciences, Saint-Pétersbourg.
 a) Mémoires de l'Académie impériale, VIIIe série, t. 1—30.
 b) Bulletin de l'Académie impériale, Ve série, t. 1—25 = 1894—1906. — VIe série, t. 1—[…] = 1907—1913.

61. Comité géologique de la Russie, Saint-Pétersbourg.
 a) Mémoires du comité géologique russe, vol. 1—20 = 1883—1902.
 b) Mémoires du comité géologique russe, Nouvelle série, Livr. 1—38, 40—69, 71—76, 78, 79, 81, 86.
 c) Bulletin du comité géologique russe, t. 1—3[…] = 1883—1912.
 d) Verhandlungen der k. russ. mineral. Ges. 1862—63, 1868—70, 1891—94.
 e) Verhandlungen der k. russ. mineral. Ges. 2. Serie, Band 35—49, 1912.
 f) Travaux de la section géolog. du cabinet de sa Majesté, vol. 1—8 = 1896—1908.
 g) Materialien zur Geologie Russlands, Band 1—16—17, 19—20, 22—25.
 h) Travaux du musée géologique Pierre le Grand, vol. 1—6 = 1907—1912.

M. Schweden.

62. *Institut royal géologique de la Suède, Stockholm.*
   a) Törnebohm, A. E. Über die Geognosie der schwedischen Hochgebirge. — En geognostisk Profil öfver den Skandinaviska Fjällryggen. — Mikroskopiska bergartsstudier. — Om Lagerföljden inom Norbergs malmfält. — Geognostisk Beskrifvning öfver Parsbergets Grufvefält.
   b) Sveriges geologiska undersökning, No. 1 ff. (nicht komplett).
63. *Universitäts-Bibliothek Upsala.*
   a) Nova acta regiae societatis scientiarum.
      II. Serie, Vol. 2, 4—14.
      III. Serie, Vol. 1—20.
      IV. Serie, Vol. 1—3.
      Jubelband 1877.
   b) Norrländsk Handbibliotek, 1—5 = 1906 bis 1912.
   c) Bulletin of the geological Institution of the University of Upsala, Vol. 1—11 = 1893 bis 1912.
   d) Meddelanden från Upsala Universitets mineralogisk-geologisk Institution, No. 1—13, 17—30 = 1891—1906.
   e) Bref och skrifvelser af och till Carl von Linné. Deel. 1—6 = 1907—1912.
   f) Geology of the Kiruna District, No. 2—3, 1910.

II. Amerika.

A. Argentinien.

64. *Museo de La Plata, La Plata, Prov. Buenos-Aires.*
   a) Anales del Museo de La Plata.
      1. Seccion Arqueologia, fasc. 1—3.
      2. Seccion Paleontologia, fasc. 1—5.
      3. Seccion Geologia, fasc. 1—2.
      4. Seccion Zoologia, fasc. 1—3.
      5. Seccion Historia general, fasc. 1.
      6. Seccion Antropologia, fasc. 1—2.
      7. Seccion Historia americana, fasc. 1—2.
      8. Seccion Botanica, fasc. 1.
   b) Revista del Museo, t. 1—18 = 1890—1912.
   c) Reconnaissance de la région Andine, vol. 1.

B. Mexico.

65. *Instituto geologico de Mexico.*
   a) Boletin No. 12—30 = 1899—1913.
   b) Parergones, t. 1—3 = 1904—1912.

C. Vereinigte Staaten.

66. *Maryland geological Survey, Baltimore.*
   a) Maryland geological Survey, vol. 1—9 = 1897 bis 1911.
   b) Maryland geological Survey: Reports on county resources:
      1. Allegany County, 1900.
      2. Cecil County, 1902.
      3. Garrett County, 1902.
      4. St. Mary's County, 1907.
      5. Calvert County, 1907.
      6. Prince George's County, 1911.
   c) Maryland geological Survey: Systematic geology and paleontology:
      1. Eocene, 1901.
      2. Miocene, 1904.
      3. Pliocene and Pleistocene, 1906.
      4. Lower Cretaceous, 1911.
      5. Lower Devonian, 1913.
      6. Middle and Upper Devonian, 1913.
   d) Maryland state weather service, vol. 2—6 = 1892—1896.
   e) Maryland weather service, vol. 1 = 1899.
   f) Report of the Conservation Commission of Maryland, 1, 1908/09.
67. *Museum of comparative Zoology, Harvard College, Cambridge, Mass.*
   a) Bulletin of the Museum, vol. 1—11, 22—57 = 1863—1913.
   b) Memoirs of the Museum, vol. 1—8, 14, 17—35, 36, 37—41, 44, 45 = 1865—1913.
   c) Annual Report of the Museum 1860—1882, 1890—1912.
   d) Letters and recollections of Alexander Agassiz. 1913.
68. *University of Kansas, Lawrence.*
   a) University geol. Survey, vol. 1—4 = 1896 bis 1898.
   b) Kansas University Quarterly, vol. 8—10 = 1899 bis 1901.
   c) Kansas University Science Bulletin, vol. 1—6 = 1902—1912.
   d) Annual bulletin on mineral resources of Kansas, No. 1 = 1897.
69. *Geological Society of America, Washington.*
   Bulletin of the geological society, vol. 1—24 = 1890—1913.

70. *Smithsonian Institution, Washington D. C.*
   a) Smithsonian miscellaneous collections, vol. 1 bis 61 = 1862—1913.
   b) Smithsonian contributions to knowledge, vol. 10—21, 24—34 = 1858—1905.
   c) Contributions to North American Ethnology, vol. 1—3, 6—7, 9 = 1877—1893.
   d) Annual Report of the Bureau of Ethnology, 1879—1906/07.
   e) Bulletin of the U. S. National Museum, No. 1, 4—9, 16—32, 36, 36—48, 50, 69, 71—77, 79, 81 = 1875—1913.
   f) Proceedings of the U. S. National Museum, vol. 3, 5—17, 19—44 = 1880—1913.
   g) Bulletin of the Bureau of Ethnology No. 1—30, 32—35, 37—45, 57—52, 54.
   h) Annual Report of the Smithsonian Institution 1853—1912.
   i) Report on the progress and condition of the U. S. National Museum, 1902—1912.
   k) Annals of the Astrophysical Observatory of the Smithsonian Institution, vol. I—III = 1900—1913.

71. *U. S. Geological Survey, Washington D. C.*
   a) Annual Report of the U. S. geological Survey, Band 1—33 = 1882—1912.
   b) Bulletin of the U. S. geological Survey, No. 1 to 537 = 1883—1913.
   c) Monographs of the U. S. geological Survey, Band 1—52 = 1882—1911.
   d) Mineral Resources of the U. S. geological Survey, Jahrgang 1882—1911.
   e) Professional Paper of the U. S. geological Survey, No. 1—80 = 1902—1913.
   f) Water-Supply Paper of the U. S. geological Survey, No. 1—318 = 1896—1913 (bis Nr. 65 Lückenhaft).

III. Asien.

72. *Imperial geological Survey of Japan, Tokio.*
   Memoirs of the imperial geological Survey, 1—2 = 1907—1910.

IV. Australien.

73. *Geological Survey of New-South-Wales, Sidney.*
   a) Mineral Resources of New-South-Wales, 6 to 17 = 1908—1913.
   b) Records of the geological Survey, 3—9 = 1892 to 1909.
   c) Records of the Australian Museum, vol. 7, 1908/1910.
   d) Annual Report of the Department of Mines, 1905—1912.
   e) Memoirs of the geological Survey:
      1. Ethnology, 1, 1899.
      2. Geology, 2, 3, 5 = 1894—1901.
      3. Palaeontology, 4—6, 8—11, 13, 14 = 1890 to 1905.

Zweiter Teil. — Kartenwerke.

I. Europa.

A. Schweiz.

1. *Geologische Kommission der Schweizerischen Naturforschenden Gesellschaft.*
   a) Geologische Karte der Schweiz in 1 : 100000, in 25 Blättern, auf Grundlage der Dufour-Karte. Komplett in 25 Blättern.
   b) Geologische Übersichtskarten.
      1. Alph. Favre. Carte des anciens glaciers du versant nord des Alpes suisses. 4 feuilles, 1884. Komplett.
      2. Alb. Heim und C. Schmidt. Geologische Karte der Schweiz, 1 : 50000. 1. Auflage, 1894.
      3. Idem. 2. Auflage, 1912.
   c) Geologische Spezialkarten.
      NB. Die fehlenden Nummern 28, 29, 63, 66, 71 sind noch nicht erschienen.

Nr. 1. A. Müller. Karte des Kantons Basel, 1 : 50000. (1. Lfg.) 1863.
„ 2. C. Mösch. Karte von Brugg, 1 : 25000. (4. Lfg.) 1867.

Nr. 3. F. J. KAUFMANN. Karte des Pilatus, 1 : 25 000. (5. Lfg.) 1867.

„ 4. a, b. L. ROLLIER. 2 Cartes de St-Imier, 1 : 25 000. (8e livr., 1er suppl.) 1894.

„ 5. a, b, c, d. A. ESCHER VON DER LINTH. Karte des Säntis, 1 : 25 000. (13. Lfg.) 1878. Mit 2 Profiltafeln.

„ 6. a, b, c, d. K. v. FRITSCH. St. Gotthard, 1 : 50 000. (15. Lfg.) 1873. 3 Profiltafeln.

„ 7. E. RENEVIER. Carte des Hautes Alpes vaudoises au 1 : 50 000. (16e livr.) 1890.

„ 9. E. FAVRE et H. SCHARDT. Carte du Pays-d'Enhaut vaudois, 1 : 25 000. (22e livr.) 1887.

„ 10. a, b. A. BALTZER, F. JENNY und E. KISSLING. Karte von Bern, 1 : 25 000. (30. Lfg.) 1896.

„ 11. L. DU PASQUIER. Karte der fluvioglacialen Ablagerungen in der Nordschweiz, 1 : 100 000. (II. Serie, 1. Lfg.) 1891.

„ 12. — Der Niederterrassenschotter ausserhalb der innern Moränen, 1 : 250 000. (II. Serie, 1. Lfg.) 1891.

„ 13. C. BURCKHARDT. Die nördlichste Kreidekette der Alpen von der Sihl bis zur Thur, 1 : 50 000. (II. Serie, 1. Lfg.) 1893.

„ 14. E. C. QUEREAU. Klippenregion von Iberg, 1 : 25 000. (II. Serie, 3. Lfg.) 1893.

„ 15. A. AEPPLI. Gebiet zw. Zürcher- und Zugersee, 1 : 25 000. (II. Serie, 4. Lfg.) 1894.

„ 16. C. BURCKHARDT. Die Kreidegebirge nördlich des Klöntales, 1 : 50 000. (II. Serie, 4. Lfg.) 1896.

„ 17. L. WEHRLI. Das Dioritgebiet von Disentis bis Brigels, 1 : 50 000. (II. Serie, 6. Lfg.) 1896.

„ 18. CHR. PIPEROFF. Karte des Calanda, 1 : 50 000. (II. Serie, 7. Lfg.) 1897.

„ 19. L. ROLLIER. Carte des environs d'Asuel, au 1 : 25 000. (IIe série, 8e livr.) 1898.

„ 20. L. ROLLIER. Carte de la Hohe Winde, au 1 : 25 000. (IIe série, 8e livr.) 1898.

„ 21. J. OBERHOLZER. Karte der Bergstürze bei Glarus, Schwanden und Näfels, 1 : 20 000. (II. Serie, 9. Lfg.) 1900.

„ 22. TH. LORENZ. Karte des Fläscherberges, 1 : 25 000. (II. Serie, 10. Lfg.) 1900.

„ 23. L. ROLLIER. Carte tectonique des environs de Moutier, 1 : 25 000. 1901.

Nr. 24. L. ROLLIER. Carte tectonique des environs de Bellelay au 1 : 25 000. 1901.

„ 25. FR. MÜHLBERG. Karte der Lägern, 1 : 25 000. Mit „Erläuterungen". 1901.

„ 26. A. BUXTORF. Karte von Gelterkinden, 1 : 25 000. Mit 2 Profiltafeln. (II. Serie, 11. Lfg.) 1901.

„ 27. A. BUXTORF. Karte des Bürgenstocks, 1 : 25 000. Mit Profiltafel und „Erläuterungen". 1910.

„ 30. TH. RITTENER. Carte de la Côte-aux-Fées et des environs de Ste-Croix et Baulmes, 1 : 25 000. (IIe série, 13e livr.) 1902.

„ 31. FR. MÜHLBERG. Karte von Brugg und Umgebung, 1 : 25 000. Mit „Erläuterungen". 1904.

„ 32. L. ROLLIER. Carte géologique du Weissenstein, 1 : 25 000. 1904.

„ 33. L. ROLLIER. Carte géologique des environs de Delémont, 1 : 25 000. 1904.

„ 34. J. HUG. Karte von Andelfingen und Umgebung, 1 : 25 000. (II. Serie, 15. Lfg.) 1905.

„ 35. J. HUG. Karte der Umgebung des Rheinfalles, 1 : 25 000. (II. Serie, 15. Lfg.) 1905.

„ 36. J. HUG. Karte der Umgebung von Kaiserstuhl, 1 : 25 000. (II. Serie, 15. Lfg.) 1905.

„ 37. ARN. HEIM. Karte vom Westende des Säntisgebirges, 1 : 25 000. (II. Serie, 15. Lfg.) 1905.

„ 38. ALB. HEIM. Karte des Säntis, 1 : 25 000. (II. Serie, 16. Lfg.) 1905.

„ 39. ERNST BLUMER. Karte vom Ostende des Säntisgebirges, 1 : 25 000. (II. Serie, 15. Lfg.) 1905.

„ 40. J. J. PANNEKOEK. Karte von Seelisberg, 1 : 25 000. (II. Serie, 17. Lfg.) 1905.

„ 41. P. ARBENZ. Karte des Fronalpstockes bei Brunnen, 1 : 25 000. (II. Serie, 18. Lfg.) 1905.

„ 42. L. W. COLLET. Carte géologique de la chaîne Tour Saillère — Pic de Tanneverge, 1 : 50 000. (IIe série, 19e livr.) 1904.

„ 43. a, b. E. GERBER, E. HELGERS und A. TRÖSCH. Gebirge zw. Lauterbrunnental, Kandertal und Thunersee, 1 : 50 000. Mit Profiltafel und „Erläuterungen". 1907.

„ 44. ARN. HEIM und J. OBERHOLZER. Karte der Gebirge am Walensee, 1 : 25 000. (II. Serie, 20. Lfg.) 1907.

Nr. 45. FR. MÜHLBERG. Karte von Aarau und Umgebung, 1 : 25000. Mit „Erläuterungen". 1908.

„ 46. A. BUXTORF. Karte des Weissenstein-Tunnelgebietes, 1 : 25000. (II. Serie, 21. Lfg.) 1907.

„ 47. L. ROLLIER. Carte géologique de la région du tunnel du Weissenstein. (II. Serie, 21. Lfg.) 1907.

„ 48. a, b, c, d. C. SCHMIDT und H. PREISWERK. Karte der Simplongruppe, 1 : 50000. Dazu 3 Tafeln (II—IV) und „Erläuterungen" mit 5 Tafeln (V—IX). 1908.

„ 49. E. GREPPIN. Karte des Blauen, 1 : 25000. Mit „Erläuterungen". 1908.

„ 50. J. OBERHOLZER und ALB. HEIM. Karte der Glarneralpen, 1 : 50000. (II. Serie, 28. Lfg.) 1910.

„ 51. E. SCHAAD. Die Juranagelfluh. Übersichtskarte in 1 : 200000. (II. Serie, 22. Lfg.) 1908.

„ 52. EM. ARGAND. Carte géologique du massif de la Dent Blanche, 1 : 50000. (IIe série. 27e livr.) 1908.

„ 53. ARN. Heim. Karte der Fli-Falte, 1 : 3000. (II. Serie, 20. Lfg.) 1910.

„ 54. FR. MÜHLBERG. Karte des Hallwilersees, 1 : 25000. Mit Profiltafel und „Erläuterungen". 1910.

„ 55. P. ARBENZ. Karte von Engelberg und Umgebung, 1 : 50000. (II. Serie, 26. Lfg.) 1911.

„ 55bis P. ARBENZ. Geolog. Stereogramm des Gebirges zwischen Engelberg und Meiringen.

„ 56. P. BECK. Karte der Gebirge nördlich von Interlaken, 1 : 50000. Mit Profiltafel. 1910.

„ 57. P. BECK. Karte des Burst, 1 : 20000. (II. Serie, 29. Lfg.) 1910.

„ 58. W. GRUBENMANN und CHR. TARNUZZER. Karte des Unterengadins, 1 : 50000. (II. Serie, 23. Lfg.) 1910.

„ 59. L. ROLLIER et JULES FAVRE. Carte des environs du Locle et de la Chaux-de-Fonds, 1 : 25000. 1911.

„ 60. MAUR. LUGEON. Carte des Hautes Alpes calcaires entre la Kander et la Lizerne, 1 : 50000. (IIe série, 30e livr.) 1910.

„ 61. ARN. HEIM. Karte des Fli-Baches, 1 : 4000. (II. Serie, 20. Lfg.) 1911.

„ 62. W. STAUB. Karte der Windgällengruppe, 1 : 50000. (II. Serie, 32. Lfg.) 1911.

Nr. 64. EM. ARGAND. Alpes occidentales, 1 : 500000. Avec 3 pl. de profils. 1912.

„ 65. P. NIGGLI. Zofingen, 1 : 25000. Mit „Erläuterungen". 1912.

„ 67. FR. MÜHLBERG & P. NIGGLI. Roggen-Born-Boowald, 1 : 25000. Mit „Erläuterungen". 1913.

„ 68. A. JEANNET. Tours d'Aï, 1 : 25000. (IIe série, 34e livr.) 1912.

„ 69. F. RABOWSKI. Simmental et Diemtigtal, 1 : 50000. (IIe série, 35e livr.) Avec profils. 1913.

„ 70. R. FREI. Lorze, 1 : 25000. (II. Serie, 37. Lfg.) 1912.

„ 71. R. FREI. Übersichtskarte des Deckenschotters, 1 : 250000. (II. Serie, 37. Lfg.) 1912.

„ 73. FR. MÜHLBERG. Hauensteingebiet, 1 : 25000. Mit „Erläuterungen".

„ 74. R. FREI. Diluviale Gletscher der Schweizeralpen, 1 : 1000000. II. Ser., 41. Lfg.) 1912.

„ 75. W. A. KELLER. Bifertenstock-Selbsanft, 1 : 15000. (II. Serie, 42. Lfg.) 1912.

„ 76. R. SCHIDER. Schrattenfluh, 1 : 25000. Mit Profiltafel. (II. Serie, 43. Lfg.) 1913.

Grenzgebiet des Grossherzogtums Baden und der Schweiz, gemeinsam herausgegeben von der Grossherzogl. Bad. geolog. Landesanstalt u. der Schweiz. geolog. Kommission:

Bl. 144: FERD. SCHALCH, Stühlingen, 1 : 25000. Mit „Erläuterungen". 1912.

B. Belgien.

2. *Commission Géologique de la Belgique, Brüssel.*

a) Carte géol. de la Belgique, 1 : 40000 — seit 1893 — 226 Bl., vorhanden 225.

b) Carte géol. de la Belgique, 1 : 20000 — seit 1882 — 560 Bl., vorhanden 35 Bl. mit Erläuterungen.

c) G. DUVALQUE. Carte géol. de la Belgique, 1 : 500000, avec Notice explicative — 1879 1 Bl. komplett.

d) A. DUMONT. Carte géol. de la Belgique, 1 : 160000, je 9 Bl. mit und ohne Diluvium — komplett.

e) A. DUMONT. Carte géol. de la Belgique, 1 : 800000. 1 Bl. komplett.

f) A. FIRKET, Carte de la production et circulation des minérais de fer, de zinc, de plomb et des pyrites en Belgique pendant 1871. — 1 Bl.

g) MAX GOEBEL. Carte de la production, consommation et circulation des charbons belges en 1873. — 1 Bl.

h) A. FIRKET. Carte de la production, par communes, des carrières de la Belgique pendant l'année 1871. — 1 Bl.

C. Deutschland.

3. *Königl. Preussische Geolog. Landesanstalt.*
   a) Geolog. Karte von Preussen und den Thüringischen Staaten, 1 : 25000 — seit 1866 — erhalten 884 geolog. Karten mit Erläuterungen und 225 Bohrkarten.
   b) Geolog. Karten in 1 : 100000, 10 Bl. vorhanden.
   c) Geolog. Karten in 1 : 250000, 4 Bl. vorhanden.
   d) Karte der nutzbaren Lagerstätten Deutschlands, 1 : 200000.
   1. Aufl., 55 Bl. vorhanden,
   2. Aufl., 4 Bl. vorhanden.

4. *Physikalisch-ökonomische Gesellschaft zu Königsberg i. Pr.*
   a) Geolog. Kommission der Provinz Preussen, 1 : 100000 — ca. 1860 — erschienen 17 Bl.
   b) Höhenschichtenkarte von Ost- u. Westpreussen, 1 : 300000 — seit 1891 — erschienen 3 Sektionen.

5. *Grossherzogl. Badische Geologische Landesanstalt in Freiburg i. B.*
   Geologische Spezialkarte des Grossherzogtums Baden, 1 : 25000 — seit 1894 — 170 Bl. — erschienen 42 Bl. mit Erläuterungen (davon 7 Doppelblätter).

6. *Königl. Bayrisches Oberbergamt, München.*
   a) Das bayrische Alpengebirge und sein Vorland, 1 : 100000 — 1861 — 5 Bl. komplett.
   b) Das ostbayrische Grenzgebirge, 1 : 100000 — 1868 — 5 Bl. komplett.
   c) Das Fichtelgebirge mit dem Frankenwald und sein westliches Vorland, 1 : 100000 — 1879 — 5 Bl. komplett.
   d) Das fränkische Keuper- und Juragebiet, 1 : 100000 — 1888 — 5 Bl. komplett.
   e) Die bayrische Rheinpfalz, 1 : 100000 — 1910 — 3 Bl. mit Erläuterungen.
   f) Geologische Karte des Königreichs Bayern, 1 : 25000 — seit 1914 — vorhanden 2 Bl.

7. *Geologische Landesanstalt von Elsass-Lothringen in Strassburg.*
   Geologische Spezialkarte von Elsass-Lothringen, 1 : 25000 — seit 1882 — 143 Bl. — erschienen 33 Bl.

8. *Grossherzogl. Hessische Geolog. Landesanstalt in Darmstadt.*
   Geologische Karte des Grossherzogtums Hessen, 1 : 25000 — seit 1882 — 88 Bl. — erschienen 27 Bl. mit Erläuterungen.

9. *Kgl. Sächsische Geologische Landesanstalt in Leipzig.*
   Geolog. Spezialkarte des Königreichs Sachsen, 1 : 25000, seit 1877 — von 156 Bl. vorhanden 139 Bl., meist mit Erläuterungen.

10. *Königl. Württembergisches Statistisches Landesamt in Stuttgart.*
   a) Geognostische Karte von Württemberg, 1 : 50000 — 1896 — 55 Bl. mit Begleitwort, komplett.
   b) Idem, 2. Auflage — seit 1895 — erschienen 11 Bl. mit Begleitwort.
   c) Idem, 3. Auflage — seit 1912 — erschienen 1 Bl. mit Begleitwort.
   d) Geolog. Karte von Württemberg, 1 : 25000 — seit 1903 — erhalten 17 Bl. mit Erläuterungen.
   e) Geologische Übersichtskarte, 1 : 600000 — 1. Auflage 1893 — 2. Auflage 1894 — 3. Auflage 1897 — 5. Auflage 1905 — 6. Auflage 1906 — 7. Aufl. 1907 — mit Erläuterungen.

D. England.

11. *Geological Survey of the United Kingdom, London* (seit 1905 getrennt in Geol. Survey of Great Britain, und Geol. Survey of Ireland).
   a) Geological Map of England and Wales, 1 : 253440 — 1906 bis 1910 — 25 Bl. komplett.
   b) Geological Map of England and Wales, 1 : 63360 — seit 1856 — 110 Bl., erhalten 5 Bl.
   c) Geological Map of Scotland, 1 : 63360 — seit 1855 — 130 Bl., erhalten 21 Bl. mit Erläuterungen.
   d) Geological Map of Ireland, 1 : 63360 — seit 1855. — 235 Bl., erhalten 8 Bl. mit Erläuterungen.

E. Frankreich.

12. *Service géologique de la France, Paris.*
 a) Carte géologique de la France, 1 : 1 000 000. 4 Bl. komplett.
 b) Carte géologique détaillée de la France, 1 : 80 000 — seit 1874 — 264 Bl., vorhanden 243 Bl. mit Erläuterungen.

F. Italien.

13. *Reale Ufficio Geologico d'Italia, Roma.*
 a) Carta geologica d'Italia, 1 : 1 000 000 — 1889 — 2 Bl. komplett.
 b) Carta geologica d'Italia, 1 : 100 000 — seit 1884 — 277 Bl., vorhanden 106 Bl.
 c) Carte geologica delle Alpi Apuane, 1 : 50 000 — 1897, 4 Bl. komplett.

G. Norwegen.

14. *Norsk Geologisk Forening, Kristiania.*
 Geologische Karte von Norwegen, 1 : 100 000 — seit 1870 — 27 Bl. vorhanden.

H. Österreich-Ungarn.

15. *K. und k. Geologische Reichsanstalt in Wien.*
 a) Mojsisovics, Tietze & Bittner, geologische Karte von Bosnien, 1 : 576 000 — 1880 — 1 Bl. komplett.
 b) Von Hauer, geologische Übersichtskarte der österreichisch - ungarischen Monarchie, 1 : 576 000 — 2. Auflage — 1867 bis 74 — 12 Bl. komplett.
 c) Teller, geologische Karte der östlichen Ausläufer der Karnischen und Julischen Alpen, 1 : 75 000 — 1895 — 4 Bl. mit Erläuterungen, komplett.
 d) Stur, geologische Spezialkarte der Umgebung von Wien, 1 : 75 000 — 1891 — 6 Bl. mit Erläuterungen, komplett.
 e) Geologische Spezialkarte von Österreich, 1 : 75 000 — seit 1898 — ca. 350 Bl., erschienen 55 Bl. mit Erläuterungen.

16. *Tiroler Landesmuseum Ferdinandeum in Innsbruck.*
 Geognostische Karte des Tirols, 1 : 100 000 — 1849 — 10 Bl. komplett.

17. *Königl. Ungarische Geologische Reichsanstalt in Budapest.*
 Geologische Spezialkarte der Länder der Ungarischen Krone, 1 : 75 000 — seit 1880 — ca. 270 Bl., erhalten 28 Bl. mit Erläuterungen.

J. Russland.

18. *Comité Géologique de la Russie, St. Petersbourg.*
 a) Carte géologique générale de la Russie d'Europe, 1 : 420 000 — seit 1880 — 145 Bl., erhalten 4 Bl. mit Erläuterungen.
 b) Carte géologique détaillée du bassin houiller du Donetz, 1 : 42 000 — seit 1909 — ca. 60 Bl., erhalten 4 Bl. mit Erläuterungen.
 c) Carte géologique de la Russie d'Europe, 1 : 2 520 000 — 1892 — 6 Bl. mit Erläuterungen, komplett.

19. *Commission géologique de la Finlande, Helsingfors.* (Geologiska Kommissionen i Finland.)
 Carte géologique de la Finlande, 1 : 200 000 — seit 1898 — 37 Bl. mit Erläuterungen, komplett.

K. Schweden.

20. *Institut royal géologique de la Suède, Stockholm.* (Sveriges Geologiska Undersökning.)
 a) Geologisk Karta öfver Sverige, 1 : 50 000 — (Serie Aa.) — seit 1862 — ca. 360 Bl., vorhanden 140 Bl. mit Erläuterungen.
 b) Geologisk Karta öfver Sverige, 1 : 200 000 — (Serie Ab.) — seit 1877 — erhalten 15 Bl.

II. Amerika.

A. Argentinien.

21. *Museo de la Plata, La Plata.*
 a) Mapa mural de la Provincia de Buenos-Aires, 1 : 600 000 — 1893 — 6 Bl.
 b) Mapa de la Provincia de Catamarca, 1 : 500 000 — 1893 — 4 Bl.

B. Mexiko.

22. *Instituto Geologico Nacional, Mexico D. F.*
 a) A. de Castillo, Bosquejo de una carta geologica de Mexico, 1 : 3 000 000 — 1889 — 1 Bl. komplet.
 b) Idem, 1 : 10 000 000 — 1893 — 1 Bl. komplett.
 c) Verschiedene technische Karten (Plano geologico), z. T. in grösserem Masstabe.

C. Vereinigte Staaten.

23. *U. S. Geological Survey, Washington D. C.*
 a) Geological Atlas of the United States. 1 : 62 500; 1 : 125 000; 1 : 250 000 — seit 1894 — Folios 1—6, 8—12.
 Preliminary edition, 5 folios.

b) Technische Karten:

α) Landclassification Map, 1 : 62500; 1 : 125000; 1 : 250000 — 1897 und 1899 — 3 Bl.

β) Coal Fields of the United States, 1 : 7500000 — 1908 — 1 Bl.

c) Topographische Karten von ganz Nordamerika; Map of North America, 1 : 10000000 — 1912 — 1 Bl.

Map of North America, 1 : 1000000 — 1912 — nur 1 Bl. vorhanden.

d) Topographische Karten der Vereinigten Staaten: Übersichtskarte, 1 : 7000000 — 1899, 1910, 6 Bl. komplett.

Übersichtskarte, 1 : 2500000, von Gennett und King — 1890 und 1898 — 9 Bl. komplett.

Übersichtskarte, 1 : 2500000, von G. O. Smith — 1910 — 9 Bl. komplett.

Spezialkarten in 1 : 125000; 1 : 62500, vereinzelt auch 1 : 25000 und 1 : 10000 — seit 1879 — im ganzen über 2000 Bl., von denen gegen 1000 vorhanden sind.

e) Topographische Karten von Alaska: Übersichtskarte, 1 : 5000000 — 1909 — 1 Bl. Übersichtskarte, 1 : 250000 — 1909 bis 1911 — 3 Bl. vorhanden.

Spezialkarten in 1 : 62500 — seit 1904 — 7 Bl. vorhanden.

f) Topographische Karten von Hawaii: Spezialkarte in 1 : 62500 — seit 1912 — 1 Bl. vorhanden.

III. Asien.

Japan.

24. *Imperial Geological Survey of Japan, Tokio.*

a) Geological Map of the Japanese Empire, 1 : 2000000 — 1911 — 4 Bl. mit Erläuterungen, komplett.

b) Geological Map of the Japanese Empire, 1 : 1000000 — 1902 — 15 Bl. komplett.

c) Geological Reconnaissance-Map, 1 : 400000 — seit 1886 — 5 Abteilungen, erhalten Abt. II und IV.

d) Geological Map, 1 : 200000 — seit 1884 — 99 Bl., erhalten 33 Bl. mit Erläuterungen.

e) Map showing distribution of minerals in the Japanese Empire, 1 : 2000000 — 1911 — 4 Bl. mit Erläuterungen, komplett.

f) Idem, 1 : 400000 — 1912 — in 5 Abteilungen, erhalten Abt. II.

g) Agronomic Map, 1 : 100000; erhalten 3 Bl. aus verschiedenen Provinzen.

Dr. Aug. Aeppli,
Sekretär.

3. La Commission géodésique suisse.

I. Les origines de la Commission, son histoire, ses relations avec l'Association géodésique internationale.

Des travaux géodésiques ont été exécutés sur le territoire de la Suisse au XVIIIe et dans la première moitié du XIXe siècle, mais ce n'est qu'à partir de 1862, lorsque fut fondée l'Association géodésique, devenue depuis internationale, que ces travaux y ont pris un développement normal et complet. Alors fut nommée la Commission géodésique suisse, de l'activité de laquelle nous allons chercher à donner un aperçu, en nous servant de deux notes que nous avons publiées antérieurement en 1893 et en 1914.[1])

Grâce aux mesures géodésiques dont on disposait au commencement du XIXe siècle, plusieurs géomètres, entre lesquels il faut citer Bessel, ont établi que la terre peut être considérée comme un ellipsoïde de révolution, aplati aux deux pôles; et ils ont calculé les dimensions de l'ellipsoïde qui répondent le mieux à l'ensemble de ces mensurations. Leurs recherches ont aussi prouvé que, en différents lieux, la «figure de la terre» diffère sensiblement de cette forme géométrique; et c'est ainsi que s'est posé le nouveau problème de déterminer toutes ces variations locales, afin d'en déduire la connaissance exacte de la vraie surface physique du sphéroïde terrestre, de ce qu'on est convenu d'appeler le *géoïde*.

Mais, pour résoudre ce problème, il ne suffit pas de mesurer quelques lignes géodésiques à la surface de la terre; il faut étudier avec soin et en tous sens des espaces considérables de terrain; et nulle part les conditions n'étaient aussi favorables pour cette étude que dans l'Europe centrale. Il n'y a donc rien de surprenant à ce que le plan élaboré, au printemps de l'année 1861, par le général Baeyer, le distingué géodésien prussien, pour utiliser dans ce but les travaux géodésiques des pays du centre de l'Europe, ait été accueilli avec la plus grande faveur. Ce projet fut soumis, le 7 juillet 1861, par la légation de Prusse à Berne, au haut Conseil fédéral, qui était invité à prendre sa part de la réalisation de ce programme. Le Département fédéral de l'Intérieur, auquel l'étude de cette affaire avait été renvoyée, prit d'abord l'avis du général Dufour, chef du bureau topographique, avis qui fut favorable; puis il la porta à la connaissance de

[1]) *Exposé historique des travaux de la Commission géodésique suisse de 1862 à 1892.* Annexe au Procès-verbal de la 36e séance de la Commission (1893).

Id. de 1893 à 1913. Annexe au Procès-verbal de la 60e séance de la Commission (1914).

la Société helvétique des Sciences naturelles qui s'en occupa dans sa 45e session de 1861 à Lausanne. Le projet fut discuté par la section de physique de la Société et vivement appuyé par É. Ritter et par A. Hirsch. Sur leur proposition, la Société décida, en séance générale, le 22 août, non seulement de donner un préavis favorable à l'accession de la Suisse au programme du général Baeyer, mais de constituer une Commission spéciale pour s'occuper de ce travail. Cette Commission, nommée séance tenante, fut composée du professeur R. Wolf de Zurich, président, du général Henri Dufour et d'Élie Ritter de Genève, du professeur A. Hirsch de Neuchâtel, et de l'ingénieur H. Denzler de Zurich.

La *Commission géodésique suisse* existe toujours, mais son personnel s'est forcément transformé avec le temps, et aucun des membres fondateurs n'est plus là pour constater le chemin parcouru depuis plus d'un demi-siècle de vie active. Au cours de ces cinquante-quatre années, la Commission a tenu soixante séances. Au début, et du vivant de Hirsch, elle se réunissait de préférence à l'Observatoire de Neuchâtel. Depuis le XXe siècle, les séances ont généralement lieu à Berne.

Voici maintenant *la liste des membres de la Commission* depuis l'origine, avec indication de leurs fonctions dans le sein de la Commission. Les noms des membres actuels sont marqués d'un astérisque (*).

Le général Guillaume-Henri Dufour (1787--1875), Genève, président d'honneur, membre de la Commission de 1861 à 1873.

Le professeur Rodolphe Wolf (1816--1893), directeur de l'Observatoire de Zurich, président de la Commission de 1861 à 1893.

Le professeur Élie Ritter (1801—1862), Genève, membre de 1861 à 1862.

Le professeur Dr. Adolphe Hirsch (1830—1901), directeur de l'Observatoire de Neuchâtel, secrétaire de 1861 à 1892, président de 1893 à 1901.

L'ingénieur J.-Henri Denzler (1814—1876), Zurich, membre de 1861 à 1876.

Le professeur Émile Plantamour (1815—1882), directeur de l'Observatoire de Genève, membre de 1862 à 1882.

Le colonel Hermann Siegfried (1819—1879), chef du bureau de l'État-major fédéral et du bureau topographique, Zofingue et Berne, membre de 1873 à 1879.

Le conseiller d'État Rodolphe Rohr (1831—1888), Berne, membre de 1880 à 1888.

*Le colonel Jules Dumur, Berne et Pully près Lausanne, chef et, depuis 1882, ancien chef de l'arme du Génie et du bureau topographique fédéral, membre de 1880 à 1882, membre honoraire de la Commission depuis 1887.

*Le colonel J.-J. Lochmann, Berne et Lausanne, chef et, depuis 1901, ancien chef de l'arme du Génie et du bureau topographique fédéral, trésorier de la Commission de 1883 à 1901, président depuis 1901.

Le colonel Émile Gautier (1822--1891), directeur de l'Observatoire de Genève, membre de 1883 à 1891.

Le professeur J.-J. Rebstein (1840—1907), Zurich, membre de 1888 à 1907.

*Le professeur Raoul Gautier, directeur de l'Observatoire de Genève, membre depuis 1891, secrétaire depuis 1893.

*Le professeur Albert Riggenbach-Burckhardt, directeur et, depuis 1914, ancien directeur de l'Astronomisch-Meteorologische Anstalt du Bernoullianum, Bâle, membre depuis 1893.

*Le professeur Alfred Wolfer, directeur de l'Observatoire de Zurich, membre depuis 1901.

Le professeur Max Rosenmund (1857 – 1908), Berne et Zurich, membre et trésorier de la Commission de 1901 à 1908.

*Le Lt-Colonel Leonz Held, directeur du Service topographique fédéral, membre et trésorier de la Commission depuis 1909.

*Le professeur Fritz Baeschlin, Zurich, membre depuis 1912.

Une fois la Commission géodésique suisse constituée en 1861, il s'agissait d'organiser son travail. Le président s'entendit avec le général Baeyer pour l'élaboration d'un programme qui fut soumis à la Commission dans sa première séance du 11 avril 1862 à l'Observatoire de Neuchâtel. Ce programme fut adopté, et la Commission prit aussi la décision de principe suivante: „La Commission se prononce, à l'unanimité, pour la convenance qu'il y aurait à ce que la Suisse s'associe à l'entreprise internationale proposée par le général Baeyer, comme étant d'un grand intérêt pour la science".

Cette décision fut ratifiée par le Département fédéral de l'Intérieur. Ce Département proposa des crédits — lesquels furent bientôt insuffisants — et qui furent votés par les Chambres fédérales le 31 janvier 1863. Enfin, le 18 mars 1863, le Conseil fédéral décidait de communiquer à la légation de Prusse que la Suisse adhérait officiellement à l'„Association pour la mesure des degrés dans l'Europe centrale".

Durant toute la période s'étendant de l'année 1864, où cette Association fut définitivement constituée dans la Conférence tenue à Berlin, jusqu'à aujourd'hui, la Suisse n'a cessé de cheminer, par les travaux exécutés sur son territoire, au premier rang des États qui en font partie. Rappelons ici que cette Association étendit, dès 1867, son activité à tous les pays de l'Europe par l'adhésion à son programme de la France et de la Russie, et qu'elle prit le nom d'„Association pour la mesure des degrés en Europe". Enfin, en 1886, lorsque son champ d'activité s'étendit hors de notre continent, elle se constitua en „Association géodésique internationale".

Dès l'origine, la Suisse a été représentée au sein de la Commission permanente de l'Association par un des membres de sa Commission géodésique: le Conseil fédéral avait d'abord désigné pour en faire partie, R. Wolf, président de la Commission, mais, sur son refus et sur sa recommandation, ce fut le professeur A. Hirsch, directeur de l'Observatoire de Neuchâtel, qui fut appelé à ces fonctions. Hirsch a été longtemps secrétaire de la première Association pour la mesure des degrés en Europe; il a été, de 1886 à 1900, secrétaire perpétuel de l'Association géodésique internationale. A sa mort il a été remplacé, comme membre pour la Suisse de la Commission permanente de l'Association, par le professeur Raoul Gautier.

Quatre fois, notre pays a vu se réunir chez lui les délégués de l'Association géodésique internationale: en 1866 à Neuchâtel, en 1879 et en 1893 à Genève, enfin en 1896 à Lausanne.

Rappelons enfin que si, lors de la constitution de la Commission, les rapports ont été fréquents entre l'Institut géodésique prussien et les géodésiens suisses, comme nous l'avons déjà constaté, ces bonnes relations ont continué depuis. Et lorsque la direction de l'Institut a passé aux mains du professeur F.-R. Helmert, la Commission n'a jamais recouru en vain aux conseils et aux bons offices de cet éminent géodésien. L'Institut géodésique prussien de Potsdam, qui fonctionne comme Bureau central de l'Association géodésique internationale, ouvre largement ses portes aux visiteurs étrangers, et nous avons aussi à le remercier pour le bon accueil et l'hospitalité qu'il a accordés à quelques membres et ingénieurs de la Commission géodésique suisse.

Nous allons maintenant passer en revue les travaux exécutés par la Commission géodésique suisse pendant plus d'un demi-siècle. Quelques-uns des problèmes qui se posaient au début aux géodésiens sont toujours à l'ordre du jour; d'autres, après les travaux d'il y a un demi-siècle, ont passé au deuxième plan en Europe; enfin d'autres, nouveaux, sont venus s'ajouter aux anciens. Mentionnons en particulier le problème de la variation des latitudes auquel l'Association géodésique internationale voue une grande partie de son activité; puis les mesures de la pesanteur qui ont beaucoup occupé la Commission depuis une vingtaine d'années. Nous classerons ces travaux sous plusieurs rubriques. Mais auparavant nous devons donner la liste des publications faites par la Commission et dans lesquelles les résultats de ses travaux sont consignés. Remarquons d'abord que, au début, la triangulation étant l'objectif principal, la publication fondamentale a pris le titre de: *Das Schweizerische Dreiecknetz,* ou *Le réseau de triangulation suisse;* ce titre a été commun aux neuf premiers volumes des publications de la Commission qui ont suivi la magistrale introduction historique due à la plume de son dévoué président, Rodolphe Wolf. Puis la Commission a décidé de le transformer en celui, beaucoup plus exact de: *Astronomisch-geodätische Arbeiten in der Schweiz,* ou *Travaux astronomiques et géodésiques exécutés en Suisse.* Les autres publications ont été en majorité publiées sous la responsabilité de Plantamour.

A la page suivante, ont trouve, par ordre de matières, le catalogue complet des

II. Publications de la Commission géodésique suisse de 1864 à 1915

Geschichte der Vermessungen in der Schweiz, als historische Einleitung zu den Arbeiten der schweizerischen geodätischen Kommission, bearbeitet von R. WOLF. Mit einem Titelbilde. Zürich, 1879

Das Schweizerische Dreiecknetz, herausgegeben von der schweizerischen geodätischen Kommission:

Band I. *Die Winkelmessungen und Stationsausgleichungen.* Zürich, 1881.
„ II. *Die Netzausgleichung und die Anschlussnetze der Sternwarten und astronomischen Punkte.* Zürich, 1885.
Volume III. *La mensuration des bases*, par A. HIRSCH et J. DUMUR. Lausanne, 1888.
Band IV. *Die Anschlussnetze der Grundlinien.* Zürich, 1889.
„ V. *Astronomische Beobachtungen im Tessiner Basisnetze; auf Gäbris und Simplon definitive Dreiecksseitenlängen; geographische Koordinaten.* Zürich, 1890.
„ VI. *Lotabweichungen in der Westschweiz.* Zürich, 1894.
„ VII. *Relative Schwerebestimmungen.* I. Teil. Zürich, 1897.
„ VIII. *Lotabweichungen in der mittleren und nördlichen Schweiz.* Zürich, 1898.
„ IX. *Polhöhen und Azimutmessungen. Das Geoïd der Schweiz.* Zürich, 1901.

Astronomisch-geodätische Arbeiten in der Schweiz (Fortsetzung der Publikation: *„Das schweizerische Dreiecknetz“*).

Band X. *Relative Lotabweichungen gegen Bern und telephonische Uhrvergleichungen am Simplon.* Zürich, 1907.
Volume XI. *Mesure de la base géodésique du tunnel du Simplon.* Zurich, 1908.
Band XII. *Schwerebestimmungen in den Jahren 1900—1907. Das Nivellementspolygon am Simplon.* Zürich, 1910.
„ XIII. *Polhöhen- und Schwerebestimmungen bis zum Jahre 1910.* Zürich, 1911.
„ XIV. *Telegraphische Längenbestimmungen.* Zürich, 1915.

Nivellement de précision de la Suisse, exécuté sous la direction de A. HIRSCH et É. PLANTAMOUR, Genève et Bâle.

Volume I. Livraisons I, 1867, II, 1868, III, 1870, IV, 1873, V, 1874, VI, 1877, VII, 1880, VIII 1883, IX, 1891.
„ II. Livraison X, 1891.

Bericht der Abteilung für Landestopographie an die schweizerische geodätische Kommission über die Arbeiten am Präzisionsnivellement der Schweiz in den Jahren 1893—1903. Bearbeitet von Dr. J. HILFIKER, Zürich, 1905.

Détermination télégraphique de la différence de longitude entre:

Les Observatoires de *Genève* et de *Neuchâtel*, par É. PLANTAMOUR et A. HIRSCH. Genève et Bâle 1864, avec quatre planches.

La station astronomique du *Rigi-Kulm* et les Observatoires de *Zurich* et de *Neuchâtel*, par É. PLANTAMOUR, R. WOLF et A. HIRSCH, Genève et Bâle, 1871, avec trois planches.

Des stations suisses: I. entre la station astronomique du *Weissenstein* et l'Observatoire de *Neuchâtel*, en 1868; II. entre l'Observatoire de *Berne* et celui de *Neuchâtel*, en 1869, par É. PLANTAMOUR et A. HIRSCH. Genève et Bâle, 1872, avec une planche.

La station astronomique du *Simplon* et les Observatoires de *Milan* et de *Neuchâtel*, par É. PLANTAMOUR et A. HIRSCH, Genève et Bâle, 1875.

L'Observatoire de *Zürich* et les stations astronomiques du *Pfänder* et du *Gäbris*, par É. PLANTAMOUR et R. WOLF. Genève et Bâle, 1877.

Genève et *Strasbourg*, exécutée en 1876 par É. PLANTAMOUR et M. LÖW. (Publication faite en commun avec l'Institut géodésique prussien.) Genève et Bâle, 1879.

Les Observatoires de *Genève* et de *Bogenhausen*, près *Munich*, exécutée en 1877, par É. PLANTAMOUR et le colonel VON ORFF. (Publication faite en commun avec la Commission géodésique bavaroise). Genève et Bâle, 1879.

Observations faites dans les stations astronomiques suisses: I. *Rigi-Kulm*, II. *Weissenstein*, III. Observatoire de *Berne*, par É. PLANTAMOUR, Genève et Bâle, 1873.

Expériences faites à Genève avec le pendule à réversion, par É. PLANTAMOUR. Genève et Bâle, 1866, avec trois planches.

Nouvelles expériences faites avec le pendule à réversion, et détermination de la pesanteur à *Genève* et au *Rigi-Kulm*, par É. PLANTAMOUR. Genève et Bâle, 1872.

Recherches expérimentales sur le mouvement simultané d'un pendule et de ses supports, par É. PLANTAMOUR, Genève et Bâle, 1878.

Cinquante-trois cahiers de *Procès-verbaux des séances de la Commission géodésique suisse.* Neuchâtel, 1862 à 1914[1]).

III. Triangulation et mesure de bases.

Il s'agissait avant tout, pour la Commission géodésique, de se rendre compte si les travaux précédemment exécutés en Suisse pouvaient servir à l'entreprise nouvelle. Ces travaux avaient été inaugurés au commencement de ce siècle par Finsler, poursuivis par Feer, Horner, Trechsel, Pestalozzi et Studer, avec la collaboration des ingénieurs Buchwalder et Eschmann, et avaient repris une activité nouvelle, depuis 1833, sous l'impulsion du général Dufour. Leurs résultats avaient été publiés par J. Eschmann dans un volume intitulé *Ergebnisse der trigonometrischen Vermessungen in der Schweiz*, Zürich, 1840, et ces travaux ont revêtu une forme bien connue dans la belle carte de la Suisse au 1 : 100 000, carte de l'État-Major, ou carte Dufour.

Le travail de revision fut entrepris par Ritter, qui s'intéressait d'ailleurs particulièrement aux calculs géodésiques. Déjà au mois de janvier 1862, il écrivait à R. Wolf que, d'après son avis, l'ancienne triangulation ne satisfaisait pas aux exigences du but poursuivi par l'Association pour la mesure des degrés en Europe, et il concluait à la nécessité d'entreprendre une nouvelle triangulation. Une maladie, suivie d'une mort prématurée, empêcha que Ritter fût chargé de la direction des calculs géodésiques; mais la Commission adopta ses conclusions et décida qu'il fallait entreprendre le travail à nouveau, spécialement en ce qui concernait le passage des Alpes. Elle chargea de l'étude détaillée du projet l'ingénieur H. DENZLER qui se mit immédiatement à l'œuvre et qui lui présenta, l'année suivante, un plan d'ensemble établi avec le plus grand soin et qui reçut la complète approbation du général Baeyer, auquel il avait été communiqué.

[1]) Les 45 premiers de ces cahiers ont paru en „Annexes" dans le *Bulletin de la Société neuchâteloise des Sciences naturelles, de 1862 à 1900.*

a) Triangulation proprement dite.

Ce plan comportait, y compris le passage des Alpes entre la Suisse primitiv et le canton du Tessin, un total de quarante triangles, avec vingt-neuf sommets, su lesquels les angles devaient être mesurés. Ces triangles forment un réseau à trois branche émergeant du centre du plateau et se soudant par leurs extrémités aux réseaux de pays voisins. Le raccordement avec les réseaux piémontais et français s'opérait par l côté *Colombier-Trélod* au sud-ouest, avec les réseaux badois et wurtembergeois par le côtés *Feldberg-Lägern* et *Feldberg-Hohentwiel* au nord, avec l'Autriche par le côt *Gäbris-Pfänder* au nord-est et avec la Lombardie par le côté *Ghiridone-Menone* a sud. On ne conservait de l'ancienne triangulation que la valeur du côté *Chasseral Röthifluh,* qui servait ainsi en quelque sorte de base provisoire, jusqu'à ce que de nou velles mesures de bases eussent été entreprises. Le plan de Denzler fut adopté par l Commission dans sa deuxième séance, tenue le 1er mars 1863, avec la réserve: „sau les modifications dont l'exécution du travail démontrera la nécessité". Denzler fut offi ciellement chargé du travail de la triangulation; il devait l'exécuter lui-même ou dirige les ingénieurs par lesquels il devrait se faire remplacer.

De fait, le plan primitif avait été si bien combiné qu'il ne fut presque pas modifié mais son exécution fut beaucoup plus longue et coûteuse qu'on ne l'avait prévu au débu Cela s'explique en partie parce que, sur beaucoup de sommets, les mesures d'angle furent rendues très difficiles par l'altitude et par les circonstances atmosphériques; d'autr part il y eut des erreurs commises, erreurs de fait et aussi erreurs de méthode, pa l'emploi de stations excentriques aux sommets des triangles; certaines parties du travai durent être complètement refaites ultérieurement. Les ingénieurs qui ont exécuté ce mesures, sous la direction de Denzler, sont: MM. Kündig, Jacky, l'Hardy, Gelpke, Gysi et Lechner, puis MM. Pfändler, Stammbach et Haller. Après la mort de Denzler l travail fut repris par le colonel Siegfried, et c'est sous sa direction que furent entre prises les mensurations supplémentaires, reconnues nécessaires, pour soumettre l'ensembl des mesures d'angles à un calcul de compensation rigoureux.

Les résultats de tous ces travaux ont été publiés par la Commission géodésiqu suisse dans les deux premiers volumes de ses publications, rédigés, l'un par l'ingénieu Koppe, qui avait fait les calculs définitifs, et l'autre par Scheiblauer, collaborateu puis successeur de Koppe, dans les fonctions d'ingénieur en titre de la Commission.

Depuis une trentaine d'années ce travail de triangulation est terminé, et l'o peut ajouter que ses résultats font honneur à ceux qui l'ont mené à terme. L'erreu moyenne d'une mesure d'angle du réseau principal des quarante triangles a été trouvé égale à $\pm 0'',9$, ce qui constitue un grand progrès sur les mesures de la triangulatio antérieure d'Eschmann dont l'erreur correspondante était de $\pm 3''$ à $\pm 4''$.

Récemment, en 1911, le Service topographique fédéral a fait opérer des mesur d'angles dans treize triangles du même réseau au nord-est de notre pays. Pour ce triangles l'erreur moyenne d'une mesure d'angle est tombée de $\pm 1'',0$ à $\pm 0'',6$. Les progrès réalisés dans les méthodes et dans les instruments expliquent pleinement cette amélioration, mais il n'en reste pas moins que l'ancienne triangulation de Denzler conserve toute sa valeur pour l'ensemble du réseau suisse.

Si nous revenons au chiffre mentionné plus haut, $\pm 0'',9$, pour l'erreur moyenne d'une mesure d'angle du réseau complet compensé, cette erreur, reportée sur les longueurs des côtés des triangles, correspond, pour un côté de 40 km, à une incertitude de + 0,4 m environ ce qui fait qu'un côté est connu exactement à 1 : 100 000 près de sa longueur. Si l'on recherche enfin l'incertitude des plus longues lignes géodésiques reliant deux stations aussi distantes que possible, en Suisse, du nord au sud ou de l'ouest à l'est, on trouve que ces lignes, mesurant de 200 à 400 km, sont déterminées avec une approximation de ± 1 m à $\pm 1{,}5$ m soit au 1 : 200 000 ou 1 : 300 000 de leur longueur totale. C'est là un résultat satisfaisant, et notre réseau peut servir de base digne de confiance à toutes les entreprises spéciales à exécuter dans notre pays.

Actuellement c'est, comme nous l'avons indiqué tout à l'heure, le Service topographique fédéral qui se charge graduellement de la vérification de toutes les anciennes mesures d'angles comme de l'extension du réseau de triangulation de premier ordre aux autres régions de notre pays. Ici, comme pour d'autres problèmes, la collaboration entre le Service topographique et la Commission géodésique est constante et fructueuse, grâce à la parfaite entente qui n'a cessé de régner entre ces deux institutions.

b) Mesure de bases.

Les bases de l'ancien réseau suisse étaient: celle du Sihlfeld près Zurich, base secondaire, et celle d'Aarberg, base fondamentale, mesurée en 1834 par Eschmann avec l'aide de Wild et de Wolf. Le nouveau réseau de triangles comportait trois bases à mesurer, correspondant à la forme générale du réseau: la base *d'Aarberg* à la racine de la branche occidentale, qui peut être considérée comme base centrale, celle de *Weinfelden* à l'extrémité orientale du réseau et celle de *Bellinzone* au bout de sa branche méridionale, qui peuvent être regardées comme bases de contrôle.

Le compte rendu des mesures de bases est consigné dans le troisième volume des publications de la Commission géodésique suisse rédigé par le colonel J. Dumur et par le professeur A. Hirsch.

Toutes les mensurations ont été faites avec *l'appareil Ibañez,* construit en 1864 par Brunner frères à Paris. Sur la demande, adressée en mai 1880 par le Conseil fédéral au gouvernement de S. M. le roi d'Espagne, cet appareil fut mis, avec la plus grande obligeance, à la disposition de la Commission géodésique suisse par son inventeur, le général Ibañez, directeur de l'Institut géographique et statistique de Madrid et président de la Commission permanente de l'Association géodésique internationale, lequel poussa la courtoisie jusqu'à venir lui-même faire une double première mesure de la base d'Aarberg avec son personnel, en août 1880. Les deux autres bases ont été mesurées en 1881 par un personnel choisi par le colonel Dumur parmi les officiers et sous-officiers du Génie suisse. La direction des travaux appartenait au colonel Dumur et à MM. Hirsch et Plantamour. Les détails circonstanciés sur ces mesures sont fournis par le volume précité. Rappelons seulement ici que l'appareil Ibañez repose sur l'emploi d'une seule règle monométallique que l'on fait marcher sur l'alignement de la base, en déterminant les emplacements successifs de ses extrémités au moyen de repères mobiles armés de microscopes, et bornons notre exposé à quelques chiffres: ce sont les longueurs des bases, leur erreur probable et l'incertitude exprimée en fraction de la longueur. Ces chiffres prouvent une exactitude vraiment remarquable, laquelle est tout à l'honneur de l'appareil employé et des opérateurs qui ont travaillé à cette mensuration.

Base	*Longueur*	*Erreur probable*	*Incertitude*
Aarberg . . .	2400,111 m	$\pm$ 0,9 mm	$\frac{1}{2\,700\,000}$
Weinfelden . .	2540,335 »	$\pm$ 1,3 »	$\frac{1}{1\,960\,000}$
Bellinzone . .	3200,408 »	$\pm$ 1,3 »	$\frac{1}{2\,460\,000}$

D'après ce qui vient d'être dit, ces bases sont mesurées avec une exactitude telle que l'incertitude sur leur longueur, réduite à 3 kilomètres, n'est que de un à deux millimètres. En reportant cette erreur sur le côté du triangle le plus voisin, l'incertitude de la longueur de ce côté, estimée en moyenne à 40 km, est de 20 à 30 mm. On peut sans aucune arrière-pensée ne tenir aucun compte de cette cause d'erreur, beaucoup plus faible que celles qui proviennent de la mesure des angles.

A la mesure de ces bases se rattachent immédiatement les travaux qui ont paru dans les volumes IV et V des publications de la Commission géodésique, en même temps que d'autres études, et qui ont été rédigés, le premier par O. Scheiblauer, et le suivant par le même auteur puis par le Dr. J.-B. Messerschmitt qui lui a succédé dans les fonctions d'ingénieur de la Commission. C'est aussi dans ce dernier volume que se trouvent publiés les résultats définitifs du grand travail de triangulation entrepris par la Commission géodésique suisse.

Dans le problème de la mesure des bases, il s'est passé dans les vingt dernières années un fait nouveau de la plus haute importance: la découverte des propriétés du métal *invar,* alliage d'acier et de nickel, par notre compatriote M. Ch.-Ed. Guillaume, et l'application de ce métal à la construction des appareils pour la mesure des bases. Les *règles géodésiques* modernes (généralement de quatre mètres de longueur) se construisent actuellement en invar. Mais en outre, les fils métalliques que, suivant le procédé imaginé par l'ingénieur suédois Jæderin, on applique à la mesure rapide des bases se font aussi en invar, de même que les rubans métalliques employés surtout aux États-Unis d'Amérique. La méthode moderne pour la *mesure rapide des bases au moyen de fils d'invar de 24 mètres de longueur* a été mise au point par MM. Benoit et Guillaume, du Bureau international des Poids et Mesures, et nous avons quelques mots à en dire ici.

En effet, dès 1903 et en vue des travaux qui pourraient se présenter dans ce domaine, la Commission géodésique suisse avait fait l'achat, à Sèvres, d'un lot de fils d'invar de 24 mètres. Puis elle a décidé, en 1905, de compléter cet achat par celui de tous les appareils nécessaires pour une mesure de base. Il s'agissait de profiter de l'achèvement du tunnel du Simplon pour mesurer cette ligne droite souterraine de 20 km environ de longueur.

Les travaux préliminaires à cette mesure ont été l'œuvre de Max Rosenmund. La mesure de la base elle-même du tunnel du Simplon a été exécutée en mars 1906, grâce à l'appui trouvé auprès de la Direction des Chemins de fer fédéraux. La direction de cette entreprise a été confiée à M. Guillaume, et les trois équipes qui travaillaient l'une après l'autre, afin que la mesure fût ininterrompue, étaient commandées par MM. Rosenmund, Gautier et Riggenbach. Il est rendu compte des résultats de cette entreprise dans le volume XI des publications de la Commission, rédigé pour la plus grande partie par MM. Guillaume et Rosenmund.

Cette mesure de base ne devait pas servir à une nouvelle triangulation de notre pays, mais elle présente un intérêt scientifique, comme contrôle de la longueur des lignes géodésiques qui ont servi de fondement à la triangulation du Simplon, faite par Rosenmund en vue du percement du tunnel. C'est, sinon la plus longue base mesurée jusqu'au début du XXe siècle, au moins l'une des plus longues: on a trouvé 20 145,865 m, longueur réduite à la cote moyenne de 696,74 m, pour la distance entre les deux observatoires de Brigue et d'Iselle, qui avaient servi à la détermination et à la vérification de l'axe du tunnel et qui formaient les deux termes extrêmes de la base. Elle constitue un record de vitesse, puisqu'il fallait que la base fût mesurée, aller et retour, soit près de 40 km, dans les cinq jours pendant lesquels les Chemins de fer fédéraux avaient mis le tunnel à la disposition de la Commission géodésique. Enfin, l'exactitude de la mesure est remarquable, car l'erreur moyenne est à peine supérieure à 1 : 1 000 000, ce qui est très satisfaisant, étant données les conditions dans lesquelles l'opération a été exécutée.

IV. Nivellement de précision de la Suisse.

Cette entreprise scientifique doit son origine à la question des altitudes absolues de la Suisse, soulevée vers la fin de l'année 1863 par le colonel Burnier, de Morges, à l'occasion d'une communication de l'ingénieur Michel, de Montpellier, sur le résultat du nivellement français, d'après lequel la cote de la Pierre du Niton à Genève devait être abaissée de 2,59 m. Antérieurement déjà, les nivellements exécutés par les différents chemins de fer qui convergent à Bâle avaient donné un résultat analogue, soit un abaissement de 2,11 m de la cote fédérale du point zéro de l'échelle du Rhin à Bâle. L'altitude fondamentale du Chasseral, qui a servi de point de départ pour toutes les hauteurs trigonométriques mesurées par l'État-major fédéral, avait été, au reste, par suite d'une méprise d'Eschmann, cotée trop haut de 0,97 m, erreur qui affectait nécessairement toutes les hauteurs suisses.

Le moment était venu de reviser tout le réseau hypsométrique suisse, de faire concorder ses différentes parties entre elles et de le relier d'une manière satisfaisante aux réseaux des pays voisins et par suite aux différentes mers. C'est ainsi que, sur un rapport du professeur Ch. Dufour, de Morges, président de la Commission suisse d'hydrométrie, le Département fédéral de l'Intérieur renvoya la question à la Commission géodésique, après avoir pris l'avis du général Dufour, de l'ingénieur Denzler et du professeur Mousson.

La Commission géodésique, réunie à l'Observatoire de Neuchâtel le 24 avril 1864, y discuta en détail le rapport que le professeur Hirsch lui présenta sur cette question et en adopta les conclusions qui furent approuvées par le Département fédéral de l'Intérieur et dont voici les plus importantes:

«Le plan général de comparaison pour tous les nivellements suisses sera celui qui passe par la plaque de bronze de la Pierre du Niton à Genève . . .»

«La Confédération fera exécuter un nivellement de précision entre Genève, Bâle, Lucerne et Romanshorn. Le long de ces lignes de nivellement, on établira des points de repère pareils à celui de la Pierre du Niton; celui de Bâle sera rattaché par nivellement à un repère du réseau français et au nivellement badois; celui du lac de Constance aux réseaux des Etats limitrophes; enfin, à partir de Lucerne, le nivellement sera continué, aussitôt que faire se pourra, jusqu'au canton du Tessin, où il sera rattaché au réseau italien. On comparera partout, le long de la ligne de nivellement, les anciennes hauteurs trigonométriques aux nouvelles cotes du nivellement; enfin, on reliera trigonométriquement et par nivellement le Chasseral à une des stations du réseau suisse, ainsi qu'à une station de frontière faisant partie du réseau français.»

La Commission géodésique chargea en même temps Hirsch, son représentant à l'Association géodésique, de proposer des mesures analogues à la Conférence qui eut lieu à Berlin au mois de septembre 1864, afin d'obtenir, dans toute l'Europe centrale, un vaste réseau de nivellements de précision reliant toutes les mers entre elles. Cette proposition fut agréée; la Conférence de Berlin prit une résolution dans ce sens et décida de choisir ultérieurement, d'après les résultats de l'ensemble des mesures, le plan général de comparaison pour toutes les hauteurs de l'Europe. Peu après, la plupart des pays faisant partie de l'Association géodésique introduisaient les travaux de nivellement dans le programme de leurs opérations. C'est un honneur pour la Suisse d'avoir ainsi provoqué, par son initiative, une entreprise générale de grande valeur scientifique.

L'année suivante, Hirsch soumit à la Commission géodésique, dans sa séance du 18 juin 1865, un rapport détaillé sur le nivellement à entreprendre, sur les appareils, les méthodes d'opération et de calcul et sur le plan de campagne pour l'année 1865. La Commission adopta les conclusions de ce rapport et chargea deux de ses membres, HIRSCH et PLANTAMOUR, de la direction des travaux du nivellement qui commencèrent immédiatement.

Le compte rendu détaillé des mesures, des calculs et de quelques études spéciales se rattachant à un travail de cette nature, se trouve consigné dans l'ouvrage intitulé: *Nivellement de précision de la Suisse,* rédigé par Hirsch et Plantamour. Cet ouvrage a paru par livraisons successives, relatant au fur et à mesure les travaux accomplis: les sept premières, de 1867 à 1880, publiées en collaboration par les deux chefs du nivellement; la huitième, publiée par Hirsch seul, en 1883, tôt après la mort de Plantamour. Les deux dernières ne parurent qu'en 1891, pour deux motifs principaux. Il fallait d'une part terminer les nivellements de contrôle et ceux qui raccordent le nivellement suisse à ceux des pays voisins; il convenait d'autre part d'attendre que le zéro fondamental des altitudes européennes eût été choisi par l'Association géodésique internationale. Comme ce choix ne paraissait pas près d'aboutir en 1890 — et il est plus éloigné que jamais d'aboutir, 25 ans plus tard — Hirsch, d'accord avec la Commission géodésique, a fait paraître la fin du travail l'année suivante en deux livraisons: la neuvième livraison contient la compensation des polygones du nivellement; la dixième renferme le catalogue complet des hauteurs de tous les repères du Nivellement de précision suisse, hauteurs rapportées au zéro des altitudes suisses, soit au repère en bronze de la Pierre du Niton à Genève.

Si l'on prend la moyenne des résultats obtenus par les nivellements de précision des pays voisins pour les repères de la frontière suisse, on peut accepter, d'après Hirsch, pour la cote provisoire de la Pierre du Niton au-dessus du niveau moyen des mers qui baignent l'Europe, la valeur: 373,54 m. D'après un travail plus récent du Dr. J. HILFIKER[1]), cette cote doit être plutôt chiffrée à 373,60 m[2]), au lieu de 376,86 m.

Rappelons à ce propos que les différences d'altitude que l'on avait trouvées précédemment entre les diverses mers et l'Océan proviennent en grande partie des erreurs des opérations. Les nivellements de précision exécutés dans ces dernières années ne fournissent plus que des différences de niveau très faibles.

Grâce au travail de la Commission géodésique, tout le plateau suisse est sillonné par des lignes de nivellement qui suivent en général les lignes de chemin de fer ou les grandes voies de communication. Puis les importantes voies alpestres ont aussi été nivelées. Les Alpes ont été passées: en Suisse même, au Brünig, au Grimsel, à la Furka,

---

[1]) *Untersuchung der Höhenverhältnisse der Schweiz im Anschluss an den Meereshorizont.* Verlag der Abteilung für Landestopographie. Bern, 1902. Voir surtout p. 54 et p. 92.

[2]) Il en résulte que toutes les cotes d'altitude des cartes suisses faites jusqu'à maintenant doivent être diminuées de 3,26 m.

à l'Oberalp, au Saint-Gothard et au col de la Fluela; par dessus la frontière, au Simplon, au Splügen et à la Maloja; avec jonction de ces nivellements à ceux des pays voisins.

C'était la première fois que l'on opérait des nivellements en pays aussi accidenté, et ce travail mérite à cet égard une mention toute spéciale. La plupart des lignes ont été nivelées à double; quelques-unes seulement une fois, lorsqu'elles ne présentaient pas trop de difficultés, ou lorsque le polygone de nivellement, dont elles faisaient partie, ne donnait qu'une faible erreur de clôture.

Le *calcul de compensation* auquel a été soumis l'ensemble du travail amène à la conclusion que l'erreur moyenne d'un kilomètre du nivellement n'atteint pas quatre millimètres. Cette erreur est beaucoup plus faible pour l'ensemble des lignes mesurées en terrain relativement plat; elle atteint parfois au double pour les lignes de montagnes, où le travail était souvent rendu très difficile par les circonstances atmosphériques et où la distance entre les stations de l'instrument était forcément très réduite.

Sur tout cet ensemble de lignes, les ingénieurs de la Commission ont placé deux mille deux cent vingt-sept repères, dont plus de deux cent cinquante sont des repères de premier ordre, en bronze, et les autres des repères secondaires, simples croix taillées dans les rochers, sur des bornes, des murs ou d'autres objets dont la stabilité était satisfaisante.

Les *repères de premier ordre* ont une utilité pratique considérable et fournissent à toutes les entreprises de travaux, tant publics que privés, une base de la plus grande importance. Malheureusement, ainsi qu'il résulte d'un rapport présenté à la Commission géodésique par le colonel Lochmann, dans sa séance du 7 mai 1893, une grande partie de ces repères ont disparu par suite de négligence des autorités ou de malveillance du public. Il était urgent de les rétablir et de conserver ceux qui restaient, et c'est à ce travail que le Bureau topographique fédéral a voué une partie de son activité, avec l'appui de la Commission géodésique suisse. Cette Commission ne pouvait plus s'occuper directement d'un travail dont le but n'est pas un but *scientifique,* mais un but *d'utilité publique,* mais elle lui a porté un vif intérêt et elle le lui a témoigné en y contribuant, durant plusieurs années, par une allocation.

Pendant toute cette période, les résultats de ces travaux ont été régulièrement publiés par le Bureau topographique fédéral et, soit le colonel Lochmann, soit Rosenmund, les communiquaient à chaque séance de la Commission géodésique. Puis, la Commission a publié, en 1905, un rapport de M. le Dr. J. Hilfiker, du Service topographique fédéral, sur les travaux relatifs au nivellement de précision, exécutés pour elle de 1893 à 1903.

A partir de 1905, le Service topographique fédéral a entrepris un *nouveau nivellement de précision de la Suisse,* dans des conditions d'appareils et de méthodes plus précis que ce qui avait été fait antérieurement. La Commission géodésique s'y intéresse aussi vivement et elle y collabore en ce sens qu'elle a fait, et fait encore, exécuter des mesures de la pesanteur en un grand nombre de stations des grandes lignes à niveler, afin que la réduction du nouveau nivellement puisse se faire en employant partout la valeur locale vraie de la pesanteur.

V. Travaux astronomiques.

Dès le commencement de son activité, la Commission géodésique avait décidé de relier les trois Observatoires de Genève, Neuchâtel et Zurich au réseau de triangulation suisse. Ce travail géodésique a été exécuté par les ingénieurs placés sous les ordres de DENZLER. Mais il fallait aussi déterminer exactement les coordonnées astronomiques de ces Observatoires et celles de quelques autres stations importantes de la triangulation, soit, leur longitude, puis leur latitude et les azimuts de quelques directions fondamentales, afin de déterminer la déviation de la verticale et de se rendre compte de la forme du géoïde. Nous allons passer ces travaux successivement en revue.

a) Différences de longitude.

Aux trois Observatoires, les mesures ont été faites par les soins des directeurs PLANTAMOUR, HIRSCH et WOLF; pour les autres points, Plantamour se chargea du travail, à la seule condition qu'on lui fournirait une coupole mobile pour les observations, un instrument des hauteurs et des azimuts, qui fut commandé à la maison Ertel à Munich, et un chronomètre de marine acquis à la fabrique Dubois au Locle.

Il suffit de reprendre la liste des publications de la Commission pour voir dans quel ordre les diverses opérations ont été exécutées par Plantamour et ses collaborateurs: onze déterminations de différences de longitude effectuées et publiées de 1864 à 1879, auxquelles il faut ajouter celle de Genève-Vienne faite en 1881 par PLANTAMOUR et von OPPOLZER. La mort de Plantamour a empêché la publication du travail complet, mais les calculs ont été faits par Oppolzer et ÉMILE GAUTIER, et les résultats publiés.

Malheureusement ces déterminations, quels qu'aient été les soins apportés à leur exécution, ne répondaient plus aux exigences de la science au XXe siècle. Depuis 30 ou 40 ans les méthodes se sont perfectionnées et simplifiées. On emploie en particulier, pour éliminer les différences d'équation personnelle entre observateurs, des procédés qui étaient inconnus il y a un demi-siècle.

Quelques-unes des différences de longitude entre stations suisses ou entre celles-ci et des stations à l'étranger sont encore utilisables telles quelles, ainsi qu'il résulte des travaux de compensation générale du réseau européen établi par plusieurs auteurs compétents. Mais la plupart présentent des écarts trop considérables pour qu'il n'y eût pas lieu de songer à reprendre cette branche de l'activité de la Commission.

Dans sa séance du 21 février 1903, la Commission a donc envisagé sérieusement la reprise des déterminations de différences de longitude à l'intérieur et à l'extérieur, en les rattachant aux quatre Observatoires de Bâle, Genève, Neuchâtel et Zurich, à la station du Gurten, près Berne, et à une station dans la Suisse orientale, Coire. Malheureusement cette nouvelle activité n'a pu être inaugurée très vite; il a fallu attendre que les ressources financières de la Commission lui permissent d'engager deux nouveaux ingénieurs comme observateurs et d'acquérir les instruments nécessaires. A cet effet la Commission s'est décidée pour deux instruments des passages de Bamberg, avec micromètre impersonnel enregistreur.

Les travaux ont débuté en 1912, ils ont été exécutés par MM. Th. Kubli, R. Trümpler et K.-F. Bottlinger. Jusqu'à présent les différences de longitude suivantes ont été déterminées: Zurich-Gurten, Zurich-Bâle, Gurten-Genève, Bâle-Genève, Neuchâtel-Genève et Zurich-Neuchâtel.

La détermination de la différence Zurich-Genève était en cours et à moitié achevée, lorsque, le 1er août 1914, la mobilisation générale est intervenue et a arrêté tous les travaux. Quand pourront-ils reprendre? Ce ne sera pas avant 1916 ou 1917, car, pour satisfaire à la demande pressante des Autorités fédérales, la Commission a consenti à une notable diminution de ses crédits pour 1915; et d'ailleurs ses ingénieurs attachés au service des longitudes ont été mobilisés.

b) Latitudes et azimuts, déviations de la verticale.

Suivant le plan primitif qu'elle s'était assigné, la Commission a fait déterminer, dans un grand nombre de stations importantes de la Suisse, la latitude astronomique et l'azimut d'une ou de plusieurs directions. Ces mesures ont été poursuivies durant de longues années; leur nombre a cependant dû être passablement réduit récemment, parce que l'ingénieur chargé de ces travaux, M. le Dr. Th. Niethammer, a consacré presque tout son temps aux mesures de la pesanteur.

En résumé, la latitude et l'azimut d'une ou de plusieurs directions ont été déterminés jusqu'ici dans 63 stations astronomiques suisses, comprenant les 15 stations appartenant au réseau principal et 48 autres stations rattachées à celles-ci et réparties sur l'ensemble du territoire de notre pays. On dispose donc d'un nombre important de stations où l'on connait les coordonnées astronomiques et où, ayant calculé les coordonnées géodésiques de l'ellipsoïde de révolution moyen, qui correspond au méridien du Gothard, on peut déterminer avec précision les *déviations de la verticale.*

Comme on a pu le voir plus haut, les valeurs de ces déviations sont données dans les volumes des publications de la Commission qui portent les Nos. VI, VIII, IX, X et XIII. Le volume VI est plus particulièrement consacré aux déviations de la verticale dans la Suisse occidentale et s'occupe spécialement du méridien de Neuchâtel. Les volumes VIII et IX les étudient plus à l'est, dans la Suisse centrale et septentrionale, puis plus au sud, dans les méridiens de Berne, du Gothard et du Gäbris. Enfin les volumes X et XIII contiennent les déterminations plus récentes de M. le Dr. Niethammer dans le méridien du Simplon et dans la Suisse orientale, déterminations qui viennent compléter l'étude plus étendue du Dr. MESSERSCHMITT.

Si l'on cherche à résumer l'ensemble des résultats obtenus en Suisse, on peut dire que la direction du fil à plomb est déterminée par les masses visibles: la déviation de la verticale est à peu près perpendiculaire à la direction générale des chaînes de montagnes, Alpes et Jura, et la grandeur de la déviation est proportionnelle à l'importance des masses soulevées, envisagées dans un rayon de 30 à 40 km.

Et si l'on cherche à évaluer en chiffres l'élévation du géoïde au-dessus de l'ellipsoïde et la forme générale que prend ce géoïde, on peut en donner la représentation suivante. Dans la partie orientale du plateau suisse s'étend une plaine où les deux surfaces se confondent en général. Cette plaine s'élève à l'ouest un peu au-dessus de l'ellipsoïde vers les lacs de Neuchâtel et de Genève. Des deux côtés, au nord-ouest et au sud-est, la discordance entre les deux surfaces s'accentue, mais la pente est plus forte vers le sud. Le géoïde s'élève à environ deux mètres dans l'axe du Jura et à quatre ou cinq mètres sous les chaînes principales des Alpes. Cette élévation constitue un dos de 40 à 50 km de largeur, avec le maximum de hauteur au sud-ouest, vers le Mont-Blanc. Si l'on va plus au sud, on retrouve la déviation nulle vers Côme et Milan, au pied méridional des Alpes.

Le géoïde reflète donc bien, dans l'ensemble, la forme extérieure des masses soulevées, mais, dans les Alpes comme ailleurs, à l'Himalaya par exemple, à l'importance des masses montagneuses ne correspond pas une déviation de la verticale aussi intense qu'on l'aurait attendue. Et nous verrons plus loin que les mesures de la pesanteur confirment, à un autre point de vue, cette conclusion.

Dans sa 47ᵉ séance, le 21 février 1903, la Commission a étudié, d'une façon générale, le tableau futur de ses travaux et s'est tracé un programme extensif de déterminations de latitudes et d'azimuts dans un certain nombre d'autres stations astronomiques réparties sur plusieurs méridiens, du Generoso, de la Fluela, de Samnaun-Sent, qui viendraient s'ajouter à ceux de Neuchâtel, Berne, Simplon, Saint-Gothard et Gäbris, déjà nommés. — C'est là, en grande partie, l'œuvre de l'avenir.

VI. Mesures de la pesanteur.

Sur la demande du général Baeyer, des mesures de l'intensité de la pesanteur avaient été mises au programme des opérations de la Commission géodésique suisse. Celle-ci commanda, dès l'année 1862, un pendule à réversion à la maison Repsold de Hambourg, et PLANTAMOUR se chargea des mesures. Il les commença en 1864 à Genève et les continua l'année suivante. Puis il les reprit en 1871 et en exécuta aussi au Righi-Kulm, à Berne, au Weissenstein, au Simplon, au Gäbris et à Zurich. Enfin, plus tard, frappé de certaines anomalies qui se produisaient dans les oscillations du pendule, il les attribua à des mouvements concomitants des supports du pendule. Il travailla à nouveau ce sujet expérimentalement, au moyen d'un nouvel appareil que la Commission fit construire par la maison Repsold, tandis que CH. CELLÉRIER, professeur à l'université de Genève, étudiait la même question au point de vue théorique. Les travaux de Plantamour sont consignés dans les trois Mémoires signalés plus haut dans les publications de la Commission.

Ces mesures sont des *mesures absolues*, fournissant, pour chaque station, la longueur du pendule simple et l'intensité de la pesanteur. Mais le pendule à réversion est un instrument délicat; il n'est pas facile à transporter; et son emploi, ainsi que l'ont démontré les expériences de Plantamour, demande les plus grandes précautions. Il n'est donc pas d'un usage pratique pour le but que l'on poursuit maintenant, de déterminer l'intensité de la pesanteur dans un grand nombre de stations afin d'en étudier les variations locales.

Heureusement, le lieutenant-colonel VON STERNECK, l'ancien chef de l'Institut militaire géographique autrichien, a imaginé un nouvel appareil qui fournit des *mesures relatives* de l'intensité de la pesanteur en peu de temps et avec une grande exactitude, au moyen de pendules battant la demi-seconde. Cet appareil est facilement transportable, son installation est facile, et l'on peut obtenir, sans difficulté, par son emploi, des mesures dans des stations rapprochées.

Dès l'année 1892, la Commission a acquis un jeu de quatre de ces pendules. Les mesures ont été faites de 1893 à 1898, par le Dr. MESSERSCHMITT, puis plus activement encore, de 1899 à aujourd'hui, par le Dr. NIETHAMMER. Plus récemment, la Commission a acquis un jeu de quatre pendules nouveaux, en *baros*, alliage de nickel et de chrome, avec un peu de fer et de manganèse, qui remplacent avec avantage, dans les mesures de la pesanteur, plusieurs des anciens pendules en laiton doré.

Suivant la méthode de Sterneck, il suffit de connaître la valeur absolue de la pesanteur en un point d'un pays, pour pouvoir déterminer, par des observations relatives, la pesanteur aux autres stations. Les stations de référence suisses ont été d'abord Zurich, puis Bâle, et ces stations ont été rapportées à celles de Karlsruhe et de Potsdam.

La Commission géodésique dispose actuellement, après les quinze années de mesures exécutées par M. Niethammer, d'un ensemble de plus de cent soixante stations de pendule homogènes. Ces stations sont réparties sur tout le territoire de notre pays et sont plus serrées dans les parties montagneuses du Valais, du Gothard et des Grisons et sur le versant méridional des Alpes, y compris quelques stations sur territoire italien.

Ce que l'on cherche à obtenir c'est la répartition de la pesanteur d'une façon homogène à la surface du pays, et pour cela il faut réduire la valeur de la pesanteur à ce qu'elle serait dans la verticale de chaque station, sur une même surface de niveau, pour laquelle on a choisi celle du niveau moyen des océans. On a ainsi plusieurs corrections successives à apporter à la valeur observée de la pesanteur en chaque lieu. Il faut calculer l'attraction des masses voisines au moyen de cartes aussi détaillées que possible et en tenant compte de la densité moyenne des roches, ce qui est un travail assez considérable à effectuer pour chaque station; on obtient de cette façon une valeur réduite de la pesanteur que l'on désigne par g''_0.

Puis, si l'on calcule la valeur théorique moyenne de la pesanteur d'après un grand nombre de mesures réparties sur l'ensemble de la surface de la terre au niveau de la mer et qu'on l'appelle, avec M. Helmert, γ_0; si l'on établit la différence $g''_0 - \gamma_0$, ou l'écart entre la valeur réduite de la pesanteur et sa valeur théorique; enfin si l'on trace sur une carte des lignes qui joignent les points qui ont la même valeur de $g''_0 - \gamma_0$, on a ce que Sterneck appelle les *lignes isogammes*, ce qui ne veut pas dire lignes de même γ_0, mais de même g''_0 γ_0. Lorsque cette différence, $g''_0 - \gamma_0$, est positive on dit qu'il y a *excès de masse* (relatif bien entendu) et lorsqu'elle est négative, qu'il y a *défaut de masse* (relatif aussi).

On a longtemps cru que la pesanteur était plus forte sur les continents, à cause des masses soulevées, mais cela n'est pas en réalité; et d'ailleurs, comme on a supprimé par la pensée, dans la valeur de g''_0, toute la masse continentale qui se trouve entre le niveau des océans et celui de la station, on a une valeur diminuée de la pesanteur. Dans notre pays montagneux, on ne rencontre presque pas de valeur positive pour $g''_0 - \gamma_0$.

Ce n'est qu'à Bâle et près de Locarno qu'est apparue jusqu'ici en Suisse l'isogamme zéro. Partout ailleurs, les valeurs de $g''_0 - \gamma_0$ sont négatives. Et, comme les lignes de même écart entre le géoïde et l'ellipsoïde, les isogammes cheminent à peu près parallèlement aux chaînes de montagne du Jura et des Alpes. L'isogamme de - 50 unités de la cinquième décimale de g va de Morat à Constance. — Celle de - 100 coupe le versant boréal des Alpes, suivant une ligne sinueuse qui va de Saint-Maurice à Schwyz, en passant par le centre du lac de Thoune, entre les lacs de Lungern et de Sarnen et au milieu du lac de Lucerne. — Les maxima de $g''_0 - \gamma_0$, se trouvent: 1° dans le Val d'Entremont (- 139 unités de la 5e décimale de g); 2° au sud de Viège (- 145); 3° dans l'Oberland grison avec maximum actuellement déterminé à Davos (- 164); ce maximum s'étend plus à l'est et au sud-est et embrasse une vaste région avec un défaut de masse qui dépasse - 150. — L'autre ligne de - 100 coupe l'angle méridional du Valais peu au nord du Mont-Rose, puis passe à Biasca, dans le Tessin. — Celle de - 50 passe dans le Tessin à Maggia et près de Bellinzone et, d'une façon générale, toutes les isogammes sont beaucoup plus rapprochées sur le versant méridional que sur le versant boréal des Alpes.

On remarquera que les écarts maxima entre g''_0 et γ_0 se trouvent au voisinage des hautes chaînes des Alpes, le Mont-Blanc, les Alpes valaisannes, le Gothard et les Alpes grisonnes. On a fait des constatations analogues au Caucase, à l'Himalaya et ailleurs, où l'on constate aussi des défauts de masse.

Ajoutons encore, pour être complet au sujet des déterminations de la pesanteur en Suisse, que des mesures de pendule ont été exécutées par M. Niethammer, avec la collaboration de plusieurs autres observateurs, MM. Riggenbach, Pidoux et Trümpler, dans l'intérieur des deux grands tunnels des Alpes récemment percés. Au Simplon, M. Niethammer a observé dans neuf stations de pendule à l'intérieur du souterrain et dans deux au Lœtschberg. Ces mesures donnent des résultats comparatifs intéressants sur l'intensité de la pesanteur dans l'intérieur de la terre et à sa surface même, lesquels correspondent bien au relief moyen du massif montagneux situé au-dessus des tunnels.

La Commission géodésique aura encore à faire compléter le réseau des stations de pendule, surtout dans l'est et le sud-est de notre pays, mais les grandes lignes sont maintenant établies et l'on peut tracer les isogammes pour la majeure partie de la Suisse; les résultats obtenus confirment l'existence sous la Suisse, et spécialement sous les hauts massifs des Alpes, d'un *défaut de masse* relatif bien caractérisé.

Conclusions.

Nous sommes arrivé au terme de l'exposé des travaux de la Commission géodésique suisse durant son existence de plus d'un demi-siècle. Résumons brièvement ce qui a été fait et voyons ensuite ce qui reste à faire.

La *Triangulation* est terminée, et le Service topographique fédéral complètera au fur et à mesure les travaux entrepris en 1862 par la Commission géodésique.

Le *Nivellement de précision* de la Commission a été terminé il y a un quart de siècle. Le nouveau nivellement de précision entrepris par le Service topographique fédéral est en cours régulier d'exécution.

La connaissance des *déviations de la verticale* en Suisse doit être complétée par des mesures de *latitude* et *d'azimut* dans un certain nombre de stations astronomiques situées surtout dans les régions orientales de notre pays.

Les *mesures de la pesanteur* sont très avancées, et il suffira de peu d'années pour pouvoir établir la carte complète des isogammes de la Suisse.

Ce qui reste surtout à exécuter, du programme général des travaux de la Commission géodésique, c'est la continuation et l'achèvement du réseau des déterminations de *différences de longitude,* soit à l'intérieur de la Suisse, soit entre stations suisses et stations de l'étranger.

Mais d'autres problèmes se posent encore à la Commission géodésique:

1° Lorsqu'en 1902, la Commission a transmis son projet de programme de travaux à M. le professeur Helmert, celui-ci lui a recommandé de procéder, quand l'occasion s'en présenterait, à un travail spécial particulièrement intéressant dans un pays aussi accidenté que le nôtre, le *nivellement astronomique* détaillé d'un de nos méridiens. Il s'agirait, sur ce méridien, pour lequel la Commission a choisi celui du Gothard, de rapprocher les stations de latitude à de faibles distances, trois à cinq kilomètres seulement, afin de déterminer dans tous leurs détails les variations des déviations de la verticale en latitude.

Dans ce but, la Commission a fait récemment l'acquisition d'un instrument qui a fait ses preuves en divers pays pour la mesure rapide de la latitude, un astrolabe à prisme de MM. Claude et Driencourt.

2° Tout récemment, la Société helvétique des sciences naturelles a demandé à la Commission géodésique de s'occuper d'un autre problème: *le levé magnétique de la Suisse.*

Ce n'est pas la première fois que la question du levé magnétique de la Suisse est posée devant la Commission. Comme le rappelle un très intéressant rapport présenté par M. RIGGENBACH, à la séance du 14 juin 1913, HIRSCH avait déjà ce levé en vue il y a plus de vingt ans, et la Commission avait précisément chargé M. Riggenbach, en 1894, de préparer un plan général de ce levé, d'accord avec la Commission suisse de météorologie qui avait été également saisie de la question.

Les tractations entre les deux Commissions durèrent quelques années, puis l'affaire fut transmise à l'étude d'une Commission mixte présidée par notre compatriote WILD, l'ancien directeur du grand Observatoire magnétique russe, de Pawlowsk. Malheureusement le président de cette Commission fit des propositions de trop grande envergure, comportant des dépenses qui furent jugées excessives par le Département fédéral de l'Intérieur . . . et le levé magnétique de la Suisse fut ajourné à des temps meilleurs.

Cela a été très fâcheux; et cependant, comme le disait le procès-verbal de la dernière séance de la Commission mixte, du 11 décembre 1898, et comme le dit le rapport de M. Riggenbach, «le levé magnétique de la Suisse doit être fait». En effet, pour tous les pays qui nous entourent, les travaux sont achevés ou près de l'être, et la Suisse constitue, à ce point de vue, une lacune au centre de l'Europe, lacune qui demande forcément à être comblée.

On doit donc saluer avec intérêt l'initiative prise par notre compatriote M. le Dr. BRÜCKMANN qui a proposé en 1912 à la Société helvétique des sciences naturelles d'entreprendre un levé magnétique de la Suisse, en s'attachant en particulier à déterminer les éléments magnétiques pour des stations situées à des altitudes très différentes, ce qui est facile en Suisse. L'étude de cette question a été, comme nous venons de le dire, transmise à la Commission géodésique. Celle-ci s'est mise en relation avec M. Brückmann. Elle étudiera le problème sous toutes ses faces, et elle s'est réservé de proposer un plan d'exécution pour la prochaine période favorable. Une partie des travaux préliminaires exécutés par la Commission géodésique, la Commission suisse de météorologie et la Commission mixte, de 1894 à 1898, pourront servir à l'avenir, mais il faudra tenir compte aussi de ce qui a été fait ailleurs, autour de nous; et ce nouveau champ d'activité occupera forcément pendant plusieurs années le personnel d'ingénieurs de la Commission.

Le secrétaire de la Commission:

Raoul Gautier.

4. La Commission de la Fondation du Prix Schlæfli.

La Société helvétique des Sciences naturelles réunie à Zurich les 22, 23 et 24 août 1864 en session annuelle fut informée par le professeur MOUSSON que le docteur A.-F. SCHLAEFLI léguait par testament à cette association la somme de fr. 8698. En recevant ce legs avec reconnaissance, l'assemblée décidait de confier au Comité central l'élaboration des statuts relatifs à sa gérance et à son emploi conformément aux dispositions testamentaires du donateur. Ce comité s'adjoint alors MM. STUDER, PICTET, MOUSSON, ESCHER VON DER LINTH et DESOR.

D'une notice parue dans les Actes de la Société en 1864, nous extrayons les renseignements suivants sur la personne du docteur Schlæfli, dont le souvenir vénéré restera toujours attaché au développement des sciences physiques et naturelles en Suisse.

ALEXANDRE-FRÉDÉRIC SCHLAEFLI est né le 30 octobre 1830 à Burgdorf. Après avoir passé quatre ans et demi à Zurich pour y étudier la médecine, consacrant ses loisirs à l'entomologie, il partit, ses études terminées, pour l'Afrique se proposant d'explorer Madagascar; mais malade, il revenait en Europe, sans avoir pu mettre son projet à exécution. En 1854, il se rendit à Paris pour travailler au Jardin des Plantes préférant de beaucoup les sciences naturelles à la pratique médicale. Après avoir obtenu le grade de docteur sur la présentation d'une dissertation du domaine de l'entomologie, il s'embarquait pour Constantinople: la guerre russo-turque venait d'éclater et A. F. Schlæfli avait l'espoir de pouvoir pratiquer la médecine en Turquie tout en poursuivant ses études préférées en sciences naturelles.

A son arrivée en Orient, A.-F. Schlæfli agréé par le gouvernement turc, fut envoyé à Batoum comme médecin à l'hôpital militaire installé dans cette ville; il séjourna dans ce port pendant quelques mois, puis il s'embarqua pour Varona avec sa troupe pour se rendre à Monastir et dans l'Albanie du sud. Le docteur Schlæfli a relaté dans des lettres très intéressantes la vie et les mœurs des populations au milieu desquelles il vivait avec l'armée. La guerre terminée, il vint se fixer à Janina où pendant plusieurs années il fit, tout en pratiquant la médecine, d'importantes collections d'insectes, de mollusques et de plantes. De cette époque datent divers récits de voyage, entre autres *„Reiseskizzen aus Epirea"* et son étude *„Klimatologie von Janina"*. Mais tout en se plaisant fort dans cette ville, Schlæfli rêvait de voir d'autres pays et sur sa demande, il obtint du gouvernement turc d'être déplacé et après de courts séjours à Corfou et à Constantinople, il fut envoyé comme médecin militaire à Bagdad. Dans un livre captivant, Schlæfli a raconté son séjour dans cette ville, ses excursions dans les environs et en Mésopotamie. Ayant confié à ses amis de Zurich auxquels il envoyait ses récoltes de plantes, d'insectes, de coquilles, qu'il désirait abandonner le service de l'armée turque pour aller se fixer à Zanzibar comme médecin civil, ceux-ci lui assurèrent la somme de fr. 10 000 pour lui permettre d'entreprendre son voyage dans de bonnes conditions et avec les instruments nécessaires pour les observations scientifiques qu'il désirait faire; mais entre temps, le docteur Schlæfli doit différer son départ, atteint à Bagdad, par une crise d'hypochondrie. C'est pendant sa convalescence, qu'il écrivit son mémoire intitulé: *„Zur physikalischen Geographie von Unter-Mesopotamien"* paru dans les *Nouveaux Mémoires, XX* (1864) de notre Société. Guéri, Schlæfli désire se rendre à Madagascar; de Bombay où il s'arrête, il écrit une dernière fois à ses intimes de Zurich, car très malade, souffrant du foie, il doit rentrer à Bagdad, où il meurt le 6 octobre 1863.

Par testament, daté de Constantinople, 27 mai 1861, le docteur Schlæfli a institué la Société helvétique des Sciences naturelles, son héritière universelle avec la condition que la Société fondera en acceptant le legs un prix annuel et perpétuel sur une question quelconque des sciences physiques et naturelles.

En 1880, la Société helvétique des Sciences naturelles a pu porter le capital de la fondation à la somme de fr. 12 000; par les intérêts non dépensés et par un legs du professeur Mousson, le capital inaliénable et irréductible de la fondation du prix Schlæfli est maintenant de fr. 18 000.

Dès 1865 à 1914, la Société a couronné les mémoires énumérés ci-dessous:

Terrains et phénomènes diluviens en Suisse. M. J. Bachmann, M. J. L. Frei, Neuchâtel 1866.
Naturgeschichte des Föhns. M. J. Frey, Rheinfelden 1867.
Wissenschaftliche Monographie einer der wichtigen Molluskenfamilien. M. K. Mösch, Frauenfeld 1871.
Les Formicides de la Suisse. M. A. Forel, Fribourg 1873.
Les Arachnides de la Suisse. M. Lebert, Basel 1876.
Arbeit über einen der grösseren Gletscher der Schweiz (Rhonegletscher). M. Ph. Gosset, Brigue 1880.
Grundzüge einer Klimatologie der Schweiz. M. R. Billwiller, Luzern 1884.
Faune profonde des lacs suisses. M. F. A. Forel, M. G. du Plessis, Luzern 1884.
Gletscherkorn. M. R. Emden, Davos 1890.
Die exotischen Steinblöcke im Flysch der Alpen. M. H. Schardt, Fribourg 1891.
Monographische Bearbeitung der Schweizerischen Repräsentanten irgend einer grösseren Abteilung der Algen, Pilze oder Moose. M. A. de Jaczewski, M. J. Amann, Schaffhausen 1894.
Untersuchung einiger prähistorischer Bergstürze. M. J. Oberholzer, Bern 1898.
Es soll eine Methode gefunden werden, um einen Gletscher vertikal bis auf den Grund in der Zone seiner grössten Bewegungsgeschwindigkeit zu durchbohren. M. C. Dutoit, M. P. Mercanton, M. Egger, Zofingen 1901.
Monographie der schweizerischen Rostpilze (Uredineen). M. E. Fischer, Genève 1902.
Chemische Analyse des Wassers und des Untergrundes der grösseren Schweizerseen. M. E. Bourcart, Luzern 1905.
Monographie des Isopodes de la Suisse. M. J. Carl, St-Gallen 1906.

Für die nachgenannten 12 Stationen, deren astronomische und geodätische Koordinaten in „das schweize rische Dreiecknetz" Band X. Seite 264 u. f. publiziert sind, sollen die in die N-S und die in di O-W Richtung fallenden Komponenten der Lotstörung berechnet werden, welche durch die Anziehun der umgebenden Gebirgsmassen hervorgebracht werden; Trig. Stationen: Berra, Gurten Läger (Hochwacht), Rochers de Naye, Rigikulm, Sternwarte Basel; Trig. Stationen Generoso, Gurnige Sternwarte Neuchâtel; Trig. Stationen Gotthard, Weissenstein, Sternwarte Zürich. M. A. LALIVE M. H. OTTI, Lausanne 1909.

Revision der Stratigraphie und Tektonik der subalpinen Molasse. M. H.-L. ROLLIER, Basel 1910.

Die Alemannen in der Schweiz. M. F. SCHWERZ, Solothurn 1911.

Der Deckenschotter in der Schweiz. M. R. FREI, Altdorf 1912.

Neue Beobachtungen über die Natur des Zodiakallichtes. M. F. SCHMID à Oberhelfenswil, Comité central Genève 1914.

Le Président de la commission du Prix Schlæfli:

Prof. Dr. Henri Blanc.

---

5. Die Gletscherkommission.

Eine „Gletscherkommission der Schweizerischen Naturforschenden Gesellschaft" (S. N. G.) in der jetzigen Form besteht erst seit 1893. Sie ist aber hervorgegangen aus dem „Gletscherkollegium", das vorher amtete und gemeinsam vom Schweizer Alpen Klub (S. A. C.) und der S. N. G. bestellt worden war.

I. 1868–1893 (Gletscherkollegium).

Im Jahre 1868 stellte Prof. Eugen Rambert an der Jahresversammlung des S. A. C. die Motion, der S. A. C. möchte zur systematischen wissenschaftlichen Erforschung der Gletscher mithelfen und sich zu diesem Zwecke mit der S. N. G. in Verbindung setzen. Die letzere beschloss in ihrer Generalversammlung 1869 in Solothurn mitzuwirken. Man vereinigte sich zur Wahl eines „Gletscherkollegiums", das aus drei Mitgliedern des S. A. C. und drei Mitgliedern der S. N. G. bestehend, das Programm für auszuführende Arbeiten aufstellen und deren Ausführung in Gang setzen und überwachen soll, während der S. A. C. die Kosten übernehmen wird. Von seiten der S. N. G. wurden gewählt die Herren Professoren A. Mousson, Zürich, E. Dufour, Lausanne, E. Hagenbach, Basel, von seiten des S. A. C. die Herren Professoren Rütimeyer in Basel, Arnold Escher v. d. Linth und Rambert in Zürich. Von beiden Teilen wurde als Präsident des Kollegiums E. Desor bestimmt. Aus mehreren Beratungen, welche in Bern und Zürich in den Jahren 1869 bis 1873 stattgefunden hatten, ging folgendes Arbeitsprogramm hervor:

1. Es soll eine Instruktion für Gletscherbeobachtungen hergestellt werden, welche auch die Laien im S. A. C. zu nützlichen Beobachtungen anleiten kann.

2. Es soll ein Gletscherbuch hergestellt werden, in welches alle schon vorhandenen und künftigen Beobachtungen in Wort und Bild über die einzelnen Gletscher der Schweiz zusammengetragen werden sollen.

3. Es sollen neue spezielle Gletscherbeobachtungen, welche von einzelnen Naturforschern uns vorgeschlagen und nützlich befunden werden, in ihrer Ausführung unterstützt werden.

4. Es sollen eingehende allseitige topographische Aufnahmen und Vermessungen über die Veränderungen in der Grösse, die Bewegungen etc. an einem bestimmten Gletscher durchgeführt werden.

Die „Instruktion für die Gletscher-Reisenden des S. A. C." ist schon im Jahrbuch des S. A. C. 1871 erschienen. Sie war sehr nützlich und ist es gewiss jetzt noch. Sie wird von zwei erläuternden Tafeln begleitet. Die Herstellung des „Gletscherbuches" übernahm J. Siegfried, a. Lehrer in Zürich. Als erste Frucht seiner Tätigkeit wurde eine Schrift desselben herausgegeben: „Die Gletscher der Schweiz nach Gebieten und Gruppen geordnet. Für die Mitglieder des S. A. C. als Manuskript gedruckt, Zürich, 1874". Siegfried sammelte fleissig, aber neue nützliche Beobachtungen liefen wenige ein. 1879 starb er. Das Zentralkomitee des S. A. C. strebte die Drucklegung des verbesserten, vervollständigten Gletscherbuches an. Allein ein so hergestellter Probebogen fand keine gute Beurteilung. Die passende Persönlichkeit, welche durch eine kritische Verarbeitung des Gesammelten etwas Befriedigendes für die Publikation zustande bringen sollte, wurde vergeblich gesucht. Das „Gletscherbuch" blieb fortan vergessen und begraben.

Zu „wissenschaftlichen Gletscherbeobachtungen" (Pkt. 3 des Programmes) machte Albert Heim, damals Privatdozent der Geologie, einige Vorschläge. Er wollte genaueren Aufschluss über die Bewegung statt, wie bisher, bloss durch Einmessen einzelner Pfähle, durch Legen von kontinuierlichen Steinlinien gewinnen. Es wurde ihm der Auftrag erteilt, diesen Versuch zu machen und dafür ein Kredit von Fr. 500.— bewilligt. Die Resultate sind in verschiedenen Publikationen verwertet worden: Albert Heim „Über Gletscher" in Paggendorffs Annalen der Physik, Ergänzungsband V, 1870, „Über die Theorie der Gletscherbewegung" im Jahrbuch des S. A. C., Bd. VIII, 1873, im „Handbuch der Gletscherkunde" etc. Die neue Methode der Steinlegungen fand später ausgedehnte Verwendung in der Gletscherbeobachtung.

Der vierte Programmpunkt wuchs sich sodann bald so sehr aus, dass er die andern vollständig überwucherte und schliesslich alle Arbeits-, Finanz- und Organisationskraft für sich allein beanspruchte:

Durch Brief vom 28. Januar 1874 verlangte der damalige Zentralpräsident des S. A. C., Prof. Zähringer in Luzern, vom Gletscherkollegium ein Programm für die unter Nr. 4 vorgesehenen Arbeiten. Am 26. April 1874 beschloss das Gletscherkollegium nun seinerseits eine genaue topographische Aufnahme eines Gletschers anzustreben derart, dass alle späteren Veränderungen immer nachgetragen werden könnten. Oberst Siegfried, als Chef des Eidgenössischen topographischen Bureaus wurde um die Mithülfe des topographischen Bureaus und um Kostenvorschlag ersucht. Der S. A. C. sollte die Kosten übernehmen und Kredite für die fortlaufenden Nachmessungen bewilligen. Noch im gleichen Jahre wurde als Objekt der Rhonegletscher gewählt, als Masstab für die Aufnahme 1 : 5000 bestimmt und die Arbeit Herrn Ing. Ph. Gosset übertragen, der sich der Sache fast übereifrig annahm. Schon im folgenden Jahre musste von der Abgeordnetenversammlung des S. A. C. in Sitten der vom S. A. C. gebotene Kredit für die Aufnahmsarbeiten von Fr. 3000.— auf Fr. 6000.— erhöht werden, was ohne Widerspruch geschah. Allein 1875 war der Kredit durch die Arbeiten des Herrn Gosset um Fr. 13,500.— überschritten und es entstunden schwere Verlegenheiten und peinliche, noch durch Eigentumsfragen komplizierte Verhandlungen zwischen allen Beteiligten. Glücklicherweise gelang es in allen Wirren doch die Kontinuität der Beobachtungen zu wahren. Die Einmessung der Steinreihen zur Kontrolle der Bewegung und ihrer Veränderung, sowie der Profile der Gletscheroberfläche und des Umrisses der Gletscherzunge mussten alljährlich besorgt werden. Ein Unterbruch hätte dem wissenschaftlichen Werte des schon Erreichten enormen Abbruch getan; das durfte niemals geschehen und darf auch jetzt nicht geschehen, bis einmal eine neue Wachstumperiode eingetreten und wieder gänzlich abgelaufen sein wird. Denn ein Hauptgesichtspunkt der ganzen Untersuchungsweise ist die Frage nach den exakten Beziehungen zwischen Eisstand und Geschwindigkeit.

Inzwischen waren Personalveränderungen eingetreten. Oberst Siegfried, Desor, Arnold Escher waren gestorben. Zentralpräsident des S. A. C. war R. Lindt. Prof. Rütimeyer hatte das Präsidium des Gletscherkollegiums übernommen, Oberforstinspektor Coaz hat dasselbe ergänzt. Oberst Dumur wurde Chef des topographischen Bureaus, Regierungsrat von Steiger der zu den Verhandlungen mit dem S. A. C. delegierte Vertreter des letzteren. Aus den vielen Konferenzen, Abgeordnetenversammlungen und Generalversammlungen und der zielbewussten Haltung der geistigen Leiter ging nun im Jahre 1880 ein Vertrag zwischen dem Schweizerischen Militärdepartement (für das topographische Bureau) und dem S. A. C. hervor, welcher folgende Hauptbestimmungen enthält:

Das Unternehmen der Rhonegletschervermessung wird vom Eidg. topographischen Bureau unter Beteiligung des S. A. C. fortgesetzt. Die Kosten der letzten Vermessungsjahre trägt das topographische Bureau; das Gosset-Defizit von 13,500 Fr. bezahlt der S. A. C.; die jährlichen Vermessungsarbeiten werden vom topographischen Bureau besorgt, die Kosten von im maximum jährlich 4000 Fr. werden zur Hälfte vom S. A. C., zur Hälfte vom topographischen Bureau getragen. Das Vermessungsprogramm wird alljährlich vom Gletscherkollegium beraten und Bericht über die Ausführung abgelegt. Akten und Pläne sind im Besitz des S. A. C., aber in Aufbewahrung des topographischen Bureaus. Das Vervielfältigungsrecht steht dem letzteren zu. Für den S. A. C. oder seine Publikationen kann das topographische Bureau einzig Druck und Papier verrechnen. Die Dauer des Vertrages beträgt 6 Jahre, Kündigungsfrist 6 Monate.

Der Fortgang der Rhonegletschervermessungen war nun gesichert und in gutes Geleise gebracht. Von seiten des topograpischen Bureaus wurde Herr Ing. J. Held mit den Vermessungen betraut und er führte dieselben mit grossem Verständnis, mit viel Umsicht und Hingebung alljährlich durch. Rütimeyer gab ebenso regelmässig stets im Jahrbuch des S. A. C. einen kurzen Bericht über die Resultate der Nachmessungen, und F. A. Forel einen solchen über die Variationen im Stande der Gletscher im abgelaufenen Jahre.

Im Jahre 1885 wollte das Gletscherkollegium durch Publikation der Pläne und der bisherigen Vermessungen einen gewissen Abschluss vor Ablauf des Vertrages erreichen, um nachher in modifizierter Art die Vermessungen weiter fortzusetzen. Ein Publikationsvertrag zwischen dem Zentralkomitee des S. A. C. und der Dalp'schen Buchhandlung (jetzt Francko) in Bern kam in Beratung. Das topographische Bureau kündigte 1885 den Vertrag von 1880 unter Vorlage des Entwurfes zu einer etwas veränderten Fassung für weitere 6 Jahre. Die Publikation war noch nicht erreichbar.

Inzwischen hatte sich aber im S. A. C. als Nachwirkung des Gosset'schen Defizites eine scharfe Gegenströmung gegen die Fortsetzung des Rhonegletscherunternehmens ausgebildet. Man wollte nicht immer weitere Mittel riskieren, man sah kein Ende voraus und man wollte die Mittel für andere, der Mehrzahl der Mitglieder näher liegende Zwecke verwenden. Der neue Vertrag mit dem topographischen Bureau wurde zwar noch angenommen, aber nur für 3 Jahre mit Gesamtsubvention bis höchstens 4500 Fr., und es wurde kategorisch beigesetzt: „Der gegenwärtige Vertrag erlischt mit 31. Dezember 1888".

1887—1890 gelang eine Konsolidation der Rhonegletscher-Vermessung nicht, indessen wurden die jährlichen Nachmessungen doch vorgenommen. Für 1890—1893 wurden die nötigen Mittel zur Fortsetzung durch Gesuche bei einzelnen Sektionen des S. A. C., bei den einzelnen Mitgliedern der Naturforschenden Gesellschaft, bei deren Zentralkomitee und bei der Schweizerischen Geologischen Kommission mühsam zusammengebracht. Rütimeyer hatte den „Aufruf an die Freunde vaterländischer Naturforschung zur Unterstützung der Beobachtungen und Vermessungen des Rhonegletschers" verfasst.

Der S. A. C. als solcher wollte sich nicht mehr mit der Rhonegletscherunternehmung befassen, es sei denn zur Publikation der bisherigen Resultate. Die von ihm bestellten Mitglieder des Gletscherkollegiums hatten dadurch ihre rechtliche Stellung eigentlich schon seit 1888 verloren. Es lag nun klar: Mit dem leider völligen Rücktritt des S. A. C. von der Rhonegletscherunternehmung fällt das bisherige „Gletscherkollegium" dahin. Die Schweizerische Naturforschende Gesellschaft tritt rechtlich an Stelle des S. A. C., und sie muss von sich aus eine „Gletscherkommission" wählen. Das eidgen. Militärdepartement (resp. topographische Bureau) anerkennt die S. N. G. als den Rechtsnachfolger des S. A. C. in Sachen Rhonegletschervermessung. Die Schwierigkeit besteht nur darin, dass die S. N. G. nicht über Mittel wie der S. A. C. verfügt.

II. 1893—1915 (Gletscherkommission).

Das Zentralkomitee der S. N. G. hat am 15. Mai 1893 ein Zirkular erlassen, welches um Beiträge zur kontinuierlichen Fortsetzung der Vermessungen am Rhonegletscher aufforderte. In teils einmaligen, teils für 6 Jahre jährlichen Beiträgen sind von Anstalten und Gesellschaften 1050 Fr. und von Privaten 8261 Fr. gestiftet worden, welches erfreuliche Resultat die Rhonegletscherarbeiten bis 1899 sicherte. In ihrer Hauptsitzung am 4. September 1893 in Lausanne wählte die S. N. G. nun ihre neue „Gletscherkommission" in den Herren:

Hagenbach-Bischoff, Prof. in Basel, Präsident,
Ludwig Rütimeyer, Prof. in Basel,
J. Coaz, Oberforstinspektor in Bern,
Albert Heim, Prof. in Zürich,
F. A. Forel, Prof. in Morges,
Edouard Sarasin in Genf,
Léon Du Pasquier, Prof. in Neuenburg, Schriftführer.

Für die Fortsetzung der Rhonegletschervermessungen für weitere 6 Jahre wurde unter dem 16., 19., 20. Februar 1894 ein Vertrag zwischen dem Eidg. topographischen Bureau und der S. N. G. unterzeichnet, welcher die Bestimmungen seiner Vorgänger in der Hauptsache des Vertrages vom 16. August 1880 unbegrenzt verlängerte und die S. N. G. als Rechtsnachfolger des S. A. C. anerkennt. „Die S. N. G. wird vertreten durch ihr C. C. und die Gletscherkommission. Letztere besorgt die wissenschaftliche Leitung des Unternehmens.“ Sie hat das Programm für die Vermessungen wiederum für die folgenden 6 Jahre aufgestellt. Die früheren jährlichen Berichte von Prof. Rütimeyer im Jahrbuch des S. A. C. werden nun abgelöst und fortgesetzt durch solche des jeweiligen Präsidenten, 1893—1910 von Prof. Hagenbach in den Verhandlungen der S. N. G. Durch die Herren Coaz, Forel und Du Pasquier wurde ferner das Sammeln von Beobachtungen über die Grössenvariation der Gletscher gekräftigt. Im Jahre 1893, so ergab sich, rückten 60 Gletscher der Schweiz vor, 1894 kamen dazu 11 weitere, allein rasch schlug das Wachsen in den folgenden Jahren wieder in Rückgang um. Die regelmässigen Mitteilungen mit zeitweisen Zusammenfassungen (letzteres z. B. in Band XXX und XLV) wurden dem Jahrbuch des S. A. C. belassen. Am internationalen Geologenkongress 1894 in Zürich wurde eine internationale Gletscherkommission mit der Aufgabe betraut, nach dem Vorgang der schweizerischen Gletscherkommission das Sammeln und Zusammenstellen der Berichte über die ganze Erde auszudehnen. Eidg. hydrometrisches Bureau und meteorologische Zentralanstalt waren behülflich zu besserer Bestimmung der Abflussmengen der Rhone bei Gletsch und der Niederschlagsmengen im Rhonegletschergebiet.

Allgemein war die Notwendigkeit erkannt, dass die nun 20 Jahre umfassenden Rhonegletschervermessungen 1874—1894 samt Plänen, natürlich unbeschadet der Fortsetzung derselben in unbestimmte Zukunft hinaus, publiziert werden müssen. Das frühere Gletscherkollegium — in der Hauptsache die gleichen Mitglieder wie die Gletscherkommission — sollten dies besorgen. Herr Ingenieur J. Held, der in so vorzüglicher umsichtiger Art die Vermessungen schon seit 1880 geleitet und immer unsere Bestrebungen unterstützt hatte, hatte die Redaktion des begleitenden Textes übernommen und es war mit aller Bestimmtheit das Erscheinen des wichtigen Werkes der Rhonegletschervermessung auf Ende Mai 1896 zum ersten Male vorgesehen.

Am frühen Morgen des 11. September 1895 ging die Eislawine an der Altels nieder und tötete 6 Menschen, sowie 169 Stück Vieh. Die Mitglieder der Gletscherkommission Alb. Heim, L. Du Pasquier und F. A. Forel, welche sofort die Gletscherlawine eingehend studierten, stellten ihre Untersuchungen im Auftrag der Gletscherkommission zu einer Denkschrift zusammen, welche unter dem Titel: „Die Gletscherlawine an der Altels am 11. September 1895" als „98. Neujahrsblatt der Zürcher Naturforschenden Gesellschaft" auf Neujahr 1896, reichlich illustriert (in ihrer Ausführung mit Fr. 500.— vom Eidgen. Departement für Industrie und Landwirtschaft subventioniert) erschienen ist.

Ende 1895 wurde der Gletscherkommission durch den Tod ihr ältestes Mitglied Prof. L. Rütimeyer und im April 1897 ihr jüngstes Prof. L. Du Pasquier entrissen. Frau Prof. Du Pasquier stiftete der Kasse der Gletscherkommission 500 Fr. zum Andenken an ihren Gemahl.

F. A. Forel macht Vorschläge über Untersuchungen über die Permeabilität des Gletschers und über die fliessende Bewegung der tieferen Schichten im Vergleiche zu den höheren und stiftet einen Preis von 500 Fr. für eine gute Methode, rasch tief in den Gletscher zu bohren. Die Schläflistiftung schrieb die Aufgabe auf unsern Wunsch zur Bewerbung aus. Das Problem war unterdessen durch die Herren Hess und Blühmke in den Ostalpen bereits annähernd gelöst worden.

An Stelle von Du Pasquier wird Prof. M. Lugeon in Lausanne in die Gletscherkommission gewählt. Für die Berichte über die Variationen im Stande der Gletscher ist fortwährend Forstinspektor Muret hülfreich. Auch viele andere wichtige Beobachtungen, wie diejenigen von Forel über die Wasserzirkulation im Gletscher, ein Bericht über die Ereignisse von 1818 am Giétroz-Gletscher, Untersuchungen von M. Lugeon und P. Mercanton über den Rückgang der Firnlinie, von Forel über das Verhältnis der Gletscherschwankung zur Brückner'schen Klimaperiode und anderes mehr sind darin eingeschlossen oder beigegeben. (Jahrbücher des S. A. C.)

Alle Jahresberichte der Gletscherkommission weisen auf die Erkenntnis hin, dass es eine heilige wissenschaftliche Pflicht ist, die Vermessungen am Rhonegletscher nicht abzubrechen, sondern fortzusetzen als regelmässige Kontrolle der Lebenserscheinungen eines nun in allen seinen Dimensionen und Erscheinungen so genau bekannten Körpers, und dass hier durch Ausdauer nun wissenschaftliche Resultate gezeitigt werden können, die anderswie ohne diese Grundlage nicht gewonnen werden können. Die Sorge der Gletscherkommission richtete sich denn auch immer wieder darauf, die Mittel für eine weitere Periode von Vermessungs-Jahren aufzubringen. „Wir dürfen hoffen, dass die höchst verdankenswerte Unterstützung von seite des Eidgenössischen topographischen Bureaus, die uns nun während 25 Jahren in so reichlichem Masse zugute gekommen ist, und ohne welche eine richtige Fortführung der Rhonegletschervermessungen gar nicht denkbar wäre, auch in Zukunft uns noch zustatten komme" (Jahresbericht von Hagenbach 1899).

Im August 1899 fand in Gletsch und an der Grimsel die „internationale Gletscherkonferenz" unter dem Präsidium von Prof. Richter (Graz) statt, zu der die Gletscherkommission der S. N. G. eingeladen war. Es waren schöne Tage voll fruchtbarer Anregung und es waren Ehrentage für das Unternehmen der Rhonegletschervermessung.

Nun aber treffen wir in den Verhandlungen, wie in allen Jahresberichten stetsfort auf ein Sorgenkind: die Veröffentlichung der bisherigen Pläne und Vermessungen. Ein Vierteljahrhundert der Beobachtung liegt hinter uns, die wissenschaftliche Welt verlangt nach Bekanntgabe, aber stets treffen wir in allen Jahresberichten von 1896 bis heute durch 18 Jahre hindurch — und wie lange noch? — auf die Klage: „Die Überlastung des mit der Publikation betrauten leitenden Ingenieurs mit wichtigen Amtsgeschäften hat leider das Erscheinen dieses Werkes wieder hinausgeschoben". Die Ernennung von Herrn Oberst Held zum Chef des topographischen Bureaus brachte keine Erleichterung. Die Ausstellung der Pläne bei verschiedenen Gelegenheiten vermehrte zwar an manchem Orte das Interesse, allein die Gletscherkommission stand klar vor der Situation: Unsere Geldmittel sind erschöpft, allein wir dürfen und können nicht wieder betteln gehen, bevor wir unser Versprechen der baldigen Publikation eingelöst und dadurch gezeigt haben, was mit den uns gegebenen Mitteln geleistet wird.

Der Vertrag von 1894 über den Fortgang der jährlichen Vermessungen konnte vorläufig auf weitere 2 Jahre verlängert werden. 1902 aber waren die Mittel der Gletscherkommission ganz erschöpft. Herr Held trat nun in die Lücke und übernahm die Vermessungen in etwas reduziertem Umfange, statt wie bisher mit halber Beteiligung des topographischen Bureaus an den Kosten ganz auf Rechnung des letzteren. Und das ist so gehalten worden bis heute. Nicht nur die Gletscherkommission und die S. N. G., sondern die Wissenschaft ist ihm für diese weitsichtige edle Tat der Rettung vor einem beklagenswerten Unterbruch zu Dank verpflichtet. Die Messungen selbst wurden jeweilen im August 1902 bis und mit 1906 von Ingenieur H. Wild, 1907 von Ingenieur H. Frey und seit 1909 von Ingenieur E. Leupin in sorgfältigster Weise, konform dem Programm, das zwischen der Gletscherkommission und Herrn Oberst Held, Direktor der Schweiz. Landestopographie (frühere Bezeichnung: Chef des topographischen Bureaus) jeweilen beraten und vereinbart worden war.

Der quasi Subkommission der Gletscherkommission, den Herren Forel, Lugeon und Muret, welche alljährlich den Einzug und die Verarbeitung der Beobachtungen über die Grössenvariation der schweizerischen Gletscher und die Publikation im Jahrbuche des S. A. C. besorgen, schloss sich nunmehr auch Prof. Mercanton (Lausanne) an. An Anregungen zu weiteren Untersuchungen und Beobachtungen und an dringlichen Wünschen nach solchen hat es im Schosse der Gletscherkommission nie gefehlt. Allein alles blieb lahmgelegt durch die Sorge der Publikation, die stete Verzögerung derselben und den damit zusammenhängenden Mangel an Mitteln. 1905 konnte infolge einer Schenkung eine passende Hilfskraft gewonnen werden, um Herrn Direktor Held bei den der definitiven Redaktion vorangehenden Reduktionsrechnungen behülflich zu sein. Allein immer bleiben Sitzungen und Jahresberichte abgestimmt, einerseits auf den Dank an die Landestopographie für Fortsetzung der jährlichen Vermessungen, andererseits auf den Jammer darüber, dass Herr Direktor Held die Redaktion der bisherigen Vermessungen zur Publikation nicht entsprechend fördern kann — er allein war abe sachlich vollauf in der Lage, dies Werk zu vollbringen. Er macht 1907 Hoffnung, das die Drucklegung 1908 beginnen könne usw., es trifft aber das Erhoffte nie ein. An de eindringlichsten Mahnungen und Bitten, z. T. in feierlicher Form, hatte es die Gletscher kommission nicht fehlen lassen. Die „force majeure" eines pflichttreuen hohen Beamte war eben nicht zu überwinden.

1909 werden Prof. Dr. Paul Mercanton in Lausanne und Dr. Paul Arbenz i Zürich (jetzt Professor in Bern) von der S. N. G. in die Gletscherkommission gewählt.

In einer Sitzung der Gletscherkommission am 7. Januar 1906 hatte Herr Direkto Held das detaillierte Programm der Publikation der Rhonegletschervermessungen ent wickelt und vorgelegt, aber zugleich nun erklärt, dass er durch amtliche Aufgaben z sehr überlastet sei und es ihm an Mitarbeitern fehle, um die Redaktion zum Druck fördern zu können. Aus mehrfachen Konferenzen unter Beizug des Zentralpräsidente der S. N. G. ging hervor, dass eine Summe von ca. Fr. 10000.— zur beförderliche Bereitstellung des ganzen Werkes für den Druck für Hülfsrechner, Redaktionsarbeit etc notwendig sei. Herr Direktor Held entschloss sich, den grössten Teil der Redaktions arbeit an Prof. Mercanton abzutreten, der seinerseits sich bereit erklärte, die Aufgab zu übernehmen.

Am 26. November 1910 fand in Bern im Gebäude für Landestopographie ein denkwürdige Sitzung zur Feststellung der Publikation der gesamten Rhonegletscher unternehmung 1874 bis 1910 statt, präsidiert, in Abwesenheit des leider erkrankte Prof. Hagenbach, vom Zentralpräsidenten der S. N. G. Dr. Fritz Sarasin. Anwesen waren die Mitglieder des demnächst abtretenden und des neuen Zentralkomitees, Her Direktor Held, der Präsident der Denkschriftenkommission, ein Vertreter des C. C. de S. A. C. und die Mitglieder der Gletscherkommission. Herr Direktor Held erklärt sic einverstanden mit der Wahl eines Redaktors und nimmt das aufgestellte Arbeitsprogram für die Publikation und für die Fortsetzung der Vermessungen an mit der Versicherung dass seine bezügliche Erklärung vor dieser Versammlung einem geschriebenen Vertrag völlig gleichwertig sei. Er verspricht für seinen Teil die Materialien bis Frühling 1911 publikationsfähig zu machen. Die nötigen 10000 Fr. sollen vom Bunde durch de Zentralpräsidenten unter eingehender Begründung erbeten werden. Damit die Landes topographie für alle Fälle doch sofort mit den Arbeiten (Berechnungen und Pläne) be ginnen könne, wird auf Anregung von Alb. Heim unter den Anwesenden privatim de Betrag durch eine Garantiesubskription gesichert. Für die Publikation hoffen wir au die Mitwirkung des S. A. C., für den es eine Ehrensache bleiben wird, an dem Werk das er angeregt und in Gang gesetzt hat, und an das er früher so viel beigetrage hat, mit seinem Namen beteiligt zu bleiben. Der frühere Publikationsvertrag mi Francke & Cie. wird von dieser Firma als nicht mehr haltbar abgelehnt. Das gegeben passendste Publikationsorgan werden die „Denkschriften der S. N. G." sein, di freilich zu diesem Zwecke besonderer Subvention bedürfen. Mit freudiger Zuversich sah man einer schönen Lösung der grossen Aufgabe entgegen. Das lang Ersehnte schien in greifbare Nähe gerückt. Prof. Hagenbach, seit 20 Jahren Präsident der Gletscherkommission, verlangt aus Altersrücksichten seinen Rücktritt, an seiner Stelle wird zum Kommissionspräsidenten Alb. Heim gewählt. Schon wenige Wochen nachher, am 23. Dezember 1910, ist Prof. Dr. Hagenbach-Bischoff, einer der unermüdlichsten, uneigennützigsten Arbeiter der S. N. G. im Alter von 78 Jahren gestorben.

Der für die Vorarbeiten zur Drucklegung der Rhonegletschervermessung nachgesuchte Kredit wurde von den eidgenössischen Behörden zur Hälfte für das Jahr 1912, zur Hälfte auf 1913 gewährt. Ausgedehnte tabellarische Zusammenstellungen der fast 40 Jahre umfassenden beobachteten Zahlenreihen, Flächenberechnungen, Kubierungen, Ergänzung des Planstichs und Redaktionsarbeit kamen in Gang. Herr Mercanton ordnete das Archiv der Gletscherkommission und begann im Herbst 1911 mit der Redaktion. Allein wieder folgte ein Unterbruch durch Mercanton's Reise nach Grönland. Nach glücklicher Rückkehr stellte er die Vollendung der Redaktion auf Ende 1913 in Aussicht.

Wiederum erlitt die Gletscherforschung einen schweren Verlust. Im Frühling 1913 starb Prof. F. A. Forel, der treue Freund, der durch seinen Reichtum an Ideen überall stets so mächtig anregend gewirkt hat. Die Ersatzwahl für die Kommission am 8. September in Frauenfeld fiel auf Dr. de Quervain.

Sitzungen und Konferenzen der Jahre 1913 und 1914 stellten viele Einzelheiten fest. Die Zahlentabellen und Pläne sollen bis 1913 ergänzt werden, der Titel des Werkes wurde formuliert. Die Pläne sollen nicht lose getrennt, sondern hinter dem Text in einer Mappe in das Buch selbst eingelegt sein. Druck und Papier der Pläne sind nach den früheren Verträgen von der Gletscherkommission zu bezahlen, die Herstellung und Ergänzung derselben fällt dagegen nicht zu unsern Lasten.

Das C. C. der S. N. G. verlangte im Anfang 1915 eine Sitzung der Gletscherkommission mit dem C. C. und den Redaktoren zur genauen Orientierung über den Stand der Vorarbeiten zur Drucklegung. In derselben (20. Februar) berichtete Herr Direktor Held über den Stand aller einzelnen Pläne, an denen allerdings seit Kriegsbeginn nichts mehr gemacht werden konnte, er hofft bestimmt, mit seinem „schon beinahe vollendeten" Teil der Redaktion in einem Jahre fertig zu sein. Prof. Mercanton zeigt, dass wohl mehr als $^{3}/_{4}$ seiner Redaktion vollendet sind, will sich aber angesichts der nicht geahnten Komplikationen an keinen Vollendungstermin binden. Der Präsident fasst den Stand der Dinge dahin zusammen, dass er annimmt, der Auflagendruck des ganzen Werkes könne 1916 beginnen und werde 1917 vollendet sein.

Dass Prof. Mercanton am Centenarium der S. N. G. einen Vortrag über die Rhonegletschervermessung unter Vorweisung der Pläne abhalte, wird gerne gestattet, dagegen protestiert der Präsident der Kommission in aller Entschiedenheit dagegen, dass dieser Vortrag über die Resultate der Rhonegleschervermessung gedruckt werde, denn dadurch würde für die grosse Publikation wieder jede Spannung abgebrochen sein und wir würden die Vollendung derselben niemals erleben.

An diesem Punkte ist die Gletscherkommission der S. N. G. heute angelangt. Mögen endlich diesmal die Mühen und die Hoffnungen nicht wieder durch Enttäuschungen abgelöst werden und es den beiden Redaktoren, in deren Händen allein zurzeit das Schicksal der grossen Unternehmung ruht, gelingen, ihre übernommene Pflicht zu erfüllen. Glücklicherweise hat das Hinausschieben der Publikation durch über 20 Jahre dem wissenschaftlichen Werte der Unternehmung nicht geschadet. Es handelt sich nicht um Dinge, die veralten oder überholt werden können, sondern, ähnlich wie bei meteorologischen Beobachtungen lassen sich aus den nun 40 jährigen statt bloss 20 jährigen Zahlenreihen um so mehr Tatsachen erkennen. Die Bearbeitung ist freilich entsprechend mühevoller geworden. Ist das nationale Werk, auf das die wissenschaftliche Welt schon lange gespannt ist, einmal erschienen, so wird es leicht werden, die Mittel für die Fortsetzung der weiteren Kontrollmessungen zu erlangen und dann werden wir auch andern neuen Aufgaben der Gletscherforschung ins Auge schauen dürfen.

Dr. Alb. Heim, a. Prof.
Präsident der Gletscherkommission der S. N. G.

6. Die Kommission für die Kryptogamenflora der Schweiz.

Die Einsetzung der Kommission für die Kryptogamenflora der Schweiz ist auf die Initiative der Schweizerischen Botanischen Gesellschaft zurückzuführen. Diese hatte es von Anfang an als eine ihrer Hauptaufgaben betrachtet, die Erforschung der schweizerischen Flora, und zwar sowohl der Phanerogamen wie auch der Kryptogamen in biologischer, pflanzengeographischer und systematischer Richtung zu fördern; und da musste denn auch bald die Frage auftauchen, ob nicht die Herausgabe einer grösseren Flora der Schweiz geplant werden sollte. Diesem Gedanken gab der Vorstand in dem Berichte Ausdruck, den er in der ordentlichen Versammlung in Lausanne am 5. September 1893 vor dem Plenum der Botanischen Gesellschaft ablegte: „Es ist" so heisst es in jenem Berichte, „in letzter Zeit im Schosse unserer Gesellschaft die Frage aufgeworfen worden, ob nicht der Zeitpunkt gekommen sei, die Publikation einer grösseren, die Phanerogamen und Kryptogamen umfassenden Schweizerflora an die Hand zu nehmen. Bei der Prüfung dieser Frage kam der Vorstand zu dem Resultate, dass eine solche Publikation in der Tat, und zwar in erster Linie für die Kryptogamen sehr wünschbar sei, dass dieselbe aber für die meisten Gruppen nicht unmittelbar an die Hand genommen werden könne, sondern dass zuerst mit Vorarbeiten begonnen werden müsse. Letztere würden in der Veröffentlichung von monographischen Bearbeitungen einzelner schweizerischer Pflanzengruppen (Familien oder grössere Gattungen) bestehen, wobei also vor allem die Kryptogamen ins Auge zu fassen wären, aber die Phanerogamen nicht ausgeschlossen sein sollen. Diese Monographien müssten unter besonderem Titel, getrennt von unseren „Berichten" erscheinen. Späterhin könnte dann auf Grund dieser Vorarbeiten eine eigentliche Flora publiziert werden. Da nun aber zu solchen Veröffentlichungen unsere Finanzmittel nicht ausreichen, so hat sich Ihr Vorstand an das Zentralkomitee der Schweizerischen Naturforschenden Gesellschaft gewandt mit dem Gesuche, es möchte diese unsere Muttergesellschaft uns ihre Mithülfe gewähren und eventuell auch Bundesbeiträge zu erwirken suchen. Das Zentralkomitee hat unsern Plan begrüsst und uns vorgeschlagen, für die Publikation jener Monographien die Denkschriften zu benützen und uns zu dem Zwecke mit der Denkschriftenkommission in Verbindung zu setzen. Für die eigentliche Flora würde am besten ein Verleger zu suchen sein und eventuell, falls dies dann noch notwendig sein sollte, könnte um Bundesbeiträge nachgesucht werden. Um endlich die Anhandnahme von monographischen Arbeiten zu ermutigen, rät uns das Zentralkomitee, die Schläflikommission zu häufiger Ausschreibung von Preisarbeiten über einzelne Pflanzengruppen zu veranlassen. Falls

Sie sich mit dem oben dargelegten Plane der Herstellung einer Schweizerflora befreunden können, stellt Ihnen Ihr Vorstand den Antrag, Sie möchten eine Kommission ernennen, welche die Frage weiter zu studieren und mit dem Zentralkomitee und den genannten Kommissionen der Schweiz. Naturf. Gesellschaft in Unterhandlung zu treten hat."

Dieser Antrag rief einer belebten Diskussion, die schliesslich dazu führte, die Bearbeitung einer Flora speziell für die Kryptogamen für wünschbar zu erklären und den Vorstand der Botanischen Gesellschaft mit dem weitern Studium der Angelegenheit zu beauftragen. Es wurden nun zunächst mit der Denkschriftenkommission, dann mit dem Zentralkomitee der Schweiz. Naturf. Gesellschaft Unterhandlungen geführt und schliesslich durch das letztere ein Subventionsgesuch an die eidgenössischen Behörden gerichtet. Diese Unterhandlungen zogen sich mehrere Jahre hin. Dabei gab namentlich auch die Frage der Organisation und der Leitung des projektierten Unternehmens zu Erörterungen Anlass, auch dachte man wieder daran, die Phanerogamen doch mit einzubeziehen. Zuletzt einigte man sich aber dahin, dass nur die Kryptogamen ins Auge zu fassen und für deren Bearbeitung ganz in derselben Weise wie für andere Arbeitszweige der Schweiz. Naturf. Gesellschaft eine besondere Kommission einzusetzen sei. Dadurch ging allerdings die ganze Angelegenheit aus den Händen der Schweizerischen Botanischen Gesellschaft ganz in die der Schweiz. Naturf. Gesellschaft über. Am 28. Dezember 1897 teilte das Eidg. Departement des Innern dem Zentralkomitee mit, dass die Räte einen Kredit von Fr. 1200.— in das Budget aufgenommen haben für Darstellung der Kryptogamenflora der Schweiz. Um die Arbeit sofort an die Hand nehmen zu können, wurde, erst provisorisch, dann durch die Jahresversammlung in Bern 1898 definitiv, eine „Kommission für die Kryptogamenflora der Schweiz" ernannt. Dieselbe konstituierte sich in einer Sitzung in Olten am 14. April 1898. Durch ein Reglement wurde der Geschäftsgang geordnet und mit der Firma K. J. Wyss in Bern ein Druck- und Verlagsvertrag für die Herausgabe der „Beiträge zur Kryptogamenflora der Schweiz" abgeschlossen. Da bereits eine für diese Publikation geeignete Arbeit fast fertig vorlag und vom Verfasser zur Verfügung gestellt wurde, so konnte schon im Jahre 1898 in der Jahresversammlung in Bern ein erstes Faszikel gedruckt vorgelegt werden.

Zusammensetzung der Kommission. Bei ihrer Einsetzung im Jahre 1898 bestand die Kommission für die Kryptogamenflora der Schweiz aus den Herren Dr. H. Christ in Basel, Prof. Dr. C. Schröter in Zürich, Prof. Dr. R. Chodat in Genf, Prof. Dr. J. Dufour in Lausanne und Prof. Dr. Ed. Fischer in Bern. 1903 verstarb Herr Prof. Dufour und an seine Stelle wurde Herr Dr. J. Amann in Lausanne gewählt. 1910 ernannte die Jahresversammlung an Stelle von Herrn Dr. Christ, der zurückgetreten war, Herrn Prof. Dr. G. Senn in Basel zum Mitgliede. Das Präsidium führte bis zu seinem Austritte aus der Kommission Herr Dr. H. Christ und seither Prof. Dr. Ed. Fischer. Letzterer übernahm, erst in seiner Eigenschaft als Aktuar, dann als Präsident der Kommission die Geschäfte der Redaktion der Beiträge zur Kryptogamenflora der Schweiz. Die

Kassaführung wurde dem Kassier der Schweiz. Naturf. Gesellschaft, Fräulein Fanny Custer, übergeben.

Finanzielles. Der Bundesbeitrag von Fr. 1200.—, der zum ersten Male für das Jahr 1898 gesprochen worden war, wurde bis heute jährlich in der gleichen Höhe bewilligt mit Ausnahme des Jahres 1915, für welches die Kommission mit Rücksicht auf die durch den Krieg geschaffene finanzielle Lage unseres Landes auf den Beitrag verzichtete. Es ist uns eine angenehme Pflicht, auch an dieser Stelle den eidg. Behörden für diese stete Unterstützung unserer Arbeit den allerwärmsten Dank auszudrücken. Für die beiden Jahre 1904/05 und 1905/06 gewährte uns ferner die Muttergesellschaft an die Kosten der Drucklegung einer grösseren Arbeit, zu der unsere Mittel nicht ausreichten, je einen Betrag von Fr. 800.—. In der letzten Zeit verbesserte sich die finanzielle Lage der Kommission auch durch die Erträge aus dem Verkauf der Publikationen, so dass in rascher Folge zwei umfangreichere Hefte mit kostspieligeren Tafeln veröffentlicht werden konnten.

Die Publikationen. Die Aufgabe der Kommission für die Kryptogamenflora der Schweiz besteht in der Herausgabe der „Beiträge zur Kryptogamenflora der Schweiz" („Matériaux pour la flore cryptogamique suisse"). Diese Serie von Veröffentlichungen soll, wie der Titel sagt, nicht direkt eine schweizerische Kryptogamenflora sein, sondern sie soll Vorarbeiten für eine solche enthalten. Von vorneherein wurde aber darauf verzichtet, blosse Standortskataloge aufzunehmen, vielmehr sollte es sich um wissenschaftliche, auf eigenen Untersuchungen der Verfasser beruhende Bearbeitungen einzelner Kryptogamengruppen handeln. Diese erschienen in ganz zwangloser Folge in dem Masse, wie Bearbeiter für sie gewonnen werden konnten. Im einzelnen tragen sie einen sehr verschiedenen Charakter und gehen von verschiedenen Gesichtspunkten aus: die einen Hefte stellen eigentliche monographische Darstellungen ganzer Gruppen mit Beschreibung der einzelnen Arten dar. Solche sind bis jetzt publiziert worden für die Farne, für die Grünalgen, für die Uredineen, Ustilagineen, Mucorineen, Protomycetaceen, für die Diatomeen. Aber auch unter diesen bestehen Verschiedenheiten: während z. B. in den Monographien der parasitischen Pilze ein ganz besonderes Gewicht auch auf die biologischen Verhältnisse gelegt wurde, und die Bearbeitungen der Mucorineen und Protomycetaceen auch cytologische Untersuchungen bringen, beschränkt sich die Darstellung der Diatomeen im wesentlichen auf die für die Systematik so wichtigen Schalenverhältnisse und liefert so einen Ausgangspunkt und ein Hülfsmittel für weitere biologische, entwicklungsgeschichtliche oder Planktonforschungen. Eine weitere Arbeit gibt für eine einzige Sammelspezies der Hymenomyceten, Boletus subtomentosus eine kritische Durcharbeitung der einzelnen Formen. Das erste und die zwei letzten der bisher erschienenen Faszikel enthalten über Uredineen, Grünalgen und Protomycetaceen die Resultate experimenteller Untersuchungen, welche in der Systematik für die Umschreibung der einzelnen Arten von wesentlicher Bedeutung sind.

Wir lassen nun das Verzeichnis der bisher erschienenen Arbeiten folgen:

Band I, Heft 1. Entwicklungsgeschichtliche Untersuchungen über Rostpilze von Ed. Fischer. X und 121 S. 16 Textfiguren und 2 Tafeln. Bern 1898.

Heft 2. Die Farnkräuter der Schweiz von H. Christ. 189 S. 28 Textfiguren. Bern 1900.

Heft 3. Algues vertes de la Suisse (Pleurococcoïdes, Chroolepoides) par R. Chodat. XIII et 373 p. 264 figures dans le texte. Berne 1902.

Band II, Heft 1. Le „Boletus subtomentosus" de la région genevoise par Ch. Ed. Martin. IX et 39 p. 18 planches chromolithographiques. Berne 1903.

Heft 2. Die Uredineen der Schweiz von Ed. Fischer. CXIV und 591 Seiten. 342 Textfiguren. Bern 1904.

Band III, Heft 1. Les Mucorinées de la Suisse par Alf. Lendner. 182 S. 59 Textfiguren und 2 Tafeln. Bern 1908.

Heft 2. Die Brandpilze der Schweiz von H. C. Schellenberg. XLV und 180 S. 79 Textfiguren. Bern 1911.

Band IV, Heft 1. Die Kieselalgen der Schweiz von Fr. Meister. 255 S. und 48 Lichtdrucktafeln. Bern 1912.

Heft 2. Monographies d'Algues en culture pure par R. Chodat. VIII und 275 S. 201 Textfiguren und 9 farbige Tafeln. Bern 1913.

Band V, Heft 1. Die schweizerischen Protomycetaceen mit besonderer Berücksichtigung ihrer Entwicklungsgeschichte und Biologie von Günther von Büren. 102 S. Textfiguren und 7 Tafeln. Bern 1915.

Für eine Reihe weiterer Gruppen sind bereits Bearbeiter gewonnen. Aber von einer vollständigen Durcharbeitung der schweizerischen Kryptogamen sind wir noch sehr weit entfernt. Für viele Gruppen fehlen uns zurzeit noch die Autoren, denn es ist bei einem so kleinen Lande wie die Schweiz nicht leicht, geeignete Spezialisten für alle die so zahlreichen und verschiedenartigen Kryptogamenklassen zu finden.

Aber wir dürfen wohl ohne Überhebung sagen, dass die bis jetzt publizierten Arbeiten schon viel beigetragen haben zur Anregung und Belebung der Studien auf diesem so interessanten und wichtigen Gebiete. Aber sie sind nicht bloss für die Erforschung der Flora unseres Landes von Wert gewesen, sondern sie haben zur Kenntnis der betreffenden Kryptogamengruppen überhaupt Beiträge geliefert, die auch ausserhalb der Schweiz vielfache Anerkennung fanden.

Der Präsident: Ed. Fischer.

7. Die Schweizerische Geotechnische Kommission.

I. Vorgeschichte.

Ihre Gründung fällt ins Jahr 1899 und hat folgende Vorgeschichte: Bei Anlass der Schweiz. Landesausstellung in Genf (1896) stellte Prof. Duparc (Genf) eine Rohmaterialkarte der Schweiz in 1 : 100,000 als Manuskript aus, nebst einer Sammlung von Gesteinsproben und einer Broschüre mit den Originalbeiträgen seiner Mitarbeiter. Prof. C. Schmidt (Basel) als Mitglied des Preisgerichtes und Berichterstatter jener Gruppe gab in seinem Bericht eingehend Auskunft über die erwähnten Arbeiten. Da die finanziellen Mittel zur Veröffentlichung der Karte fehlten und dieselbe noch weiterer Durcharbeitung bedurfte, wandte er sich im Sommer 1896 an Herrn Bundesrat Deucher, welcher sich bereit erklärte, eine Ergänzung und die Publikation der Karte zu unterstützen. In einer im Frühjahr 1898 von Prof. Duparc und Prof. Schmidt an Herrn Bundesrat Lachenal gerichteten Eingabe wurden die in obgenanntem Bericht enthaltenen Anregungen formuliert.

Unabhängig davon stellte am 17. Dezember 1897 Herr Staatsrat Bossy von Freiburg im Ständerat eine Motion, welche bezweckte, die Vorkommnisse von technisch nutzbaren Materialien in der Schweiz zusammenzustellen und zu untersuchen. Da unterdessen Herr Bossy als Nationalrat gewählt wurde, kam die Motion im Ständerate nicht zur Behandlung. Nachdem der Präsident der Geologischen Kommission (Prof. Heim, Zürich) durch Zeitungsnachrichten von der Motion Bossy gehört, setzte er sich mit Herrn Bossy in Verbindung und teilte ihm mit, was die Geologische Kommission in Sachen bereits getan hatte. Als Ergebnis mehrerer Konferenzen, auch mit den Herren Nationalräten Meister und Zschokke und mit Prof. Tetmajer (Eidg. Materialprüfungsanstalt Zürich) wurde dann der Wortlaut der Motion festgestellt, die nunmehr von Herrn Bossy im Nationalrat eingereicht werden sollte; am 7. Dezember 1898 wurde sie durch Herrn Bundesrat Lachenal in folgender Fassung angenommen:

„Der Bundesrat wird eingeladen, die Frage zu prüfen, ob es nicht angemessen wäre, mit Rücksicht auf die Vorteile, welche für die Technik und Industrie aus einer genauen Kenntnis des Vorkommens, der Lagerungsverhältnisse und der chemisch-physikalischen Eigenschaften der mineralischen Rohstoffe der Schweiz hervorgehen müssten, eine mit Karten begleitete Monographie der Schweiz rücksichtlich ihrer industriell verwertbaren Rohstoffe herauszugeben und die Schweizerische Naturforschende Gesellschaft zu beauftragen, durch ihre Geologische Kommission die diesbezüglichen Untersuchungen unter Verwertung der bereits vorhandenen geologischen und technologischen Arbeiten fortsetzen zu lassen.

Die Geologische Kommission kann als Mitarbeiter Fachmänner, sowie den Vorsteher der Eidg. Materialprüfungsanstalt beiziehen.

Der Schweiz. Naturf. Gesellschaft wird eine jährliche Summe von im Maximum Fr. 5000.— bewilligt, welcher Betrag zu den bereits bewilligten Krediten beigefügt wird."

Das Programm, das hierauf die Geologische Kommission über die Ausführung dieser neuen, mehr technischen Arbeiten dem Bundesrat vorlegte, wurde von diesem am 10. Mai 1899 genehmigt und die Kommission beauftragt, zur Ausführung des Unternehmens zu schreiten.

Das Programm enthält im wesentlichen folgende Bestimmungen:

A. Die Untersuchung über die Verbreitung und technische Verwendbarkeit der Rohmaterialien der Schweiz wird von grösstem praktischen Nutzen sein.

B. Die Leitung der Untersuchung ist einer Geotechnischen Kommission, als Subkommission der geologischen, zu übertragen. Sie soll fünf Mitglieder zählen und von der Geologischen Kommission gewählt werden. Sie führt eigene Rechnung und kann zur Erledigung spezieller Fragen sich vorübergehend oder bleibend durch Fachmänner aus der technischen Industrie ergänzen.

C. Die Aufgabe der Geotechnischen Kommission besteht darin, eine von Karten begleitete Monographie der Schweiz rücksichtlich ihrer industriell verwertbaren Rohstoffe herauszugeben, wobei die Untersuchung nicht nach Gegenden, sondern nach den einzelnen Rohmaterialien abgegrenzt werden soll. — Die Untersuchung jedes einzelnen Rohmaterials hat sich zu beziehen auf dessen Verbreitung, sowie auf dessen technische Wertschätzung.

D. Zur Darstellung der Ergebnisse sind folgende Publikationen in Aussicht genommen:

a) eine Revision der 1883 erschienenen Rohmaterialkarte der Schweiz (nebst erläuterndem Text in 8°) im Masstabe 1:500,000 oder 1:250,000 oder 1:200,000;

b) eine Reihe von Monographien mit speziellen Karten über die einzelnen technisch wichtigen Rohstoffe (Torf, Kohle, Petrol, Asphalt, Salze, Gips, Ton, Zementsteine, Wetterkalke, Kalke, Sande, Schiefer, Bausteine, Ofensteine, Erze, Mineralien für Handel und Schleifereien etc.).

Diese Monographien haben als Beiträge zur Geologie der Schweiz eine neue, besonders zu numerierende geotechnische Serie zu bilden und in Papier und Format mit den bisherigen Lieferungen der Beiträge übereinzustimmen.

c) Als Schluss der ganzen Untersuchung ist eine neue, vollständige Karte der Rohmaterialien der Schweiz in Aussicht zu nehmen, welche alle Daten der einzelnen Monographien und Spezialkarten vereinigen soll. Masstab 1:200,000 oder 1:100,000.

II. Bestellung der Geotechnischen Kommission.

Am 13. Mai 1899 wurde gemäss dem Auftrage des Eidg. Departements des Innern die Geotechnische Kommission von der Geologischen Kommission zum erstenmal bestellt in den Herren: Prof. Dr. U. Grubenmann (Eidg. Techn. Hochschule in Zürich) als erstes Mitglied, ferner als weitere Mitglieder Prof. Duparc (Genf), Rocco, eidg. Inspektor der Bergwerke, Prof. C. Schmidt (Basel) und Prof. Tetmajer (Zürich). Zu den Sitzungen sollte auch der Präsident der Geologischen Kommission eingeladen werden.

Gleichzeitig wurde festgesetzt, dass die Publikationen der Geotechnischen Kommission im Kommissionsverlage von Schmid & Francke in Bern zu erscheinen haben, und dass für Versendung der Frei- und Tauschexemplare die gleichen Bestimmungen zu gelten hätten wie für die übrigen „Beiträge zur geologischen Karte der Schweiz". — Die Geotechnische Kommission übernahm von der Geologischen die Schlussberichte der Kohlenkommission, von denen der erste Band bereits druckfertig vorlag. Auch wurde vorgesehen, dass der Schlussbericht der Moorkommission, dessen Publikation die Stiftung „Schnyder von Wartensee" übernommen hatte, in der geotechnischen Serie erscheine. Wenn die Geotechnische Kommission nach Erfüllung ihrer Aufgaben sich auflöst, haben die noch vorhandenen Bände und Karten an die Geologische Kommission überzugehen.

Am 24. Februar 1900 fand dann die konstituierende Sitzung statt, an der Prof. Grubenmann als Präsident und Prof. C. Schmidt als Vizepräsident und Aktuar bestimmt wurden.

Da die Herren Rocco und Tetmajer die auf sie gefallene Wahl nicht annahmen, wurde 1899 an Stelle des erstern Herr R. Moser, a. Oberingenieur der N. O. B. und 1903 als 5. Mitglied Prof. F. Schüle, Direktor der Eidg. Materialprüfungsanstalt gewählt; seit 1907 amtet Dr. E. Letsch als besoldeter Sekretär.

III. Bisherige Arbeiten.

Als erste Arbeit wurde eine Monographie der schweiz. Tonlagerstätten in Angriff genommen als Fortsetzung einer Untersuchung, die Prof. Tetmajer 1896 mit Hilfe von Extrakrediten des Bundesrates und von Zuschüssen des Vereins Schweiz. Ziegler und des Schweiz. Ingenieur- und Architektenvereins in der Eidg. Materialprüfungsanstalt begonnen hatte. Er stellte der Kommission die Ergebnisse und die bis dahin ausgeführten geologischen und technologischen Arbeiten zur Verfügung und anerbot sich ausserdem, die noch nötigen weitern technologischen Untersuchungen in der Materialprüfungsanstalt ausführen zu lassen. Ein Vertrag zwischen der Anstalt und der Kommission regelte die Verteilung der Arbeit, die Art der Untersuchung und die finanziellen Angelegenheiten. — Die Arbeit wurde so gefördert, dass 1907 der gedruckte Band

„Die schweizerischen Tonlager", 85 Bogen stark, vorlag. Zu seiner Drucklegung war vom Bundesrat ein Extrakredit von Fr. 8000.— bewilligt worden.

Schon während der Abschlussarbeiten für den Tonband wurden Vorbereitungen getroffen für die Untersuchung der natürlichen Bausteine und Dachschiefer der Schweiz. Die geologischen Aufnahmen im Felde begannen im Jahre 1905; parallel dazu gingen Untersuchungen der eingelieferten Gesteinsproben im petrographischen Institut der Eidg. Techn. Hochschule und die technologische Untersuchung in der Materialprüfungsanstalt. Der Vorstand des Schweizerischen Ingenieur- und Architektenvereins, mehrere kantonale Ingenieurvereine, sowie Baufirmen, Kantons- und Bahningenieure hatten die Güte, der Kommission im Verlaufe der Arbeiten weiteres Material über Vorkommen, Wetterbeständigkeit und sonstiges Verhalten der Gesteine zu verschaffen.

Die Monographie über die natürlichen Bausteine und Dachschiefer der Schweiz ist während der Landesausstellung in Bern zur Vollendung gelangt.

Neben den genannten Arbeiten und der Anbahnung einer Monographie der schweiz. Erzlager wurde von der Kommission seit Beginn ihrer Tätigkeit unter der speziellen Leitung von Prof. Schmidt die Herausgabe einer Neuauflage der Rohmaterialkarte angestrebt. Eine erste Lieferung derselben, enthaltend Erze, Steinsalz, Salinen, Kohle, Asphalt, Torf, ist ebenfalls auf die Landesausstellung hin in Aussicht genommen worden.

In Anerkennung der Wichtigkeit der von der Geotechnischen Kommission geleisteten Arbeiten beschloss 1909 die Schweiz. Naturf. Gesellschaft, dieselbe zu einer unabhängigen Kommission der Schweiz. Naturf. Gesellschaft zu ernennen, wodurch auch das Ernennungsrecht von der Geologischen Kommission auf die letztere überging; gleichzeitig damit erhielt die Geotechnische Kommission durch ihren Präsidenten eine Vertretung im Senate der Schweiz. Naturf. Gesellschaft.

Die 1915 vorliegenden Bände der Geotechnischen Serie umfassen:

1. Lieferung. Emil Letsch: Die Molassekohlen östlich der Reuss. 2 Tafeln, 5 Karten. 1899.
2. Lieferung. E. Kissling: Die Molassekohlen westlich der Reuss. 3 Tafeln. 1903.
3. Lieferung. J. Früh und C. Schröter: Die Moore der Schweiz. 1 Moorkarte der Schweiz 1 : 500,000. 1904.
4. Lieferung. Die der schweizerischen Tonlager. 1 Karte 1 : 500,000. 6 Tafeln. Bearbeitet von E. Letsch, B. Zschokke, L. Rollier und R. Moser. 3 Teile. 1907.
5. Lieferung. Die natürlichen Bausteine und Dachschiefer der Schweiz. 1 Karte 1 : 500,000. 4 Tafeln. Bearbeitet von P. Niggli, U. Grubenmann, A. Jeannet, A. Erni, F. Schüle, B. Zschokke und R. Moser. 3 Teile. 1915.

Der Präsident: Prof. Dr. U. Grubenmann.

8. La Commission du Concilium bibliographicum.

La Commission dite du *Concilium bibliographicum* fut instituée en 1901 à la réunion de la Société helvétique à Zofingue et comme conséquence de la décision prise par le Conseil Fédéral d'accorder à cette utile fondation une subvention annuelle de 5000 francs. Cette Commission fut composée de 9 membres qui élirent comme président notre collègue Arnold Lang de Zurich, lequel, plus que tout autre, avait éclairé les autorités fédérales sur les mérites de l'Institut bibliographique établi déjà à Zurich depuis quelques années. Les fonctions de la Commission furent définies dans le Rapport du Comité central présenté lors de la session de Zofingue (voir: Verhandlungen der S. N. G. bei ihrer Versammlung zu Zofingen den 4., 5. und 6. August 1901, pag. 221).

Depuis lors, toujours plus convaincue de l'excellence des services rendus aux biologistes par la publication régulière des fiches bibliographiques, selon le système adopté par M[r] le Dr Herbert Haviland Field, la Commission a adressé chaque année au Département fédéral de l'Intérieur un rapport sur la marche de l'institution et sollicité le renouvellement de la subvention ce qui, jusqu'à la présente année 1914, lui a été obligeamment accordé.

Chaque année également, la Commission a présenté à la réunion de la Société Helvétique un rapport sur la marche du *Concilium*. L'ensemble de ces rapports constitue une source de documents pour l'histoire des relations du *Concilium* avec notre Société, et sur les progrès réalisés au cours des treize années qui viennent de s'écouler. D'autre part, le *Concilium*, lui-même, publie un Rapport annuel et depuis 1905 son directeur fait paraître sous le titre de *Annotationes Concilii Bibliographici* un périodique où sont exposées toutes les questions intéressant l'institution. Là encore les futurs historiens du *Concilium* trouveront des renseignements de première main.

Nous nous bornerons, dans cette courte notice, à quelques indications sur l'origine et le développement d'une œuvre de caractère strictement scientifique qui est appelée selon nous à rendre des services d'autant plus grands que la production de publications s'accroît davantage.

Mr Field a raconté lui-même (Annotationes, Vol. 3, p. 1 à 5) comment les difficultés qu'il rencontra à se procurer les matériaux bibliographiques relatifs aux recherches embryologiques qu'il conduisait durant les années 1888—1890 à l'Université de Harward sous la direction du professeur E. L. Mark, le conduisirent à élaborer un plan de publication sur fiches de tous les travaux relatifs à sa science favorite. Ce projet obtint l'approbation des zoologistes de Harward et de quelques autres centres scientifiques.

Il reçut la promesse de secours financiers de Mr le professeur Dohrn, directeur de l Station zoologique de Naples, puis de la Société Zoologique de France; ces encouragement permirent à Mr Field de commencer à réaliser ses idées. En 1895, à la suite d'u Rapport lu par Mr E. L. Bouvier, professeur au Museum de Paris, le Congrès internationa réuni à Leyde approuva la fondation d'un Bureau international de sept membres destin à aider la mise en pratique des «idées de Mr Field sur la réforme de la Bibliographie Zoologique".

On peut dire que c'est à partir du vote du Congrès de Leyde que le *Conciliun* est devenu l'agence centrale de Bibliographie zoologique. Il s'installa à Zurich dè cette époque, il adopta le système de classification décimale de Melville Dewey e travailla d'accord avec le grand bibliographe de la Zoologie, Victor Carus, en demeuran d'ailleurs en contact avec l'Institut bibliographique international de Bruxelles. Le années de début offrirent nombre de difficultés qui furent vaillamment surmontées A partir de 1898 les choses s'améliorèrent, peu à peu les Zoologistes comprirent l'intérê qu'ils avaient à soutenir l'œuvre en s'abonnant personnellement aux fiches mobiles Néanmoins, le succès financier de l'entreprise est jusqu'ici resté très au-dessous de so succès scientifique et bien que le *Concilium* ait publié à l'heure actuelle plus de 4 millions de fiches relatives aux travaux de Zoologie, de Paléontologie, de Biologi générale, de Microscopie, d'Anatomie humaine et comparée, de Physiologie; bien qu'i soit logé dans un immeuble construit *ad hoc*, qu'il possède un personnel expériment et un directeur d'une inlassable activité, il lui faudrait pour étendre le champ de so activité et exercer entièrement le rôle conçu et désiré pour lui par ses nombreux amis des ressources matérielles beaucoup plus considérables que celles assurées par les Etats les Sociétés, et les particuliers qui s'intéressent actuellement à lui. Nous espérons qu l'avenir les lui apportera.

Le Président: Prof. *Emile Yung.*

9. Die Kommission für das naturwissenschaftliche Reisestipendium.

I. Entstehungsgeschichte.

Die Entstehung dieser Kommission ist auf einen Beschluss der Schweizerischen Botanischen Gesellschaft bei Anlass ihrer Versammlung in Genf 1902 zurückzuführen. Sie tagte damals gewohnheitsgemäss gleichzeitig mit der Muttergesellschaft und hatte die Freude, in ihrer Mitte als Gast den vielverdienten Leiter des botanischen Gartens in Buitenzorg auf Java, Prof. Dr. Melchior Treub zu begrüssen, der leider seither im Oktober 1910 verstorben ist. Das Komitee benützte diesen Anlass, einer Anregung Folge zu leisten, die in seinem Schosse schon länger diskutiert worden war: es möchte die Schweiz sich unter diejenigen Staaten reihen, die von Zeit zu Zeit Subventionen bewilligen für Botaniker, welche die unvergleichliche Gelegenheit zu Studien benützen wollten, die der botanische Garten von Buitenzorg bietet. Im Protokoll der XIII. ordentlichen Versammlung der Schweizerischen Botanischen Gesellschaft vom 9. September 1902 in Genf heisst es:

„Prof. Chodat referiert über den Antrag des Komitees, es möchte die Gesellschaft ein Mitglied beauftragen, mit Herrn Dr. Treub nach Bern zu reisen und dort bei Herrn Bundesrat Ruchet vorzusprechen, um die Möglichkeit anzubahnen, dass von Zeit zu Zeit schweizerische Botaniker das botanischs Institut in Buitenzorg besuchen könnten. Dieser Auftrag wird Herrn Prof. Dr. Schröter erteilt."

In Ausführung dieses Auftrages reisten Prof. Treub und der Berichterstatter am 16. September 1902 nach Bern. Sie wurden in längerer Audienz in höchst freundlicher Weise von Herrn Bundesrat Ruchet empfangen. Es war für den Berichterstatter ein wahrer Genuss, die warme Begründung unseres Gesuches gegenüber dem Herrn Bundesrat aus dem Munde von Prof. Treub zu hören, der ein äusserst elegantes Französisch sprach (seine Mutter war eine Neuenburgerin). Der Berichterstatter konnte aus eigener Erfahrung die Vorzüge des Institutes Buitenzorg in hellstes Licht setzen und auf den mannigfachen Nutzen hinweisen, der der Wissenschaft und den Lehranstalten unseres Landes aus den Besuchen der schweizerischen Gelehrten an diesem Tropeninstitut erwachsen werde. Herr Bundesrat Ruchet nahm unsere Ausführungen sehr wohlwollend entgegen, wünschte aber zu Handen des Bundesrates eine schriftliche Eingabe von seiten des Komitees der Schweizerischen Botanischen Gesellschaft. Diese Zuschrift (abgedruckt in den Verhandlungen der S. N. G. von Locarno 1903, Seite 138—140) wurde von der Botanischen Gesellschaft dem Zentralkomitee der Schweizerischen Naturforschenden Gesellschaft zur Begutachtung übergeben, das damals in Zürich seinen Sitz hatte, und von diesem mit warmer Befürwortung an den Bundesrat weitergeleitet.

Auf der Jahresversammlung 1904 in Winterthur berichtete das Zentralkomitee Folgendes (Verh. pag. 258): „Der verlangte Betrag von 2500 Fr. ist durch die eidgen. Räte bewilligt worden, und es handelt sich jetzt darum, die Normen festzustellen, unter welchen die Subvention die zweckmässigste Verwendung finden wird. Da es im Sinne der Eingabe liegt, dieses naturwissenschaftliche Reisestipendium zu einer ständigen Institution zu erheben, so ist auch für das Jahr 1905 wieder um den nämlichen Betrag nachzusuchen." Dieser Antrag des Zentralkomitees wurde in der zweiten Hauptversammlung angenommen (Verhandl. 1904, S. 36).

Daraufhin erliess das Zentralkomitee am 1. Oktober 1904 die erste Ausschreibung des Stipendiums mit folgendem Wortlaut:

Naturwissenschaftliches Reisestipendium für die Tropenstation Buitenzorg.

Im Auftrage des Eidgen. Departements des Innern bringt das Zentralkomitee der Schweizerischen Naturforschenden Gesellschaft ein Reisestipendium im Betrage von 5000 Fr. zur Ausschreibung. Dasselbe ist dazu bestimmt, einem Naturforscher zu ermöglichen, während des Winterhalbjahres 1905/6 im botanischen Institut zu Buitenzorg wissenschaftliche Arbeiten auszuführen. Es bleibt der Verständigung des Zentralkomitees mit dem Stipendiaten vorbehalten, Reise- und Arbeitsprogramm sowie das Pflichtenheft im einzelnen festzustellen. Dabei ist das Arbeitsgebiet örtlich und zeitlich nicht ausschliesslich auf Buitenzorg und fachlich nicht ausschliesslich auf Botanik beschränkt. Bei der Vergebung des Stipendiums werden die Lehrer der Naturwissenschaften an schweizerischen Mittel- und Hochschulen, sowie jüngere Männer, welche ihre naturwissenschaftlichen Studien mit Auszeichnung abgeschlossen haben, vorzugsweise berücksichtigt.

Das Zentralkomitee hat zur Vorbereitung der Berichterstattung und Antragstellung an das Departement eine Spezialkommission niedergesetzt, bestehend aus den Herren

Dr. Fritz Sarasin in Basel,
Prof. Dr. R. Chodat in Genf,
Prof. Dr. C. Schröter in Zürich.

Bewerber haben ihre Anmeldung, begleitet von einem curriculum vitae und Ausweisen über die bisherige wissenschaftliche Tätigkeit bis spätestens zum 31. Dezember 1904 an Herrn Prof. Dr. C. Schröter, Zürich V einzusenden, der auch zu weiterer Auskunfterteilung bereit ist.

Zürich, den 1. Oktober 1904.

Im Namen des Zentralkomitees der Schweiz. Naturf. Gesellschaft,

Der Präsident: GEISER. — Der Sekretär: SCHRÖTER.

Die in der Ausschreibung genannte Spezialkommission hielt ihre erste Sitzung am 26. Januar in Zürich ab. Sie fasste damals u. a. folgenden wichtigen Beschluss:

„Es soll dem Zentralkomitee vorgeschlagen werden, das Stipendium, das ursprünglich nur für Buitenzorg gedacht war, in der Weise zu erweitern, dass

1. nicht ein bestimmter Ort wie Buitenzorg als Reiseziel festgesetzt werde und
2. nicht bloss Botaniker, sondern auch Zoologen, überhaupt Vertreter biologischer Wissenschaften zum Genuss dieses Stipendiums berechtigt sein sollten."

Das Zentralkomitee stimmte diesem Beschlusse zu und genehmigte die beiden von der Kommission vorgeschlagenen Reglemente (siehe die Verhandlungen von Luzern 1905, S. 329; die Reglemente selbst siehe im Anhang).

Die vom Zentralkomitee nur provisorisch ernannte Kommission wurde in der Folge auf der Versammlung der S. N. G. in Luzern, September 1905, bestätigt.

II. Personalien der Kommission.

1905—1907 Dr. F. Sarasin, Basel, Präsident.
Prof. Dr. C. Schröter, Zürich, Sekretär.
Prof. Dr. R. Chodat, Genf.

1907 Dazu gewählt: Prof. Dr. H. Blanc, Lausanne,
Prof. Dr. E. Fischer, Bern.

1912 An Stelle des demissionierenden Dr. F. Sarasin wird Prof. Schröter zum Präsidenten gewählt. Prof. Chodat demissioniert als Mitglied.

1913 An Stelle von Prof. Chodat wird gewählt: Dr. J. Briquet, Genf.
An Stelle des demissionierenden Prof. Blanc: Prof. Dr. Fuhrmann, Neuenburg.

III. Übersicht der Stipendiaten und ihrer Reisen.

1905 Prof. Dr. A. Ernst, Universität Zürich: Reise nach Buitenzorg und im malayischen Archipel (Ostjava, Makassar, Lombok, Westsumatra und malayische Halbinsel) 27. Juli 1905 bis 16. August 1906.

1906 Prof. Dr. H. Bachmann, Kantonsschule Luzern,
Dr. M. Rikli, Eidg. Techn. Hochschule Zürich: Gemeinschaftliche Reise nach Grönland, 16. Mai bis 5. Oktober 1908.

1908 Prof. Dr. O. L. Fuhrmann, Neuenburg: Reise nach Südamerika, speziell Kolumbien, vom 25. Juni bis 12. November 1910.

1910 Prof. Dr. G. Senn, Universität Basel: Reise nach Singapore, Buitenzorg, Ostjava, Ostindien und Ceylon, 23. August 1910 bis 18. April 1911.
Dr. H. Bluntschli, Universität Zürich: Reise nach Argentinien und ins Amazonasgebiet, 31. Januar bis 7. Dezember 1912.

1912 Prof. Dr. R. Chodat, Genf: Paraguay, 12. Juni bis 9. Dezember 1914.

IV. Publikationen, gegründet auf die subventionierten Reisen.

1. Prof. Dr. A. Ernst, Universität Zürich.

1906: Das Keimen der dimorphen Früchtchen von Synedrella nodiflora (L.) Grtn. 9 Seiten, 3 Textfiguren. Ber. d. Deutsch. botan. Ges. 1906, Bd. XXIV.

1907: Die neue Flora der Vulkaninsel Krakatau. 77 Seiten, 2 Kartenskizzen und 9 Landschafts- und Vegetationsbilder. Vierteljahrsschr. d. naturf. Ges. in Zürich 1907, 52. Jahrg.

1907: Über androgyne Infloreszenzen von Dumortiera. 10 Seiten, 1 Tafel. Ber. d. Deutsch. botan. Ges., Jahrg. 1907, Bd. XXV.

1908: The new flora of the volcanic island of Krakatau, translated by A. C. Seward. 74 Seiten, 2 Kartenskizzen und 13 Landschafts- und Vegetationsbilder. Cambridge, University Press 1908.

1908: Beiträge zur Morphologie und Physiologie von Pitophora. 38 Seiten, 4 Tafeln. Ann. du Jard. botan. de Buitenzorg 1908, 2. Serie, Bd. VII.

1908: Beiträge zur Morphologie und Ökologie von Polypodium Pteropus Bl. 40 Seiten, 3 Tafeln. Ann. du Jard. botan. de Buitenzorg 1908, 2. Serie, Bd. VII.

1908: Untersuchungen über Entwicklung, Bau und Verteilung der Infloreszenzen von Dumortiera. 70 Seiten, 7 Tafeln. Ann. du Jard. botan. de Buitenzorg 1908, 2. Serie, Bd. VII.

1908: Zur Phylogenie des Embryosackes der Angiospermen. 20 Seiten, 1 Tafel. Ber. d. Deutsch. botan. Ges. 1908, Bd. XXVIa.

1909: Die Besiedelung vulkanischen Bodens auf Java und Sumatra. 30 Seiten, 12 Tafeln. Vegetationsbilder, 7. Reihe, Heft 1 u. 2 (Jena 1909), herausgeg. von G. Karsten und H. Schenk.

1909: Apogamie bei Burmannia coelestis Don. 12 Seiten, 1 Tafel. Ber. d. Deutsch. botan. Ges., Jahrg. 1909, Bd. XXVII.

1909: Embryoentwicklung und Befruchtung bei Rafflesia Patma Bl. (A. Ernst und Ed. Schmid). 11 Seiten, 1 Tafel. Ber. d. Deutsch. botan. Ges., Jahrg. 1909, Bd. XXVII.

1909: Beiträge zur Kenntnis der Saprophyten Javas (A. Ernst und Ch. Bernard). I.—III. Untersuchungen an Thismia javanica J. J. S. 40 Seiten, 8 Tafeln. Ann. du Jard. botan. de Buitenzorg 1902, 2. Serie, Bd. VIII.

1910: Baumbilder aus den Tropen. 19 Seiten, 6 Tafeln. Verhandl. d. Schweiz. naturf. Ges. Basel 1910.

1910: Zur Kenntnis von Ephemeropsis tjibodensis Goeb. 12 Seiten, 1 Tafel. Ann. du Jard. botan. de Buitenzorg 1910, 2. Serie, Suppl. III.

1911: Beiträge zur Kenntnis der javanischen Saprophyten (A. Ernst und Ch. Bernard). IV.—VI. Untersuchungen an Thismia clandestina Miq. und Thismia Versteegii J. J. S. 23 Seiten, 6 Tafeln. Ann. du Jard. botan. de Buitenzorg 1911, 2. Serie, Bd. IX.

1911: Beiträge zur Kenntnis der Saprophyten Javas (A. Ernst und Ch. Bernard). VII. u. VIII. Untersuchungen an Burmannia candida Engl. und Burmannia Championii Thw. 18 Seiten, 4 Tafeln. Ann. du Jard. botan. de Buitenzorg 1911, 2. Serie, Bd. IX.

1912: Beiträge zur Kenntnis der Saprophyten Javas (A. Ernst und Ch. Bernard). IX. Entwicklungsgeschichte des Embryosackes und des Embryos von Burmannia candida Engl. und Burmannia Championii Thw. 27 Seiten, 5 Tafeln. Ann. du Jard. botan. de Buitenzorg 1912, 2. Serie, Bd. X.

1912: Beiträge zur Kenntnis der Saprophyten Javas (A. Ernst und Ch. Bernard). X.—XII. Untersuchungen an Burmannia coelestis Don. 38 Seiten, 6 Tafeln. Ann. du Jard. botan. de Buitenzorg 1912, 2. Serie, Bd. XI.

1913: Über Blüte und Frucht von Rafflesia. Morphologisch-biologische Beobachtungen und entwicklungsgeschichtlich-zytologische Untersuchungen von A. Ernst und Ed. Schmid. 55 Seiten, 8 Tafeln. Ann. du Jard. botan. de Buitenzorg 1912, 2. Serie, Bd. XI.

1913: Embryobildung bei Balanophora. 31 Seiten, 2 Tafeln. Flora oder allgem. botan. Ztg. 1913, Bd. CVI.

1913: Zur Kenntnis der Apogamie und Parthenogenesis bei Angiospermen. 13 Seiten, 3 Textfiguren. Verhandl. der Schweiz. Naturf. Gesellschaft, Frauenfeld 1913.

1914: Beiträge zur Kenntnis der Saprophyten Javas (A. Ernst und Ch. Bernard) XIII.—XV. Untersuchungen an Burmannia tuberosa Becc. 26 Seiten, 7 Tafeln. Annales du jardin bot. de Buitenzorg, 1914, 2. Serie, Bd. XIII.

2. Prof. Dr. H. Bachmann, Luzern.

Grönland. Eine Studienreise von Hans Bachmann. Jahresbericht der Höhern Lehranstalt in Luzern für das Schuljahr 1909/10. Kommissionsverlag von E. Haug, Luzern.

Die Dänische arktische Station auf Disko. Archiv für Hydrobiologie 1910.

3. Prof. Dr. M. Rikli, Eidg. Techn. Hochschule Zürich.

1. Vegetationsbilder aus dänisch Westgrönland. Vegetationsbilder von G. Karsten und H. Schenck, Reihe VII, Heft 8, 1909; G. Fischer, Jena.
2. Über den Grönländerhund, Zentralblatt für Jagd- und Hundeliebhaber, XXV. Jahrgang, Zürich, Nr. 12—14 (1909).
3. Beiträge zur Kenntnis von Natur und Pflanzenwelt Grönlands. 32 Seiten und 7 Tafeln. Verhandlungen der Schweiz. Naturforschenden Gesellschaft, 92. Jahresversammlung, Lausanne 1909; Bd. 1, S. 147—177.
4. Über die Engelwurz (Angelica Archangelica L.). Schweiz. Zeitschrift für Chemie und Pharmazie (1910) Nr. 4—7, 29 Seiten und 15 Figuren.
5. Sommerfahrten in Grönland mit Dr. A. Heim mit 16 Tafeln, 2 Karten, 1 Profil und 37 Textfiguren, X und 262 Seiten. Frauenfeld, Huber & Cie. (1911).
6. Abschnitt „Arktis" in meiner Bearbeitung der „Florenreiche" im Handwörterbuch der Naturwissenschaften, Bd. IV, S. 788—793 (1913).
7. Über Cassiope tetragona D. Don, in Englers botan. Jahrbüchern, 50. Band (1914).

4. Prof. Dr. O. Fuhrmann, Université, Neuchâtel.

Alle nachfolgend verzeichneten Arbeiten sind erschienen in: Dr. O. Fuhrmann et Dr. Eug. Mayor, Voyage d'exploration scientifique en Colombie. 4°. Mém. de la Soc. neuch. des sc. nat., Neuchâtel, Attinger frères.

1912: 1. Beitrag zur Kenntnis der Süsswasserdekapoden Kolumbiens, von Prof. Dr. C. Zimmer, Breslau, 8 Seiten, 1 Tafel, 15 Figuren im Text. 4. nov. sp.

2. Quelques fourmis de Colombie par A. Forel. 6 Seiten. 3 nov. sp. et var.

3. Beitrag zur Kenntnis der Skorpione und Pedipalpen Kolumbiens, von Karl Kraepelin (Hamburg). 14 Seiten, 3 Figuren im Text. 3 nov. spec.

4. Terrastriel Isopods of Columbia by Harriet Richardson (Washington). 4 Seiten. 1 nov. spec.

5. Contribution à l'étude des Chilopodes de Colombie par H. Ribaut, prof. à l'Université de Toulouse. 27 Seiten, 37 Figuren im Text. 4 nov. spec.

6. Reptiles et Batraciens de Colombie par Dr. M. G. Peracca, Turin. 16 Seiten. 5 nov. spec.

7. Le genre Thyphlonectes par Dr. O. Fuhrmann. 27 Seiten, 21 Figuren im Text.

1913: 8. Beitrag zur Kenntnis der Weberknechte von Kolumbien, von Dr. C. Fr. Roewer, Bremen. 21 Seiten, 1 Tafel. 10 nov. spec., 4 nov. gen.

9. Copépodes de Colombie et des Cordillères de Mendoza, par Dr. U. Thiébaud, Bienne. 16 Seiten, 25 Figuren. 3 nov. spec.

10. Quelques nouveaux Péripodes américains par Dr. O. Fuhrmann. 13 Seiten, 16 Figuren. 4 nov. spec.
11. Hydracarina de Colombie par Dr. C. Walter, Bâle. 9 Seiten, 11 Figuren. 3 nov. spec.
12. Die Oligochaeten Kolumbiens, von W. Michaelsen (Hamburg). 51 Seiten, 1 Taf., 2 Figuren im Text. 6 nov. spec.
13. Quelques Mollusques de Colombie par J. Piaget, Neuchâtel. 17 Seiten, 2 pl. 13 nov. spec. et var.
14. Beitrag zur Kenntnis der Nachtschnecken Kolumbiens, zugleich eine Übersicht über die neotropischen Nachtschneckenformen überhaupt, von Prof. Simroth, Leipzig. 72 Seiten, 4 Tafeln, 2 Fig. im Text. 11 nov. spec.
15. Cladoceren aus den Gebirgen von Kolumbien, von Dr. Th. Stingelin (Olten). 39 Seiten, 31 Figuren im Text. 5 nov. spec. et var.
16. Süsswasserostracoden aus Kolumbien und Argentinien, von Dr. G. Méhes, Budapest. 22 Seiten, 14 Figuren im Text. 6 nov. spec.
17. Freilebende Nematoden, von Prof. Dr. E. von Daday, Budapest. 6 Seiten.
18. Rhizopodes par E. Penard, Genève. 6 Seiten.
19. Die Moosfauna Kolumbiens, von Dr. Fr. Heinis, Basel. 4 nov. spec.
20. Planaires terrestres de Colombie, par Dr. O. Fuhrmann. 22 nov. spec.
21. Sur quelques Turbellaires d'eau douce de Colombie, par Dr. O. Fuhrmann. 3 nov. spec.
22. Hirudinées de Colombie par M. Weber, Neuchâtel. 10 spec. nov., 1 nov. gen.
23. Die Diplopoden Kolumbiens, von Dr. V. Carl, Genf. Ca. 50 spec. nov., 5 ? n. gen.
24. Spinnen der Familien Sperassidae, Lycosidae, Sicaridae und Pholcidae aus Kolumbien, von Embrik Strand. 7 nov. spec. et var.
25. Süsswasseralgen Kolumbiens, von T. West, Birmingham. 15 nov. spec.
26. Observations altimétriques, par prof. Le Grand Roy, Neuchâtel.
27. Les poteries columbiennes, par Th. Delachaux, Neuchâtel.

Arbeiten über die von Dr. E. Mayor gesammelten Materialien:

1. Contribution à l'étude des Ptéridophytes de Colombie, par Dr. E. Rosenstock, Gotha. 24 Seiten, 5 Tafeln. 11 nov. spec.
2. Beitrag zur Kenntnis der Flechten von Kolumbien, von Prof. Dr. S. Lindau, Berlin. 10 Seiten. 1 nov. spec.
3. Beiträge zur Kenntnis der Flora von Kolumbien und Westindien, bearbeitet im botanischen Museum der Universität Zürich, von Dr. G. Schellenberg, Zürich, Prof. Dr. Hans Schinz, Zürich, und Dr. A. Thellung, Zürich. 90 Seiten.
4. Contribution à l'étude des Champignons parasites de Colombie, par Hch. P. Sydow, Berlin. 10 Seiten, 3 Figuren im Text. 11 nov. spec., 1 nov. gen.
5. Contribution à l'étude des Urédinées de Colombie, par Dr. med. Eug. Mayor, Neuchâtel. 158 Seiten, 105 Figuren im Text.

5. Prof. Dr. G. Senn, Universität Basel.

1. Senn, G., Physiologische Untersuchungen an Trentepohlia. Verh. der Schweiz. Naturf. Gesellschaft, 94. Jahresversammlung in Solothurn, Bd. I, 1911.
2. R. Menzel, Exotische Crustaceen im Botanischen Garten zu Basel. Revue suisse de Zoologie. Bd. 19, Nr. 8. Genf 1911.
3. Senn, G., Tropisch-asiatische Bäume, in Schenck und Karsten, Vegetationsbilder. X. Reihe, Heft 4, Tafel 19—28, Jena 1912.
4. Senn, G., Der osmotische Druck einiger Epiphyten und Parasiten. Verhandlungen der Naturforschenden Gesellschaft in Basel, Bd. 24. Basel 1913.

Dr. Hans Bluntschli, Universität Zürich:

1. Leitende Gesichtspunkte und Programm einer geplanten zoologischen Studien- und Sammelreise nach Südamerika. 11 Seiten in 8°. Als Manuskript gedruckt. Zürich 1910.
2. Eine zoologische Forschungsreise nach Südamerika. 47 Seiten in kl. 8° (erster Reisebericht). Separatabdruck aus der „Neuen Zürcher Zeitung". 184. Jahrgang, Nr. 15—18, 23—25. Januar 1913.
3. Naturwissenschaftliche Forschungen am Amazonenstrom. (Autoreferat eines Vortrags in der Naturf. Gesellschaft Zürich.) 4 Seiten gr. 8°. Protokollauszug der Sitzung der Naturf. Gesellschatt Zürich vom 16. Juni 1911. Vierteljahrsschrift der Naturf. Gesellschaft Zürich. Jahrgang LVIII, 1913.
4. Einige Eindrücke aus Argentinien. 14 Seiten in 8°. 5 Abbildungen. In „Der Schweizer Argentiner", 1913. Verlag Trüb & Co., Aarau. Seiten 186—200.
5. Die fossilen Affen Patagoniens und der Ursprung der platyrrhinen Affen. 10 Seiten in 8°. Verh. der der Anatom. Gesellschaft auf der 27. Versammlung in Greifswald, Mai 1913. Seiten 33—43. 1913.
6. Demonstration zur Entwicklungsgeschichte platyrrhiner Affen, von Didelphys marsupialis, Tamandua bivittata und Bradypus marmoratus. 7 Seiten in 8°. 1 Tafel. (Verh. der Anatom. Gesellschaft auf der 27. Versammlung in Greifswald, Mai 1913. Seiten 196—202. Tafel I.)
7. Zur Frage nach den Ursachen der Zahnkaries, 6 Seiten in 8°. (Schweiz. Vierteljahrsschrift für Zahnheilkunde, Bd. XXIII, Heft 3. 1913.)

Der Präsident: Prof. C. Schröter.

10. Die Schweizerische Naturschutzkommission.

Der hiemit folgende Bericht über die Schweizerische Naturschutzkommission und ihre Tätigkeit seit ihrem Bestehen kann nur in knappesten Umrissen von den Leistungen Kenntnis geben, die diese Körperschaft im Verlauf ihres nun achtjährigen Bestehens verwirklicht hat. Von bestimmter Beschränkung ausgehend, hat das Gebiet ihrer Betätigung einen so weiten Umfang angenommen, dass eine Darstellung derselben zusammenfallen würde mit einer Schilderung der gesamten Naturschutzbewegung in der Schweiz von ihrer Entstehung an bis zum heutigen Tage. Ein Abbild derselben, auf aktenmässige Darstellung gegründet, findet sich in den Jahresberichten der Schweiz. Naturschutzkommission niedergelegt, von denen bisher sieben erschienen sind[1]). Indem auf diese genaue Darstellung verwiesen werden kann, mag das folgende kurz zusammengefasste Bild der Tätigkeit der Schweiz. Naturschutzkommission den Lesern dieser Festschrift zur Einführung dienen; von allen Einzelheiten, sowie von einer Nennung von Namen von um den Naturschutz in der Schweiz besonders verdienten Persönlichkeiten muss Abstand genommen werden, da dies die Aufgabe einer besonderen geschichtlichen Abhandlung werden müsste.

Die Schweizerische Naturforschende Gesellschaft hatte schon in mehreren Fällen Gelegenheit genommen, mit dem Schutz von sogenannten Naturdenkmälern vor der denselben drohenden Vernichtung sich zu befassen, namentlich war schon frühe das Bestreben hervorgetreten, erratische Blöcke, die als Zeugen der ursprünglichen Vergletscherung des schweizerischen Niederlandes allenthalben zerstreut sich vorfinden und die als geschätztes Baumaterial der Zerstörung verfielen, als echteste Naturdenkmäler für die Nachwelt unbeschädigt zu erhalten. Bei diesen Bemühungen pflegte man öfter grossen Schwierigkeiten zu begegnen, hauptsächlich hervorgerufen durch die Rechte und Interessen der Privatbesitzer, und diese Schwierigkeiten waren mit besonders grossem Zeitverlust und mit empfindlichen Unkosten in einem Falle verbunden, der der Leitung der Schweiz. Naturforschenden Gesellschaft zur Erledigung überbunden worden war, wobei es sich um die Rettung eines der wunderbarsten erratischen Blöcke der gesamten Schweiz handelte, nämlich um die Pierre des Marmettes ob Monthey. Der zähe Widerstand, den die Spekulation des Händlers den Schutzbestrebungen entgegengesetzt hatte, führte das Zentralkomitee der Schweiz. Naturforschenden Gesellschaft auf den Ge-

[1]) Die Jahresberichte 1—5 sind erschienen in den Verhandlungen der Schweiz. Naturforschenden Gesellschaft 1907—1911; Nr. 6 und Nr. 7 sind vom Schweiz. Bund für Naturschutz veröffentlicht worden.

danken, eine besondere Kommission einzusetzen, der die Aufgabe überbunden werden sollte, die Naturdenkmäler der Schweiz, insoweit dieselben einen wissenschaftlichen Wert repräsentierten, zu inventarisieren und sodann unverweilt, bevor die Spekulation sich ihrer bemächtigen könnte, zu ihrer Erhaltung die nötigen Schritte einzuleiten. Dabei war in erster Linie an wissenschaftlich wertvolle erratische Blöcke gedacht; doch sollten auch Naturdenkmäler aus den anderen Gebieten der Naturgeschichte, aus der Botanik, der Zoologie, ja auch Wohnstätten des prähistorischen Menschen Berücksichtigung finden.

Am 1. August 1906 wurde die Kommission für die Erhaltung von Naturdenkmälern und prähistorischen Stätten oder kurz: die Schweizerische Naturschutzkommission eingesetzt, deren Präsidium dem Unterzeichneten übertragen wurde.

Die erste Aufgabe dieser Kommission bestand darin, ihre Organisation über die gesamte Schweiz auszudehnen, in allen Kantonen also Subkommissionen aufstellen zu lassen, die als lokale Organe die Bestrebungen des Naturschutzes innerhalb ihres kantonalen Bezirkes zu verwirklichen haben, auch vor allem mitbehilflich sein sollten zu einer Inventarisation sämtlicher schützenswerter Objekte. Mit Hilfe der kantonalen naturforschenden Gesellschaften konnte diese Organisation schon im Laufe des ersten Jahres im wesentlichen durchgeführt werden.

Als der nächste weitere Schritt schien dem Unterzeichneten notwendig, das zu bearbeitende weitschichtige Material des Naturschutzes in der Schweiz in eine übersichtliche Ordnung zu bringen, weshalb er den Naturschutz in die folgenden Klassen einteilte: in den geologischen, den orologischen, den hydrologischen, den botanischen, den zoologischen, den prähistorischen und den pädagogischen Naturschutz.

Werfen wir der Reihe nach einen Blick auf diese so gekennzeichneten Gebiete der naturschützerischen Betätigung.

Der geologische Naturschutz befasst sich in erster Linie mit der Erhaltung wissenschaftlich wichtiger erratischer Blöcke, wie dies schon ausgeführt worden ist. Daneben wird auch das Augenmerk auf Rundhügellandschaften, Gletscherschliffe, Gletschermühlen, interessante stratigraphische Aufschlüsse, sowie auf erhaltenswerte Erosionserscheinungen, wie Schluchten, Höhlen, Karrenbildungen, Erdpfeiler u. dgl. zu richten sein, besonders im Falle, dass solche geologisch merkwürdige Gegenstände und Örtlichkeiten durch die Anlage von Strassen und Eisenbahnen bedroht erscheinen. Die rege Tätigkeit der kantonalen Naturschutzkommissionen in diesem Gebiete lässt sich aus ihren Jahresberichten, die sich den Hauptberichten jeweilen angeschlossen finden, entnehmen; auf dieselben sei hier ein für alle Mal, auch für die anderen Gebiete des Naturschutzes, verwiesen.

Unter orologischem Naturschutz verstehen wir die Freihaltung der Gebirgsgegenden oder einzelner Bergspitzen von Unternehmungen der Fremdenindustrie, wie vor allem von Bergbahnen, die, durch kein irgendwie dringendes Verkehrsbedürfnis hervorgerufen, die einsame Erhabenheit oder wilde Schönheit solcher Hochwachten dauernd verderben. Es handelt sich hier um eine Schutzbestrebung, die vorwiegend der Tätigkeit einer anderen Körperschaft, nämlich der Vereinigung für Heimatschutz, anheimfällt, die aber insofern auch in das Pflichtenheft des Naturschutzes gehört, als mit der Freihaltung solcher Gebirgslandschaften auch ihre Flora und Fauna vor eingreifender Schädigung bewahrt werden können. Der Ansturm der Industrie und des vergnügungsreisenden Publikums gerade auf jene erhabenen Gebirgswildnisse, wo Urnatur noch einsam und in unberührter Schönheit thront, muss immer mehr entmutigt und endlich völlig gebrochen werden. Es handelt sich hier um eine Verteidigung der Naturschönheiten unseres gemeinsamen Vaterlandes gegen die finanzielle Ausbeutung durch einzelne Interessenten. Von solchen panoptikumartigen Bergbahnanlagen mit ihrem Gefolge von die Gebirgswelt entstellenden weissgetünchten Wirtshäusern und mit roten Fähnchen verzierten Verkäuferbuden besitzt die Schweiz schon viel zu viele, und es wird darum bei jedem neu auftauchenden Projekt dieser Art der Naturschutz gemeinsam mit dem Heimatschutz immer von neuem die zuständigen Behörden dringend ersuchen, die Schönheiten des Landes nicht aus irgendwelchen Rücksichten an den Meistbietenden zu verschleudern. Da diese natürlichen Schönheiten dem schweizerischen Volke gemeinsam angehören, so haben die Regierungen zwar wohl formell, nicht aber ethisch das Recht, dieselben dem Besitz der Allgemeinheit zu entziehen und Privatpersonen oder -konsortien zu freier Verfügung zu stellen, es sei denn, dass Verkehrsfragen höherer Ordnung dafür zwingend mitsprechen. Da aber Heimatschutz sowohl als Naturschutz die Interessen der Allgemeinheit vertreten, so werden sie nicht darin nachlassen, die Behörden zu ermahnen, die Anschauungen und Bestrebungen des Naturschutzes zu den ihrigen zu machen, oder sie zu tadeln, wenn sie, sei es aus Schwäche, sei es aus bewusstem Gegenwillen, den ethischen Bestrebungen einer ideal fühlenden und in die Zukunft blickenden Vertretung des Volkes sich widersetzen.

Und dasselbe ist vom hydrologischen Naturschutz oder der Beschützung der blauen Seebecken und der die Natur belebenden rauschenden und schäumenden Wasserfälle gegen die Ausnutzung durch die Technik zu sagen. Es ist der Naturschutzkommission wohl bekannt, dass die Initiativkorporationen für Elektrizitätswerke ein genaues Verzeichnis über alle die herrlichen Gebirgsseen besitzen, die zu Staubecken, zu technischen Wasserreservoiren erniedrigt und entstellt werden sollen, sie weiss, dass schon ganze Landschaftsbilder von hervorragender Schönheit, wie der Laufen bei Laufenburg, dem gewalttätigen Utilitarismus geopfert worden sind, obgleich sich sehr leicht eine schonende Umgehung, ja eine gänzliche Verhinderung der Demolierung hätte bewerkstelligen lassen; aber die zerstörenden Pläne werden jetzt, nachdem der Naturschutz zum Aufsehen gemahnt hat, immer mehr im verborgenen zur Ausführung gebracht und mit einem Mal den Behörden vorgelegt, die sie genehmigen, weil der Naturschutz in ihrem Schosse keine Vertretung und somit keine Stimme hat. Und doch würden

Staubecken, stufenweise in den Lauf von Flüssen eingefügt, den Bedarf an elektrischer Kraft vollauf decken können, ohne dass Naturdenkmäler wie Gebirgsseen, Wasserfälle und Stromschnellen durch technische Werke verunstaltet oder vernichtet werden müssten; ist doch heutzutage die Fernleitung der elektrischen Kraft, soweit sie für die Schweiz in Betracht kommt, fast ohne Verlust zu ermöglichen. In dieser Richtung, der Rettung der hydrologischen Naturdenkmäler vor der Verwüstung, hat der Naturschutz unermüdlich weiter zu kämpfen, und so oft er auch in diesem Kampfe mit dem Faustrecht der Technik unterliegt, bei jedem neuen Projekte dieser Art den Widerstand von neuem einzusetzen, nachdem er durch unablässige Bemühung die im verborgenen gereiften Zerstörungspläne ans Licht gezogen hat. In Beziehung auf das von ihm bis jetzt in diesem Gebiete der Schutzbestrebungen erreichte, wie der Rettung des Silsersees, des Rheinfalles u. a. m. sei auf die Jahresberichte verwiesen.

Neben der Wünschbarkeit der Erhaltung der unbelebten Naturdenkmäler erschien der Schutz der Flora, namentlich der alpinen, gegen die Ausraubung durch die Händler und die Fremdenwelt besonders dringlich, der botanische Naturschutz also. Es wurde deshalb von der Kommission das Thema einer Pflanzenschutzverordnung ausgearbeitet und an alle kantonalen Regierungen eingesandt und zur Annahme empfohlen. Im Laufe der Jahre ist es unserer unablässigen Bemühung gelungen, die weitaus grösste Mehrzahl der Kantone zu bewegen, eine Pflanzenschutzverordnung in einer den jeweiligen Verhältnissen angepassten Form zu erlassen, so dass gegenwärtig die ganze Schweiz mit Ausnahme nur der Kantone Genf, Nidwalden, Schwyz, Tessin und Thurgau die in freier Natur vegetierende Pflanzenwelt unter gesetzlichen Schutz gestellt hat. Eine wirksame Nachachtung dieser Schutzbestimmungen herbeizuführen, bildet eine besondere Tätigkeit der kantonalen Naturschutzkommissionen.

An die Schutzbestrebungen für die Pflanzenwelt schliessen sich diejenigen für die freilebende Tierwelt der Schweiz unmittelbar an, und in diesem Gebiete, im zoologischen Naturschutz, war in erster Linie eine Auseinandersetzung mit der Jägergilde notwendig, welche die freie Verfügung über das Wild als ihr privilegiertes Recht beansprucht. Da ein beträchtlicher Wildbestand im Interesse der Jagdliebhaber selbst liegt, so hätte von vorneherein der Gedanke sich nahelegen können, den Schutz der freilebenden Fauna der Jägerwelt ganz zu überlassen, wenn nicht eine allgemeine, höchst bedauerliche Verarmung der gesamten autochthonen Fauna festzustellen gewesen wäre. Man musste einsehen, dass die bestehenden Jagdgesetze ihren eigentlichen Zweck, Schutzbestimmungen für das Wild gegen Verarmung oder gar Ausrottung zu sein, durchaus nicht erreichten, da die Anzahl der Jagdbeflissenen im Verhältnis zum Wildbestand eine viel zu grosse ist und da die ihnen zugestandenen Vergünstigungen so weitgehende sind und die bestehenden Wildschutzgesetze so lax gehandhabt werden, dass viele Tierarten infolgedessen schon der Ausrottung entgegengedrängt oder der endgültigen Vernichtung anheimgefallen sind, ein sowohl für die Allgemeinheit als die Wissenschaft höchst bedauerlicher Umstand. Auch bilden unter der grossen Masse der

Patentjäger die weidgerechten Jäger, denen ein rationeller Schutz des Wildes am Herzen liegt, eine schwache Minorität.

In erster Linie hat der Naturschutz den Standpunkt der Jagdwirtschaft, welche nur die für sie nutzbaren Tiere, im selben Sinne wie die Landwirtschaft ihre Herdentiere, erhalten will, ganz zu verlassen und die Erhaltung aller Tierarten, nicht nur der für die Küche nutzbaren Herbivoren, sondern auch der ebenso, ja wegen ihrer Intelligenz und Schönheit noch mehr erhaltenswerten Carnivoren, oder des sogenannten Raubwildes, anzustreben; denn der zoologische Naturschutz hat sich bei der Erhaltung der autochthonen Fauna nicht um den menschlichen Begriff von Nutzen und Schaden zu kümmern, sondern ausschliesslich um den Schutz der Arten vor der Ausrottung.

Da nun der Entwicklung des Naturschutzgedankens, der Verwirklichung seiner Schutzbestrebungen der Tierwelt gegenüber, der Säugetiere wie der Vögel, die bestehende Jagdgesetzgebung, die einseitig nach den Anschauungen und Nutzbegriffen der Jäger orientiert ist, entgegensteht, so musste es als eine der wichtigsten Aufgaben der Schweizerischen Naturschutzkommission erscheinen, eine neue eidgenössische Jagdgesetzgebung herbeizuführen, die auf den Gedanken des zoologischen Naturschutzes zu stellen wäre und die den Begriff des Jagdgesetzes in den eines Wildschutzgesetzes umwandeln würde. Dieser Aufgabe hat sich die Kommission unterzogen und hat dementsprechend am 12. November 1912 eine Revision des bestehenden eidgenössischen Jagdgesetzes im Sinne des Schutzes der gesamten autochthonen Fauna an den h. Bundesrat eingereicht, wo sie zurzeit noch zur Behandlung liegt.

Spezielle Bestimmungen zum Schutze der für die Landwirtschaft nützlichen Vogelarten haben bereits bestanden und sind auch in den meisten Kantonen zur Nachachtung gekommen, mit Ausnahme solcher, denen es aus finanziellen Gründen an den nötigen Polizeiorganen gebricht oder wo, wie im Tessin, die Schutzbestimmungen mit Bewusstsein im grossen überschritten werden, was wieder eine Frage für sich bildet.

Es handelt sich hier darum, festzustellen, dass vom Naturschutz die Erhaltung aller Arten unserer Ornis angestrebt wird, der sogenannten nützlichen wie der sogenannten schädlichen, der Singvögel sowohl wie der Raubvögel, da sie alle wichtige Teile einer gemeinsamen Biocönose darstellen. Gerade durch die Raubvögel wird Übervermehrung gewisser anderer Arten, die gemeinschädlich werden kann, hintangehalten; doch soll auch hierin nicht die Nutzen- oder Schadenfrage als Argumentation benutzt werden, sondern die wissenschaftliche und ethische Forderung der Erhaltung der gesamten autochthonen Ornis. Dafür hat die Naturschutzkommission sich unermüdlich einzusetzen. Dasselbe ist zu sagen zugunsten der Erhaltung des von den Fischerei-Interessenten rücksichtslos verfolgten Wassergeflügels.

Auch die Reptilien und Amphibien sind besonderen Schutzes wert, und zugunsten der Erhaltung der Fische in Flussläufen ist gegen die Wasservergiftung durch Fabrikabwässer Stellung zu nehmen.

Von wirbellosen Tieren bedürfen besonders gewisse Schmetterlinge des Schutzes gegen die Ausrottung, die ihnen nicht weniger als gewissen seltenen Blütenpflanzen durch Händler und Liebhaber droht.

Bei der Frage der Erhaltung der gesamten autochthonen Fauna und Flora kommt namentlich auch die Forstwirtschaft in Betracht, welche noch bis vor kurzer Zeit die Anforderungen des Naturschutzes ganz unberührt gelassen hatte, von vereinzelten Stimmen abgesehen. Dennoch hat sich der durch sie ausgeübte Betrieb der Erhaltung von Fauna und Flora höchst nachteilig erwiesen, indem die einseitige Kultivierung bestimmter Nutzholzarten, die forstliche Urbarmachung für die einseitig utilitaristisch betriebene Holzindustrie, die unnachsichtlich mit allen nach ihrem Begriff von Nutzen minderwertigen Pflanzenarten aufräumt, dem Jagdwilde sowohl als der Vogelwelt die Existenzbedingungen verkümmert, ihnen die Gelegenheit zur Vermehrung entzogen hat. Hier muss vor allem darauf gedrungen werden, dass auch der zoologische und botanische Naturschutz neben der Holzproduktion seine Berechtigung hat, dass Mischwald an Stelle der einseitig gezüchteten monotonen Holzbestände zu treten hat, dass dem Unterholz, dieser eigentlichen Herberge der gesamten freilebenden Fauna, eine reichliche Ausdehnung zu geben ist, und dass auch alte Bäume zur speziellen Nutzung für solche Arten stehen gelassen werden, die auf sie als ihr Nahrungsareal und ihre Wohnstätte angewiesen sind. Der fabrikmässig angelegte Holzindustriewald soll wieder zum poesievollen Naturwald veredelt werden, soweit dies nur durchführbar ist, und wenn nicht allgemein durchführbar, so doch in bestimmten grösseren Distrikten. Die Nutzung hat durch Plenterbetrieb zu geschehen.

Dass der einseitige Industriewald auch der Heranzüchtung von schädlichen Parasiten Vorschub leistet, kommt allmählich auch der Forstwirtschaft zum Bewusstsein, er stellt eben auch eine ins grosse getriebene Störung der natürlichen Biocönose dar. Die bisher ausschliesslich fabrikmässig betriebene Forstkultur den Interessen eines weitblickenden Naturschutzes zu eröffnen, muss eine der Hauptaufgaben der Schweiz. Naturschutzkommission werden.

Im Gebiete des prähistorischen Naturschutzes richtete sich die Aufmerksamkeit der Kommission vornehmlich auf die Erhaltung von Höhlen, die als Wohnungen des Urmenschen durch entsprechende Fundgegenstände sich erwiesen haben; daneben sollten Refugien, eventuell, soweit möglich, auch Pfahlbautenreste vor Zerstörung bewahrt werden. Es hat eine bestimmte wissenschaftliche Berechtigung, dass der Naturschutz sich auch dieser Objekte annimmt, da dieselben zum prähistorischen, also zum Naturmenschen in Beziehung stehen, der, wo er sich heutzutage noch erhalten hat, ebenso wie irgendein anderes Naturgeschöpf besonderem Schutze zu unterstellen ist.

Bei der Schwierigkeit der Handhabung der Naturschutzgesetzgebung, soweit eine solche überhaupt bisher verwirklicht werden konnte, stellt es eine besondere Aufgabe des nationalen Naturschutzes dar, die öffentliche Meinung für seine Bestrebungen zu gewinnen, das Volk über den ihm drohenden Schaden aufzuklären und sein Auge für den Wert aller belebten Naturgeschöpfe, an denen es sonst meist achtlos vorüberging, zu öffnen. Da Zeitungsartikel und Vorträge in dieser Richtung wohl einiges, aber nur geringes leisten können, insofern sie den breiten Volksschichten gegenüber wirkungslos bleiben, so musste die Mitwirkung der Schule, der Lehrerschaft herangezogen werden, um der Jugend den Gedanken des Naturschutzes einzupflanzen und denselben so in ihr als künftigen Volksgedanken heranwachsen zu lassen. Die Naturschutzkommission hat diese Aufgabe mit Eifer an die Hand genommen und ist bestrebt, sie auf breiteste Basis zu stellen durch Einführung von Unterweisung in dieser Richtung in alle Schulen der Schweiz. In diesem Sinne der nationalen Begründung des pädagogischen Naturschutzes auf breitester Basis sollte vor allem auch eine Eingabe der Kommission an die Konferenz der Erziehungsdirektoren dienlich werden, welche daraufhin einen Ausschuss zur Behandlung dieser Frage gebildet hat. Dass daneben sowohl direkt aktiv als vielfach publikatorisch vorgegangen wurde, sei nur nebenbei erwähnt.

Alle diese ins allgemeine gehenden Bestrebungen sind gewiss keine verlorenen, aber ihre Früchte reifen langsam unter beständigen Kämpfen mit einer sei es überhaupt widerwillig gesinnten, sei es aktiver Initiative abholden Gegnerschaft, wozu der passive Widerstand der Indolenz zu rechnen ist; und Hand in Hand mit dem dadurch gegebenen Zeitverluste schreitet die Verarmung der national autochthonen Fauna und Flora raschen Schrittes weiter. Deshalb, um zu sofortigen greifbaren Resultaten zu kommen, die nicht gehindert werden können, erschien die Schaffung grösserer Schutzgebiete für die gesamte Flora und Fauna, die Errichtung möglichst weit ausgedehnter Reservationen unabweisbar notwendig.

Der Gedanke an die Schaffung solcher Schutzgebiete beschäftigte die Naturschutzkommission schon von Anfang ihres Bestehens an aufs lebhafteste; nicht nur sollte mit der Zeit eine grössere Anzahl solcher Reservationen, ein mehr oder weniger dichtes Netz bildend, über die ganze Schweiz ausgedehnt, sondern es sollte vor allem auch die Schaffung einer Grossreservation im Herzen des Hochgebirges ins Auge gefasst werden. Um auch in diese Bestrebungen von vornherein übersichtliche Ordnung zu bringen, unterschied der Unterzeichnete die Schutzgebiete in kleinere oder Reservate und grössere oder Reservationen. Da ferner gewisse Schutzbezirke zu speziellen Zwecken angelegt werden sollten, wie z. B. zur Erhaltung einer bestimmten Florula oder Faunula oder auch einzelner Arten, so waren die Naturschutzgebiete weiter zu scheiden in partielle und totale Reservationen, in welch letzteren die gesamte Fauna und Flora strengem und dauerndem Schutze zu unterstellen war. Die zu begründende Grossreservation sollte, wie von vornherein feststand, eine totale werden, in der namentlich auch der Wald jeder Nutzung entzogen und völlig seiner natürlichen Ausgestaltung überlassen werden sollte. Eine umsichtige Voruntersuchung führte zur Wahl jenes vom Inn knieförmig umströmten Gebirgsdistriktes des Unter-Engadins zwischen den Seitentälern Trupchum (lies: Truptschúm) im Süden und Scarl im Osten; in diesem ausgedehnten Gebiete, in dem alle alpinen Höhenzonen mit der für sie bezeichnenden Fauna und Flora in wechselvoller Ausdehnung vorhanden sind, in der ferner ganze Gebirgsstöcke mit schneebedeckten Gipfeln, wie der Piz Quatervals, Piz Plavna dadaint, Piz Tavrü u. a. m. sich erheben, worin ferner ein wahres Kleinod alpiner Flora und Fauna enthalten ist, nämlich das hochalpine Binnental Cluoza, sollte der Versuch gemacht werden, alpine Urnatur, wie sie vor dem Auftreten des Menschen die Alpenkette geschmückt hatte, in vollem Umfange wieder herzustellen, oder doch soweit als die überhaupt noch vor Ausrottung bewahrten Tier- und Pflanzenarten ein solches Ideal zu erreichen gestatten würden. Dieses Schutzgebiet sollte als Schweizerischer Nationalpark bezeichnet werden.

Es kann hier nicht der Ort sein, auf die Überwindung der Schwierigkeiten einzutreten, die als eine lange Kette von Einzelgliedern sich den Bemühungen der Kommission entgegenstellten, es muss dafür auf die Jahresberichte verwiesen werden, in denen der ganze Gang des schwerfälligen Geschäftes, aktenmässig registriert, sich wiedergegeben findet; es genüge zu sagen, dass im Laufe von rund fünf Jahren das Werk endgültig zustande gekommen ist und zwar für eine unbegrenzte Zukunft, indem die Eidgenossenschaft den hochherzigen Beschluss gefasst hat, die namhafte jährliche Entschädigungssumme an die Gemeinden, deren Gebiet von der Reservation in Anspruch genommen wird, für alle Zeit zu übernehmen. Der 25. März 1914 war der denkwürdige Tag, da in Bern dieser Beschluss von der Bundesversammlung gefasst worden ist, den auch das schweizerische Volk dadurch sanktionierte, dass es das Referendum dagegen nicht ergriffen hat. So ist in einem der wildesten und schönsten Gebiete der Alpenkette ein unschätzbares Naturschutzgebiet von rund 200 km² Ausdehnung geschaffen, das im Laufe der Zeit noch namhaft vergrössert werden wird, eine durch Anstellung von drei Parkwächtern wohl geschützte, für die gesamte Fauna und Flora, auch die daselbst bestehenden weit ausgedehnten Waldgebiete geltende totale Grossreservation. Die Oberaufsicht über dieselbe liegt in der Hand einer besonderen eidgenössischen Nationalparkkommission, die wissenschaftliche Erforschung leitet eine wissenschaftliche Kommission des Parkes, die der Nationalparkkommission zuhanden des h. Bundesrates ihr Programm vorzulegen hat.

Der Schweizerische Nationalpark bildet die schönste Frucht der von der Schweiz. Naturf. Gesellschaft ernannten Naturschutzkommission, und er darf somit auch als ein Werk der Schweiz. Naturf. Gesellschaft gelten. Wir dürfen mit voller Ruhe es als Gewissheit bezeichnen, dass aus dieser grossen, auf das Ideale gerichteten Unternehmung sowohl das schweizerische Volk als die schweizerische Wissenschaft Freude, Nutzen und Ruhm gewinnen werden.

Neben dieser Grossreservation richtete sich die Aufmerksamkeit der Naturschutzkommission auf die Begründung zahlreicher kleinerer Reservate im Gebiete der gesamten Schweiz. Dieselben sollen hier nicht im einzelnen aufgezählt und charakterisiert werden, es sei dafür namentlich auf die Jahresberichte 6 und 7 verwiesen. Manche sind schon definitiv zustande gebracht, viele erst im Werden begriffen.

Das erfreulichste Ergebnis aller dieser Schutzgebiete ist aber der sichere Nachweis, dass, wo nur die natürlichen Existenzbedingungen für Flora und Fauna wiederhergestellt und wo zugleich für strengen Schutz gegen den störenden Menschen gesorgt wird, Pflanzen- und Tierwelt unverweilt zur Entfaltung und Vermehrung kommen, es erscheint keine Art von sich aus zum Untergang verurteilt; wo eine Art damit bedroht oder schon von der Vernichtung erreicht ist, da handelt es sich um systematisch durchgeführte Ausrottung durch den Menschen.

Es ist nun noch eines weiteren Werkes der Schweiz. Naturschutzkommission Erwähnung zu tun, welches notwendig war, um die zur Begründung all der Unternehmungen grösseren Stiles nötigen finanziellen Mittel herbeizuschaffen, soweit sie nicht, wie beim Nationalpark, durch die Eidgenossenschaft übernommen worden sind. Zu diesem Behufe wurde von der Kommission im Jahre 1909 ein Verein ins Leben gerufen mit der Einforderung einer jährlichen Beisteuer von 1 Franken als Mindestbeitrag für die Mitglieder, der als Schweizerischer Bund für Naturschutz bezeichnet wurde. Es gelang durch unablässige Bemühung, vor allem auch durch Heranziehung der Schulen, die Anzahl der Mitglieder im Laufe der Jahre auf die ansehnliche Höhe von rund 26,000 zu bringen. Diese Liga soll indessen nicht allein zur Beschaffung der für den nationalen Naturschutz nötigen finanziellen Mittel dienen, sondern auch dazu, den Gedanken des Naturschutzes in weite Kreise des Volkes zu tragen und alle Schichten desselben zur Mitbetätigung in der Erhaltung und Wiederherstellung der freien Natur unseres Vaterlandes und ihrer Geschöpfe heranzuziehen. Der Naturschutzgedanke soll auf diese Weise in das Herz des Volkes gepflanzt werden, dann wird erst unserem Vaterlande die Erhaltung und Mehrung seiner natürlichen Herrlichkeiten gesichert sein.

Endlich ist noch zu sagen, dass alles das, was im nationalen Naturschutz von uns geschieht, in letzter Hinsicht sich als ein lokaler Bezirk in den internationalen oder Weltnaturschutz eingliedert, insofern ein wissenschaftlicher Naturschutz die Erhaltung der Natur, den Schutz ihrer Geschöpfe gegen Ausrottung auf dem gesamten Erdball von Pol zu Pol sich zur Aufgabe stellt, wonach die einzelnen Nationen nur nationale Kustodate des globalen oder Weltnaturschutzes darstellen; kennt doch die Natur keine politischen Grenzen. Die Nationen mögen aber in dieser idealen Bestrebung, die im ganzen des Weltnaturschutzes sich gipfelt, in edelm Wetteifer gegenseitig sich zu überbieten suchen, damit umso eher unsere gemeinsame Allmutter Natur wieder zu dem ihr zustehenden Rechte komme.

Der Präsident: Paul Sarasin.

11. Die hydrologische Kommission und ihre Vorläufer.

(Limnologische Kommission und Flusskommission.)

Zur Erforschung der vaterländischen Gewässer bestellte die Schweiz. Naturf. Gesellschaft ursprünglich zwei getrennte Kommissionen. Der Limnologischen Kommission fiel als Arbeitsgebiet die Seenforschung zu; die Flusskommission sollte sich mit der Förderung der wissenschaftlichen Kenntnisse des fliessenden Wassers von Bach, Fluss und Strom befassen. Im Jahre 1907 wurden die beiden Kollegien zur einen einzigen Hydrologischen Kommission vereinigt. Zur Verschmelzung führten äussere Gründe, vor allem aber der enge innere Zusammenhang der nur schwer zu trennenden beiden Arbeitsbezirke. So sieht sich denn die Hydrologische Kommission der grossen Aufgabe gegenüber, die Gewässerkunde im allgemeinsten Sinn in der Schweiz zu fördern.

Ein Bericht über die Tätigkeit der Hydrologischen Kommission hat naturgemäss mit der kurzen Darstellung der Geschichte und der Leistungen der beiden Vorläufer zu beginnen. Denn die Hydrologische Kommission übernahm vor allem das Erbe der Limnologischen und der Flusskommission und die weitere Verfolgung ihrer Bestrebungen.

Limnologische Kommission.

An der 70. Jahresversammlung der Schweiz. Naturf. Gesellschaft im Sommer 1887 in Frauenfeld begründete F. A. Forel den Antrag, eine „Commission d'études limnologiques" zu wählen. Er wies auf die Tatsache hin, dass mehr als $^1/_{20}$ der Landesfläche von Seen bedeckt sei und schilderte mit der ihm eigenen warmen Beredsamkeit, welche grosse Bedeutung diesen Wasserbecken im alltäglichen Leben, in der Technik, besonders aber in der Wissenschaft zukomme. Eine Fülle limnologischer Probleme harre ihrer Lösung; Chemie und Physik, Zoologie und Botanik könnten aus dem Studium der Seen reichen Ernteertrag erwarten. Sache der Naturforschenden Gesellschaft sei es, die Arbeiten zu organisieren, ihnen Impuls und Richtung zu verleihen.

Forels Anregung fand freudiges Gehör. Es wurde beschlossen, „eine limnologische Kommission zu schaffen und mit der Aufgabe zu betrauen, die allseitige Erforschung der schweizerischen Seen zu leiten und zu fördern und die Publikation einschlägiger Arbeiten zu besorgen und anzuregen". Als Mitglieder traten der Kommission, neben Forel, der eidg. Oberforstinspektor J. Coaz und Prof. G. Asper aus Zürich bei.

So geht die Gründung der Limnologischen Kommission auf den Mann zurück, der wie kein zweiter die Seenkunde in weitester Begrenzung umfasste; sie fällt in die Zeit, als, vor allem unter dem Einfluss der Forel'schen Forschungen, die Limnologie zur selbständigen, rasch aufblühenden Wissenschaft wurde. Nach vorbereitenden Arbeiten veröffentlicht die Kommission im Jahr 1889 (Jahresversammlung in Luzern) ihr Zukunftsprogramm. Sie umschreibt das limnologische Arbeitsfeld und kommt zum Schluss, dass vor allen anderen Unternehmungen zur Ausführung drängen das Studium der chemischen Wasserzusammensetzung der verschiedenen Schweizer Seen, Untersuchungen über die lakustrische Uferfauna und Beobachtungen über die Seefloren. Alle diese drei Wünsche haben auch heute noch nicht restlose Erfüllung gefunden.

In den Jahresberichten über die Tätigkeit der Kommission warf Forel regelmässig einen Blick auf die Leistungen der verschiedenen Zweige der Limnologie in der Schweiz. Durch seine beherrschende Kenntnis des Stoffs wurde die Serie der Berichte zu einer fortlaufenden, zuverlässigen Geschichte der schweizerischen Seenkunde und zu einem wertvollen Überblick über ihre Entwicklung.

Neben dieser zusammenfassenden und registrierenden Tätigkeit suchte die Kommission früh schon durch eigene limnologische Arbeit und durch Anregung und Unterstützung anderer Forscher die Kenntnis der schweizerischen Seen zu fördern.

Sie sammelte seit dem Jahre 1888 Notizen über Dauer, Umfang und Erscheinung des Gefrierens der Seen. Besonderes Verdienst um die genaue Beobachtung des in mehrfacher Hinsicht interessanten Gefrierphenomens erwarb sich das Kommissionsmitglied Prof. X. Arnet in Luzern. Seine Untersuchungen erstrecken sich über die zentralschweizerischen Wasserbecken; sie umfassen einen Zeitraum von sechs Jahren, zu denen auch der kalte Winter 1890/91 gehört.

Ausser den Gefriererscheinungen wandte Arnet seine Aufmerksamkeit den Durchsichtigkeitsmessungen des Vierwaldstättersees zu. Er wurde so zum Vorarbeiter eines grossen wissenschaftlichen Unternehmens, das die Limnologische Kommission im Verein mit der Naturforschenden Gesellschaft in Luzern mehr als anderthalb Jahrzehnte intensiv und ununterbrochen beschäftigte, der allseitigen Erforschung des Vierwaldstättersees.

Im Jahre 1895 unterbreiteten X. Arnet und der Berichterstatter der Luzerner Naturf. Gesellschaft ein Programm für die chemische, physikalische, botanische und zoologische Untersuchung des grossen zentralschweizerischen Sees. Der Entwurf verrät deutlich den starken Einfluss der Arbeiten Forels. War doch zwei Jahre früher der erste Band der mustergültigen Monographie „Le Léman“ aus der Feder des Waadtländer Forschers erschienen.

Die Luzerner Gesellschaft beschloss Drucklegung des Programms und bestellte eine Kommission zur Seeuntersuchung unter dem Vorsitz des Präsidenten der Limnologischen Kommission. Damit war der Ausgangspunkt zu nie erlahmender, aufopferungsvoller Tätigkeit gegeben.

Der wissenschaftlichen Kommission stand ein von Gotthardbahndirektor F. Wüest vortrefflich geleitetes Finanzkomitee zur Seite, dem es gelang, dem Zwecke der Seeuntersuchung im Laufe der Jahre die Summe von gegen 10 000 Franken zuzuführen.

Behörden, Gesellschaften und Private liehen dem Werk ihre Unterstützung; freiwillige Beobachter und Hilfsarbeiter stellten sich an den verschiedenen Becken des reichgegliederten Sees zur Verfügung; durch Vorträge über die Untersuchung, ihr Ziel und ihre Ergebnisse wurde das Interesse wachgehalten. Vor allem aber schenkte zielbewusst und unermüdlich Prof. Dr. H. Bachmann seine Zeit und seine Kenntnisse dem Unternehmen.

Die wissenschaftlichen Resultate der Untersuchung des Vierwaldstättersees sind zum grossen Teil in den „Mitteilungen der Naturforschenden Gesellschaft in Luzern" niedergelegt. In dieser Zeitschrift erschien im Jahr 1895/96 X. Arnets Arbeit über das Gefrieren der Seen in der Zentralschweiz. Ein Jahr später veröffentlichte derselbe Autor eine umfangreiche Abhandlung über die Durchsichtigkeit des Wassers, die Temperatur der Wasseroberfläche und die Wasserfarbe im Vierwaldstättersee. Daran schliessen sich in rascher Folge die Arbeiten von G. Surbeck und von G. Burckhardt über die Mollusken und das Zooplankton des Sees, kleinere parasitologische Mitteilungen des Verfassers dieses Berichtes und W. Nufers Dissertation über die Fische und ihre Schmarotzer. Die Physik kam zu Wort in grossen und wichtigen Veröffentlichungen B. Ambergs über die Thermik und Optik des untersuchten Wasserbeckens und Dr. E. Sarasin-Diodatis über die Seiches des Vierwaldstättersees.

Endlich enthält das sechste Heft der Luzerner Mitteilungen (1911) die umfangreiche und bedeutungsvolle Arbeit Prof. H. Bachmanns über „das Phytoplankton des Süsswassers mit besonderer Berücksichtigung des Vierwaldstättersees".

Als Grundlage zu einer umfassenden Monographie über die Tiefenfauna der mitteleuropäischen Seen benützte F. Zschokke die im Vierwaldstättersee an der profunden Tierwelt gesammelten Beobachtungen. Der Band erschien 1911 bei W. Klinkhardt in Leipzig.

Der Bericht der limnologischen Kommission vom Jahre 1905 konnte darauf hinweisen, dass die Untersuchung des Vierwaldstättersees, „eines Unternehmens, das seit beinahe zehn Jahren in Luzern seine reichste Unterstützung gefunden hat, dank vielseitiger, uneigennütziger, geistiger und finanzieller Mitarbeit einem vorläufigen, guten Abschluss entgegengeht".

Doch ruhten die unter der Ägide der Luzerner Naturforschenden Gesellschaft stehenden Untersuchungen an dem schönen See auch seither nicht. Zoologische Fänge, Sammlung botanischen Materials und mannigfaltige physikalische Beobachtungen nahmen ihren Fortgang. Besonders wurde auf gemeinsamen, in regelmässigen Intervallen wiederkehrenden Seefahrten von den Vertretern der verschiedenen Wissenschaften reiches Material gewonnen, das zum Teil noch seiner Bearbeitung entgegensieht.

Die Luzerner Naturforschende Gesellschaft darf es sich zum Ehrentitel anrechnen, die Seeuntersuchung zielbewusst und energisch durchgeführt zu haben. Aber auch die Limnologische Kommission blieb ihrem Programm treu, wenn sie dem Unternehmen nicht nur ihr Interesse schenkte, sondern ihm durch regste Mitarbeit ihrer Mitglieder auch tatkräftige Unterstützung lieh.

Als eine Frucht der Erforschung des Vierwaldstättersees dürfen die hydrobiologischen Kurse betrachtet werden, die Prof. H. Bachmann in Luzern ins Leben rief. Sie vereinigten schon zweimal zahlreiche Hydrobiologen, zum Teil aus dem weiteren Ausland, zu mehrwöchigem Studienaufenthalt an den Ufern des nun wissenschaftlich gut bekannten Sees. An der Erteilung der Unterrichtes nahmen mehrere Mitglieder der Limnologischen Kommission aktiven Anteil.

Die Kurse liessen den Wunsch reifen, am Vierwaldstättersee eine ständige hydrobiologische Forschungsstätte erstehen zu sehen. Dem Projekt, das Prof. H. Bachmann für die Luzerner Naturforschende Gesellschaft vertritt, schenkt auch die Hydrologische Kommission ihre Aufmerksamkeit.

Die biologischen Untersuchungen, die von verschiedenen Forschern im Züricher-, Neuenburger-, Hallwiler- und Baldeggersee vorgenommen wurden, unterstützte die Limnologische Kommission finanziell durch Beiträge zur Anschaffung von Planktonnetzen. Sie versuchte auch, für die Schweiz allgemein gültige Normen über den Fang und die Verarbeitung des Planktons aufzustellen. Auf Anregung der Kommission referierten im Sommer 1899 vor den in Neuenburg versammelten schweizerischen Hydrobiologen Prof. O. Fuhrmann und Dr. G. Burckhardt über den Gegenstand. Fuhrmann verfolgte mit Unterstützung der Limnologischen Kommission die Frage der Vereinheitlichung der Plankton-Methodik experimentell weiter und legte die Resultate seiner Studien in einer Publikation nieder, die allen Interessenten mitgeteilt wurde.

Über die von der Physikalischen Gesellschaft in Zürich unternommene Untersuchung des Züricher- und Walensees erhielt die Limnologische Kommission regelmässig Bericht.

Prof. F. A. Forel und Dr. E. Sarasin-Diodati förderten die Unternehmung durch Überlassung limnologischer Apparate.

Endlich darf wohl auch darauf hingewiesen werden, dass die Mitglieder der Limnologischen Kommission durch eigene, zum Teil umfangreiche und vielfach grundlegende Arbeiten zu weiterer Forschung auf den verschiedensten Bezirken des weitgedehnten Gebiets der Seenkunde anregten. Wenn heute die chemische und physikalische Erforschung der stehenden Gewässer, die zoologische und botanische Limnologie in der Schweiz blüht und das Feld von zahlreichen Arbeitern mit Erfolg bestellt wird, ging der starke Anstoss zu solcher Tätigkeit zum guten Teil von der Kommission und ihren Mitgliedern aus.

Flusskommission.

Die Limnologische Kommission musste in ihrem Programm naturgemäss eine weite Lücke offen lassen. Ihr Arbeitsbezirk umfasste von Anfang an nur das allerdings sehr grosse Gebiet der Seenkunde. Sie wollte zur Arbeit an den so zahlreichen und verschiedenartigen stehenden Gewässern der Schweiz anregen und die Erforschung der physikalischen, hydrographischen und chemischen Verhältnisse der Seen, sowie das Studium der Fauna und Flora der Wasserbecken organisieren, leiten und fördern.

Ausser den Rahmen des Programms fiel die naturwissenschaftliche Prüfung der zahlreichen Probleme, welche das fliessende Wasser in der Erscheinung von Bach, Fluss und Strom bietet. Die bestehende Lücke wurde 1893 in Lausanne mit der Gründung der Flusskommission (Commission des rivières) durch die Jahresversammlung der Schweiz. Naturf. Gesellschaft ausgefüllt.

Prof. E. Brückner in Bern und Prof. A. Heim in Zürich stellten den Antrag, die Kommission entstehen zu lassen; sie waren zusammen mit Prof. L. Duparc in Genf ununterbrochen Mitglieder des kleinen Kollegiums von seiner Gründung an bis zu seiner Auflösung im Jahre 1907.

So fanden Geographie und Geologie in der Flusskommission vollwertige Vertretung, und eine grosse geologisch-geographische Frage bildete denn auch den Hauptgegenstand des Studiums. Es wurde versucht, den Umfang der Abtragung des festen Landes durch die Flüsse zu bestimmen.

Schon im Jahr 1894 legte der Kommissionspräsident, E. Brückner, das Arbeitsprogramm vor, an dessen Ausarbeitung sich auch F. A. Forel und der Chef des Eidg. hydrographischen Bureaus, Dr. Epper, beteiligt hatten. Es wurde geplant: die quantitative Bestimmung der auf der Flussohle abwärts wandernden Geschiebemassen, die Feststellung der im Stromwasser gelösten und geschwemmten Stoffmengen und Beobachtungen über den Verlauf und die Mächtigkeit der auf den Seegründen sich vollziehenden Schlammablagerung. Um dem Ziele nahezukommen, sollten einem Fluss regelmässig entnommene Wasserproben chemisch untersucht werden; vorgesehen wurde auch die Versenkung von Schlamm sammelnden Kasten in die Tiefen verschiedener Seen. Endlich versprach man sich Resultate durch die Beobachtung des Wachstums der in den Seen sich aufschüttenden Flussdeltas. Über den letztgenannten Punkt konnten die Vermessungen des topographischen Bureaus Auskunft geben, während das hydrometrische Amt die unentbehrlichen Angaben über die wechselnde Wassermenge des für die Schöpfversuche gewählten Stroms zu liefern versprach. Die Kommission hatte somit vor allem für die regelmässige Entnahme der Schöpfproben und ihre Verarbeitung und für die Experimente mit den Schlammsammlern zu sorgen. Beide Programmpunkte wurden zu gutem Ende geführt.

Nach langen und teilweise schwierigen Vorarbeiten nahmen die Schöpfversuche an der Rhone bei Porte du Scex oberhalb des Genfersees im April 1904 ihren Anfang; sie erstreckten sich über ein volles Jahr. Die Bearbeitung des gesammelten Materials besorgte Dr. E. Uetrecht in Bern. Er veröffentlichte die interessanten Resultate über die Menge der im Strom gelösten und suspendierten Substanzen im VII. Band der „Zeitschrift für Gewässerkunde". Die Arbeit gestattet einen Einblick in die durch das fliessende Wasser bewirkte Gesteinsabtragung im Einzugsgebiet der Rhone.

Während der ganzen Untersuchungsdauer durfte sich die Flusskommission der tatkräftigen Unterstützung des Eidg. hydrometrischen Bureaus erfreuen. Diese Amtsstelle stellte ihre Pegelstation in Porte du Scex zur Verfügung und übernahm in liberaler Weise die Besoldung des Beobachters und seine instrumentelle Ausrüstung.

Um die Messung der Schlammablagerung auf dem Grund der Seen erwarb sich Prof. A. Heim besondere Verdienste. Als Untersuchungsgebiet diente vom Jahr 1895 bis 1903 die Tiefe des Vierwaldstättersees. Vor dem Rütli im Urnersee und vor dem Muottadelta wurden nach den Angaben Heims konstruierte Schlammsammler versenkt und in grösseren Zeitintervallen gehoben. Wiederholt gingen die Kasten rettungslos verloren. Über die Ergebnisse der morphologischen, physikalischen und chemischen Untersuchung des gesammelten Schlamms legte Heim mehrere Male Rechenschaft ab (Vierteljahrsschrift der Zürcher Naturf. Gesellschaft, Bd. XLV, 1900).

Vom Jahre 1901 bis 1906 wurden auch im hochalpinen Öschinensee durch die Flusskommission Schlammessungen angestellt. Das Becken bot der Untersuchung durch die gewaltigen Oscillationen des Wasserstands grosse Schwierigkeiten. Doch verhiessen die eigentümlichen hydrographischen Verhältnisse des Gewässers interessante Aufschlüsse über den Umfang der Schlammablagerung in einem fast ausschliesslich von Gletscherbächen gespeisten See, dem ein oberirdischer Abfluss fehlt. Vor allem ergab sich, welchen gewaltigen Einfluss starke lokale Gewitter auf die Ausgiebigkeit der Schlammauffüllung in Wasserbecken des Hochgebirgs ausüben.

Nach der Vereinigung der Flusskommission mit der Limnologischen Kommission ruhten die Experimente über die Sedimentierung in den Seen nicht. Es schien wünschenswert, die gewonnenen Resultate durch Untersuchungen am Brienzersee, den die Aare mit Gesteinstrümmern überschüttet, zu erweitern. Dr. Epper, Chef des hydrometrischen Bureaus und Mitglied der Hydrologischen Kommission, leitete in den Jahren 1908 bis 1910 die von vollem Erfolg begleitete Untersuchung. In den gedruckt vorliegenden Jahresberichten der Hydrologischen Kommission finden sich summarische Notizen über den Verlauf des Unternehmens und über seine Resultate. Die chemische Bearbeitung der Tiefenschlammproben aus dem Vierwaldstättersee und dem Brienzersee führte die Schweiz. Agrikulturchemische Anstalt in Bern durch.

Zur möglichst gründlichen Lösung der die Flusskommission vor allem beschäftigenden Frage nach der Mächtigkeit der Abtragung der Gebirge durch das fliessende Wasser schien es notwendig, die Wassermengen zu bestimmen, welche die Hänge der Berge abspülend bearbeiten. Das setzte genaue Kenntnis des Betrags der Regenfälle in den verschiedenen Landesteilen voraus. Dabei erwies sich, dass die Zahl der Regenmesstationen im Aaregebiet ausserhalb des Juras, im Tessin, im Inntal und im oberen Rhonetal viel zu klein sei. Es darf der Flusskommission als Verdienst angerechnet werden, die beträchtliche Vermehrung der Stationen bei den Bundesbehörden mit Erfolg angeregt zu haben.

Hydrologische Kommission.

Am 29. Juli 1907 beschloss die zur Jahresversammlung in Freiburg vereinigte Schweiz. Naturf. Gesellschaft die Limnologische Kommission und die Flusskommission unter dem Namen Hydrologische Kommission zu verschmelzen. Sie ging von der Voraussetzung aus, dass die benachbarten Arbeitsgebiete beider Kommissionen leicht und mit Vorteil von ein und derselben zentralisierten Behörde bebaut werden könnten. Zudem war durch den Wegzug Prof. Brückners aus der Schweiz der Bestand der Flusskommission auf zwei Mitglieder herabgesunken, von denen das eine, Prof. Duparc, schon lange auch der Limnologischen Kommission angehörte.

Die Freiburger-Versammlung brachte den vereinigten Kommissionen als wichtigen Fortschritt eine engere Verbindung mit dem Eidg. hydrometrischen Bureau. Der Vorsteher dieser Institution, Dr. Epper, trat der Hydrologischen Kommission bei und seit 1912 zählt auch sein Amtsnachfolger, Dr. L. Collet, Chef der schweizerischen Landeshydrographie, zu ihren Mitgliedern. Hatten die Leiter des hydrometrischen Amts von jeher die Bestrebungen der Kommissionen der Naturforschenden Gesellschaft weitgehend unterstützt, so zeitigte der neugeschaffene bessere Kontakt zwischen den Vertretern der Landeshydrographie und der Naturforschenden Gesellschaft bald willkommene Früchte. Der Hydrologischen Kommission floss Rat und Unterstützung in reichem Masse zu.

Von den Arbeiten ihrer beiden Vorläuferinnen führte die verschmolzene Kommission, wie schon erwähnt wurde, die Feststellung der Schlammablagerung auf dem Grund der subalpinen Seen und die tatkräftige Unterstützung der Untersuchung des Vierwaldstättersees weiter.

Doch liess sie sich am übernommenen Erbe nicht genügen. Ein Programm vom Februar 1908 weist das Interesse der Hydrologischen Kommission auf folgende Arbeitsgebiete: Neuvermessung des Linth-Deltas im Walensee zur Feststellung der seit der letzten Aufnahme eingetretenen Geschiebeablagerung, Errichtung von Pegelstationen an den Grindelwaldgletschern zur Bestimmung der Menge des abfliessenden Schmelzwassers und endlich die ununterbrochene Beobachtung des Planktons in den Hochseen von Arosa.

Von den drei Programmpunkten blieb der zweite aus finanziellen Gründen unausgeführt. Die Vermessung des Linthdeltas im Walensee besorgte die Schweiz. Landeshydrographie. Von derselben Stelle aus wurden im Laufe der letzten Jahre auch die hydrographisch so interessanten hochalpinen Becken des Märjelensees und auf der Trübseealp genau vermessen.

In den Aroser Seen wurden unter der Leitung der Hydrologischen Kommission während eines ganzen Jahres durch einen freiwilligen Beobachter Planktonfänge ausgeführt, sowie Transparenz- und Temperaturmessungen veranstaltet. Das wertvolle Material fand seinen zoologischen Bearbeiter in Dr. G. Burckhardt aus Basel, der die Resultate durch eigene Untersuchungen an anderen Hochalpenseen vervollständigte. Heute steht die auf breite Basis gestellte Arbeit vor ihrem Abschluss. Sie wird den von Biologen vielfach ausgesprochenen Wunsch erfüllen, vollen Einblick zu erhalten in die Zusammensetzung der freischwimmenden Organismenwelt hochalpiner Gewässer und in die Periodizität und zyklische Veränderung ihrer Komponenten.

Dem zoologischen Teil soll sich ein botanischer Abschnitt aus der berufenen Feder Prof. H. Bachmanns, des guten Kenners des hochalpinen Phytoplanktons, anschliessen. Die biologische Untersuchung der Seen von Arosa darf als ein mit eigener Kraft durchgeführtes Werk der Hydrologischen Kommission gelten.

In jüngster Zeit unterstützt die Kommission die botanische und zoologische Erforschung des St. Moritzersees im Oberengadin, die in den Händen von Dr. O. Guyer, eines Schülers von Prof. C. Schröter in Zürich, und eines Angehörigen der Zoologischen Anstalt in Basel liegt. Das eifrig betriebene Unternehmen verspricht guten Erfolg.

Schwere Verluste trafen im Laufe der letzten zwei Jahre die Hydrologische Kommission. In der Nacht vom 7. zum 8. August 1912 schloss der Senior der schweizerischen Seenforscher und ihr hochverehrter Führer zugleich, Prof. F. A. Forel in Morges, seine Augen für immer, und am 10. November desselben Jahres verschied in Zürich Prof. J. Heuscher, der Erforscher zahlreicher Seen der ebenen und gebirgigen Schweiz und der kenntnisreiche Förderer der Fischereiinteressen seines Vaterlands. In beiden Männern verlor die Kommission eifrige, zu hingebenden Diensten stets bereite Mitglieder. Forel war vor mehr als 25 Jahren ihr Gründer. An der Jahresversammlung in Frauenfeld (Sommer 1913) füllte die Schweiz. Naturf. Gesellschaft die entstandenen Lücken aus durch Ernennung von Prof. C. Schröter in Zürich, Dr. L. Collet, Chef der Schweiz. Landeshydrographie in Bern und Dr. G. Burckhardt in Basel zu Mitgliedern der Hydrologischen Kommission. Die Namen und Leistungen der drei genannten Herren auf dem Gebiet der Seenforschung versprechen für die Kommission neue erfolgreiche Tätigkeit.

So mag denn dieser Bericht mit einem hoffnungsvollen Ausblick in die Zukunft abschliessen. An der Landesausstellung in Bern gedenkt die Kommission einem weiteren Publikum Rechenschaft abzulegen über ihre Leistungen im ersten Vierteljahrhundert ihres Bestehens. Sie fasst aber gleichzeitig neue Ziele ins Auge. Vor allem gedenkt sie durch Anlage von Versuchsteichen im Hochgebirge die von deutschen und dänischen Zoologen auf breiter Grundlage unternommene internationale Planktonforschung tatkräftig zu unterstützen. Damit stellt sich die Kommission in den Dienst eines Unternehmens, das weit über hydrobiologische Grenzen hinausreichend, wichtige Streitfragen der Vererbungslehre zur Entscheidung bringen soll.

Als weitere Aufgabe der nächsten Zeit betrachtet die Hydrologische Kommission die allseitige und gründliche Untersuchung des Ritomsees am Südabhang des St. Gotthard, bevor das in mancher Beziehung interessante Hochgebirgsbecken in seinen natürlichen Verhältnissen durch Technik und Verkehr gestört wird.

Es mag so durch die freiwillige Arbeit ihrer Mitglieder der Hydrologischen Kommission weiter beschieden sein, ihrem Zweck zu dienen, die Erforschung der schweizerischen Gewässer und ihrer Tier- und Pflanzenwelt anzuregen, zu fördern und zu leiten.

Mitgliederbestand.

I. Limnologische Kommission (1887–1907).

- Prof. Dr. F. A. Forel, Morges 1887–1892, 1899–1907
- Dr. J. Coaz, eidg. Oberforstinspektor, Bern . . . 1887–1894
- Prof. Dr. G. Asper, Zürich 1887–1889
- Prof. Dr. F. Zschokke, Basel 1890–1907
- Dr. E. Sarasin-Diodati, Genf 1892–1907
- Prof. Dr. L. Duparc, Genf 1892–1907
- Prof. X. Arnet, Luzern . 1892–1896
- Prof. Dr. J. Heuscher, Zürich 1894–1907
- Dr. O. Suidter, Luzern . . 1896–1900
- Prof. Dr. H. Bachmann, Luzern 1901–1907

Präsident:

- Prof. Dr. F. A. Forel . . 1887–1892
- Prof. Dr. F. Zschokke . . 1892–1907

II. Flusskommission (1893–1907).

- Prof. Dr. E. Brückner, Bern 1893–1907
- Prof. Dr. A. Heim, Zürich 1893–1907
- Prof. Dr. L. Duparc, Genf 1893–1907

Präsident:

- Prof. Dr. E. Brückner, Bern 1893–1907

III. Hydrologische Kommission (seit 1907).

- Prof. Dr. F. A. Forel, Morges 1907–1912
- Prof. Dr. F. Zschokke, Basel 1907
- Dr. E. Sarasin-Diodati, Genf 1907
- Prof. Dr. L. Duparc, Genf 1907
- Prof. Dr. H. Bachmann, Luzern 1907
- Prof. Dr. A. Heim, Zürich 1907–1911
- Prof. Dr. J. Heuscher, Zürich 1907–1912
- Dr. F. J. Epper, Direktor des Eidg. Hydrographischen Bureaus in Bern . . . 1907
- Prof. Dr. C. Schröter, Zürich 1913
- Dr. L. Collet, Direktor der Schweiz. Landeshydrographie, Bern 1913
- Dr. G. Burckhardt, Basel 1913

Präsident:

- Prof. Dr. F. Zschokke, Basel 1907

Der Präsident: Prof. F. Zschokke.

12. Die Euler-Kommission.

Leonhard Euler, geboren am 15. April 1707 in Basel, gestorben am 18. September 1783 zu St. Petersburg, unstreitig einer der grössten Mathematiker aller Zeiten, zeichnete sich nicht bloss durch die wahrhafte Genialität seiner Werke, sondern ebensosehr durch seine erstaunliche Kraft der Produktion aus. Das von Gustav Eneström herausgegebene Verzeichnis der Euler'schen Arbeiten umfasst nicht weniger als 865 Nummern, worunter viele Werke grossen Umfangs. Weit wunderbarer aber noch als die Menge des von Euler Geschaffenen ist der Umstand, dass auch heute noch die allergrösste Zahl dieser Arbeiten nicht etwa veraltete Kuriosa darstellen, sondern frischestes Leben atmen, ja zum Teil noch unerschöpfte Fundgruben neuer wissenschaftlicher Erkenntnis bilden.

Im Todesjahre Eulers waren von seinen Arbeiten erst 530 gedruckt. Die Petersburger Akademie hat dann in der Folge in pietätvoller Erinnerung an ihr grosses Mitglied während 47 Jahren nachgelassene Werke Eulers erscheinen lassen, ohne aber damit den Vorrat zu erschöpfen. Im Jahre 1844 wurde auf Anregung von P. H. von Fuss, dem die Entdeckung einer weiteren Reihe wertvoller Manuskripte gelungen war, und lebhaft unterstützt durch K. G. J. Jacobi, von der Akademie eine *Editio completa* der Werke Eulers in Aussicht genommen; aber die Ungunst der Zeiten verhinderte die Ausführung des Planes, und es kam bloss zum Erscheinen der beiden Bände: *Commentationes arithmeticae collectae* (1849) und der von Fuss gefundenen *Opera postuma* (1862). Nicht besser war es einer 1839 in Belgien geplanten Gesamtausgabe in französischer Sprache ergangen; sie erlosch mit dem fünften Bande.

Trotzdem kam der Wunsch nach einer Gesamtausgabe, die sowohl das bereits gedruckte, aber an vielen, zum Teil schwer zugänglichen Orten zerstreute, als auch das noch in Manuskripten vorhandene Euler-Material in logischer Anordnung umfassen sollte, nie mehr völlig zur Ruhe und fand bei den verschiedensten Gelegenheiten lebhaften Ausdruck. So fasste, als der 200jährige Geburtstag Eulers bevorstand, die Kaiserliche Akademie von St. Petersburg aufs neue den Plan und zwar in Verbindung mit der Königlich Preussischen Akademie der Wissenschaften zu Berlin, eine Gesamtausgabe zu veranstalten; die Idee kam aber nicht zur Ausführung. Wohl aber wurde an der zweihundertjährigen Geburtstagsfeier Eulers in Basel am 29. April 1907, an der die Akademien von Berlin und Petersburg vertreten waren, der Grundstein für das Riesenmonument einer Gesamtausgabe der Euler'schen Werke gelegt durch einen feurigen Appell Professor Ferdinand Rudio's.

„Die Schweiz", so führte der begeisterte Redner aus, „wird der Petersburger und der Berliner Akademie stets das Gefühl der Dankbarkeit bewahren, dass sie unserem Euler, für den das eigene Vaterland zu klein war, ein grösseres geboten und ihm die Möglichkeit bereitet haben, in ungetrübter Schaffensfreudigkeit sein grosses Lebenswerk zu vollenden. So bedeutet schon der Name Euler allein ein unlösbares, edles Band, das die Schweiz mit diesen hochangesehenen wissenschaftlichen Instituten verbindet. Und doch ist ein Wunsch noch unerfüllt geblieben, noch bleibt eine grosse und dankbare Aufgabe zu lösen übrig, die die Schweiz allein wohl nicht zu bewältigen imstande sein wird, so sehnlichst und so laut auch seit Jahren die Lösung verlangt wird: Eine Gesamtausgabe der Werke Eulers! Die Erfüllung dieses Wunsches wäre nicht nur ein Akt der Pietät, sondern auch — darin sind alle einig — eine eminent wissenschaftliche Tat. Möge die heutige Feier, möge die Teilnahme der beiden Akademien an dem schweizerischen Feste den Grund legen zu diesem Werke! Wenn dann dereinst durch vereinte Anstrengung dieses Werk vollendet sein wird, dann ist ein Denkmal errichtet, das gewaltiger zur Menschheit reden wird als Erz und Stein, ein Denkmal mit der unsichtbaren und doch weit hinaus leuchtenden Inschrift: Leonhardo Eulero Academia Petropolitana, Academia Berolinensis, Confoederatio Helvetica."

Wer aber sollte nun in der Schweiz die grosse Aufgabe in die Hand nehmen? Eine Kantonale Naturforschende Gesellschaft konnte hiefür nicht in Betracht kommen, sondern allein die Schweizerische Naturforschende Gesellschaft, welche in unserem Vaterlande die Aufgaben durchführt, die in den Grosstaaten den Akademien zufallen. Es ist wiederum Herr Prof. Rudio gewesen, der in Gemeinschaft mit den Herren Professoren K. F. Geiser, A. Kleiner und Chr. Moser, an der Jahresversammlung der Schweizerischen Naturforschenden Gesellschaft am 29. Juli 1907 in Freiburg den Antrag stellte, es solle eine Kommission gewählt werden mit dem Auftrag, die Mittel und Wege zu studieren, welche zu einer Gesamtausgabe der Werke Eulers erforderlich seien, denn „Es bleibt noch eine Ehrenpflicht zu lösen übrig, mit der nicht länger gezögert werden darf, die Gesamtausgabe der Werke Eulers! Wohl kann diese gewaltige Aufgabe nur durch das Zusammenwirken Vieler bewältigt werden, aber die Blicke der ganzen mathematischen Welt sind dieses Jahr doch zunächst nach der Schweiz gerichtet, weil man von dem Heimatlande Eulers eine tatkräftige Initiative erwartet. Und diese Aufgabe darf die Schweizerische Naturforschende Gesellschaft nicht von sich weisen!" Sie hat sie auch nicht von sich gewiesen, sondern sofort ihre Denkschriften-Kommission mit der Prüfung der Angelegenheit betraut.

Diese ernannte am 2. Oktober desselben Jahres, zunächst in der Form eines ihr beigeordneten Organs, eine Euler-Kommission mit Herrn Rudio als Präsidenten und 10 Mitgliedern. Unterdessen hatte auch die Deutsche Mathematiker-Vereinigung eine eigene Kommission zur Prüfung derselben Frage ernannt, und während noch die unsrige mit den ihr überbundenen Vorarbeiten beschäftigt war, fasste der Internationale Mathematiker-Kongress zu Rom im April 1908 folgende Resolution: „Der vierte Internationale

Mathematiker-Kongress in Rom betrachtet eine Gesamtausgabe der Werke Eulers als ein Unternehmen, das für die reine und angewandte Mathematik von der grössten Bedeutung ist. Der Kongress begrüsst mit Dank die Initiative, welche die Schweizerische Naturforschende Gesellschaft in dieser Angelegenheit ergriffen hat, und spricht den Wunsch aus, dass das grosse Unternehmen von dieser Gesellschaft in Gemeinschaft mit den Mathematikern der andern Nationen ausgeführt werde. Der Kongress bittet die Internationale Assoziation der Akademien und insbesondere die Akademien zu Berlin und Petersburg, deren glorreiches Mitglied Euler gewesen ist, das genannte Unternehmen zu unterstützen."

Die im Laufe des Jahres 1907/08 gepflogenen Beratungen der Euler-Kommission führten zu dem von ihr gestellten Antrage, es möge die Schweizerische Naturforschende Gesellschaft an ihrer nächsten Jahresversammlung zu Glarus die Herausgabe der gesamten Werke Leonhard Eulers endgültig beschliessen. Das Zentralkomitee erachtete indessen noch nicht alle Fragen für genügend abgeklärt und spruchreif, sowohl was die Methode der Herausgabe, die Zahl der vorzusehenden Bände, die Sprachenfrage und andere mehr technische Dinge, als auch was die Finanzierung des Riesenunternehmens anging, um es verantworten zu können, die Gesellschaft jetzt schon zu einer so schwerwiegenden und langdauernden Verpflichtung zu veranlassen. Es stellte daher am 30. August 1908 der Jahresversammlung zu Glarus die folgenden Anträge, die dann auch von ihr angenommen worden sind:

§ 1. Die Schweizerische Naturforschende Gesellschaft erklärt sich bereit, eine Gesamtausgabe der Werke Leonhard Eulers ins Leben zu rufen, unter der Voraussetzung, dass dieses Unternehmen durch die hohen eidgenössischen und kantonalen Behörden, sowie durch in- und ausländische gelehrte Körperschaften und Freunde der Wissenschaft ausreichend unterstützt werde und dass die zur Durchführung erforderlichen wissenschaftlichen Kräfte ihre Mitwirkung zur Verfügung stellen.

§ 2. Die Schweizerische Naturforschende Gesellschaft beauftragt die Euler-Kommission mit der Durchführung der Vorarbeiten. Diese sollen umfassen: a) Aufstellung eines Verzeichnisses aller zu veröffentlichenden Arbeiten und, soweit tunlich, auch der aufzunehmenden Briefe Eulers; b) Darlegung der Prinzipien, nach welchen die Herausgabe stattfinden soll, d. h. Mitteilungen über die Anordnung des Stoffes nach Materien, Inhaltsangabe der einzelnen Bände, Mitteilungen über die Sprachenfrage und über die Wünschbarkeit oder die Notwendigkeit kritischer Anmerkungen; c) Mitteilungen über die verantwortliche Redaktion und Gewinnung der wissenschaftlichen Mitarbeiter; d) Aufstellung eines detaillierten Finanzplanes; e) Vorläufige Unterhandlungen mit den gelehrten Gesellschaften des In- und Auslandes bezüglich Art und Umfang ihrer Mitwirkung, finanzielle Unterstützung oder Übernahme der Veröffentlichung einer bestimmten Serie von Bänden; f) Sammlung eines Fonds aus privaten Beiträgen und von Subskriptionen für den Fall der Herausgabe der Eulerschen Werke.

§ 3. Nach Beendigung der Vorarbeiten ist ein abermaliger Beschluss der Gesellschaft notwendig, um die Herausgabe in Angriff nehmen zu können.

Die Euler-Kommission machte sich umgehend an die gewaltige Arbeit, die ihr aus den gestellten Bedingungen erwuchs, und noch vor der Jahresversammlung 1909 konnte sie dem Zentralkomitee einen abschliessenden Bericht über alle fraglichen Punkte und genaue Vorschläge für die Durchführung der grossen Aufgabe unterbreiten. Zunächst war die Herausgabe in der Originalsprache Eulers nach sorgfältiger Prüfung durch eine Spezialkommission, unter Beiziehung zahlreicher Gutachten von Gelehrten der verschiedensten Nationen, als der einzig mögliche Weg erkannt und beschlossen worden. Durch Herrn Professor P. Stäckel war ferner der gewaltige Stoff nach Materien geordnet und eine Inhaltsübersicht der einzelnen Bände ausgearbeitet worden; Anmerkungen sollten auf das Nötigste beschränkt werden und das Werk nicht ein kritisch-exegetisches, sondern eine möglichst pietätvolle Wiedergabe der Euler'schen Schriften sein. Die Bearbeitung der Bände soll unter verschiedene Gelehrte verteilt werden, und bereits konnten deren zwanzig namhaft gemacht werden, die sich zur Übernahme bestimmter Bände und Bandreihen entschlossen hatten. Für die Leitung der Arbeit war ein Redaktionskomitee von drei Mitgliedern vorgesehen, dessen Präsident der eigentliche verantwortliche Redaktor sein sollte. Der Gesamtumfang der Ausgabe wurde auf 2652 Bogen à 8 Quartseiten geschätzt, die Gesamtkosten, Druck und Honorare, auf 450 000 Fr.

Da es von vorneherein klar war, dass ein beträchtlicher Teil dieser Summe durch freiwillige Beiträge gedeckt werden musste, hatte die Euler-Kommission, in Verbindung mit dem Zentralkomitee, einen Aufruf zunächst in der Schweiz, als dem Vaterlande Eulers, erlassen, für dessen Verbreitung die kantonalen naturforschenden Gesellschaften ihre wertvolle Mitwirkung zur Verfügung stellten. In kürzester Frist waren in der Schweiz 93 500 Fr. gezeichnet durch Behörden, wissenschaftliche Korporationen, technische Vereine, industrielle Gesellschaften und Private. Dann erst wurde ein mehrsprachiger Aufruf ans Ausland versandt, der weitere 31 500 Fr. einbrachte. Noch erfreulicher war die grosse Zahl der Abonnemente auf die Gesamtausgabe, indem schon in diesem ersten Jahre 274 gewonnen werden konnten, wobei mit besonderm Danke die drei Akademien von Berlin, Paris und St. Petersburg zu erwähnen sind, die sich zur Übernahme von je 40 Exemplaren bereit erklärten. Die Summe dieser 274 Abonnemente — 25 Fr. für jeden der 43 vorgesehenen Bände gerechnet — repräsentierte einen Wert von 295 000 Fr. Damit erschien auch die finanzielle Seite des Unternehmens völlig gesichert. Noch ist zu erwähnen, dass die Petersburger Akademie eine eigene Euler-Kommission bestellte, mit dem Auftrag, das in ihren Archiven befindliche, handschriftliche Euler-Material zu ordnen und unserem Unternehmen zur Verfügung zu stellen.

So waren die Bedingungen, welche die Glarner Beschlüsse gestellt hatten, aufs glänzendste erfüllt, und mit hoher Freude konnte der Unterzeichnete als Zentralpräsident der Schweizerischen Naturforschenden Gesellschaft an deren Jahresversammlung in Lausanne am 6. September 1909, angesichts dieser in der Geschichte der Wissenschaft einzig dastehenden Beteiligung der ganzen Welt an der Herausgabe der Werke eines längst verstorbenen Gelehrten, den folgenden Antrag der Gesellschaft unterbreiten:

„Die Schweizerische Naturforschende Gesellschaft beschliesst die Herausgabe der gesamten Werke Leonhard Eulers in der Originalsprache, überzeugt, damit der ganzen wissenschaftlichen Welt einen Dienst zu erweisen und mit dem Ausdruck tiefgefühlten Dankes an alle Förderer des Unternehmens im In- und Auslande, an die Euler-Kommission und insbesondere an ihren Vorsitzenden, Herrn Ferdinand Rudio, für seine aufopfernde Hingabe zur Verwirklichung des grossen Werkes.“

Einstimmig und in weihevoller Stimmung wurde dieser Antrag von der Gesellschaft angenommen.

Auf diesen Beschluss hin wurde die Euler-Kommission als selbständige Kommission von der Denkschriften-Kommission abgelöst und beauftragt, in Verbindung mit dem Zentralkomitee, ein Redaktionskomitee zu bestellen, sowie einen Finanzausschuss für die Verwaltung des Eulerfonds, endlich die nötigen Reglemente zur Abgrenzung der Kompetenzen der verschiedenen Organe zu verfassen. Diese Arbeiten wurden sofort in Angriff genommen. Als Mitglieder des Redaktionskomitees wurden ernannt Herr Prof. Ferd. Rudio als Präsident, sowie die Herren Professoren A. Krazer und P. Stäckel. Rudio übernahm als Generalredaktor die wissenschaftliche Leitung des ganzen Unternehmens. In dieser Eigenschaft trat er als Präsident der Euler-Kommission zurück, wonach an seiner Statt Herr Prof. K. Von der Mühll zum Präsidenten ernannt wurde, als Schriftführer Herr Prof. R. Fueter. Es wurde ferner ein Finanzausschuss von drei Mitgliedern geschaffen und für das verantwortungsvolle und arbeitsreiche Amt eines Schatzmeisters in der Person des Herrn Ed. His-Schlumberger eine ausgezeichnete Kraft gewonnen. Des weiteren wurden die vom Zentralkomitee ausgearbeiteten Reglemente für Euler-Kommission, Redaktionskomitee und Finanzausschuss beraten und genehmigt und ein besonderer Vertrag zwischen der Schweizerischen Naturforschenden Gesellschaft und dem Generalredaktor abgeschlossen. Desgleichen wurde ein Vertragsformular für die wissenschaftlichen Mitarbeiter festgesetzt.

Grössere Schwierigkeit verursachte die Wahl eines Verlegers. Angebote lagen zwar verschiedene vor, aber es galt, eine für den Druck mathematischer Werke besonders leistungsfähige und weltbekannte Firma zu finden. Zuletzt schwankte die Wahl nur noch zwischen Gauthier-Villars in Paris und B. G. Teubner in Leipzig, welch letzteres Haus schliesslich vorgezogen wurde. Mit ihm schloss das Zentralkomitee im Namen der Schweizerischen Naturforschenden Gesellschaft Ende Januar 1910 einen definitiven Vertrag ab. B. G. Teubner übernahm das Werk in Kommissions-Verlag.

Das Redaktionskomitee widmete zunächst seine ganze Sorgfalt der Feststellung des Redaktionsplans, wobei der Stäckel'sche Entwurf als Grundlage die besten Dienste leistete. Dann wurden für die einzelnen Bände oder Teile von Bänden die Herausgeber festgestellt; diese 37 Herausgeber verteilen sich auf Deutschland, England, Frankreich, Italien, Österreich, Russland, Schweden und die Schweiz. Jeder erhält vom Redaktionskomitee den zu bearbeitenden Teil fertig zusammengestellt. Nicht geringe Arbeit verursachte ferner die Auswahl der Schriftarten, die Anordnung des Satzes, der Überschriften, Formeln, Anmerkungen und dergleichen, wobei die Firma Teubner nicht müde wurde, immer neue Proben vorzulegen, bis endlich eine dem monumentalen Charakter des Werkes entsprechende Auswahl getroffen werden konnte.

Noch im Jahre 1910 wurden drei Bände in Druck gegeben. Der Generalredaktor hatte die Freude, den ersten Band, die Algebra, bearbeitet von Heinrich Weber in Strassburg, am 1. August 1911 der Schweizerischen Naturforschenden Gesellschaft in Solothurn überreichen zu können. Der Band ist geschmückt mit einer Heliogravüre nach dem von Christian von Mechel ausgeführten Kupferstich Eulers; das Werk trägt die Aufschrift: *„Leonhardi Euleri opera omnia sub auspiciis societatis scientiarum naturalium helveticae edenda curaverunt Ferdinand Rudio, Adolf Krazer, Paul Staeckel.*

Wenige Wochen später erschien der zweite Band, enthaltend die erste Hälfte der Dioptrica, zu Beginn von 1912 als dritter Band die zweite Hälfte der Dioptrica, beide herausgegeben von Emil Cherbuliez in Zürich, ferner als vierter und fünfter die beiden Bände der Mechanica, bearbeitet von Paul Stäckel in Karlsruhe mit einer Heliogravüre nach F. Webers Stahlstich Eulers, als sechster die erste Hälfte der Abhandlungen über die Elliptischen Integrale von Adolf Krazer in Karlsruhe.

Am 9. Mai 1912 traf die Euler-Kommission ein schwerer Schlag durch den plötzlichen Tod ihres verdienten Präsidenten, des Herrn Prof. Karl Von der Mühll. Die Kommission beschloss, für dieses Amt den damals auf einer Forschungsreise in Neu-Kaledonien abwesenden Unterzeichneten vorzuschlagen, dem als Nichtmathematiker diese Wahl anzunehmen nicht leicht gefallen ist. Auch sonst sah um diese Zeit die Sachlage der Eulerausgabe keineswegs rosig aus. Die ersten drei Bände schon hatten ein Defizit von 25000.— Fr. mit sich gebracht, trotz der auf 362 angewachsenen Abonnentenzahl, und so war leicht vorauszusehen, dass auf diese Weise der Eulerfonds rasch werde aufgezehrt sein. Es zeigte sich ferner, dass die angenommene Bändezahl von 43 nicht ausreichen werde, um die schier unerschöpflichen Arbeiten Eulers aufzunehmen, wollte man sie nicht zu unhandlich dicken Gebilden anschwellen lassen. Die Gründe hiefür sind mannigfaltiger Natur und beruhen zum guten Teil auf Umständen, die nicht vorauszusehen gewesen sind. Dahin gehört die überaus reiche Sendung von Eulermanuskripten, 209 Nummern, welche die Kaiserliche Akademie von St. Petersburg für die Eulerausgabe zur Verfügung gestellt hat, gehört ferner der nicht im voraus zu schätzende Umfang der Vorreden und Anmerkungen der Herausgeber. Endlich war die Umfangsschätzung vorgenommen worden auf Grund vorläufiger Druckproben, die sich später als dem monumentalen Charakter der Eulerausgabe nicht entsprechend herausgestellt haben und durch grössere und schönere Typen ersetzt werden mussten.

Das Redaktionskomitee sah sich daher genötigt, einen neuen Redaktionsplan auszuarbeiten, der zwar dieselbe Einteilung in drei Serien beibehielt (I. Reine Mathematik, II. Mechanik und Astronomie, III. Physik, Werke verschiedenen Inhalts, Briefwechsel), aber innerhalb dieser Serien die Zahl der Bände vermehrte. Die Zahl der Bogen stieg nach dieser neuen Berechnung auf rund 4000, die der Bände auf 66, ohne den Briefwechsel und die Höhe der Kosten auf nahezu das Doppelte der ursprünglichen Schätzung.

Es galt nun, infolge der neuen Sachlage, möglichst nach Ersparnissen zu suchen. Dank dem Entgegenkommen des Redaktionskomitees und der Firma B. G. Teubner gelang es, den Bogenpreis erheblich zu vermindern, und ausserdem wurde beschlossen, hierin einem Wunsche der Berliner Akademie und anderer Abonnenten nachkommend, die jährlich herauszugebende Bändezahl auf ein Maximum von vier zu beschränken; die Höhe der Auflage wurde auf höchstens 700 Exemplare festgesetzt, während von einzelnen der früheren Bände 1000 bis 1200 waren gedruckt worden.

Da aber trotz diesen Beschränkungen vorauszusehen war, dass der Eulerfonds bei weitem nicht ausreichen werde, um die jährlichen Defizite zu decken, wurde des weiteren beschlossen, eine freiwillige Eulergesellschaft mit jährlichen Beiträgen von mindestens Fr. 10.— ins Leben zu rufen. Dieser Versuch ist aufs beste gelungen. Nicht nur Private, sondern auch gelehrte Gesellschaften und industrielle Unternehmungen des In- und Auslandes sind zahlreich und teilweise mit erheblichen Beiträgen unserer Hilfsgesellschaft beigetreten. Es zeigte sich hiebei in glänzendster Weise aufs neue, welcher wahren Sympathie unsere Euler-Ausgabe in weitesten Kreisen sich erfreut. Überdies hat sich der Verkauf der Einzelbände, ausserhalb der Abonnemente, in so unerwartet günstiger Weise entwickelt, dass die Rechnungsabschlüsse der beiden letzten Jahre, 1913 und 1914, zu keinerlei Sorgen mehr Anlass boten.

Wir können daher die Vollendung der Herausgabe der gesamten Werke Eulers nach menschlichem Ermessen als gesichert ansehen und freudig in die Zukunft schauen. Auf die sechs oben genannten Bände sind unterdessen gefolgt als Band 7 die Institutiones calculi differentialis, herausgegeben von Prof. Kowalewski in Prag, als Band 8 die zweite Hälfte der Abhandlungen über die Elliptischen Integrale, bearbeitet von Prof. A. Krazer in Karlsruhe, als 9 und 10 der erste und zweite Band der Institutiones calculi integralis, herausgegeben von den Herren Prof. F. Engel und L. Schlesinger in Giessen. Dem letzteren Bande konnten, dank einem Beitrag der italienischen Regierung, die von dem berühmten italienischen Mathematiker L. Mascheroni verfassten Adnotationes ad calculum integralem Euleri beigefügt werden.

Während somit alles in erfreulichster Entwicklung sich befand, warf der im August 1914 ausgebrochene Völkerkrieg seine Schatten auch auf unser Unternehmen. Zwar wurde die Arbeit nicht völlig unterbrochen, aber doch wesentlich verlangsamt. Zwei beim Beginn des Krieges nahezu fertig gestellte Bände, Band 11, enthaltend den dritten Teil der Institutiones calculi integralis, wie die früheren, bearbeitet von den

Herren Engel und Schlesinger in Giessen, und Band 12, umfassend den ersten Teil der Abhandlungen über Integrale, herausgegeben von Prof. A. Gutzmer in Halle, konnten nicht mehr zur Versendung gebracht werden, da nach manchen kriegführenden Staaten eine solche nicht tunlich war und die Kommission eine partielle Versendung als nicht opportun betrachtete. Für das Jahr 1915 ist der Druck eines einzigen Bandes vorgesehen, damit nach dem hoffentlich nicht mehr allzufernen Abschluss des Krieges die Abonnenten nicht mit einer grösseren Bändezahl belastet werden. Wir leben der bestimmten Hoffnung, dass die Zeit bald kommen wird, wo wieder mit ganzer Kraft dieses internationale Werk des Friedens gefördert werden kann, so dass das grandiose Monument, welches die Schweizerische Naturforschende Gesellschaft einem der grössten Söhne unseres kleinen Vaterlandes zu errichten unternommen hat, in nicht allzu ferner Zukunft würdig zu Ende geführt werden kann, zur Ehre der Schweiz und zum bleibenden Nutzen der gesamten mathematischen Wissenschaft.

Der Präsident: Dr. Fritz Sarasin.

---

13. Die luftelektrische Kommission.

Die luftelektrische Kommission wurde 1912 auf der Versammlung in Altdorf auf Antrag des Senates der Schweiz. Naturf. Gesellschaft eingesetzt.

Als Mitglieder wurden gewählt die Herren:

C. Dorno, Davos;	B. P. Huber, Altdorf;
A. Gockel, Freiburg;	A. Jaquerod, Neuenburg;
P. Gruner, Bern;	J. Maurer, Zürich;
E. Guye, Genf;	Th. Tommasina, Genf.
A. Hagenbach, Basel;	

Auf der Versammlung in Frauenfeld 1913 traten noch hinzu: die Herren Cl. Hess, Frauenfeld; P. Mercanton, Lausanne. Als Präsident fungierte der Unterzeichnete.

Da der Kommission keine eigenen Mittel zur Verfügung standen, musste sie sich darauf beschränken, gemeinsame luftelektrische Beobachtungen anzuregen nach dem Muster der von der luftelektrischen Kommission der deutschen und österreichischen Akademien ausgeführten. Solche Beobachtungen sind bis jetzt in Altdorf, Davos, Freiburg und Neuchâtel zur Ausführung gekommen und zum Teil in den „Archives de Genève" veröffentlicht worden. Eine weitere Veröffentlichung steht bevor. In Basel wurden Beobachtungen begonnen über Ausbreitung der elektrischen Wellen in der Atmosphäre, besonders waren die Herren Veuillon und Zickendraht bestrebt, eine möglichst einfache Apparatur zu schaffen, die das Studium dieser Wellen auch bei den geringen Mitteln, welche den Mitgliedern der Kommission zur Verfügung stehen, ermöglicht. In Freiburg und Lausanne sollten gleichzeitig Messungen gemacht werden über das Auftreten der natürlichen Wellen, und man hoffte auf diese Weise wichtige Aufschlüsse über die Entstehung dieser Wellen, die sich als Störung in der drahtlosen Telegraphie bemerkbar machen, zu erhalten. Die Wegnahme der Antennen bei Ausbruch des Krieges machte diesen Studien ein Ende.

Der Senat und das Zentralkomitee der Gesellschaft bewilligte 1914 der Kommission einen Kredit von Fr. 200.—. Ein Teil dieser Summe wurde verwendet zur Deckung der Kosten, welche der Kommission durch die Ausstellung der von ihr angewandten Apparate und der graphischen Darstellungen ihrer Resultate auf der Landesausstellung erwachsen sind. Der grössere Teil soll in Verbindung mit noch zu bewilligenden Geldern für die Anschaffung eines Apparates zur Registrierung der elektrischen Leitfähigkeit verwendet werden.

Der Präsident: Dr. A. Gockel.

B. LES ANCIENNES COMMISSIONS.

1. Die Bibliothek-Kommission.

Über die ersten Anfänge unserer Bibliothek sowie deren Unterbringung und Verwaltung in Bern bis zum Jahre 1848, berichtet Siegfried's Publikation „Die wichtigsten Momente aus der Geschichte der drei ersten Jahrzehnde der Schweiz. Naturf. Gesellschaft" sehr einlässlich, dann aber namentlich, und zwar fortgeführt bis zum Jahre 1894, J. H. Graf's „Geschichte der Bibliothek der Schweiz. und der Bern. Naturf. Gesellschaft" (Mitteilungen der Naturf. Gesellschaft in Bern aus dem Jahre 1894 [1895]). War bis dahin die Verwaltung der Bibliothek unserer Gesellschaft vollständig dem Oberbibliothekar der Naturf. Gesellschaft in Bern anvertraut gewesen, so wurde nun im Jahre 1894 auf Grund eines beleuchtenden Berichtes des Oberbibliothekars, Prof. Dr. J. H. Graf, vom Zentralkomitee der Schweiz. Naturf. Gesellschaft eine Kommission, bestehend aus den Herren Prof. Dr. Th. Studer in Bern, Prof. Dr. Fr. Lang in Solothurn und Prof. Dr. J. H. Graf eingesetzt mit dem Auftrage, die Leitung der Bibliothek zu übernehmen und die brennend gewordene Lokalfrage zu prüfen und einer Lösung entgegenzuführen. Die provisorisch ernannte Kommission wurde in der Hauptversammlung bestätigt und derselben ein Jahreskredit von Fr. 1200.— eröffnet. Die Kommission stellte nachfolgende Postulate auf:

1. Alle Rechnungen, Berichte, Anträge auf Neuanschaffungen sollen in erster Linie vor die Kommission gebracht und von derselben genehmigt werden.
2. Die verfügbaren Mittel sollen in erster Linie zum Einbinden der Werke verwendet werden, für Anschaffungen nur insoweit, als sich jährlich ein Überschuss zeigt.
3. Von der Stadtbibliothek Bern sind grössere Lokalitäten zu erbitten, um die gesamte Bibliothek wieder zu vereinigen, was unbedingt im Interesse einer geordneten Bibliothekverwaltung liegt.
4. Die nächste Hauptaufgabe der Bibliothek ist eine gründliche Revision derselben, die Aufstellung eines Zettel-Kataloges und dadurch die Vorbereitung des Neudruckes eines Kataloges.
5. Vom Zentralkomitee und von der Jahresversammlung soll wie bisher ein Jahreskredit von Fr. 1200.— für die Bibliothek verlangt werden, da die Verhältnisse absolut die gleichen geblieben sind.

Im Jahre 1895 ist sodann der Oberbibliothekar Prof. Graf zurückgetreten und an seine Stelle trat nunmehr der Unterbibliothekar Dr. Th. Steck, der auch heute noch seines Amtes als Bibliothekar unserer Gesellschaft waltet. In der Folge erscheinen nun alljährlich in den Verhandlungen unserer Gesellschaft kürzere oder längere Bibliothekberichte, erstattet vom Präsidenten der Bibliothek-Kommission Prof. Th. Studer und dem Bibliothekar Dr. Th. Steck. Von einschneidender Bedeutung ist dann der Beschluss der Hauptversammlung unserer Gesellschaft vom 5. August 1901, „das Zentralkomitee zu ermächtigen, auf Grund eines von der Bibliothek-Kommission vorgelegten Entwurfes einen Vertrag mit der Stadtbibliothek Bern abzuschliessen, nach dessen Genehmigung durch die Bürgergemeinde Bern die Bibliothek der Schweiz. Naturf. Gesellschaft in das Eigentum der Stadtbibliothek übergeht". Diese Verhandlungen führten, so lesen wir im Jahresbericht des Zentralkomitees vom Jahre 1902, zu einem erfreulichen Abschluss, dem auch die zuständigen Organe der Bürgergemeinde der Stadt Bern ihre Zustimmung erteilten. Auf Grund dieses Übereinkommens ist mit Schluss des Jahres 1901 die Bibliothek der Schweiz. Naturf. Gesellschaft in den Besitz der Stadtbibliothek Bern übergegangen, welche als Gegenwert für den damaligen Bestand der Bibliothek und deren künftigen Zuwachs zu einem jährlichen Beitrag von Fr. 2500.— an die Schweiz. Naturf. Gesellschaft verpflichtet wurde. Da der Wortlaut des Übereinkommens nicht nur in extenso in die Verhandlungen des Jahres 1902, sondern auch in die gegenwärtigen Statuten unserer Gesellschaft aufgenommen worden ist, kann davon Abstand genommen werden, ihn auch an diesem Orte zu reproduzieren. Mit dem Abschlusse dieses Übereinkommens konnte nun auch die Arbeit unserer Bibliothek-Kommission als abgeschlossen betrachtet werden und an der Jahresversammlung in Lausanne des Jahres 1909 schlug denn auch das Zentralkomitee, in Übereinstimmung mit dem Präsidenten der Bibliothek-Kommission, Herrn Prof. Dr. Th. Studer, vor, die genannte Kommission unter bester Verdankung der geleisteten Dienste aufzulösen, welchem Antrage die Versammlung ohne Widerspruch zustimmte. Dagegen wird nach wie vor der Bibliothekar unter den Beamten der Gesellschaft aufgeführt und sein Jahresbericht in den Verhandlungen abgedruckt.

Erschienene Kataloge: 1821, Nachtrag hiezu 1822, 1835, 1843, 1850, 1864; von da ab wird der jährliche Zuwachs den Mitgliedern in den Jahresberichten zur Kenntnis gebracht.

J. J. Siegfried, Die wichtigsten Momente aus der Geschichte der ersten Jahrzehnde der Schweiz. Naturf. Gesellschaft, Zürich 1848.

J. J. Siegfried, Geschichte der Schweiz. Naturf. Gesellschaft, Zürich 1865.

J. H. Graf, Geschichte der Bibliothek der Schweizer. und der Bern. Naturf. Gesellschaft, Mitteilungen der Naturf. Gesellschaft in Bern aus dem Jahre 1894 (1895).

Hans Schinz.

2. Die Kommission zur Untersuchung und Vergleichung der Schweizerischen Masse und Gewichte.

In der Sitzung vom 22. Juli 1822 in Bern trug Professor Pictet einen ihm von Hofrat Horner mitgeteilten Wunsch vor, welcher „begehrte, dass die Gesellschaft sich damit befassen möchte, ein Mittel aufzufinden, wie man die so unendlich mannigfaltigen Masse und Gewichte der schweizerischen Kantone genau bestimmen, mit einem Normalmass vergleichen und, in Tabellen zusammengereiht, darstellen könnte". Nach gewalteter Diskussion einigten sich die Teilnehmer an jener Sitzung auf Antrag von Fellenberg dahin, eine Kommission mit der Prüfung der Anregung zu betrauen und der Präsident wählte hiefür die Professoren Fr. Trechsel, M. Pictet und Hofrat J. C. Horner. 1823 berichtete Trechsel — wir folgen hier der Zusammenstellung von J. J. Siegfried in dessen Publikation, „Die wichtigsten Momente aus der Geschichte der drei ersten Jahrzehnde der Schweiz. Naturf. Gesellschaft (1848), Seite 106/107" —, dass von der Kommission eine Zuschrift allen Kantonsregierungen unterbreitet worden sei, in welcher sie die Natur ihres Auftrages auseinandergesetzt und um die nötigen amtlichen Mitteilungen und Unterstützungen ersucht habe. Von sämtlichen 22 Kantonsregierungen waren verbindliche Antworten eingelaufen und offizielle Bestimmungen und Vergleichungen von den meisten derselben eingesandt worden. Vergl. Verhandlungen 1823 (Aarau). 1827 (Verhandlungen in Zürich) gibt Hofrat Horner über den Gegenstand einen kurzen Bericht ab, desgleichen 1829, aus welchem hervorgeht, dass man sich auf den zwischen mehreren Kantonen abgehaltenen Zusammenkünften über den Fuss von 3 Dezimeter und das Pfund von ½ Kilogramm als Einheiten der Längenmasse und Gewichte verständigt habe. Über die Raummasse war man damals noch nicht einig geworden. Damit verschwindet das Traktandum aus den Verhandlungen unserer Gesellschaft. Es ist aber, schreibt Siegfried, das Verdienst der Schweiz. Naturf. Gesellschaft, dass sie die Notwendigkeit und Übereinkunft in Beziehung auf Masse und Gewichte nachgewiesen, die Mittel zur Abhülfe der bestehenden Verwirrung gezeigt und so den Beschluss von 12 Ständen (30. August 1834) herbeigeführt hat, welche die Einführung eines gleichmässigen Systems festsetzten. Vergl. Horner, Casp., „Masse und Gewichte", Zürich 1813 — G. von Escher's Lebensbild Horner's in den Verh. der Schweiz. Gemeinnütz. Gesellschaft, 21. Ber., 1835 — J. J. Siegfried, „Die wichtigsten Momente aus der Geschichte der drei ersten Jahrzehnde der Schweiz. Naturf. Gesellschaft", Zürich 1848.

Hans Schinz.

3. Die Kommission für Hypsometrie, Meteorologie und den Zustand der Wälder.

Auf Prof. Pictet's Antrag wurde an der 9. Jahresversammlung zu Aarau, 1823 die Niedersetzung einer Kommission beschlossen, die sich mit Höhenmessungen und meteorologischen Beobachtungen beschäftigen sollte. Dieselbe wird mit den Herren Pictet de Candolle, Trechsel, Horner, Kasthofer, Ebel und Zschokke besetzt (Verh Aarau [1823], 35). Derselben Kommission wird nach de Candolle's Vorschlag der Auftrag erteilt, über den „Zustand der Wälder jedes Kantons, nämlich über die Grösse, die Zulänglichkeit für die Bedürfnisse, die Bewirtschaftung, die Gesetze und Verordnungen über Forstsachen und die Mittel, die Forstkultur zu verbessern, Bericht zu erstatten und der Gesellschaft zweckmässige Mittel vorzuschlagen, wie in dieser Beziehung zum allgemeinen Besten des Landes gewirkt werden könnte" (dieselben Verh., 43).

Über die Tätigkeit dieser Kommission vergl. J. J. Siegfried, „Die wichtigsten Momente aus der Geschichte der drei ersten Jahrzehnde der Schweiz. Naturf. Gesellschaft" (1848), 107. Die meteorologischen Beobachtungen von Bern, Basel und St. Gallen finden sich im zweiten Bande der Neuen Denkschriften (1838).

Hans Schinz.

4. Die Kommission zur Untersuchung der Mineralquellen in der Schweiz.

Am 13. Juli 1825 hatte Staatsrat Dr. P. Usteri in Zürich eine Zuschrift an die Schweiz. Naturf. Gesellschaft gerichtet, in der er ausführte, wie „rühmlich und nützlich es sein würde, wenn durch vereinbarte Bemühungen der Gesellschaft für Vervollkommnung der chemischen Analyse der schweizerischen Thermalquellen sowohl als der Einrichtungen und Vorkehrungen für ihren Gebrauch gesorgt würde". Er schlug dazu die Ernennung eines bleibenden Komitee's vor, das den Auftrag erhalten sollte, sich „mit allem, was die Analyse, die technischen Einrichtungen und die therapeutische Wirksamkeit der Gesundbrunnen und Bäder der Schweiz angeht, bekannt zu machen, sich mit den Ärzten der Kurorte sowohl als mit den Eigentümern und überhaupt mit Behörden und Personen, denen unmittelbarer Einfluss auf die Anstalten zusteht, zu gegenseitigem Austausch nützlicher Mitteilungen in Verbindung zu setzen, und durch Belehrung, Aufmunterung und jede in ihrem Bereich liegende Teilnahme alles dasjenige zu unterstützen, was für den obbezeichneten Zweck geschehen kann". In der Jahresversammlung desselben Jahres, die in Solothurn stattfand, wurde die Anregung beraten und dieselbe an eine Kommission, bestehend aus dem Antragsteller Staatsrat Usteri, Apotheker Irminger und Dr. David Rahn gewiesen mit der Einladung, im kommenden Jahre geeignete Vorschläge hierüber einzureichen. Die Kommission kam dem Auftrage an der Jahresversammlung in Chur (1826) nach und beantragte eine erweiterte Kommission aus 12, der chemischen Klasse der Gesellschaft angehörenden Mitgliedern einzusetzen und mit der weitern Verfolgung der Angelegenheit zu beauftragen. Mit der obersten Leitung der Arbeiten, der Verteilung derselben sollte Dr. Ebel betraut werden. Die Gesellschaft beschloss demgemäss, wählte Dr. Ebel zum Vorstande dieses „Vereins" und erweiterte diesen selbst um noch weitere vier Mitglieder. Die Verhandlungen von 1828 bringen die ersten Resultate der Tätigkeit dieser vielköpfigen Kommission, nämlich die Analysen etc. der Leuker-Thermalquellen, ausgeführt von den Professoren Brunner und Pagenstecher. Dann scheint ein Stillstand eingetreten zu sein. 1838 referiert Professor Brunner an der Versammlung in Basel noch einmal und entschuldigt den Mangel an eingesandten Beiträgen damit, dass dieser Gegenstand schon ziemlich erschöpft sei. Kleinere Beiträge erscheinen in der Folge bald als Sektionsberichte, bald in der Form von Protokollauszügen kantonaler Gesellschaften, aber zu einer einheitlich geregelten Tätigkeit der bestellten Kommission scheint es nicht mehr gekommen zu sein, wenigstens schweigen sich die Verhandlungsberichte darüber aus.

Hans Schinz.

5. Die Landwirtschaftliche Kommission.

An der von Staatsrat Dr. P. Usteri präsidierten Jahresversammlung des Jahres 1827 in Zürich hatte Usteri in seiner meisterhaften Eröffnungsrede u. a. ausgeführt, wie wünschenswert es wäre, wenn durch Schaffung einer bleibenden Zentralleitung eine Organisation entstehen würde, deren Aufgabe es wäre zu studieren, was im In- und Ausland von einzelnen Landwirten oder von landwirtschaftlichen Vereinen auf dem Gebiete der Bodenverbesserung, der Einführung neuer Kulturen oder neuer landwirtschaftlicher Geräte usw. geschehe und wenn an den Versammlungen ein Austausch der Erfahrungen eingeleitet werden könnte und eine umfassende, vollständige und vergleichende landwirtschaftliche Statistik der Schweizerkantone aus diesen Arbeiten erwachsen würde. Er schlug vor, ein landwirtschaftliches General-Sekretariat zu schaffen, dessen Sitz in Bern und im Mittel der dortigen ökonomischen Gesellschaft zu finden wäre. Der dritte Tag der Jahresversammlungen der Schweiz. Naturf. Gesellschaft sollte dann jeweilen den landwirtschaftlichen Mitteilungen und Erörterungen vorzugsweise gewidmet sein und es sollte durch das Mittel des landwirtschaftlichen Sekretariates, im Einverständnis und unter Mitwirkung der Gesellschaftsdirektion „am jedesmaligen Versammlungsorte gesorgt werden, dass für diejenigen Mitglieder, welche Landwirte und Freunde der Landwirtschaft seien, an einem der Nachmittage, was die Örtlichkeit und die Gegend dem praktischen Landwirte Merkwürdiges biete, besucht und in Augenschein genommen werden könne“.

Dieser weitsichtige Antrag wurde an der Versammlung einmütig zum Beschlusse erhoben und an die ökonomische Gesellschaft in Bern die Einladung zur Bildung eines Komitee's aus ihrer Mitte für Übernahme jener Geschäftsleitung erlassen. In Bern scheint die Anregung im Schosse der dortigen ökonomischen Gesellschaft auf guten Boden gefallen zu sein. An der Versammlung des folgenden Jahres erstattete der landwirtschaftliche Generalsekretär Manuel Bericht (Verhandlungen von 1828) über die inzwischen vorgenommenen Schritte, über die Arbeiten und die Tätigkeit der ökonomischen Gesellschaft und erbat sich von der Schweiz. Naturf. Gesellschaft weitere Wegleitung und Instruktionen. Die Versammlung beschloss hierauf die Einsetzung einer Kommission, bestehend aus de Candolle, Hess und Brunner und betraute diese mit der Ausarbeitung eines Reglementes für das Generalsekretariat. Letzteres wurde noch in derselben Jahresversammlung vorgelegt und findet sich in den bezüglichen Verhandlungen (Lausanne 1828) in extenso abgedruckt. An der Jahresversammlung 1829 verliest Effinguer den Bericht des abwesenden landwirtschaftlichen Generalsekretärs, aus dem hervorgeht, dass die Arbeiten einigermassen ins Stocken geraten waren infolge der Schwierigkeit, von den kantonalen landwirtschaftlichen Gesellschaften Berichte zu erhalten. Bei dieser Gelegenheit wurden der Versammlung zwei wichtige Anregungen und Projekte unterbreitet, eine Zuschrift des Tierarztes Levrat, die Frage der Errichtung einer schweizerischen landwirtschaftlichen Schule berührend und eine zweite von Tierarzt Favre denselben Gegenstand betreffend. Beide Eingaben wurden zur Beratung an das landwirtschaftliche Generalsekretariat gewiesen.

Die weitere Verfolgung der Arbeiten des landwirtschaftlichen Generalsekretariates gehört nun nicht mehr in den Rahmen dieser Kommissionsskizze und wir können diese daher mit diesem Hinweis beschliessen.

Hans Schinz.

6. Die Kommission für eine vaterländische Fauna.

Die Anregung hiezu geht zurück auf das Jahr 1828 (Jahresversammlung in Lausanne), verwirklicht wurde der Gedanke aber erst im Jahre 1833 (Jahresversammlung in Lugano), bei welcher Gelegenheit R. H. Schinz-Zürich einen Aufsatz über den Nutzen, den die Wahl einer Kommission, die sich mit dieser Frage zu beschäftigen hätte, leisten könnte, vorlas. Es ward eine solche niedergesetzt mit Schinz als Präsident. Über die Geschichte derselben bis zum Jahre 1848 berichtet J. J. Siegfried in seiner Publikation „Die wichtigsten Momente aus der Geschichte der drei ersten Jahrzehnde der Schweiz. Naturf. Gesellschaft" (1848), 113/14. Wir ergänzen dessen Ausführungen, hinzufügend, dass der allgemeine Eifer in der Folge insofern erlahmt zu sein scheint, als 1849 nur noch Schinz als Kommissionsmitglied funktioniert und mit dem Jahre 1855 die Kommission überhaupt zu existieren aufhört. Immerhin hat die Kommission Anregung zu einer Reihe von in den „Neuen Denkschriften" publizierten Arbeiten gegeben, die z. T. unter dem Obertitel „Fauna helvetica" erschienen sind:

Schinz, H. R., Verzeichnis der in der Schweiz vorkommenden Wirbeltiere, Band I (1837).
Charpentier, J. de, Mollusques, Band I (1837).
Tschudi, J, Schweizerische Echsen, Band I (1837).
Heer, Oswald, Käfer der Schweiz, I. Teil, 1. Lieferung und II. Teil, 1. Lieferung, Band II (1838), I. Teil, 2. Lieferung, Band IV (1840), I. Teil, 3. Lieferung, Band V (1841).
Meyer-Dürr, R., Schmetterlinge (Tagfalter), Band XII (1852).
De la Harpe, J. C., Lépidoptères, Phalaenides et 1. Suppl., Band XIII (1853), 2. Suppl., Band XIV (1855), 3. Suppl., Band XX (1864), Lépidoptères, 6. partie, Band XVI (1858).
Stierlin, G. und Gautard, V. v., Die Käferfauna der Schweiz, I. Teil, Band XXIII (1869), II. Teil, Band XXIV (1871).
Stierlin, G., Zweiter Nachtrag zur Fauna Coleopterorum helvetica, Band XXVIII (1883).

Hans Schinz.

7. Die Hydrographische Kommission.

Anlässlich der Jahresversammlung in Genf, 1832, wurde auf Antrag des Zentralkomitee's beschlossen, eine Geschichte und Statistik der Gewässer der Schweiz, oder die Untersuchung der Ströme, Flüsse, Wildwasser und Seen dieses Landes, mit Berücksichtigung einer grössern Anzahl von in einem besondern Programm skizzierten Punkten als Preisarbeit auszuschreiben und für die beste Schrift über diesen Gegenstand einen Preis im Betrage von 1000 Schweizerfranken auszusetzen. Des weitern wurde beschlossen, an der Jahresversammlung 1835 eine Kommission zu wählen, die dann die bis zum 1. Januar 1836 dem Präsidenten dieser Prüfungskommission einzuliefernden Preisschriften prüfen sollte. Gleichzeitig wurde aber auch eine Kommission, die Hydrographische Kommission, bestehend aus Prof. J. Choisy (Genf), General Dufour (Genf), Prof. Aug. de la Rive (Genf), Prof. Maurice-Fatio (Genf) und Ingenieur Maurice-de Sellon (Genf) bestellt und dieser die Aufgabe überbunden, erstens das Programm für die auszuschreibende Preisarbeit zu entwerfen und weiterhin Einrichtungen zu treffen, durch welche fortdauernde hydrographische Beobachtungen unterstützt werden könnten. Das Programm der Preisausschreibung findet sich als Beilage zu den Verhandlungen des Jahres 1832. Über die Verrichtungen dieser Kommission erstattete deren Präsident Choisy in Lugano (1833) einen ersten und in Luzern (1834) einen zweiten Bericht, deren Inhalt unsere Mitglieder in J. J. Siegfried Schriftchen[1]) eingehend auseinander gesetzt finden. 1835, anlässlich der Jahresversammlung in Aarau, wird auf Antrag der Hydrographischen Kommission der „Concurs zu der 1832 ausgeschriebenen Preisfrage über die Gewässer der Schweiz bis zur Versammlung im Jahre 1836 verlängert, damit auf die durch die grossen Verheerungen der Gewässer im Hochgebirge im August des vorigen Jahres veranlassten grössern hydrographischen Untersuchungen und Arbeiten Rücksicht genommen werden könne". Im Jahre 1837 wurde die Kommission neuerdings bestätigt und ihr der Auftrag gegeben, die auf den Gewässern der Schweiz unternommenen Nivellementsarbeiten zu erleichtern und zu unterstützen. Bei diesem Anlasse wurde auch das Preisausschreiben auf Antrag der Hydrographischen Kommission zurückgezogen mangels eingegangener Bewerbungsschriften. Es ist dies nicht ganz verständlich, denn an der Jahresversammlung in Luzern (1834) hatte Choisy mitgeteilt, dass der Kommission aus Genua eine italienisch geschriebene Arbeit, betitelt „Ragionamento sulla causa che produce il fenomeno detto seiches nel lago di Genevra", zugegangen sei, dass der Autor auf der Arbeit nicht genannt sei, dass indessen ein verschlossenes Couvert ihr beiliege, das voraussichtlich diesen Namen enthalte und dass dieser Umstand die Kommission vermuten lasse, dass die Schrift als Preisbewerbung aufzufassen sei. Was mit dieser

[1]) J. J. Siegfried, „Die wichtigsten Momente" etc., Zürich 1848 und Geschichte der Schweiz. Naturf. Gesellschaft, Zürich 1865.

Bewerbung gegangen ist, erfahren wir nicht aus den Verhandlungen; die zur Prüfung der erwarteten Bewerbungen vorgesehene Kommission ist offenbar auch nie bestellt worden.

In spätern Jahrgängen der Verhandlungen ist von der Hydrographischen Kommission nichts mehr zu lesen.

Hans Schinz.

8. Die Kommission zur Anlage eines Herbarium helveticum.

In Solothurn (1836) machte die Botanische Sektion durch Dr. Zollikofer an der Jahresversammlung den Vorschlag, ein möglichst vollständiges Herbarium der Schweiz anzulegen, das in Bern aufbewahrt werden sollte. Der Vorschlag wurde von der Versammlung gutgeheissen, die Kommission bestellt aus H. Wydler, R. J. Shuttleworth, C. T. Zollikofer, A. de Candolle, O. Heer und K. F. Meissner und ihr ein Kredit von Fr. 200.— eröffnet. 1837 berichtet der Jahrespräsident Agassiz namens des Kommissionspräsidenten Wydler, dass für eine schweizerische Flora und ein Herbarium noch wenige Mitteilungen eingegangen seien. 1840 (Jahresversammlung in Freiburg) wird Wydler, der nach Strassburg gezogen war, ersetzt durch Apotheker Guthnick in Bern. An der Jahresversammlung in Aarau (1850) beantragt die Zoologisch-Botanische Sektion, nach Verlesung einer Zuschrift Thurmann's, des Verfassers von „Essai de phytostatique appliqué à la chaîne du Jura et aux contrées voisines etc." neuerdings, es solle, unter Leitung von C. Nägeli, ein schweizerisches Herbarium angelegt und es sollen durch ein zu versendendes Zirkular die schweizerischen Botaniker zu Beiträgen aufgefordert werden. Das Zirkular scheint indessen von geringer Wirkung gewesen zu sein, denn an der Jahresversammlung in Glarus (1851) muss C. Nägeli, der Kommissionspräsident, eröffnen, dass für die Anlegung eines schweizerischen Herbariums bis dahin noch nichts geschehen sei, weil einerseits die Frage der Lösung dieser Aufgabe noch nicht klar vorliege, und anderseits er selbst sich noch nicht habe entschliessen können, dieselbe zu übernehmen. Überdies seien damit grosse Schwierigkeiten verknüpft, indem nach der Anlegung die Besorgung folge, die eine ungeteilte Aufmerksamkeit fordere. Herr Nägeli trägt auf einstweilige Verschiebung an, welcher auch beigestimmt wird. Die Verschiebung ist in diesem Falle eine dauernde geworden, denn die im Titel genannte Kommission verschwindet damit aus den Verhandlungen unserer Gesellschaft (vergl. hierüber Verh. Solothurn (1836), 16; Neuchâtel (1837), 8; Freiburg (1840), 36; Aarau (1850), 29, 74; Glarus (1851), 32 und J. J. Siegfried, „Die wichtigsten Momente aus der Geschichte der drei ersten Jahrzehnde der Schweiz. Naturf. Gesellschaft" (1848), 113.

Hans Schinz.

9. Die Kommission zum Studium der brennbaren Gase im Burgerwald (Kt. Freiburg).

Am 26. Februar 1839 hatten Arbeiter, die mit der Ausbeutung der bekannten Gipsgruben im Burgerwald beschäftigt waren, die Beobachtung gemacht, dass sich einigen Felsspalten ein eigentümlich starker Luftzug entwand. Sie näherten einen Feuerbrand der Stelle und waren nicht wenig erstaunt, als sofort eine Feuerflamme entstand, die den Berichten gemäss mehrere Monate hindurch sich zu erhalten vermochte. Sie scheint dann um die Jahresmitte erloschen zu sein, liess sich aber auch später wieder erzeugen. Die Erscheinung erregte Aufsehen und anlässlich der Jahresversammlung in Freiburg im Jahre 1840 (24. August) wurde eine Kommission, bestehend aus den Herren E. v. Fellenberg, J. v. Charpentier und v. Dompierre mit dem Studium dieses „brennbaren Gebläses" betraut. Bereits in der dritten allgemeinen Sitzung derselben Jahresversammlung erstattete Fellenberg Bericht und unterbreitete der Versammlung eine Studie des Kommissionsmitgliedes de Dompierre und eine Zuschrift von André de Luc in Genf, denselben Gegenstand betreffend. Die sämtlichen Ausführungen wiesen auf die Möglichkeit hin, dass die Gasbildung als ein Indizium für das Vorhandensein von Steinsalz anzusprechen sei und dass es sich wohl empfehlen dürfte, darauf zielende Bohrungen vorzunehmen. Mit der Berichterstattung ist dann die Aufgabe der eingesetzten Kommission erschöpft gewesen.

Hans Schinz.

10. Die Kommission zur Leitung der Aufnahme einer Statistik des Kretinismus, Idiotismus etc. in der Schweiz.

Die Diskussionen über die grosse Frage des Kretinismus in der Schweiz gehen im Schosse unserer Gesellschaft auf die Jahresversammlung in St. Gallen vom Jahre 1830 zurück. Professor J. P. V. Troxler, Basel, las in der zweiten Sitzung dieser Versammlung eine Abhandlung über den Kretinismus vor und regte an, dass aus den von ihm gegebenen Winken und Ansichten Fragen aufgeworfen werden möchten, die von den Kantonal-Gesellschaften in reifliche Beratung gezogen werden sollten, zum Behufe der Entwerfung einer Statistik der Krankheit mit Hinsicht auf ihre Quellen, Ursachen und Heilmittel. Der Vortragende wurde dann nachdrücklich ersucht, wahrscheinlich vom damaligen Vorsitzenden des Generalsekretariates, dem die Drucklegung der „Denkschriften" anvertraut war, von Staatsrat Dr. P. Usteri, seine „wichtige Arbeit beförderlichst einzugeben", damit sie noch in der zweiten Abteilung des ersten Bandes der „Denkschriften" erscheine. Prof. Troxler ist, wie Abteilung 2 des ersten Bandes genannter Zeitschrift zeigt, der Einladung nachgekommen, der Gegenstand selbst ist dann aber für die nächste Folge wieder der Vergessenheit anheimgefallen, vermutlich infolge des Ablebens von Staatsrat Usteri, und wurde erst 1840 aufs neue aufgenommen, wozu eine Zuschrift der Schweizerischen Gemeinnützigen Gesellschaft an das Zentralkomitee Veranlassung gab. Der Schweizerischen Gemeinnützigen Gesellschaft war nämlich von seiten von Dr. Guggenbühl in Glarus beantragt worden, in einer Höhe von 3000 Fuss über Meer ein Sanatorium für junge Kretins zu gründen, welcher Anstalt sich Dr. Guggenbühl als Arzt, Anstaltsleiter und Verwalter zur Verfügung stellen wollte. Die Schweizerische Gemeinnützige Gesellschaft wollte nun hierüber die Anschauungen der Schweiz. Naturf. Gesellschaft kennen lernen, bevor sie an die Ausführung des Projektes zu schreiten gedachte.

Dass die Frage gleich weitausgreifend in Angriff genommen worden ist, beweisen schon die Verhandlungen des Jahres 1840 in Freiburg. Auf Vorschlag des Jahrespräsidenten wurde eine Kommission unter dem Präsidium von Professor Troxler bestellt, bestehend aus den Herren Troxler, Schneider von Bern, Castella von Neuenburg, Pugin und Longchamp von Freiburg, und zwar wurde dieser Kommission das Recht verliehen, sich aus eigenen Stücken eventuell zu erweitern. Die Angelegenheit scheint sich dann weiter bei Anlass der Jahresversammlung in Zürich 1841 verdichtet zu haben, an Stelle der aufgelösten Kommission trat eine neue, gebildet von den Herren Prof. H. Locher-

Balber, Dr. H. C. Rahn-Escher, Prof. Henle, A. Escher von der Linth und Dr. Meyer-Ahrens, mit Sitz in Zürich, der erweiterte Wegleitung erteilt wurde. 1842, in Altdorf, erstattet Meyer-Ahrens einen ersten, in den betreffenden Verhandlungen gedruckten Bericht über die Verrichtungen der 1841 eingesetzten Kommission. Nach Anhörung desselben machte sich die Ansicht geltend, dass damit nun eigentlich die Aufgabe der Gesellschaft erledigt und die Kommission aufzulösen sei, in der Meinung, dass es Sache der Schweizerischen Gemeinnützigen Gesellschaft sei, sich der Angelegenheit nach ihrer philanthropischen Seite weiterhin anzunehmen. 1843 legte Locher-Balber in Lausanne einen zweiten Kommissionsbericht vor. Er war in der Lage, darauf hinweisen zu können, dass der Kretins-Angelegenheit andauernde Aufmerksamkeit seitens der Behörden zuteil werde, und dass es sich doch wohl frage, ob man unter diesen Umständen wirklich an dem vorjährigen Beschlusse festhalten wolle und dürfe. Die Kommission liess durch ihren Sprecher erklären, dass sie auf jeden Fall bereit sei, später eingehende Berichte wie bis anhin in Empfang zu nehmen, mit den frühern zusammenzustellen und darüber Bericht zu erstatten; sie glaubte, dass die Fortdauer eines Zentralpunktes für solche Forschung in der Vereinigung des Vereinzelten zu gemeinsamem Zwecke einigen Vorteil gewähre. Wie gewöhnlich, so ruhte auch in dieser Angelegenheit die Aufgabe schliesslich nur noch auf einer einzigen Schulter: das Verzeichnis der Kommissionen der Schweiz. Naturf. Gesellschaft vom Jahre 1849 verzeichnet als Mitglieder der Kommission in Angelegenheiten des Kretinismus nur noch Dr. Meyer-Ahrens in Zürich. Im selben Jahre, an der Versammlung in Frauenfeld erstattete Meyer-Ahrens auch wieder einen in den betr. Verhandlungen niedergelegten Bericht.

Im darauf folgenden Jahre referiert Meyer-Ahrens an der Jahresversammlung in Aarau nochmals kurz über den Stand der Enquête, sich darüber beklagend, dass alle Versuche, aus dem Kanton Wallis Materialien zu erhalten, fehlgeschlagen haben, und ersucht die Gesellschaft ihn für die Folge von der ihm überbundenen Aufgabe zu entbinden und dieselbe Herrn Dr. Hans Locher in Zürich übertragen zu wollen. Die Versammlung beschloss in diesem Sinne. Allerdings scheinen hiebei einige Missverständnisse unterlaufen zu sein. Einerseits wurde Dr. Locher von seiner Wahl nicht in Kenntnis gesetzt und anderseits scheint einige Unklarheit darüber geherrscht zu haben, ob nun die ganze Angelegenheit Dr. Locher übertragen, Dr. Meyer-Ahrens damit gewissermassen ausgeschaltet worden sei oder ob letzterer der Kommission trotzdem noch angehöre. Zu all dem kam noch hinzu, dass Dr. Hans Locher gar nicht Mitglied der Schweiz. Naturf. Gesellschaft war. Diese Differenzen und Schwierigkeiten wurden dann im Schosse der Sektion für Medizin und Chirurgie an der Jahresversammlung in Glarus 1851 behoben und auf Antrag des Präsidenten Jenny beschlossen, beide Herren, Dr. Meyer-Ahrens und Dr. Hans Locher einzuladen, sich gemeinsam mit der Kretinenangelegenheit zu befassen. So unterzeichnen denn auch beide in den Verhandlungen des Jahres 1852 einen Bericht über den damaligen Stand, mitteilend, dass Dr. Meyer-Ahrens inzwischen im dritten Heft von Rösch's „Beobachtungen über den Kretinismus“ mit möglichster Vollständigkeit alles mitgeteilt habe, was vor dem Beginn der von der Schweiz. Naturf. Gesellschaft angeordneten Forschungen über die Verbreitung des Kretinismus seit den ältesten Zeiten bekannt war.

In den Verhandlungen des Jahres 1853 klagt die Kommission — sie besteht nach wie vor aus den Herren Dr. Meyer-Ahrens und Dr. Hans Locher —, dass ihr aus den Kantonen Bern, Schwyz, Schaffhausen, Appenzell (I.- u. A.-Rh.), Tessin, Wallis und Genf immer noch keine Unterstützung zuteil geworden sei, und sie wünscht, die Gesellschaft möchte nun, da die Kommission vergeblich um die Übermittlung von statistischem Material nachgesucht habe, von sich aus bei den betreffenden Kantonen vorstellig werden. 1854 konnte Meyer-Ahrens berichten, dass nunmehr nur noch die Antworten der Kantone Schwyz, Appenzell A.-Rh., Tessin, Wallis (z. Teil) und Genf ausstehen und dass er, glaubend, mit der vorläufigen systematisch-wissenschaftlichen Zusammenstellung des vorhandenen Materials nicht länger zögern zu sollen, eine solche in der jedermann leicht zugänglichen schweizerischen „Zeitschrift für Medizin, Chirurgie und Geburtshülfe" niedergelegt habe. 1857 erfolgte dann anlässlich der Jahresversammlung in Trogen die Auflösung der Kommission, und zwar ohne dass noch weitere Berichte erschienen wären.

Dr. Guggenbühl hatte inzwischen sein Projekt, das die Fürsprache unserer Gesellschaft bei der Schweizerischen Gemeinnützigen Gesellschaft gefunden hatte, in der Gründung einer Anstalt auf dem Abendberg bei Interlaken verwirklichen können. Die Verhandlungen der Versammlung in Chur 1844 enthalten einen Bericht des Anstaltsleiters, Dr. Guggenbühl. Mit der Zeit scheinen dann aber Anfeindungen der verschiedensten Art, namentlich im „Bund" nicht ausgeblieben zu sein. Die Regierung Bern's nahm, veranlasst durch die laut gewordene Kritik Inspektionen vor, gegen die Dr. Guggenbühl, der die Ansicht vertrat, dass sein Institut einen rein privaten Charakter besitze, protestierte. Die Folge hievon war, dass kurz vor der Jahresversammlung des Jahres 1855 in La Chaux-de-Fonds Dr. Guggenbühl seine Anstalt plötzlich verliess. Damit verschwindet diese Anstalt aus den Verhandlungen unserer Gesellschaft.

Hans Schinz.

---

11. Die Kommission zur Verhütung von Überschwemmungen.

An der 25. Jahresversammlung in Freiburg (1840) gelangte ein Brief der Schwei zerischen Gemeinnützigen Gesellschaft zur Verlesung, in welchem die Schweiz. Natur Gesellschaft angefragt wurde, auf welche Weise neue Überschwemmungen wie diejenige der Jahre 1834 und 1839 in Uri, Wallis und Tessin verhütet werden könnten. Zu weitern Behandlung dieser aktuellen Frage wurde eine Kommission bestellt aus den Herre Ch. Lardy, J. de Charpentier, H. C. Rahn-Escher, M. Hipp, H. de Saussure, und e wurde Lardy, der damalige General-Inspektor der Wälder des Kantons Waadt mit dere Vorsitz betraut. Die Kommission erstattete noch an derselben Jahresversammlung (Ver handl. [1840] [1841], 96) Bericht und stellte bestimmte Anträge. An der 26. Jahresversamm lung in Zürich (1841) machte sodann Lardy die Gesellschaft mit der Arbeit seiner Kommis sion bekannt, welche über die Überschwemmungen in den Hochtälern der Schweiz im Lauf der letzten Jahre, ihre Ursachen und die Mittel, denselben vorzubeugen, sich berate hatte und die für das im Jahre 1834 zur Unterstützung der Wasserbeschädigten nieder gesetzte Komitee bestimmt war. Sie wurde 1842 in Altdorf vorgelegt und unter di Anwesenden verteilt. Sie hat zur Aufschrift: „Mémoire sur les dévastations des forêt dans les hautes Alpes et les moyens d'y remédier" und deutsch: „Denkschrift über di Zerstörung der Wälder in den Hochalpen" etc., Zürich 1842. In der dritten Sitzung de Jahresversammlung zu Altdorf (1842) wurde dann auch ein Schreiben des eidgenössische Hülfskomitee's für die wasserbeschädigten Kantone an die Schweiz. Naturf. Gesellschaf verlesen, worin die Bereitwilligkeit, womit letztere die vom Hülfskomitee ihr zu Freibur vorgelegte Frage: wie den Verheerungen der Wildwasser Einhalt getan werden könne aufgegriffen habe und infolgedessen die so umfassende als gründliche Arbeit des Herr Oberst Lardy erschienen sei, verdankt wird. Lardy's Schrift wurde dann vom Hülfs komitee in deutscher und französischer Sprache den wasserbeschädigten Kantonen zu gestellt. Vergl. auch J. J. Siegfried, „Die wichtigsten Momente" etc. (1848), 125.

Hans Schinz.

12. Die Kommission für Klimatologie, spez. zur Untersuchung der periodischen Erscheinungen in der Pflanzen- und Tierwelt.

An der 28. Jahresversammlung der Schweiz. Naturf. Gesellschaft zu Lausanne (1843) verlas Prof. R. Fellenberg einen Brief von Prof. Valentin, dem damaligen Präsidenten der Berner Naturf. Gesellschaft, in dem letzterer davon Mitteilung machte, dass die Brüsseler Akademie durch ihren ständigen Sekretär Quetelet sich seit einiger Zeit bestrebe, die periodischen Phänomene zu studieren, und hiebei nicht bloss die bekannteren meteorologischen und streng physikalischen Gegenstände, sondern auch die beiden organischen Reiche zu umfassen, und anregte, die Gesellschaft möge sich zu diesem Behufe mit Herrn Quetelet in Verbindung setzen. Die Versammlung beschloss hierauf, in jedem Kanton eine geeignete Persönlichkeit zu beauftragen, Herrn Quetelet bezügliche Beobachtungen zukommen zu lassen. Diese Anregung hat übrigens ihre Vorgänger: einmal in der Studie Heer's „Über geographische Verbreitung und periodisches Auftreten der Maikäfer" und sodann in den Ausführungen von Selys-Longchamps „Projet d'observations annuelles sur la périodicité des oiseaux", welche beide Arbeiten in den Verhandlungen der 26. Jahresversammlung zu Zürich (1841), 123 und 192 niedergelegt sind. An der 29. Jahresversammlung zu Chur (1844) liess dann Heer durch Kölliker den Antrag stellen, eine Kommission zur Untersuchung der periodischen Erscheinungen in der Pflanzen- und Tierwelt zu wählen, welchem Antrage nachgekommen und eine Kommission bestellt wurde aus O. Heer, J. M. von Rascher und Apotheker A. Pfluger. Der Kommission wurde ein Kredit von Fr. 100.— eröffnet. Heer's Aufforderung ist in denselben Verhandlungen abgedruckt (S. 134—156). Einige Bedenken scheinen immerhin obgewaltet zu haben, denn die Verhandlungen (S. 38) berichten, dass Herr Prof. R. Fellenberg von Lausanne sich zu der Bemerkung veranlasst gesehen habe, „dass von Professor Valentin in Bern ein ähnlicher Vorschlag bereits letztes Jahr in Lausanne gemacht worden sei, dass auch in der französischen Schweiz gegenwärtig schon Beobachtungen über die periodischen Erscheinungen der Pflanzen- und Tierwelt nach der Instruktion des Herrn Quetelet, Sekretär der belgischen Akademie, angestellt wurden, und dass diese letzteren sich dort wohl auch in Zukunft aus sprachlichen und nationalen Rücksichten des Vorzugs erfreuen dürften, es sei demnach zu wünschen, dass auch nach Aufstellung der neuen Instruktion in beiden Richtungen ungestört auf das gemeinsame Ziel hingearbeitet werde. Dieser

Wunsch solle Herrn Dr. Heer zur Berücksichtigung für die Ausarbeitung der Instruktion mitgeteilt werden."

Leider entsprach der Erfolg der phänologischen Kommission nicht den Wünschen ihres Präsidenten: er beklagte sich auf der Jahresversammlung der Schweiz. Naturf. Gesellschaft in Solothurn (1848) über geringe Teilnahme für Ausfüllung der versandten phänologischen Tabellen und 1849 wiederholt er diese Klagen in Frauenfeld. Eine Frucht dieser Bestrebungen Heer's war immerhin eine Abhandlung von S. Schwendener „Über die periodischen Erscheinungen in der Natur, insbesondere der Pflanzenwelt" (Doktordissertation von Zürich), über deren Resultate Heer in der Jahresversammlung der Schweiz. Naturf. Gesellschaft in Basel (1856) und in Wien an der Deutschen Naturforscherversammlung referierte. Ein Resultat von Heer's Tätigkeit für die Phänologie ist auch seine von seinem Kollegen C. Nägeli an der Jahresversammlung der Schweiz. Naturf. Gesellschaft in Glarus (1851) (abgedruckt in den Verhandlungen 1851) verlesene Abhandlung: „Über die periodischen Erscheinungen der Pflanzenwelt in Madeira". An der Jahresversammlung in Basel im Jahre 1856 wurde sodann die Kommission für Klimatologie, deren einziges Mitglied schon seit einer Reihe von Jahren nur noch Prof. Heer gewesen war, aufgelöst. Um aber die Sache nicht völlig fallen zu lassen, wurde Professor Heer gebeten, dieselbe nach wie vor fortwährend „im Auge zu behalten".

Hans Schinz.

---

13. Die Felsberg-Kommission.

Wie aus J. J. Siegfried's Schrift „Die wichtigsten Momente aus der Geschichte der drei ersten Jahrzehnde der Schweiz. Naturf. Gesellschaft“ hervorgeht, hatte unsere Gesellschaft (1844?) eine eigene Kommission zur Prüfung der Verlegung des durch Bergstürze vom Calanda gefährdeten Dorfes Alt-Felsberg eingesetzt, über die die Verhandlungen aber nichts berichten. Nur von der Diskussion über die Wahl der Lokalität für Neu-Felsberg findet sich ein kurzer Bericht in den Verhandlungen des Jahres 1844.

Hans Schinz.

14. Die Maikäfer-Kommission.

Anlässlich der 32. Jahresversammlung der Schweiz. Naturf. Gesellschaft zu Schaffhausen (1847) wurde in der zweiten Sitzung der Sektion für Zoologie und Botanik über den Schaden der Maikäfer gesprochen und die Sektion gelangte noch in derselben Jahresversammlung an die Gesellschaft mit dem Antrage, „eine Kommission zu wählen, die Vorschläge an die Regierungen zu bringen habe, wie durch die ganze Schweiz nach übereinstimmendem Plane am zweckmässigsten der Vermehrung der Maikäfer könnte Einhalt getan werden“. Dem Antrage wurde zugestimmt und die Kommission bestellt aus den Herren O. Heer, H. R. Schinz und J. J. Bremi, ihr auch ein Kredit von Fr. 20.— eröffnet. Aus den weitern Verhandlungen geht nicht hervor, ob die Kommission als solche konkrete Resultate gezeitigt hat oder nicht. Die Verhandlungen schweigen sich darüber aus und die Kommission figuriert in der Folge auch nicht unter der Rubrik der Kommissionen, wohl aber ist Prof. Heer's erspriessliche Tätigkeit auf diesem Gebiete wohlbekannt. Es mag übrigens daran erinnert werden, dass Heer schon im Jahre 1841 (26. Jahresversammlung in Zürich, Verhandlungen (1841), 123) die Gesellschaft „über die geographische Verbreitung und das periodische Auftreten des Maikäfer in seiner meisterhaften Weise unterhalten hatte“.

Hans Schinz.

15. Die Kommission zur Herausgabe einer populären Naturgeschichte für Volksschulen.

In der zweiten Sitzung der Jahresversammlung in Frauenfeld vom Jahre 1849 war auf Antrag der Zoologischen Sektion eine Kommission für die Bearbeitung einer populären Naturgeschichte für Volksschulen, bestehend aus den Mitgliedern Prof. Heer, Prof. Schinz und Ingenieur Sulzberger bestellt worden. Dabei war vorgesehen, dass für die beste Bearbeitung ein Preis von 100 Schweizerfranken ausgesetzt würde. Dem Beschlusse war ein Vortrag von Prof. Schinz über den naturwissenschaftlichen Unterricht in Volksschulen vorausgegangen, der in den Verhandlungen der erwähnten Jahresversammlung zum Abdruck gelangt ist. In der Sitzung des vorberatenden Komitee's der nächstfolgenden Jahresversammlung in Aarau (1850) stellte man sich wiederum auf einen andern Standpunkt und beschloss, der Jahresversammlung zu beantragen, die Frage der Bearbeitung einer populären Naturgeschichte fallen zu lassen. Nachdem in der ersten allgemeinen Sitzung in Aarau diesem Antrage zugestimmt worden war, stellte Schinz in der Sitzung der Sektion für Zoologie, Botanik und Landwirtschaft die Frage neuerdings zur Diskussion, die von ihm, Pfarrer Münch und Seminardirektor Wehrli benützt wurde und sich zu folgenden Anträgen an die zweite Hauptversammlung verdichtete: „es möge eine Kantonalgesellschaft, und zwar, weil die Wiederaufnahme der Frage und die Stellung des Antrages von Mitgliedern der zürcherischen ausgegangen sei, diese eingeladen werden, a) unter Zuziehung durch sie beliebter Pädagogen die Prüfung zu veranstalten, b) die Resultate derselben den übrigen Kantonalgesellschaften vor der nächsten Versammlung der allgemeinen Gesellschaft mitzuteilen, und c) zur Erledigung der Sache die betreffenden Anträge bei der letztern zu stellen". Dementsprechend wurde dann in der zweiten allgemeinen Sitzung der Jahresversammlung beschlossen: die Frage an die Naturforschende Gesellschaft in Zürich zu weisen, damit sie unter Zuzug von Pädagogen die vorhandenen Lehrmittel prüfe und sodann 1851 hierüber Bericht und Antrag bringe.

In der zweiten allgemeinen Sitzung der Jahresversammlung in Glarus (1851) erstattete dann Prof. Schinz namens der Zürcherischen Naturforschenden Gesellschaft Bericht über die ihr voriges Jahr übertragene Begutachtung der Frage über die Abfassung einer Naturgeschichte für Volksschulen und bemerkt, „dass es gegenwärtig durchaus an solchen Schulbüchern nicht fehle und dass diese Aufgabe mehr in das Gebiet der Pädagogen gehöre als in den Kreis der Bestrebungen unserer Gesellschaft. Sodann fehle es mehr an praktischer Ausbildung der Lehrkräfte und folglich auch an praktischem Schulunterricht". Der Referent trägt daher auftragsgemäss auf wiederholte Ablehnung dieses Gegenstandes an, was auch zum Beschluss erhoben wird.

Hans Schinz.

16. Die Kommission für Untersuchung des schweizerischen Irrenwesens.

An der Jahresversammlung der Schweiz. Naturf. Gesellschaft in Glarus (1851) hielt in der Medizinischen Sektion Dr. Binswanger einen Vortrag über das schweizerische Irrenwesen (abgedruckt in den Beilagen zum Protokoll jener Hauptversammlung, pag. 111) und die Medizinische Sektion stellte sodann in der allgemeinen Sitzung vom 6. August 1851 folgende Anträge:

1. Es möchten da, wo bereits eine geordnete Irrenheil- und Pflegeanstalt in einem Kanton besteht, die Nachbarkantone berechtigt werden, ihre Geisteskranken unter möglichst günstigen Bestimmungen in dieser Anstalt unterzubringen.

2. Dass da, wo in mehreren benachbarten Kantonen noch keine Irrenanstalt existiert, darauf hingewirkt werden möchte, dass diese Kantone sich zur Errichtung von gemeinsamen Irrenheil- und Pflegeanstalten vereinigen.

Diesen beiden Vorschlägen wurde beigestimmt und der Jahresvorstand eingeladen, den Sanitätsbehörden sämtlicher Kantone den Wunsch auszusprechen, sie möchten ihrerseits auf die Kantonsregierungen in aufmunterndem Sinne zur Erreichung dieses Zweckes zu wirken suchen. Es wurde zu diesem Zwecke eine Kommission bestellt, bestehend aus Dr. med. Binswanger, Spitalarzt in Münsterlingen, Dr. med. Fr. Urech, Spitalarzt in Königsfelden, Dr. med. Ellinger, Spitalarzt auf St. Pirminsberg und Dr. med. Ammann in Sulgen.

Da an der Jahresversammlung in Sitten, 1852, keines der Kommissionsmitglieder teilnehmen konnte, erstattete die Kommission einen schriftlichen Bericht (abgedruckt in den Verhandlungen der Jahresversammlung in Sitten (1852), 61). Kürzere Notizen finden sich sodann in den Verhandlungen der Jahre 1855 und 1856; im Jahre 1857 erfolgt dann die Aufhebung der „Irren-Kommission", obwohl, wie das Protokoll der vorberatenden Sitzung sagt, noch nicht aus allen Kantonen die verlangten Berichte eingegangen, „wegen vermutlicher Fruchtlosigkeit weiterer Anstrengungen zum Erhalte der erforderlichen Referate und weil mit Rücksicht auf die Irrenangelegenheit die hiefür bestellte Kommission ihre Mission eigentlich erfüllt habe".

Hans Schinz.

17. Die Kommission zur Prüfung des Schieferbaues am Plattenberg im Kanton Glarus.

Anlässlich der Jahresversammlung in Glarus (1851) hatte die „Haushaltungskommission des Kantons" den Wunsch geäussert, es möchte die Gesellschaft durch sachkundige Mitglieder den Schieferbau am Plattenberg untersuchen und ihr berichten, ob nicht durch eine „kunstreichere Betreibung des Baues für die Arbeiter vermehrte Sicherheit erzielt und auf vorteilhaftere Weise betrieben werden könnte". Mit der Prüfung dieser Frage wurden die Herren P. Merian-Basel, A. Escher von der Linth-Zürich und A. v. Morlot-Bern betraut. Das Gutachten dieser Kommission ist als „Kommissional-Bericht zur Untersuchung des Plattenberges im Kanton Glarus" den Verhandlungen des Jahres 1851 beigedruckt, es ist vervollständigt durch einen Nachtrag von dem Kommissionsmitglied A. v. Morlot.

Hans Schinz.

18. Die Kommission für schweizerische Statistik.

Bei Anlass der 43. Jahresversammlung in Bern, 1858, wurde von Dr. d'Espine von Genf der Antrag gestellt, eine statistische Kommission zu bestellen. Er wurde hierin unterstützt von Prof. Lebert von Zürich, der auf die Wichtigkeit der statistischen Untersuchungen in medizinischer Beziehung hinwies. In der zweiten Hauptversammlung wurde die Kommission bestellt aus den Herren Dr. Marc d'Espine, Prof. Lebert und Prof. L. Dufour (Verhandlungen Bern (1858), 37, 79). Sie scheint aber nie in Tätigkeit getreten zu sein, was wohl darauf zurückzuführen ist, dass der Antragsteller schon 1860 gestorben ist. Kommissionsberichte sind keine erstattet worden.

Hans Schinz.

19. Die Kommission für den Entwurf eines allgemeinen schweizerischen Medizinal-Polizeigesetzes.

Den Ausgangspunkt bildete ein Vortrag, den Spitalarzt Dr. Carraz von Porrentruy an der Jahresversammlung des Jahres 1853 in Porrentruy vor der Sektion für Medizin hielt und der sich in den betreffenden Verhandlungen abgedruckt findet. Im Anschluss hieran wurde eine Kommission bestellt aus den Herren Lebert in Zürich, Dubois in La Chaux-de-Fonds und Carraz in Porrentruy und diese im folgenden Jahre an der Versammlung in St. Gallen erweitert durch Zuzug der Herren Locher-Balber und Meyer-Ahrens in Zürich.

Die Kommission scheint leider gar keine Resultate gezeitigt zu haben und so beschliesst denn die Jahresversammlung in Basel 1856, „die bisherigen Kommissionen gemäss den Vorschlägen des vorberatenden Komitee's fortbestehen zu lassen, mit Ausnahme derjenigen 1853 in Pruntrut aufgestellten «pour un projet de loi fédérale sur la médicine légale et sur la police médicale», die bis dahin noch kein Lebenszeichen gegeben habe!" Vom selben Schicksal wurde bei diesem Anlasse auch die Kommission für Klimatologie betroffen. Es scheint also damals im Schosse der Gesellschaft ein ziemlich scharfer Wind geweht zu haben.

Hans Schinz.

20. Die Meteorologische Kommission (1862—1881).

Vorgeschichte der Ernennung der Kommission.

Vornehmlich drei Perioden markieren sich in der Geschichte unserer schweizerischen Meteorologie: die erste der vereinzelten, ungleichartigen Beobachtungen der Stationen, die keinen eigentlichen weitern Zusammenhang besassen; die zweite, in welcher ein Netz regelmässiger Beobachtungen mit Unterstützung des Bundes, aber unter ausschliesslicher Leitung der Schweizerischen Naturforschenden Gesellschaft, zur Ausführung kam; die dritte Periode endlich, welche gegenwärtig fortdauert und deren Leitung nach Neuorganisation der Zentralanstalt ganz vom Bund an die Hand genommen wurde.

Ausschliesslich in die zweite Periode fällt die bedeutsame Tätigkeit der ehemaligen Meteorologischen Kommission der Schweizerischen Naturforschenden Gesellschaft, nämlich in die Jahre 1862—1881. Mit Bezug auf das, was schon vor dieser Zeit auf dem Gebiete der Meteorologie in unserm Lande geleistet worden ist, sei auf die Einleitung zum ersten Teil des zweibändigen Werkes „Das Klima der Schweiz" [1]) verwiesen. Die Ursache, warum die frühern meteorologischen Unternehmungen verhältnismässig nur zu wenigen Resultaten führten, lag hauptsächlich in dem Mangel einer zentralen einheitlichen Leitung der Stationen, für welche die finanziellen Mittel fehlten und welcher Mangel ein wirklich streng vergleichbares homogenes Beobachtungsmaterial auch nicht zustande kommen liess. Auf der Vergleichbarkeit beruht neben der Genauigkeit in erster Linie der Hauptwert aller meteorologischen Beobachtungen.

Es war daher sehr zu begrüssen, dass Herr Bundesrat Pioda, dessen vorurteilsfreier, gemeinnütziger und liberaler Gesinnung die wissenschaftlichen Bestrebungen im Lande so vieles zu danken hatten, im Jahre 1860 an der Versammlung der Schweiz. Naturf. Gesellschaft in Lugano erstmals die Frage in Anregung brachte, ob es nicht wünschbar und tunlich wäre, ein System meteorologischer Beobachtungen durch die ganze Schweiz zu organisieren, was natürlich die Wahrscheinlichkeit einer bundesrätlichen Unterstützung in Aussicht stellte. Dies war der Ausgangspunkt des gegenwärtigen meteorologischen Unternehmens.

Die Schweizerische Naturforschende Gesellschaft nahm den Gedanken Piodas sofort auf und übertrug die Begutachtung der Frage auf die nächstfolgende Sitzung in

[1]) Auf Grundlage der 37jährigen Beobachtungsperiode 1864—1900. In 2 Bänden bei Huber & Co. in Frauenfeld erschienen 1909/10.

Lausanne (19. August 1861) einer aus Prof. Heinr. Wild, Bern, Prof. Kopp, Neuchâtel und Prof. Mousson, Zürich bestehenden Kommission. Nach Anhörung eines von Mousson im Namen derselben erstatteten Referates (vergl. den Bericht dieser dreigliedrigen Kommission „Über die Organisation eines Systems gemeinsamer meteorologischer Beobachtungen durch die ganze Schweiz", vorgelegt der Schweiz. Naturf. Gesellschaft in Lausanne den 19. August 1861) lauteten die Anträge der Kommission in wörtlicher Übersetzung wie folgt (Vgl. „Actes de Lausanne 1861", pag. 102—104):

Erster Antrag.

Die Gesellschaft genehmigt, um in Vollziehung gesetzt zu werden, das folgende Programm:

1. Der Zweck des Unternehmens ist, den Einfluss eines Gebirgslandes, wie die Schweiz, auf die allgemeinen meteorologischen Verhältnisse Europas zu ermitteln.
2. Zu dem Ende werden auf Linien, welche zu den Bergketten parallel und senkrecht stehen, Reihen von Stationen hergestellt, auf welchen mittelst verglichener Instrumente und nach gleichen Vorschriften die gleichen meteorologischen Elemente beobachtet werden.
3. Die Dauer der gemeinsamen Beobachtungen wird auf drei Jahre festgesetzt, nach welchem Zeitraume das Unternehmen entweder geschlossen oder einer Revision unterworfen wird.
4. Die meteorologischen Grössen, die beobachtet werden, sind: *a)* der Druck der Luft, *b)* ihre Temperatur, *c)* ihre Feuchtigkeit, *d)* die Richtung und ungefähre Stärke des Windes, *e)* die Regen- und Schneemenge, *f)* die Bewölkung, *g)* die ungewöhnlichen Erscheinungen, *h)* die wichtigsten Vegetationsepochen.
5. Jede Station wird daher ausgestattet mit: *a)* einem Barometer, *b)* einem Psychrometer, dessen trockenes Thermometer gleichzeitig für die Lufttemperatur dient, *c)* einem Regenmesser, *d)* einer guten Windfahne.
6. Alle diese Instrumente sollen gewisse Genauigkeitsbedingungen erfüllen; sie werden vor und nach ihrer Benutzung verglichen, werden von einer experten Person an Ort und Stelle eingerichtet und nach gleichen einlässlichen Instruktionen beobachtet.
7. Die Stationen, die noch keine dienlichen Instrumente besitzen, erhalten solche von der Gesellschaft. Ein Beobachter, der die drei Jahre hindurch seine Verpflichtungen gewissenhaft erfüllt hat, wird nach dieser Zeit Eigentümer der ihm anvertrauten Instrumente.
8. Die Angaben der Instrumente werden dreimal täglich, um 7 Uhr morgens, um 1 Uhr nachmittags und um 9 Uhr abends eingetragen.
9. Zweimal im Jahre, den 15. Januar und 15. Juli, werden während der 24 Stunden stündliche oder zweistündliche Beobachtungen angestellt; doch werden dieselben als freiwillig, nicht als bindend betrachtet.
10. In zwei Stationen, Bern und St. Gotthard, werden selbstregistrierende Instrumente eingerichtet. Diese beiden Stationen sollen dem ganzen System zum Stützpunkt dienen.
11. Die monatlichen Tabellen sollen, wenn irgend möglich, sofort berechnet und in grösserem oder geringerem Umfange veröffentlicht werden.

Zweiter Antrag.

Die Gesellschaft unterbreitet dem Eidgenössischen Departement des Innern eine Abschrift des vorstehenden Berichtes und ersucht dasselbe, von seiner Seite das Unternehmen zu unterstützen:

1. Durch Bewilligung eines Geldbeitrages von 14,000 Fr. an die Organisation der Beobachtungen;

2. durch eine Einladung an die Kantone, die es betrifft, zur geneigten Übernahme der Kosten für die Ausstattung der Stationen auf ihrem Gebiete;
3. durch Ermächtigung des statistischen Bureaus, sich mit der Gesellschaft behufs Berechnung und Veröffentlichung der Beobachtungen ins Einvernehmen zu setzen.

Dritter Antrag.

Die Gesellschaft ernennt eine Kommission von sieben Mitgliedern, welche das Unternehmen in Ausführung zu setzen hat. Sie wird zu dem Ende:

1. Sich mit Rücksicht auf die beiden genannten Punkte mit dem statistischen Bureau in Verbindung setzen;
2. die Bestellungen und Anschaffungen der Instrumente gemäss den Bedürfnissen der Stationen vornehmen;
3. die Instrumente prüfen und aufstellen, die Stationen einrichten, die Beobachter unterrichten etc.;
4. die Hauptstation des Gotthard organisieren;
5. die Einteilung der Schweiz in meteorologische Kreise durchführen und die Tabellen aller Stationen in Einklang bringen;
6. den Beginn der Beobachtungen festsetzen, deren Gang überwachen und kontrollieren;
7. sich mit ausländischen Stationen, die für die Schweiz Wichtigkeit haben, in Verbindung setzen;
8. endlich der Bundesbehörde und der Gesellschaft gegenüber die Rechnungsführung über das ganze Unternehmen besorgen.

(Lausanne, den 19. August 1861.)

Namens der Kommission:
Alb. Mousson, Prof.

Diese Vorschläge der Spezialkommission wurden von der Schweizerischen Naturforschenden Gesellschaft gutgeheissen und dem Bundesrat eingereicht; letzterer erteilte denselben ebenfalls seine Genehmigung[1]) und erhielt dann durch Beschluss der Bundesversammlung vom 1. Februar 1862 (vergl. Eidg. Gesetzessammlung Bd. VII, pag. 130) in wohlwollendster Weise die Ermächtigung zur Verwendung der gewünschten Summe[2]) auf die vorliegende Organisation, so dass nun von dieser Seite dem vaterländischen Unternehmen keine weitern Hindernisse mehr im Wege standen.

---

[1]) Zudem erliess der Bundesrat unterm 14. Mai 1862 durch das Eidgenössische Departement des Innern an sämtliche Stände ein besonderes Kreisschreiben, worin er die Wichtigkeit des grossen Unternehmens der Schweizerischen Naturforschenden Gesellschaft nochmals nachdrücklich hervorhob und die Überzeugung ausdrückte, dass auch alle Kantonsregierungen demselben eine gute Aufnahme bereiten und die erforderliche Unterstützung angedeihen lassen möchten.

[2]) Der Bund seinerseits trat insoweit auf das Subventionsgesuch ein, als er der Gesellschaft für 1862 und 1863 je einen ersten Beitrag von 8000 Fr. zusprach; für 1864, d. h. mit dem Beginn der Beobachtungen wurde er auf 10,000 Fr. und für 1865 auf 11,000 Fr. festgesetzt; auf dieser Ziffer blieb er bis 1873. Von 1874 an trat eine Erhöhung auf 15,000 Fr. ein, und die Subvention blieb auf dieser Höhe bis 1880.

Mitglieder der definitiven Kommission bis 1881, ihre Tätigkeit bei Organisation des schweizerischen meteorologischen Netzes; Publikationen.

Von der Schweizerischen Naturforschenden Gesellschaft wurde sodann die schon oben im dritten Antrag erwähnte Meteorologische Kommission zur Organisation und Leitung des Ganzen bestellt, welche anfänglich aus A. Mousson (als Präsident), H. Wild, Ch. Dufour, Morges, Kopp, E. Plantamour, Genf, R. Wolf, Zürich, Fr. Mann, Frauenfeld, Ferri, Lugano und Albertini, Samaden bestand. Als Albert Mousson vom Präsidium zurücktrat und der Kommission nur noch als Ehrenmitglied angehören wollte, ferner letztere sukzessive durch Abreise und Demissionen die Mitglieder Wild, Kopp und Mann verlor, rückte Rudolf Wolf zum Präsidenten vor, dem Plantamour und Dufour als engere Kommission beigeordnet wurden, und zur weitern Ergänzung der Kommission traten später noch (1873) Hirsch, Neuenburg, Amsler-Laffon, Schaffhausen, (1875) Hagenbach-Bischoff, Basel und Forster, Bern in dieselbe ein.

Diese Meteorologische Kommission begann ihre Arbeiten im April 1862, nachdem alle Zweifel über die bundesrätliche Unterstützung gehoben waren, nahm auch die weitere Förderung des Unternehmens eifrig an die Hand, vereinigte sich durch Korrespondenz und in wiederholten, zu Bern abgehaltenen Sitzungen (2 im Jahre 1863, 2 im Jahre 1864) über die nötige Organisation[1]), schloss mit der mechanischen Werk-

[1]) Es lag anfangs in der Absicht der Kommission, die Schweiz in geographisch und orographisch abgegrenzte meteorologische Kreise zu teilen, deren jedem ein geeigneter Beobachter vorgesetzt werden sollte. Allein die Schwierigkeit, solche Männer zu finden, und die Notwendigkeit einer ganz innigen Beziehung zu der Kommission entschied die letztere, allerdings mit einer erheblichen Vermehrung von Mühe, selbst die Leitung zu übernehmen. Sämtliche Stationen wurden daher, wie es sich mit dem Wohnorte der Kommissionsmitglieder am besten vertrug, in 8 Gruppen von 8—12 Stationen geteilt, für deren jede ein Mitglied als besonderer Patron eintrat. Bei der zerstreuten Lage der Stationen war diese Einteilung keine ganz einfache, doch hat sie sich nach einigen später angebrachten Veränderungen leidlich bewährt. Nur für die hochliegenden Bergstationen des südlichen und östlichen Graubündens erwies sich, um der grossen Entfernung willen, die Beaufsichtigung durch die Mitglieder der Kommission als unausführbar. Dies veranlasste letztere, aus jenen Stationen einen besondern meteorologischen Kreis zu bilden und sich in der Person des Herrn Albertini von Samaden ein neuntes Mitglied zuzugesellen.

„Bedenkt man die Menge verschiedener Bestimmungen, die zu treffen waren, die Verwicklung, die aus den abweichenden Verhältnissen der Stationen hervorging, die Weitläufigkeit einer Korrespondenz mit mehr als 80 in der Sache unerfahrenen Beobachtern, die wiederholten Unterhandlungen mit den Regierungen, die Notwendigkeit eines richtigen Ineinandergreifens der verschiedenen Arbeiten, endlich die Umständlichkeit aller Verständigungen in der Kommission selbst wegen des abweichenden Wohnortes ihrer Mitglieder, so durfte man sich wahrlich Glück wünschen, die Organisation, ohne zu viele Verstösse, in dem anfangs gesetzten Zeitraum von zwei Jahren wirklich zustande gebracht zu haben, um mit Dezember 1863 zu Anfang des meteorologischen Jahres auf der grossen Mehrzahl der Stationen die Beobachtungen beginnen zu lassen“. (Mousson.)

stätte von Hermann & Studer in Bern (später Hermann & Pfister) einen Vortrag über Lieferung der Instrumente ab, teilte jedem ihrer Mitglieder einen gewissen Kreis von Stationen zu, die es zu besuchen und einzurichten hatte, entwarf ebenso die ersten nötigen Instruktionen für die Beobachter.

Die meteorologische Zentralanstalt auf der Sternwarte in Zürich.

Die Meteorologische Kommission beschloss ferner die Errichtung einer meteorologischen Zentralanstalt für Sammlung, Sichtung und Drucklegung der Beobachtungen auf der Eidg. Sternwarte in Zürich, unter Direktion ihres Vorstehers Prof. Rudolf Wolf, dem die Wahl des nötigen Personals überlassen blieb, u. s. w., und brachte es wirklich dazu, dass mit Dezember 1863 die regelmässigen Beobachtungen auf allen Stationen (ca. 80 an der Zahl) und im Januar 1864 nach Eingang der ersten Monatstabellen auch die Arbeiten des bescheidenen Bureaus der meteorologischen Zentralanstalt in dem unterdes fertig gewordenen Lokal auf der Eidg. Sternwarte beginnen konnten. Wir verweisen für weitere Details auf den einlässlichen, von Albert Mousson namens der Meteorologischen Kommission im August 1864 erstatteten Bericht „Über die Organisation meteorologischer Beobachtungen in der Schweiz", sowie auf die Vorworte von R. Wolf zu den ersten, seit 1864 erschienenen stattlichen Quartbänden, veröffentlicht unter dem Titel „Schweizerische Meteorologische Beobachtungen, herausgegeben von der Meteorologischen Zentralanstalt der Schweizerischen Naturforschenden Gesellschaft unter Leitung von Prof. Dr. Rudolf Wolf".

Das schöne Unternehmen hätte nicht leicht so erfolgreich in Gang gebracht werden können, wie dies unter dem Patronat der Naturforschenden Gesellschaft durch ihre Meteorologische Kommission der Fall war; denn da dasselbe von den einzelnen Beobachtern persönliche Opfer im Interesse der Wissenschaft erheischte, so musste der Appell an die Personen, von welchen dieselben zu erwarten standen, erfolgreicher von einer vaterländischen Gesellschaft ausgehen — die bereits das Verdienst hatte, manches von sich aus angeregt und durchgeführt zu haben —, als direkt vom Staate, der bis dahin, ausser für Unterrichtszwecke, noch wenig für die reine Wissenschaft hatte tun können. Diesem gegenüber hätten auch die einzelnen Beobachter sich vermutlich nicht so leicht zu ihren freiwilligen Leistungen verstehen können, wie es dem Aufruf der Naturforschenden Gesellschaft zufolge geschah.

Die Art und Weise, wie die Meteorologische Kommission ihre erste Aufgabe die Organisation des Beobachtungsnetzes, erfüllte, liess auch kaum etwas zu wünschen übrig. Die grosse Zahl von über 80 Stationen[1]) wurde mit guten und ganz gleich-

[1]) Als Hauptstationen waren Bern und eine solche auf dem St. Gotthard vorgesehen. Mit Einschluss derselben war ein Netz von 88 Stationen aufgestellt, die sich folgendermassen auf die Kantone verteilten: Zürich 3, Bern 10, Luzern 1, Uri 2, Schwyz 3, Unterwalden 2, Glarus 2, Zug 1, Freiburg 2, Solothurn 3, Basel 1, Schaffhausen 2, Appenzell 1, St. Gallen 4, Graubünden 19, Aargau 5, Thurgau 2, Tessin 6, Waadt 7, Wallis 8, Neuenburg 3, Genf 1.

artigen Instrumenten ausgerüstet, die Beobachter überhaupt in jeder Art auf das genaueste instruiert. Die Instrumente sowohl als die Beobachtungsmethode, sowie Art und Weise der Publikation der Beobachtungen standen damals vollkommen auf der Höhe der Zeit. Wenn seither in bezug auf einige Details, wie z. B. bei Aufstellung der Instrumente, Gesichtspunkte zur Geltung gekommen sind, die damals noch nicht beachtet worden waren, so kann dies der Kommission gegenüber nicht zum Tadel gereichen; denn es sind eben die genauern Untersuchungen und Beobachtungsmethoden erst der letzten Zeit, welche jene veranlassen, und es ist jetzt Aufgabe der Fachkongresse, solchen Verbesserungen nach und nach weitern Eingang zu verschaffen.

Die Meteorologische Kommission hatte somit ihre wichtige Aufgabe der Organisation eines Beobachtungsnetzes mit grosser Ausdauer, dem besten Erfolg und dabei mit den geringst möglichen finanziellen Mitteln glücklich gelöst. Mit Aufnahme der Beobachtungen an den einzelnen Stationen des Netzes (1863, Dezember) begann auch die erspriessliche Tätigkeit der meteorologischen Zentralanstalt, welcher (vom Schweizerischen Schulrate) auf der Eidg. Sternwarte, wie schon erwähnt, Raum angewiesen, und für welche seitens der Meteorologischen Kommission ein provisorisches Reglement aufgestellt wurde (vide Beigabe M auf pag. 105 des erwähnten Spezialberichtes von A. Mousson über die Organisation meteorologischer Beobachtungen in der Schweiz, datiert 22. August 1864).

Erst als Assistent unter Rudolf Wolfs Leitung, dann seit 1874 als Chef des Rechnungsbureaus dieser meteorologischen Zentralanstalt[1]) waltete langjährig Robert Billwiller, zugleich auch Sekretär (mit Wolf als Präsident) der Meteorologischen Kommission.

Reorganisation und Überführung in die gegenwärtige eidgenössische Organisation; Abschied der vormaligen Kommission.

Im Laufe der siebziger Jahre stellte sich dann auf mannigfache Weise naturgemäss die Notwendigkeit heraus, der vom Bunde subventionierten, unter dem Patronate der Schweizerischen Naturforschenden Gesellschaft stehenden bescheidenen meteorologischen Zentralanstalt eine mehr unabhängige Stellung und einen mehr öffentlichen Charakter zu verleihen. Denn unter das Patronat der Naturforschenden Gesellschaft konnte nur die rein wissenschaftliche Tätigkeit jener Anstalt gestellt werden; sobald

[1]) Folgeweise mit den Assistenten Heinrich Stüssi, Aug. Weilenmann, Gustav Meier, Hermann Fretz, denen (1871) Robert Billwiller folgte. — Von Weilenmann selbst stammen aus den ersten Jahren der Tätigkeit dieser neugegründeten meteorologischen Zentralanstalt der Schweizerischen Naturforschenden Gesellschaft eine Reihe ganz bedeutender Arbeiten, die für die ältern Bände der „Schweiz. meteorologischen Beobachtungen" stets eine besondere Zierde bilden.

aber auch die Tätigkeit derselben nach der praktischen[1]) Seite hin an Bedeutung gewann, musste man daran denken, dieser sowohl in ihrer innern wie äussern Organisation Rücksicht zu tragen. Wenn nun schon zu der Zeit, wo die meteorologischen Beobachtungen von der Naturforschenden Gesellschaft lediglich zu wissenschaftlichen Zwecken veranstaltet und deshalb auch in einer für das grössere Publikum weniger zugänglichen Form publiziert wurden, dieselben bereits eine praktische Verwertung fanden, so musste notwendig die praktische Bedeutung der meteorologischen Zentralstelle, sobald sie einen öffentlichen Charakter bekam, eine noch viel grössere werden. Es erschien deshalb als das einzig richtige, wenn der Staat, der allein für die wissenschaftlichen wie für die praktischen Interessen, die sich an die meteorologischen Beobachtungen knüpfen, in gleicher Weise Sorge tragen konnte, das meteorologische Institut unter seine Obhut nahm, wie dies sozusagen in allen Ländern der Fall ist; diese Einsicht mit Nachdruck vertreten und ihr bei den Bundesbehörden Eingang verschafft zu haben, ist Wolfs, Hagenbach-Bischoffs und namentlich Billwillers Verdienst. Sie fanden hierin das weitgehendste Verständnis bei dem unvergesslichen Bundesrat Dr. Karl Schenk, damaliger Departementsvorstand.

Die unter Erwägung dieser Umstände Ende der 70er Jahre in Angriff genommene Reorganisation[2]) der Zentralanstalt trat nun mit Abschluss des Jahres 1880 in das Stadium der wirklichen Ausführung[3]). Das Eidg. Departement des Innern unterbreitete auf Grundlage einer einlässlichen Eingabe der Meteorologischen Kommission[4]), sowie

[1]) Wir erinnern nur an die schon seit Mitte der siebziger Jahre von der Meteorologischen Kommission wiederholt ins Auge gefasste, aber erst seit 1878 auf Veranlassung des Eidgenössischen Departements des Innern durch die Zentralanstalt begonnene Ausgabe eines täglichen Witterungsberichtes mit Prognose, beruhend auf telegraphischen Mitteilungen von Paris, Florenz, Hamburg und den schweizerischen Stationen Zürich, Glarus, Bern, Genf, Basel, Lugano, Trogen und St. Gotthard. Vergleiche hierüber das als Beilage zum 13. Jahrgang der von der Zentralanstalt publizierten „Schweiz. meteorologischen Beobachtungen" gedruckte Protokoll über die am 15. August 1878 auf dem Tellurischen Observatorium zu Bern abgehaltenen Sitzung der Meteorologischen Kommission. In derselben Sitzung hatte die letztere des fernern beschlossen, auf dem nächsten internationalen Meteorologen-Kongress (1879 zu Rom) von dem schweizerischen Abgeordneten die Errichtung einer Bergstation erster Ordnung beantragen zu lassen, in Anbetracht der Wichtigkeit und hohen Bedeutung, welche die physikalische Erforschung der höhern Regionen der Atmosphäre sowohl für die theoretische als praktische Meteorologie besitzt. Der erwähnte Kongress empfahl dann der Schweizerischen Naturforschenden Gesellschaft auch, „ihr Möglichstes zu tun, damit ein Observatorium auf einem der hohen Gipfel der Schweiz errichtet werde". In ihrer Sitzung vom 29. Februar 1880 bezeichnete die Meteorologische Kommission einstimmig den Säntisgipfel als die hierfür geeignetste Lokalität und Ende April 1880 erliess sie, zwecks finanzieller Unterstützung des vaterländischen Projekts, noch einen besondern warmen Appell an alle Vereine und Private, denen die Pflege der Naturwissenschaften auf heimischem Boden obliegt; vorerst durch freiwillige Beiträge gestützt und mit einer Bundessubvention von Fr. 5000 konnte diese Hochstation dann am 1. September 1882, einstweilen im Säntishaus untergebracht, auch wirklich eröffnet werden.

[2]) Vergl. die Protokollbeilagen zum 14. Jahrgang der öfters genannten „Schweiz. meteorologischen Beobachtungen" betreffend die Verhandlungen in den Konferenzen der Meteorologischen Kommission mit Delegierten des Zentralkomitees der Schweizerischen Naturforschenden Gesellschaft am 29. November 1879 (in Olten) und 18. Februar 1880 (in Neuenburg), die über alles Nähere Aufschluss erteilen.

[3]) Vergl. Verhandlungen der Schweiz. Naturf. Gesellschaft zu Brig, Sept. 1880 (Jahresbericht 1879/80, pag. 66/67).

[4]) Vergl. Verhandlungen der Schweiz. Naturf. Gesellschaft in Aarau, Aug. 1881 (Jahresbericht 1880/81, pag. 108/111).

eines ausführlichen Berichtes des Vorstandes der Zentralanstalt über „Die bisherige Tätigkeit und die künftige[4]) Aufgabe der meteorologischen Zentralanstalt“ dem Bundesrat im November 1880 eine bezügliche Vorlage[5]), welche von diesem genehmigt und am 23. Dezember 1880 seitens der Bundesversammlung ohne jede Opposition mit ganz unwesentlichen Abänderungen zum Bundesbeschluss erhoben wurde.

Mit dem 1. Mai 1881 trat letzterer in Kraft und damit war die Reorganisation der Zentralanstalt und ihre Erhebung zum Staatsinstitut vollzogen worden; gleichzeitig wurden zu Mitgliedern der bereits im Bundesbeschluss als Aufsichtskommission von Fachmännern vorgesehenen Eidgenössischen Meteorologischen Kommission vom Bundesrat gewählt: Rudolf Wolf, Zürich, Emil Plantamour, Genf, Ch. Dufour, Morges, Eduard Hagenbach-Bischoff, Basel, A. Forster, Bern (alle aus der frühern Meteorologischen Kommission), dazu noch H. F. Weber, Zürich, Oberforstinspektor Coaz, Bern.

In ihrer Jahresversammlung zu Aarau im August 1881 nahm dann die Schweizerische Naturforschende Gesellschaft den Schlussrapport der nun ihr Mandat niederlegenden Meteorologischen Kommission entgegen und verdankte ihr auch die nahe 20jährige erfolgreiche Tätigkeit auf dem Gebiet der Meteorologie aufs wärmste: „Die Meteorologische Kommission der Naturforschenden Gesellschaft überlässt nun die Fürsorge für die fernere Pflege der Meteorologie vertrauensvoll der eidgenössischen Fachkommission, sowie der Zentralanstalt selbst. Sie tritt mit dem Bewusstsein zurück, die ihr seinerzeit von der Naturforschenden Gesellschaft übertragene Aufgabe so gut als möglich gelöst zu haben. Sie hat während zirka zwanzig Jahren das System der meteorologischen Beobachtungen in unserem Lande mit Hilfe der Bundessubvention geleitet und erhalten, so dass es sich lebensfähig erwies. Bereits ist ein grosses Material gesammelt worden, das sowohl in wissenschaftlicher als praktischer Hinsicht von unschätzbarem Werte ist. Möge die Verarbeitung desselben dem neuen Institute in eben demselben Masse gelingen wie das Sammeln der abtretenden Kommission“. — Mit diesen Worten endigt deren Schlussrapport.

Die Geschichte der schweizerischen Meteorologie wird der Tätigkeit unserer vormaligen Meteorologischen Kommission allezeit in ehrendster Weise gedenken.

Schweiz. Meteorol. Zentralanstalt:
Dr. J. Maurer, Direktor.

[2]) Als ihre wichtigste Aufgabe stellte sich diese künftige meteorologische Zentralanstalt, welche durch einen Bundesbeschluss sichergestellt zu werden wünschte: „Die auf dem gegenwärtig aus zirka 80 Stationen bestehenden Beobachtungsnetze gewonnenen Daten in der bisherigen Weise zu sammeln, verbesserten Beobachtungsmethoden Eingang zu verschaffen, die notwendigen zeitweiligen Inspektionen der Stationen zu besorgen, die gemachten Beobachtungen zu publizieren und aus dem gewonnenen Materiale eine Klimatologie der Schweiz zu bearbeiten. Im weitern den Austausch von Witterungsberichten und die Vermittlung derselben an Anstalten und Private zu besorgen; endlich die von seiten der Behörden und des Publikums an sie gestellten Fragen über meteorologische Gegenstände zu beantworten“.

[5] Vergl. die Botschaft des Bundesrates an die Bundesversammlung vom 23. November 1880.

21. Die Kommission zur Untersuchung der Verbreitung der Tuberkulose in der Schweiz.

Anlässlich der Jahresversammlung der Schweiz. Naturf. Gesellschaft zu Samaden im Jahre 1863 wurde von der Medizinischen Sektion der Antrag gestellt, eine Kommission niederzusetzen, um die Verbreitung der Tuberkulose in der Schweiz genauer zu untersuchen und darüber zu referieren. Nach gewalteter Diskussion wurde dem Antrage zugestimmt und eine Kommission bestellt aus den Herren Dr. Locher-Balber-Zürich (Präsident), Dr. Meyer-Hoffmeister-Zürich, Dr. Meyer-Ahrens-Zürich, Dr. Lombard-Genf und Dr. Jonquière-Bern; im darauf folgenden Jahre erhielt die Kommission dann noch eine Erweiterung in der Person von Dr. Müller-Winterthur. Bei letzterer Gelegenheit (Jahresversammlung in Zürich 1864) legte die Tuberkulosen-Kommission einen ersten Bericht ab, zur Hauptsache den Plan skizzierend, nach welchem die gestellte Aufgabe zu verfolgen und zu lösen wäre, sich für die nächsten fünf Jahre einen jährlichen Kredit erbittend, und zwar zum erstenmal für 1864 in der Höhe von Fr. 400.—. Den Begehren wurde entsprochen. Über die einleitenden, zur Ausführung gelangten Schritte referiert der Bericht der Kommission vom Jahre 1865 (Jahresversammlung in Genf). Sie bestanden in der Versendung zweckentsprechender Fragebogen und statistischer Tabellen, die in einzelnen Rubriken bestimmte Fragen aufführen, und in der Auswahl bestimmter Beobachtungsstationen und geeigneter Beobachter. Über diese berichten die Verhandlungen der Neuenburger Versammlung des Jahres 1866; wir erfahren, dass 90 grössere und kleinere Beobachtungsstationen mit mindestens 130 beobachtenden Ärzten, verteilt auf 17 Kantone, gewonnen werden konnten. Eine schwache Betätigung weisen namentlich Bern, Glarus, Schaffhausen und Tessin auf, gar nicht vertreten sind noch Freiburg, Basel, Luzern, Obwalden, Appenzell und Graubünden. An der Versammlung des Jahres 1867 in Rheinfelden kann die Kommission in ihrem Berichte konstatieren, dass inzwischen einige der empfindlichsten dieser Lücken ausgefüllt werden konnten, dass aber nach wie vor Luzern und Obwalden (mit Ausnahme von Engelberg) ganz unvertreten seien. Der Referent macht darauf aufmerksam, dass es vorläufig die Aufgabe der Kommission sei, die Untersuchung in lebendigem Flusse zu erhalten und dass sich daher die Berichterstattung auf die Gewinnung des Beobachtungsmaterials erstrecken und beschränken müsse. Im Jahre 1868 ist die Zahl der Stationen auf 141, die der beobachtenden Ärzte auf 150 angewachsen; der Bericht klagt aber wiederum über die Renitenz des Kantons Luzern und des gerade in dieser

Hinsicht so ausserordentlich wichtigen Kantons Graubünden. Die Verhandlungen der Jahresversammlung in Solothurn im Jahre 1869 enthalten keinen Kommissionsbericht, die des Jahres 1871 berichten über den Abschluss der Enquête und stellen die Verarbeitung der eingesammelten Materialien in nahe Aussicht. Diese Verarbeitung war von Dr. Müller-Winterthur übernommen worden; wenn sie nicht innerhalb der gedachten Frist abgeliefert werden konnte, so scheint dies namentlich in der Überhäufung des Berichterstatters mit amtlichen (er war Bezirksarzt) und Privatgeschäften gelegen zu haben. An der Versammlung in Andermatt 1875 erstattete die Kommission ihren Schlussbericht und teilt mit, dass die Ergebnisse der fünfjährigen Arbeit in einer bei Bleuler-Hausheer & Co. in Winterthur erschienenen Publikation niedergelegt seien, die Dr. Müller-Winterthur, als Autor habe und betitelt sei: „Die Verbreitung der Lungenschwindsucht in der Schweiz. Bericht der von der Schweiz. Naturf. Gesellschaft zur Untersuchung darüber niedergesetzten Kommission". Damit schliesst die Tuberkulosen-Kommission ihre Arbeit ab, sie löst sich auf und überlässt die weitern Untersuchungen einer eidgenössischen Mortalitätstatistik.

Hans Schinz.

22. Die Hydrometrische Kommission.

Im Laufe des Jahres 1863 sprach das Eidgenössische Departement des Innern durch Herrn Bundesrat Pioda der Schweiz. Naturf. Gesellschaft den Wunsch aus, dass ein System von Untersuchungen über den Wasserstand und die abfliessenden Wassermengen angeordnet werden möchte, woraufhin die Jahresversammlung in Samaden desselben Jahres die vom Zentralkomitee provisorisch bestellte, aus Ch. Dufour (Morges), Ch. Kopp-Neuenburg und A. Escher von der Linth-Zürich bestehende Hydrometrische Kommission bestätigte. Ein Jahr darauf, 1864, an der Versammlung in Zürich, erstattete Dufour als Präsident, einen ersten Bericht. Der Berichterstatter wies darauf hin, dass sich die Kommission bis dahin bloss mit Vorarbeiten beschäftigen konnte die Bezug hatten auf die Aufstellung von Wasserstandsmessern, Regenmessern und Fixpunkten, deren einer im Jahre 1820 von General Dufour in die Pierre à Niton bei Genf befestigt worden war und der für Messungen, Nivellements schon oft grosse Dienste geleistet habe. Der nächste Bericht erschien erst 1866 und wurde von Ch. Kopp der Jahresversammlung in Neuenburg erstattet. Wenn die Arbeiten der Kommission nicht so rasch, wie erwartet und erhofft, gefördert werden konnten, so war hiefür die Ursache, wie der Bericht ausführt, namentlich in dem Umstand zu suchen, dass es an Geldmitteln gebrach, und die Kommission war daher mit Bundesrat Dubs, der inzwischen die Direktion des Innern übernommen hatte, in Beziehung getreten, um für ihre Aufgaben und Arbeiten eine eidgenössische Subvention zu erwirken.

Im März des Jahres 1866 konnte dann Bundesrat Schenk, der in der Direktion des Innern Dubs abgelöst hatte, der Kommission mitteilen, dass die eidgenössischen Räte für die Wassermessungen eine Subvention im Betrage von 10,000 Fr. bewilligt hatten. Der Rücktritt Escher's als Kommissionsmitglied bewog die Kommission sich zu ergänzen und sie erweiterte sich, die Zustimmung der Jahresversammlung vorbehaltend, durch Zuzug von Ingenieur Fréd. Heinzi-Bern, Oberstlieutenant Carlo Fraschina-Lugano und Ingenieur Lauterburg-Bern, den letztern gleichzeitig als Präsidenten bezeichnend. Die Jahresversammlung nahm den Bericht entgegen und hiess die Anträge der Kommission gut. Die Arbeiten der Kommission konnten nunmehr, nach Erhalt der Bundesunterstützung, ein rascheres Tempo einschlagen. Über dieses berichtet der Kommissionsbericht vom Jahre 1867. Zwecks Einführung des schweizerischen Pegelnetzes wurden mit den Kantonen Verhandlungen angeknüpft; die Kantonsregierungen sollten die Pegelerstellung und die Beobachtungen nebst monatlicher Einsendung dieser übernehmen, wogegen die Kommission die wissenschaftliche Bearbeitung und die Herausgabe von

Monatsbulletins über das tägliche Steigen und Fallen sämtlicher schweizerischer Gewässer zusicherte. In zwei Adressen wurden die Obliegenheiten der Kantone und ihrer Beobachter ausführlich skizziert und die Kommission konnte denn auch berichten, dass im Herbst 1866 das erste Bulletin herausgegeben worden sei. Um mit der Zeit auch aus den in das schweizerische Pegelgebiet auslaufenden oder aus den von unsern Gletscherströmen gespeisten Flussgebieten des angrenzenden Auslandes die hauptsächlichsten Witterungs- und Wasserstandsbeobachtungen zu erhalten, hatte sich die Hydrometrische Kommission mit den angrenzenden Staaten Baden, Württemberg, Frankreich und Italien in Verbindung gesetzt, welche sämtlich in anerkennender Weise und unter Verdankung der ihnen zugesandten Vorlagen ihre Bereitwilligkeit zur Mitwirkung zusicherten. Der Bericht weist dann des weitern darauf hin, dass der Präsident der Kommission, Ingenieur Lauterburg, sich eingehend über die geschäftlichen und wissenschaftlichen Einzelheiten der ausgeführten Arbeiten und Beobachtungen in den Mitteilungen der Naturforschenden Gesellschaft in Bern des Jahres 1867 ausgelassen habe.

Da Ingenieur Lauterburg nicht zu bewegen war, das Präsidium weiter zu führen, so schlug die Kommission der Versammlung an dessen Stelle Prof. Culmann (Zürich) als Präsidenten vor. Das Jahr 1868 zeitigte neue Mutationen im Kommissionsbestand; an Stelle der Herren Kopp und Ingenieur Henzi werden Ingenieur Legler (Glarus) und Ingenieur Benteli (Solothurn) gewählt. Ferner wird eine besondere Kommission bestellt mit dem Auftrage, die Frage zu prüfen, ob es wünschenswert sei, „dass der Bundesrat angegangen werde, die Hydrometrische Kommission direkt seinem Departemente des Innern zu unterordnen, resp. dass die Schweiz. Naturf. Gesellschaft der Verwaltung dieses Geschäftes enthoben werde“, und hierüber einer nächstjährigen Jahresversammlung Bericht und Antrag zu hinterbringen. In diese Kommission wurden gewählt die Professoren R. Wolf, B. Studer und O. Heer. Im übrigen enthalten die Verhandlungen der Versammlung desselben Jahres (Einsiedeln 1868) einen sehr eingehenden Kommissionsbericht Lauterburg's, desgleichen die Verhandlungen des Jahres 1869 (Solothurn). In den Verhandlungen des Jahres 1871 begegnen wir dem Schlussbericht der Kommission, die im selben Jahre an der Versammlung in Frauenfeld aufgelöst wurde. Ob die zur Prüfung der Frage des Überganges der hydrometrischen Beobachtungen und Arbeiten an den Bund eingesetzte Kommission dem Zentralkomitee überhaupt einen Bericht erstattet oder einen Antrag gestellt hat, geht aus den Verhandlungen nicht hervor, wohl aber erfahren wir aus dem Bericht des Zentralkomitee's, dass das Eidgenössische Departement des Innern aus eigener Initiative die Angelegenheit aufgegriffen und dem Zentralkomitee mitgeteilt hatte, dass ein eidgenössisches Baubureau eingerichtet worden sei und dass es hiebei den Wunsch ausgesprochen hatte, das Zentralkomitee möchte seine Ansichten darüber abgeben und Bericht erstatten über die bisherigen Leistungen und künftigen Verhältnisse der Hydrometrischen Kommission. Das Zentralkomitee sah sich dann genötigt, lesen wir im Bericht desselben, da der von der Hydrometrischen Kommission (bezieht sich vermutlich auf die Kommission Wolf, Studer, Heer) gewünschte ausführliche Bericht über deren Tätigkeit und Leistungen ihm niemals zugestellt worden war, an den Chef des Hydrometrischen Bureau zu gelangen, um diesen wenigstens um einen solchen Bericht zu ersuchen. Dieser wurde dem Eidgenössischen Departement des Innern übermacht und dabei die Ansicht ausgesprochen, dass mit der Errichtung des eidgenössischen Baubureau die Zwecke, welche man bei der Niedersetzung der Hydrometrischen Kommission gehabt habe, nämlich Leitung und Kontrollierung der Arbeiten des hydrometrischen Bureau vollständig erreicht werden, die Hydrometrische Kommission damit also überflüssig geworden sei. Anlässlich derselben Jahresversammlung wurde denn auch die Kommission unter Verdankung der geleisteten wertvollen Dienste aufgelöst. An ihrer Stelle amtet heute das Eidgenössische hydrometrische Bureau.

Zum Teil nach J. Siegfried: „Geschichte der Schweiz. Naturf. Gesellschaft", Zürich 1865.

Hans Schinz.

23. Die Kommission für Anstellung von Beobachtungen über elektrische Strömungen.

An der Versammlung des Jahres 1864 in Zürich verlas Professor Plantamour in Abwesenheit von Professor de la Rive einen Antrag und Bericht des letztern betreffend Anstellung von Untersuchungen über elektrische Strömungen durch die Schweiz. Naturf. Gesellschaft. Die Begründung hiezu ist in denselben Verhandlungen enthalten (Seite 387—397). Die Versammlung beschloss, wie die Verhandlungen berichten, einstimmig Eintreten. Auf Antrag von Professor Mousson wurde der Gegenstand nicht der Meteorologischen Kommission zugewiesen, sondern einer besondern Kommission, bestehend aus den Professoren de la Rive in Genf, Hagenbach in Basel, Hirsch in Neuenburg, Dufour in Lausanne und Wolf in Zürich. Diese Kommission sollte auch in betreff des von Professor de la Rive gewünschten Kredites von Fr. 1000.— beraten und seinerzeit Anträge einbringen. 1865 (Versammlung in Genf) erstattete Dufour namens der eingesetzten Kommission einen ersten Bericht (siehe die betr. Verhandlungen) und wünscht noch weitere Versuche auszuführen, bevor sie mit bestimmten Vorschlägen vor die Gesellschaft trete. An der Versammlung in Neuenburg, 1866, begegnen wir Professor de la Rive als Berichterstatter der von ihm präsidierten Kommission. Er teilt mit, dass letztere, auf Grund der Untersuchungen Dufour's, zu der Überzeugung gekommen sei, dass das Studium der „courants électriques terrestres" nur dann wirkliche Resultate zu zeitigen vermöge, wenn für diese Untersuchungen eine für diese Zwecke reservierte Telegraphenleitung, die viel vollkommener isoliert sein müsste, als dies hinsichtlich der schweizerischen Telegraphenleitungen der Fall sei, zur Verfügung stehe und dass daher die Kommission beantrage, die Gesellschaft möge sie in Anbetracht dessen, dass sie das ihr übertragene Mandat erfüllt habe, von weiteren Aufgaben entheben. Die Kommission wünscht, es möchte in der Schweiz ein derartigen Beobachtungen dienendes Observatorium erstehen und beantragt bis dahin das Ansuchen an die eidgenössischen Behörden, der Gesellschaft zum Zwecke derartiger Untersuchungen eine besondere Telegraphenleitung zur Verfügung stellen zu wollen, zu vertagen.

Die Versammlung schloss sich diesen Anträgen und Wünschen an und löste damit die Kommission auf.

Vergl. J. Siegfried: „Geschichte der Schweiz. Naturf. Gesellschaft", Zürich 1865.

Hans Schinz.

24. Die Grundwasser-Kommission.

An der 50. Jahresversammlung in Neuenburg, 1866, hielt Dr. Jenny-Wädenswil einen Vortrag über die Cholera, wies auf die Beziehungen dieser Krankheit zum Grundwasserstand und auf die Wünschbarkeit hin, dass an vielen Orten in der Schweiz Grundwasserstationen errichtet würden. „Die Schweiz. Naturf. Gesellschaft übernimmt", sagte er, „die Organisation und Einrichtung derselben, leitet die Beobachtungen, die nach einem einheitlichen Plane angestellt werden und sorgt für eine gehörige Mitteilung der Untersuchungsresultate an die Kantonsregierung, welche dieselben für ihre sanitätspolizeilichen Massregeln verwertet. Die Naturforschende Gesellschaft sucht die materielle und moralische Unterstützung des Bundesrates und der Kantonsregierungen für diese Untersuchungen nach" (50. Jahresversammlung Neuchâtel [1866], 110.) Die Versammlung gab der Anregung Folge, bestellte eine Kommission, bestehend aus Dr. Jenny, Dr. Lombard, Dr. Locher-Balber, Dr. De la Harpe, Dr. Wägelin, mit Dr. Jenny als Präsidenten und eröffnete derselben einen Kredit von Fr. 50.—. Im folgenden Jahre erstattete die Kommission einen Bericht (51. Jahresversammlung Rheinfelden [1867], 124). Es konnte mitgeteilt werden, dass in den Städten Basel, Zürich und St. Gallen durch die städtischen Verwaltungen, in Solothurn, Olten, Glarus, Wädenswil und in der Umgebung von Genf durch Mitglieder der ärztlichen Vereine Grundwassermessungen angestellt wurden. Damit beschliesst die Grundwasser-Kommission ihre Tätigkeit. Sie beantragt im folgenden Jahre (52. Jahresversammlung Einsiedeln [1868], 23) ihre Auflösung, welchem Verlangen die Versammlung entspricht.

Hans Schinz.

25. Die Kommission für die Erwerbung eines schweizerischen Freiplatzes am zoologischen Institut von Dr. A. Dohrn in Neapel.

Anlässlich der Jahresversammlung in Andermatt vom Jahre 1875 hielt in der Sitzung der Zoologisch-Botanischen Sektion Herr Dr. Vetter von Dresden einen Vortrag über die Einrichtungen an der von Dr. A. Dohrn geleiteten zoologischen Station in Neapel und hob hervor, dass es auch für die Schweiz wünschenswert sein dürfte, einen Arbeitsplatz am dortigen Institute zu erwerben. Als Folge hievon brachte sodann Professor E. Hagenbach an der zweiten Hauptversammlung den Antrag ein, es möchten von der Schweiz aus dahin zielende Schritte getan werden. Nach gewalteter Diskussion wurde beschlossen, es sei das Zentralkomitee einzuladen, ein bezügliches Gutachten in empfehlendem Sinne zu entwerfen und dem Eidgenössischen Schulrate zu unterbreiten. An der Jahresversammlung in Bex (1877) musste Hagenbach berichten, dass die Verhandlungen mit dem Eidgenössischen Schulrate zu keinem Resultate geführt haben, dass indessen Unterhandlungen mit den Kantonen Basel, Bern, Genf, Neuenburg, Waadt und Zürich im Gange seien und es wohl möglich sei, dass diese zu einem dem Projekte günstigen Ziele führen werden. Dies traf denn auch zu: 1878 teilt der Zentralpräsident Professor Hagenbach dies der Jahresversammlung mit und Professor K. L. Rütimeyer-Basel erstattet als Präsident einer auf Vorschlag der Erziehungsbehörden der genannten Kantone ernannten Kommission (Prof. Rütimeyer-Basel, Prof. Theoph. Studer-Bern, Prof. Carl Vogt-Genf, Prof. de Rougement-Neuenburg, Prof. Schnetzler-Lausanne, Prof. G. Schoch-Zürich) Bericht über die bereits unternommenen Schritte und den Stand der Dinge. Aus diesem Berichte geht hervor, dass es gelungen war, mit Dr. Dohrn einen Vertrag auf die Dauer eines Jahres vorläufig abzuschliessen (für das Jahr 1878), gemäss welchem der Schweiz ein Arbeitsplatz gesichert war gegen die Bezahlung von Fr. 312.50 per Kanton. Die ersten Benutzer des Arbeitstisches waren die Herren Dr. Arnold Lang und Professor de Rougement. Der Kommissionsbericht schliesst mit dem Wunsche, dass es gelingen möchte, den Vertrag auch für weitere Jahre zu erneuern. Um der Schwierigkeit, die durch den bedauerlichen Rücktritt Neuenburgs von der Konvention entstanden war, zu begegnen, wurde dann 1879 das Zentralkomitee ermächtigt, einen Sechsteil der vertragsmässig für den Freitisch an der zoologischen Station in Neapel zu zahlenden Summe, im Betrage von Fr. 312.50 für das Jahr 1880 auf Rechnung der

Gesellschaft zu übernehmen für den Fall, dass die übrigen fünf Sechsteile von einzelnen Kantonen, resp. naturforschenden Gesellschaften übernommen würden, wobei angenommen wurde, dass mit Ende 1880 der bezügliche Vertrag bis auf weiteres aufhöre, bezw. nicht erneuert werde. Diesem Antrag des Zentralkomitees gegenüber beantragte die vorberatende Kommission, das Zentralkomitee zu beauftragen, den Vertrag mit der zoologischen Station in Neapel betr. Freitisch pro 1880 nicht zu erneuern, wenn es nicht gelingen sollte, den bis dato noch nicht von einem Kanton oder einer Gesellschaft übernommenen sechsten Teilbeitrag von Fr. 312.50 von irgendeiner Seite zu erhalten. In der dritten allgemeinen Sitzung der Jahresversammlung in St. Gallen (1879) kamen beide Anträge zur Diskussion, die Herren Professoren His und Carl Vogt verteidigten den Antrag des Zentralkomitee's, Dr. Fr. von Tschudi sprach für den Antrag der vorberatenden Kommission und Prof. Oswald Heer stellte, auf die kostenfrei zu benutzende Anstalt in Triest hinweisend, den Ordnungsantrag, mit der Beschlussfassung bis zur Erledigung der übrigen Budgetposten zuzuwarten. In der darauf folgenden Abstimmung wurde der Ordnungsantrag Heer angenommen. Nachdem sodann die noch in Frage stehenden Budgetposten die gewünschte Erledigung gefunden hatten, wurde in derselben Sitzung der Antrag des Zentralkomitee's mit kleinem Mehr angenommen. Aus dem Kommissionsbericht desselben Jahres, erstattet von Prof. Rütimeyer, erfahren wir, dass 1. der Freiplatz benützt worden ist von den Forschern Dr. Arnold Lang, Dr. Conrad Keller und zugesagt worden war Prof. Du-Plessis von Orbe und dass 2. leider die Erziehungsbehörden der Kantone Neuenburg und Waadt eine fernere Beteiligung definitiv abgelehnt hatten. An die Stelle des letztern sei indessen die Naturforschende Gesellschaft dieses Kantons mit dem Anerbieten getreten, für das Jahr 1880 den bisher von dem Kanton geleisteten Beitrag von Fr. 312.50 zu übernehmen. Die Verhandlungen des Jahres 1880 (Jahresversammlung in Brieg) berichten durch den Mund des Kommissionspräsidenten Prof. Rütimeyer, dass es trotz verschiedener Schwierigkeiten gelungen sei, mit Dr. Dohrn den Vertrag auch für das Jahr 1880 zu erneuern und dass der schweizerische Konsul Oscar Mörikoffer in Neapel der Schweiz. Naturf. Gesellschaft den Betrag eines von ihm übernommenen Sechstels der Kosten des Freitisches für 1880 zum Geschenke gemacht habe. Das Geschenk musste indessen nicht angegriffen werden, da die Erziehungsbehörde eines zweiten Kantons, deren fernere Mitwirkung in Frage gestanden hatte, erfreulicherweise ausgeharrt hatte (an die Stelle des Kantons Waadt war, wie bereits bemerkt, die Naturforschende Gesellschaft dieses Kantons getreten). Der Freiplatz war inzwischen benützt worden von Dr. E. Yung in Genf. An der Jahresversammlung in Aarau (1881) wurde von der vorberatenden Kommission beschlossen, der Hauptversammlung vorzuschlagen, es sei Prof. Carl Vogt in Genf zu ersuchen, namens der Kommission sich mit dem Bundesrate in Beziehung zu setzen und diesen um Übernahme der Kosten für den Freitisch und überhaupt der ganzen Organisation der Angelegenheit anzugehen. Die Hauptversammlung nahm diesen Antrag an und genehmigte den Bericht der Kommission, dem wir entnehmen, dass der Arbeitstisch von Dr. Bedot in Genf benützt worden war und dass sich des weitern Prof. B. Luchsinger in Bern angemeldet hatte. In der Folge verzichtete dann aber Prof. Luchsinger und an dessen Stelle trat Herr A. von Wattenwyl. Der 1882 in Linthal erstattete Kommissionsbericht ist gleichzeitig Schlussbericht: es war Prof. Vogt gelungen, die Bundesbehörden von der Notwendigkeit der Übernahme zu überzeugen und mit Beginn des Jahres 1882 ist die ganze Angelegenheit an das Schweizerische Departement des Innern übergegangen, wodurch unsere Gesellschaft von einer Aufgabe erlöst wurde, die mehrfach in ein arges Sorgenkind auszuwachsen gedroht hat.

Hans Schinz.

---

26. Die Anthropologisch-statistische Kommission.

Die Kommission wurde 1877 in der zweiten Hauptversammlung der Jahresversammlung in Bex, 1877 (Verhandl. pag. 42), bestellt mit dem Auftrage einer statistischen Erhebung in der Schweiz hinsichtlich der Augen-, Haar- und Hautfarbe der schweizerischen Schulbevölkerung. Die Anregung hiezu war ausgegangen von der Deutschen Anthropologischen Gesellschaft. In derselben Versammlung, pag. 114, teilten in einem Exposé, begleitet von einem Formular, C. E. E. Hoffmann und H. Kinkelin ihre Ansichten in betreff dieser Frage mit. Prof. Kollmann, der als Präsident an die Stelle des inzwischen verstorbenen Hoffmann getreten war, erstattete an der 62. Jahresversammlung in St. Gallen, 1879, einen ersten (Verhandl. [1879], 110) und 1881 in Aarau (Verhandl. [1881], 114) einen zweiten Kommissionsbericht. Damit stellte dann die Kommission ihre weitere Tätigkeit ein. Die Frucht ihrer Erhebungen ist die von Kollmann in den „Neuen Denkschriften" unserer Gesellschaft, XXVIII (1881) erschienene Arbeit: „Statistische Erhebungen über die Farbe der Augen, der Haare und der Haut in den Schulen der Schweiz", 42 Seiten und 2 Karten.

Hans Schinz.

---

27. Die Schweizerische Erdbebenkommission.

1878—1914.

A. Organisation.

Auf Anregung der Herren Prof. Forel, Forster und Heim bildete sich 1878 anlässlich der Jahresversammlung der Schweiz. Naturf. Gesellschaft in Bern (siehe die Verhandlungen dieser Gesellschaft seit 1878) eine besondere Erdbebenkommission, nebst der 1879 in Italien verstaatlichten und der 1880 in Japan offiziell organisierten Institution die älteste dieser Art, welche sich am 31. März 1879 mit Kooptationsrecht konstituierte, mit Bern als Zentralstelle und Herrn Forster als Präsident. Die siebengliedrige Kommission entfaltete sofort eine energische Tätigkeit mit folgendem, bis heute unverändertem Programm:

1. Sammlung aller auf Erdbeben in der Schweiz bezüglichen Dokumente und Vereinigung derselben in einem Archiv.
2. Sammlung von Berichten über die Erdbeben der Gegenwart.
3. Organisation von Erdbebenstationen, die mit speziellen Apparaten ausgerüstet sind, im Gesamtgebiete der Schweiz.

Sie redigierte zunächst in drei Sprachen die seither benützten Fragebogen für das Publikum, für dessen Verkehr mit der Kommission von den Bundesbehörden von 1882—1911 Portofreiheit gewährt wurde, verfasste eine Instruktionsschrift für freiwillige Erdbebenbeobachter in deutscher und französischer Sprache und teilte die Schweiz in folgende Beobachtungsgebiete ein:

1. Schaffhausen, Thurgau, Höhgau und Südschwarzwald: Herr Prof. J. Amsler-Laffon in Schaffhausen.
2. Luzern, Zug, Schwyz, Unterwalden und Tessin: Herr R. Billwiller, Sternwarte in Zürich.
3. Waadt, Wallis und Neuenburg: Herr Prof. F. A. Forel in Morges.
4. Bern und Freiburg: Herr Prof. A. Forster, tellur. Observatorium in Bern.
5. Basel, Solothurn und Aargau: Herr Prof. Ed. Hagenbach-Bischoff in Basel.
6. Graubünden, St. Gallen, Appenzell, Glarus, Uri und Zürich: Herr Prof. Alb. Heim in Zürich.
7. Genf, Savoyen und Umgebung: Herr Prof. Soret in Genf.

Die Erdbebenkommission erweiterte sich mehr und mehr, bis auf 15 Mitglieder (seit 1906). 1890 demissioniert Herr Prof. Forster als Präsident. 1892 tritt an dessen

Stelle Herr Direktor Billwiller von der Schweiz. meteorologischen Zentralanstalt in Zürich und es bilden die drei Zürcher Mitglieder den leitenden Ortsausschuss.

Archiv und Anfänge einer Bibliothek wurden in der Zentralanstalt deponiert und die Jahresberichte erschienen seit 1891 anstatt in den Jahrbüchern des tellurischen Observatoriums in Bern, in den Annalen der Zentralanstalt. 1904 ist die Schweiz. Eidgenossenschaft der Internationalen seismologischen Association beigetreten.

Den 1. August 1905 wurde zwischen der Erdbebenkommission und der meteorologischen Zentralanstalt mit Zustimmung der Meteorologischen Kommission eine provisorische Vereinbarung getroffen mit Bezug auf Verwaltung des Archives, Publikation der Jahresberichte und das Sekretariat aus dem Personal der Anstalt.

Nach Billwiller's Tod 1905 übernahm 1906 Prof. Früh die Leitung der Erdbebenkommission und bildete seither mit den Herren Vizepräsident Albert Heim, Direktor Maurer und Sekretär Dr. de Quervain den Ortsausschuss.

Unsere Organisation ist für ausländische Staaten vielfach vorbildlich gewesen.

B. Ergebnisse.

Programmpunkt Nr. 1 ist durch L. Rollier teilweise erledigt in Abteilung „Seismologie" der Bibliographie géologique de la Suisse (*Mat. pour la carte géol. de la Suisse,* XXIX livr., IIe partie, Berne 1908), wo auf Seite 770—790 etwa 300 auf den Zeitraum 1790—1900 fallende Drucksachen über schweiz. Erdbeben angeführt sind.

Die Chronik der Erdbeben in Graubünden bis zum Jahre 1879 hat A. Candreia speziell und in interessanter Weise bearbeitet (Bern, K. J. Wyss, 1905, 8°, 120 S.).

Unser Archiv enthält, dank der hochherzigen Schenkungen von seite der Herren Forel, Heim und Früh nicht bloss die gesammelten Berichte, Karten, unsere Drucksachen, Akten, sondern eine überaus wertvolle, katalogisierte Spezialbibliothek von ca. 600 Drucksachen.

Die Kommission stellte sich zur Aufgabe, durch ihre Mitglieder aus den letzteren zugeteilten Gebieten bestmöglichst durch Aufruf an das Publikum in den Tagesblättern, Verteilung von Fragebogen und Fragekarten Berichte zu sammeln, zeitlich getrennte und von mindestens zwei Personen bezeugte, nicht durch andere lokale Ursachen (Wind, Erschütterung durch Wagenverkehr, Explosionen, Lawinen, Fall schwerer Körper u. a.) hervorgerufene Erschütterungen statistisch und kartographisch in Jahresberichten zu verarbeiten. Man legte grossen Wert auf Bestimmung objektiver Stossrichtungen, Verifikation der Zeitangaben nach der Telegraphen-Uhr (wofür 1907 für die Beobachter eine kurze Anleitung in deutscher und französischer Sprache gedruckt worden ist — vergl. Verhandlungen der Schweiz. Naturf. Gesellschaft, Glarus, 1908, S. 68), mehr und mehr auf möglichst rasche Korrespondenz mit Beobachtern für nötig werdende Korrigenda und Präzision von Angaben. Ferner versuchte man die Erschütterungsgebiete durch negative Berichte möglichst genau abzugrenzen und vom Ausland in die Schweiz verpflanzte Beben als allochthone besonders zu bemerken, überhaupt die Grenzgebiete möglichst zu kontrollieren. Die im Lande zerstreuten Sismoskope oder Seismometer etc. in Genf, Morges, Lausanne, Büren a. A., Bern, Basel lieferten sparsame Daten, seit Jahren sehr gute das im Bernoullianum in Basel mit der astronomischen Uhr verbundene Seismometer (siehe unten III. Programmpunkt).

Die von Forel 1879 vorgeschlagene Intensitätsskala, später mit derjenigen von Rossi vereinigt, ist seit 1883 angewendet und den Jahresberichten je beigedruckt worden.

Im ganzen dürften über 7000 Berichte verarbeitet worden sein von den Herren Forster, Forel, Früh, Heim, Hess, de Quervain, Soret, Tarnuzzer. J. Früh gab Übersichten über die 12jährige Tätigkeit in den Annalen der Schweizerischen meteorologischen Zentralanstalt, über die 25jährige, 30jährige und 33jährige in den Verhandlungen der Schweiz. Naturf. Gesellschaft in Luzern 1906, Solothurn 1911 und 1914.

Nach dem Schlussbericht 1914 umfassen die Publikationen 1880—1912 zusammen einen Quartband von 484 Seiten und 19 Tafeln, die sich über 1078 Erdbebenstösse und 257 Erdbeben verbreiten, von denen beziehungsweise 998 und 231 in der Schweiz selber ihren Ursprung haben. Eine 1911 beigelegte Karte der Schüttergebiete gibt eine allgemeine Vorstellung über die Seismizität des Landes. Periodizität der Erschütterungen und Erdbebentypen sind besprochen (1911).

Die Durchführung des dritten Programmpunktes war mit erheblichen Schwierigkeiten verbunden (siehe Bericht 1911!).

Die Anstrengungen der Erdbeben-Kommission, eine mit Registrierapparaten versehene Erdbebenstation zu errichten, reichen bis 1902 zurück, und zwar auf eine bezügliche Eingabe an die Schweiz. Meteorologische Kommission im Sinne einer Anlehnung an die meteorologische Zentralanstalt, nahm dann greifbarere Formen an mit Beibehaltung dieses Prinzipes seit dem Beitritt der Schweiz. Eidgenossenschaft zur Internationalen Association und entsprechenden Bundesratsbeschlüssen.

Nachdem von einem hochherzigen Gönner für Errichtung einer Erdbebenwarte in Zürich Fr. 10,000 gespendet worden, bemühte sich der Ortsausschuss, an Ort eine einfache Stätte zur Aufstellung von einem Instrument zu finden (Sternwarte, Umgebung der Blindenanstalt, subterrane Räume des Eidg. Physikgebäudes), doch zeigte sich keine unsern Voraussetzungen entsprechende. Nach Beratungen der Bauten und Betriebe mit Göttingen, Leipzig, Durlach, Freiburg i. B., Strassburg, Hohenheim (Württ.) und München entschloss man sich für einen einfachen Bau auf der Wiese vor dem Physikgebäude, wofür Herr Prof. Dr. Lasius uns in uneigennütziger Weise die Pläne anfertigte. Das Häuschen, aussen 9,8 × 5,8 m, umfasste ein Vorzimmer 1,7 × 3,2 m, ein Arbeits-Kabinett 2,7 × 2,65 m und einen Instrumenten-Raum von 4,5 × 5 m mit 2 Pfeilern à 1,75 × 1,35 m und 0,8 × 0,8 m. Als Instrument war ein Wiechert oder Bosch vorausgesehen. Kosten für Gebäude und Instrumentarium 19—20 000 Fr. (siehe Verhandlungen der Schweiz. Naturf. Gesellschaft in Freiburg 1907, S. 59). Die Erdbeben-Kommission beschloss am 30. Juli 1907, die Erdbebenstation in Zürich in Anlehnung an die Schweiz. meteorologische Zentralanstalt zu erstellen (vergl. Verhandlungen Glarus 1908, S. 67) und der Bundesrat fasste am 25. August 1908 nach vorausgegangener Beratung mit der Schweiz. Meteorologischen Kommission den Beschluss, uns eine am 13. September 1907 nachgesuchte Subvention von Fr. 12,000 zu gewähren, den Bau durch seine Organe ausführen zu lassen, dabei betonend, dass das Gebäude schon deshalb Eigentum des Bundes werde, weil es auf eidg. Terrain erstellt werde („Schweiz. Bundesblatt" Nr. 46, 11. November 1908).

Der Plan scheiterte binnen Jahresfrist an dem drohenden zunehmenden Wagenverkehr und baulicher Ausdehnung der Stadt.

Besuch und Information in Göttingen führten entscheidend zur notwendigen Verlegung der Station, fern von den nahen Motoren des Physikgebäudes. Die Wahl kam auf eine Molasse-Felspartie NNE Forsthaus Degenried innerhalb der städtischen Waldungen am Hirslanderberg (östlich Grand Hôtel Dolder) auf Grund eines Vertrages mit der Stadt Zürich, datiert 21. Juli 1909, wonach uns auf unbestimmte Zeit und unentgeltlich ca. 600 m² Land zur Verfügung gestellt, eine Zufahrtsstrasse gebaut, unentgeltliche Benützung von Quellwasser und Telephonanschluss im Forsthaus gestattet wurden. Die Forstverwaltung gab die Erlaubnis, den dortigen Stadtförster gegen angemessene Entschädigung zur täglichen Aufsicht in Dienst stellen zu können. Zu dieser Änderung gab das Eidg. Departement des Innern seine Sanktion (datiert 30. März 1909) nach Zustimmung der Eidg. Bauinspektion und der Schweiz. Meteorologischen Kommission.

Ein Besuch in München und die mit Erfolg auch in Bochum erstellte freie (statt unterirdische) Erdbebenwarte führten den Ortsausschuss in Verwertung der beiden Einrichtungen zu dem neuen Plan, welcher durch die Eidg. Bauinspektion ausgearbeitet und nach weiteren Beratungen, auch mit der Zentralstation in Strassburg, von derselben ausgeführt worden ist.

Über die schweizerische Erdbebenwarte im Degenried bei Zürich gibt der Bericht 1911 eine von Plänen und andern Illustrationen begleitete Darstellung. Die Gesamtauslagen — ohne diejenigen der Stadt Zürich für Quellwasser und Zufahrtsstrasse — belaufen sich auf Fr. 26 027.50, woran der Bund mit Fr. 12 604.44 beteiligt ist.

Wie der Schlussbericht 1914 spezieller zeigt, war die Erdbeben-Kommission an der schweiz. Landesausstellung in Bern durch eine von J. Früh bearbeitete Erdbebenkarte der Schweiz in 1 : 250 000 vertreten, welche nun dem Archiv der Schweiz. Naturf. Gesellschaft zugeteilt worden ist. Herr de Quervain stellte Seismogramme, Erdbebenschwärme u. a. aus.

Da die bisherige Organisation der Kommission gesteigerten Anforderungen an Personal zur beständigen Überwachung der Instrumente und zur Verarbeitung der Aufzeichnungen nicht mehr genügen konnte, suchte man eine Übertragung des gesamten seismischen Landesdienstes an eine konstante Anstalt, die Schweiz.

meteorologische Zentralanstalt; diese Lösung wurde erreicht durch das Bundesgesetz betreffend Erweiterung der Aufgabe der Schweiz. meteorologischen Zentralanstalt vom 19. Dezember 1913 mit Referendumsfrist vom 31. März 1914. Auf diesen Termin löste sich nach Senatsbeschluss der Schweiz. Naturf. Gesellschaft vom 15. Juni 1912 die Erdbeben-Kommission auf. Die Übergabe ihres Inventars inkl. Akten, Kassa, Archiv, Fachbibliothek von über 600 Nummern, wurde durch besondern im Schlussbericht 1914 reproduzierten Abtretungsvertrag geregelt. Der letzte Bericht 1914 schliesst mit einem Ausblick auf die Zukunft, einem herzlichen Dank für alle, die in den 33 bis 35 Jahren die Bestrebungen der Schweiz. Naturf. Gesellschaft unterstützt haben und besten Wünschen für das Gedeihen der weiteren Erdbebenforschung in unserm Lande.

Prof. J. Früh.

28. Die Moorkommission.

1890—1904.

Angeregt durch einen Vortrag „über den gegenwärtigen Standpunkt der Torfforschung" vor der Jahresversammlung der Gesellschaft in Davos (siehe Verhandlungen der Schweiz. Naturf. Gesellschaft, Davos 1890, S. 34, 38, 176, 191, in extenso erschienen im Bulletin der Schweiz. Botanischen Gesellschaft, Basel 1891) konstituierte sich die Kommission aus den Herren J. Früh und C. Schröter mit Kooptationsrecht; sie erweiterte sich durch Herrn Dr. F. Stebler und begann ihre Tätigkeit durch Publikation eines 36 Fragen umfassendes und durchschossenes Questionnaire mit dem Titel „Untersuchung der schweiz. Moore, ausgeführt durch die Moorkommission der Schweiz. Naturf. Gesellschaft", Zürich 1891, 8°, 16 S., und „Exploration des Marais suisses, organisée par la Soc. hélv. d. sc. nat.", Genève 1891, 8°, 16 pp. Diese Anleitung wurde in Ungarn, Finnland, Norwegen, Deutschland zu entsprechenden Studien benützt und 1892 vollständig ins Schwedische übersetzt; man versandte sie an Botaniker, Forst- und Landwirte, Lehrer u. a. und gewann mehr als 55 Mitarbeiter für lokale Aufnahmen. Fast alle grösseren Moore sind von den Kommissionsmitgliedern selbst untersucht worden.

Wie die Jahresberichte der Gesellschaft 1890—1904 (Schlussbericht Winterthur 1904) zeigen, waren die Arbeiten im wesentlichen 1892—1900 durchgeführt, wofür unter anderem mehr als 6000 mikroskopische und protokollierte Präparate angefertigt wurden und eine Typensammlung entstand, welche der geologischen Sammlung der Eidg. Technischen Hochschule in Zürich übergeben worden ist.

Durch die Schweiz. Naturf. Gesellschaft erhielt die Kommission 1890—1904 eine Bundessubvention in summa von ca. 1600 Fr. Ein glücklicher Umstand ermöglichte die Publikation der Ergebnisse. Im Dezember 1897 stellte die Stadtbibliothek Zürich als Verwalterin der „Stiftung Schnyder von Wartensee" mit den Herren Prof. Dr. Brückner in Bern, Prof. Dr. A. Heim in Zürich und Prof. Dr. C. A. Weber von der Moorversuchsstation Bremen als Jury eine Preisaufgabe, lautend: „Es wird eine geophysikalische Monographie der Torfmoore der Schweiz nach Entstehung, Aufbau und Beziehungen zur Geschichte der Vegetation und der Ökonomie des Landes verlangt". Im Einverständnis mit dem Zentralkomite der Schweiz. Naturf. Gesellschaft 1898 beteiligte sich die Moorkommission an dem Wettbewerb mit vollem Erfolg.

Die Untersuchungsergebnisse der Moorkommission sind nun niedergelegt in dem Werke: „**Die Moore der Schweiz,** mit Berücksichtigung der **gesamten Moorfrage** von Dr. J. Früh, Prof. der Geographie und Dr. C. Schröter, Prof. der Botanik am Eidg. Polytechnikum, mit einer Moorkarte der Schweiz in 1 : 500 000, 45 Textbildern, 4 Tafeln und vielen Tabellen", herausgegeben von der Stiftung „Schnyder v. Wartensee". Es bildet zugleich die III. Lieferung der geotechnischen Serie der „Beiträge zur Geologie der Schweiz", herausgegeben von der Geologischen Kommission der Schweiz. Naturf. Gesellschaft — im übrigen unter demselben Titel mit dem Zusatz „Preisschrift der Stiftung Schnyder v. Wartensee" — Bern, in Kommission von A. Francke, 1904. Das Buch umfasst in 4° 716 Seiten, mit Vorwort, Inhaltsverzeichnis, Literatur (480 Nr.), Sach- und Autorenregister (1180 Stichwörter und 713 Autoren) und Tafelerklärung 750 S. Der Inhalt gliedert sich in:

A. Allgemeiner Abschnitt.

1. Definitionen S. 1—9.

2. Nach einer Übersicht über die Differenzen von Flach- und Hochmoor folgen S. 10—119 die torfbildenden Pflanzenformationen der Schweiz, nämlich: torfbildende Bestände und ihre Konstituenten (Mittelland, Voralpen, Jura) und zugleich die beiden Moortypen umfassend mit Bezug auf Sedimentations- und Verlandungsbestände, eigentliche Flach- und Hochmoorbestände; die Moor- und Torfbildungen der alpinen Region mit vergleichenden stratigraphischen Schemata über schwedische, norddeutsche und schweizerische Moore.

3. Der Torf S. 121—187, zunächst über den Vertorfungsprozess, wobei zum ersten und bis jetzt einzigen Male eine Moorkarte der Erde geboten wird, dann über die Endprodukte der Vertorfung, die Vertorfung der einzelnen Moorkonstituenten und die physikalischen Eigenschaften des Torfes.

4. Statigraphie S. 188—247: Moore als Verlandung stagnierender Gewässer, die Moortypen und deren Fazies, eigentliche Moormineralien, Übersicht der Torfsorten und Beziehungen der Torfmoore zu den Steinkohlenlagern.

5. Die geographische Verbreitung der schweizerischen Moore als Text zur Moorkarte der Schweiz S. 248—292. Diese — auch separat bei Kümmerly & Frey in Bern à 5 Fr. erhältliche Karte 1 : 500 000 — stellt namentlich auch die Veränderungen im Landschaftsbild seit der Glazialzeit und speziell seit der Hauptentwaldung des Landes gegen Ende des XIII. Jahrhunderts, insbesondere den Eingriff des Menschen seit dem XVIII. Jahrhundert dar. Von den 5464 Signaturen repräsentieren 2083 bestehende und 3381 erloschene Moore. Ein interessanter Abschnitt ist S. 260—269 der nordschweizerischen Seenplatte gewidmet.

6. Daran schliesst sich S. 293—299 der Versuch einer Geomorphologischen Klassifikation der Moore der ganzen Erde.

7. In 11 Untertiteln werden S. 300—317 die Beziehungen der Kolonisten zu den Mooren im Lichte ihrer Toponymie dargestellt.

8. Es folgen S. 318—343 die wirtschaftlichen Verhältnisse inkl. Regenerationsfrage und

9. S. 344—431 die postglaziale Vegetationsgeschichte der Nordschweiz und die Bedeutung der Moore für deren Rekonstruktion mit zahlreichen Tabellen.

B. Der spezielle Teil enthält 64 Monographien von Mooren in Form frischer Bilder, welche alles Wesentliche und mit exakter Beziehung auf die topographische Karte 1:25000 und 1:50000 bieten, zugleich als „Dokument für ein allmählich verschwindendes Moment innerhalb der schweizerischen Landschaft" (S. 436). Sie umfassen:

1. 17 Moore des Kettenjura (S. 440—488).
2. 22 „ des alpinen Vorlandes (S. 489—586).
3. 24 „ der Voralpen (S. 587—704).
4. Moore des Rheintales (S. 704—713).

Prof. J. Früh.

C. LES SECTIONS.

1. La Société géologique suisse.
(Die Schweizerische Geologische Gesellschaft.)

La Société géologique suisse a été fondée le 11 septembre 1882 à Linthal, lors de la réunion de la Société helvétique des sciences naturelles.

Auparavant il existait en Suisse deux organes s'occupant de questions géologiques:

1. Le congrès des *géologues excursionnistes* fondé à Bex en 1877 (Feldgeologen-Verein) dont l'activité consistait uniquement dans la participation aux excursions géologiques organisées chaque année à l'occasion des réunions de la Société helvétique des sciences naturelles.

2. Le *Comité suisse d'unification géologique*, constitué à la suite du congrès géologique international de Bologne en 1881, ayant pour but d'étudier les voies et moyens pour arriver à l'unification des procédés graphiques et de la nomenclature en géologie. De ce comité faisaient partie messieurs les professeurs:

A. Müller à Bâle,
A. Heim à Zurich,
Mayer-Eymar à Zurich,
F. Mühlberg à Aarau,
J. Bachmann à Berne,
E. de Fellenberg, ingénieur, à Berne.
A. Jaccard à Neuchâtel,
Alph. Favre à Genève,
E. Renevier à Lausanne.

C'est ce dernier comité qui prit l'initiative de la constitution de la nouvelle société, dans sa dernière séance du 22 avril 1882, à Berne, en faisant appel à tous les géologues, paléontologistes, minéralogistes ou simples amateurs des sciences géologiques, en vue de les grouper dans un but commun qui devait comprendre les trois directions suivantes:

1. L'étude géologique de la Suisse à tous les points de vue, spécialement par des excursions en commun, accompagnées de discussions sur le terrain pour se mieux comprendre et s'éclairer mutuellement.

2. La représentation de la Suisse dans les congrès géologiques internationaux et tout ce qui s'y rapporte.

3. La propagation en Suisse de l'unification des méthodes géologiques et la popularisation des vraies notions géologiques dans notre pays.

Ce programme indique bien que la nouvelle société devait réunir dans son plan d'activité les buts poursuivis par les deux organes mentionnés; tel avait aussi été l'intention des fondateurs, ainsi qu'il ressort de la circulaire consultative du 25 mai 1882, adressée à tous les géologues suisses. Il y est dit en effet que „la nouvelle société pourra englober et remplacer le Congrès des géologues excursionnistes (Feldgeologen-Verein) fondé à Bex en 1877, dont elle ne sera au fond qu'une extension et une consolidation".

La première circulaire consultative, datée du 25 mai 1882, avait réuni 50 adhésions, en sorte que la constitution de la société projetée pouvait être considérée comme assurée.

Une circulaire d'invitation à la séance de fondation qui devait avoir lieu le 11 septembre à Linthal, à 10 heures du matin, accompagnée d'un projet de statuts en 10 articles, fut envoyée à tous les adhérents, ainsi qu'à tous ceux qui n'avaient pas encore adhéré à la première circulaire.

A cette assemblée constitutive le président provisoire, Monsieur le Professeur RENEVIER, annonça que 58 adhésions étaient parvenues jusqu'ici au comité d'initiative. Au cours de la session 22 nouvelles entrées purent être enregistrées, en sorte que le nombre des fondateurs atteignit le chiffre de 70. Des 70 membres fondateurs, 18 appartiennent aujourd'hui encore à la société, 30 sont morts et 22 l'on quittée par démission. Dans cette séance de constitution l'assemblée accepta les statuts, en 10 articles, de la nouvelle société fixant le but de son activité.

Le premier comité fut constitué comme suit:

E. RENEVIER, Lausanne, Président,
ALPH. FAVRE, Genève, Vice-Président,
A. HEIM, Zurich, Secrétaire,
EDM. V. FELLENBERG, Berne, Assesseur,
F. MÜHLBERG, Aarau, Assesseur,
V. GILLIÉRON, Bâle, Assesseur,
A. JACCARD, Neuchâtel, Assesseur,
H. GOLL, Lausanne, Caissier (hors du comité).

A la suite de cette constitution le Comité suisse d'unification géologique se déclara dissous.

Le même jour le congrès des géologues excursionnistes fit de même, tous ses membres ayant adhéré à la nouvelle société. Le fonds en caisse fut remis au caissier de la Société géologique. Celle-ci, loin de faire concurrence à la Société helvétique des sciences naturelles, s'en déclare une section permanente, une société fille qui tiendra ses assises simultanément au même lieu de réunion et se confondra dans sa séance scientifique avec la Section de géologie etc. de la Société mère, conformément aux §§ 3 et 19 des statuts de cette dernière.

L'union avec la Société mère ne pourrait pas s'être effectuée plus étroitement. Depuis 32 ans cette adaptation intime entre les deux sociétés a été maintenue, sauf lors du congrès géologique international de 1894, où l'assemblée générale de la Société géologique fut tenue à Zurich, le 1er septembre, tandis que la Société helvétique tenait ses assises à Schaffhouse, du 30 juillet au 1er août.

Jusqu'à l'introduction d'une publication sociale, le comité décida d'adresser aux membres annuellement la „Revue géologique suisse", rédigée par M. Ernest Favre, à Genève, et un tiré à part du compte rendu des travaux présentés à la Section de géologie de la Société helvétique des sciences naturelles, ainsi que le compte rendu des excursions et le rapport annuel du comité de la Société.

Dès sa fondation divers géologues et sociétés ont adressé à la nouvelle Société des publications assez nombreuses; comme il ne pouvait entrer dans les projets de celle-ci de fonder une bibliothèque indépendante, il fut décidé de remettre tous ces dons en dépôt à la bibliothèque de la Société helvétique des sciences naturelles.

En 1887 le comité décida la création d'une collection de photographies typiques de sites et phénomènes intéressant la géologie. Sous la direction de M. le Professeur Heim, il fut réuni ainsi 10 albums format 30×45 cm et un de 60×45 cm. Mais depuis 1897 l'augmentation de cette collection a été suspendue, parce que sa destination de servir aux membres par circulation n'a pas répondu à ce qu'on en attendait, surtout depuis que la photographie est devenue si générale; de plus, les ressources de la société furent entièrement mises à contribution par la publication d'un organe régulier — les *Eclogæ geologicæ Helvetiæ* — Recueil périodique de la Société géologique suisse (Mitteilungen der Schweizerischen Geologischen Gesellschaft).

Au début les *Eclogæ* furent alimentés par les comptes rendus des séances annuelles et des excursions, la „Revue géologique suisse" et des tirés à part de publications géologiques des membres de la société, parues dans les Bulletins des sociétés cantonales. Les fascicules ne sortirent de presse qu'à des dates irrégulières. Le premier numéro parut en février 1888. — Mais ce mode de composition devait entraîner nécessairement des complications et surtout une absence d'homogénéité de l'impression. Aussi, dès 1894, grâce à une augmentation suffisante du nombre des membres, put-on songer à donner aux Eclogæ une indépendance complète, en les faisant imprimer entièrement aux frais de la Société. Le premier numéro selon ce mode parut en avril 1896, commençant le tome V.

Il a été publié jusqu'à 1914 douze volumes des Eclogæ, format 8°, de 500 à 800 pages et de nombreuses planches. Le tome XIII a été commencé en février 1914.

Le développement des Eclogæ eut un effet très heureux sur le nombre des membres qui s'accrut non seulement en Suisse, mais aussi à l'Étranger; (la proportion de ceux qui résident à l'Etranger a fini par atteindre 40 %). D'autre part la valeur scientifique des Eclogæ motiva un assez grand nombre de demandes d'échanges, soit de la part de sociétés scientifiques, soit de la part d'instituts suisses et étrangers. Grâce à l'hospitalité que nous offrit la bibliothèque de la Société helvétique des sciences naturelles, nous fûmes dispensés des frais de loyer et d'administration de nos échanges, mais non des dépenses de reliure. Celles-ci devenant toujours plus grandes, la Société dut prendre, en 1899, la résolution d'abandonner purement et simplement sa bibliothèque à la Société mère, d'autant plus que les échanges reçus par nous se trouvaient en grand partie à double dans la sienne. On renonça dès lors à la plupart de ces échanges, en invitant les dits instituts et sociétés à devenir membre de la Société géologique suisse, moyennant payement de la cotisation annuelle. Les échanges indispensables à la Société helvétique furent réduits à 12; la Société géologique continue à livrer à celle-ci 12 exemplaires des *Eclogæ*, afin de maintenir ces échanges. Depuis lors la bibliothèque de la Société helvétique des sciences naturelles a passé à la bibliothèque de la ville de Berne, avec laquelle les mêmes relations se continuent.

Cette profonde modification conduisit à la création de *membres impersonnels*, ne payant pas de finance d'entrée; leur nombre a atteint cette année le chiffre de 49; la plupart résident à l'étranger.

En 1907 l'assemblée générale adhéra à la proposition de porter la finance annuelle de 5 francs à 10 francs, afin de pouvoir publier les Eclogæ en fascicules plus nombreux et mieux illustrés. La crainte de voir en résulter une diminution du nombre des membres ne se réalisa pas; il ne se produisit qu'un léger fléchissement du nombre des membres, suivi plus tard d'une nouvelle augmentation.

La même année la Société procéda à une revision complète des statuts et décida de se faire inscrire au registre du commerce.

Le Comité était resté pendant 25 ans presque inamovible, sous la présidence de M. Renevier et n'était complété qu'occasionnellement par suite de décès ou de démissions volontaires. D'après les nouveaux statuts deux membres (les plus anciens en charge) ne sont pas rééligibles lors du renouvellement triennal.

Depuis sa fondation la Société géologique a reçu en tout 458 membres, dont 254 en faisaient encore partie au 30 juin 1914. Elle compte en outre 49 membres impersonnels.

Le Président: Prof. H. Schardt.

2. Die Schweizerische Botanische Gesellschaft.

(La Société botanique suisse.)

Im Jahre 1915, in welchem die Schweizerische Naturforschende Gesellschaft ihr 100jähriges Jubiläum feiert, werden es 25 Jahre sein, seit sich deren Tochtergesellschaft, die Schweizerische Botanische Gesellschaft definitiv konstituierte. Es geschah dies an der Jahresversammlung in Davos im Jahre 1890 durch Annahme der Statuten und Aufnahme als permanente Sektion im Schosse der Muttergesellschaft. Die ersten Anfänge reichen allerdings ein Jahr weiter zurück, auf die Jahresversammlung in Lugano: hier stellten nämlich in der Botanischen Sektion am 10. September 1889 die Herren Professor Dr. C. Schröter und Dr. Ed. Fischer den Antrag zu ihrer Gründung. Derselbe wurde einstimmig angenommen, auch erklärten bereits zehn von den Anwesenden ihren Beitritt als Mitglieder und beauftragten ein Initiativkomitee, gebildet aus den Herren Professor Dr. R. Chodat, Dr. H. Christ, Dr. Ed. Fischer, Prof. Dr. C. Schröter und Prof. F. O. Wolf mit den Vorarbeiten. Dieses machte einen Statutenentwurf und erliess ein Werbezirkular. Im letzteren wurden die Erwägungen auseinandergesetzt, die zur Gründung der neuen Gesellschaft geführt haben: „Einerseits das Bestreben, die Botanische Sektion der Schweizerischen Naturforschenden Gesellschaft zu heben, andererseits aber auch der Wunsch, eine nähere Fühlung zwischen den schweizerischen Botanikern herzustellen und die botanische Wissenschaft in unserem Lande zu fördern". Bereits früher waren die Geologen mit der Gründung einer besonderen Gesellschaft vorangegangen; als nun auch die Botaniker im Begriff standen, deren Beispiel zu befolgen, da machte sich die Befürchtung geltend, es könnte auf diese Weise eine Zersplitterung oder gar eine Zerbröckelung der Schweizerischen Naturforschenden Gesellschaft eintreten. Demgegenüber haben die Botaniker stets daran festgehalten, sich als eine permanente Sektion dieser Gesellschaft anzusehen und ihre Versammlungen nach Ort und Zeit mit deren Jahresversammlungen zusammenfallen zu lassen. Nur zweimal wurden selbständige Zusammenkünfte veranstaltet: das eine Mal in Verbindung mit der Société botanique de France, die 1894 der Schweiz einen Besuch abstattete und hier Sitzungen und Exkursionen veranstaltete, das andere Mal im Jahre 1912 zur Erledigung dringender geschäftlicher Angelegenheiten. — Die Botanische Gesellschaft besitzt aber ihrerseits wieder Sektionen: Schon bei der Gründung erklärte sich die viel ältere „Société botanique de Genève" bereit, ihrem Namen die Bezeichnung „Section de la Société botanique suisse" beizufügen und am 20. November 1890 konstituierte sich die Zürcherische Botanische Gesellschaft als Sektion der schweizerischen und publizierte bis 1907 ihre Berichte in denjenigen der letzteren.

Mitgliederbestand und Organisation. Im Jahre 1890 zählte die Gesellschaft 112 Mitglieder und 5 Ehrenmitglieder; langsam, mit kleinen Schwankungen, auch zeitweiliger Abnahme, und unter häufig wiederholten Anstrengungen zur Gewinnung von neuem Zuwachs hob sie sich auf 185 Mitglieder im Jahre 1914, zu denen noch 2 Ehrenmitglieder kommen. Die Leitung der laufenden Geschäfte besorgt der fünfgliedrige Vorstand, welcher in den ersten Jahren unverändert aus den oben genannten Mitgliedern des Initiativkomitees bestand. Präsident war Herr Dr. H. Christ, die Herausgabe der „Berichte" (s. unten) besorgte der Sekretär Ed. Fischer. 1899 trat Prof. F. O. Wolf zurück, an seine Stelle trat Prof. Dr. H. Bachmann, der nun auch das Sekretariat und die Herausgabe der „Berichte" übernahm. 1909 wurden neue Statuten angenommen, die einen häufigeren Wechsel in der Zusammensetzung des Vorstandes vorsehen, indem nach 3jähriger Amtsdauer nur der Präsident und der Sekretär wieder wählbar sind. Die Herren Bachmann, Chodat, Fischer, später auch Christ und Schröter traten zurück und wurden ersetzt durch die Herren Dr. Briquet, Prof. Dr. Schinz, Prof. Dr. Senn, Prof. Dr. Spinner, Prof. Dr. Ursprung. Das Präsidium ging 1910 an Prof. Schröter, 1912 an Dr. Briquet über. Sekretariat und Redaktion führt seit 1909 Prof. Dr. Hans Schinz. Dem Redaktor steht eine Redaktionskommission zur Seite und für die Verwaltung der Bibliothek besteht eine besondere Bibliothekkommission. Die Bibliothek wird durch den Tausch der „Berichte" mit den Publikationen anderer Gesellschaften gespeist. In der Plenarsitzung vom Jahre 1891 wurde dieselbe nach Zürich verlegt in das Botanische Museum des Eidg. Polytechnikums und 1898 ging sie durch einen Vertrag in den Besitz des Eidg. Polytechnikums über, welches die Kosten für das Einbinden übernahm und sich verpflichtete, nicht nur die Bücher der Botanischen Gesellschaft, sondern auch die des Botanischen Museums an die Gesellschaftsmitglieder auszuleihen. Als Bibliothekar funktioniert der jeweilige Konservator des Botanischen Museums; es waren das sukzessive die Herren Prof. J. Jäggi, Dr. F. von Tavel und Prof. Dr. M. Rikli. Die Kassaführung der Gesellschaft übernahm bis zum Jahre 1900 Herr Apotheker B. Studer-Steinhäuslin in Bern, von da an bis 1909 Herr Dr. A. Binz in Basel, 1909—1911 Herr Prof. Senn in Basel und seither Herr Prof. Spinner in Neuchâtel.

Wissenschaftliche Tätigkeit. Als Hauptaufgabe in dieser Beziehung stellten die Statuten auf: „die Botanische Wissenschaft in ihrer ganzen Ausdehnung in der Schweiz zu heben und speziell auch die Erforschung der schweizerischen Flora (Phanerogamen und Kryptogamen) in biologischer, pflanzengeographischer und systematischer Richtung zu fördern". Diesem Zwecke dienen in erster Linie die Publikationen der Gesellschaft, welche unter dem Titel „Berichte der Schweizerischen Botanischen Gesellschaft" fast regelmässig jedes Jahr erschienen sind. Es liegen heute 23 Hefte vor, von denen die zwei ersten im Verlage von Georg in Basel und Genf, Heft 3—18 bei K. J. Wyss in Bern, die folgenden bei Rascher & Co. in Zürich erschienen. Dieselben enthalten neben den geschäftlichen Angelegenheiten der Gesellschaft und einem kurzen

Bericht über die Sitzung der Botanischen Sektion bei der Jahresversammlung der Schweizerischen Naturforschenden Gesellschaft eine (mit wenigen Ausnahmen referierende) Bibliographie der jährlich in der Schweiz und über die Schweiz erschienenen botanischen Publikationen; bis zum Jahre 1909 beschränkte sich dieselbe auf die Arbeiten, welche auf die schweizerische Flora Bezug haben und stellt dadurch eine Fortsetzung der in der Bibliographie der schweizerischen Landeskunde publizierten Bibliographie der Flora helvetica dar. Von 1910 an werden auch Arbeiten über allgemeine Botanik einbezogen und neuerdings, wenigstens dem Titel nach, auch anderweitige in der Schweiz erschienene botanische Publikationen, so dass jetzt die „Berichte" ein möglichst vollständiges Bild des botanischen Schaffens in der Schweiz zu geben bestrebt sind. Vom zweiten Hefte an wurden ferner unter dem Titel „Fortschritte der Floristik" mit wenigen Ausnahmen regelmässig Jahr für Jahr Verzeichnisse der für die Schweiz neuen oder bemerkenswerten Pflanzenfunde und -Beobachtungen gegeben und zwar sowohl für die Phanerogamen, wie für die verschiedenen Gruppen der kryptogamischen Pflanzen. Dadurch stellen die „Berichte" ein Archiv der Schweizerflora dar, das für alle die, welche sich für unsere Pflanzenwelt interessieren, grossen Wert besitzt. — Soweit der Raum bezw. die Finanzen es gestatteten, wurden auch Originalarbeiten aufgenommen. Das erste Heft enthielt deren vier, von denen eine mit mehreren Tafeln. Aber bald musste eingesehen werden, dass in diesem Tempo nicht weitergefahren werden könne; es wurde daher 1893 beschlossen, nur noch Originalarbeiten zu publizieren, die sich auf die Schweiz beziehen. Und da zudem die Bibliographie und die „Fortschritte der Floristik" immer mehr an Umfang zunahmen, auch die Druckkosten immer grösser wurden, ohne dass die Geldmittel damit Schritt hielten, so konnten in den letzten Jahren Originalarbeiten nur noch in ganz beschränktem Masse aufgenommen werden. Alle Bemühungen, grössere Hülfsmittel zu gewinnen, so auch das Gesuch um einen Beitrag von seiten der Eidgenossenschaft, waren bisher ohne Erfolg, und ebensowenig konnte es gewagt werden, den Jahresbeitrag der Mitglieder über 5 Fr. zu erhöhen. Ja es wurde sogar notwendig, um das Erscheinen der „Berichte" in ihrem bisherigen Umfange weiterzuführen, eine freiwillige Garantiegenossenschaft ins Leben zu rufen, die wenigstens für die nächsten Jahre den Fortbestand dieser Publikation gesichert hat.

Ausser der Herausgabe der „Berichte" hat sich die Botanische Gesellschaft auch noch nach andern Richtungen um die Förderung der botanischen Wissenschaft in der Schweiz bemüht. Vor allem war sie es, die die Initiative ergriff zur Herausgabe der „Beiträge zur Kryptogamenflora der Schweiz". (Das Nähere hierüber siehe unter „Kommission für die Kryptogamenflora der Schweiz".) Auf Veranlassung der Botanischen Gesellschaft unternahm ferner das Zentralkomitee der Schweizerischen Naturforschenden Gesellschaft bei den Bundesbehörden Schritte zur Erwirkung einer Subvention für schweizerische Naturforscher, welche in Buitenzorg wissenschaftlichen Studien obzuliegen gedenken. Diese Anregung führte zur Institution des schweizerischen Reisestipendiums. — Weniger erfolgreich waren die Bemühungen um die Erhaltung gefährdeter Pflanzenstandorte (Torfmoor von Einsiedeln, Eigental bei Luzern). Erst der schweizerischen Naturschutzkommission und dem Naturschutzbunde blieb es vorbehalten, in diesem Gebiete eine allgemeinere, grosszügigere und auch erfolgreichere Tätigkeit an die Hand zu nehmen. — Manche andere Anregungen sind auf dem Stadium von Projekten stehen geblieben. Aber wenn auch noch lange nicht alles realisiert ist, was die Botanische Gesellschaft ins Auge gefasst hat, so darf sie doch mit Befriedigung auf ihre bisherige Tätigkeit zurückblicken, indem sie während der hinter uns liegenden 25 Jahre doch viel beigetragen hat zur Belebung und Förderung der Erforschung der Pflanzenwelt unseres Landes.

Ed. Fischer.

3. La Société zoologique suisse.

(Die Schweizerische Zoologische Gesellschaft.)

Lors de la 76e session de la Société helvétique des sciences naturelles, à Lausanne, les membres de la Section de zoologie décidèrent[1]) de fonder une *Société zoologique suisse* ayant essentiellement pour but l'étude de la faune suisse. Un comité provisoire, composé de M. le prof. TH. STUDER comme président et de M. M. BEDOT comme secrétaire, fut chargé d'établir un projet de constitution de la Société.

Ce projet fut présenté à la Section de zoologie de la Société helvétique, en 1894, à Schaffhouse[2]) et adopté.

Le comité définitif qui fut élu comprenait:

2 Présidents d'honneur:	MM. les Prof. L. RUTIMEYER et C. VOGT.
1 Président:	le Prof. TH. STUDER.
1 Vice-président:	le Dr. V. FATIO.
1 Secrétaire:	le Dr. M. BEDOT.

La nouvelle Société n'avait pas d'existence indépendante et ne devait pas avoir d'autres réunions que celles de la Section de zoologie de la Société helvétique. Pour en faire partie, il fallait, d'après les statuts, être membre de la Société helvétique. En 1896[3]), 1897[4]) et 1898[5]), M. le Prof. TH. STUDER, le dévoué président de la Société dont il avait été un des fondateurs, publia, dans les Actes de la Société helvétique, de consciencieux et intéressants rapports sur les travaux relatifs à la faune suisse.

Malheureusement, la Société zoologique n'avait aucune individualité et son activité ne se manifestait (en dehors des séances de la Société helvétique) que par celle de son président.

En 1898, pendant la session de la Société helvétique, à Berne, la Société zoologique tint une assemblée générale dans laquelle elle modifia ses statuts, renouvela pour six ans les pouvoirs de son comité et décida d'adresser au Conseil fédéral une demande de subventions en faveur de l'œuvre de la *Bibliographie internationale* dirigée par M. HAVILAND FIELD et de la *Revue suisse de zoologie* dirigée par M. M. BEDOT. Les nouveaux statuts, élargissaient un peu le but de la Société qui fût, non plus seulement

[1]) Actes Soc. helvétique Sc. nat., 76e session (Lausanne 1893), p. 136.

[2]) Verhandlungen Schweiz. Naturf. Gesellschaft, 77. Jahresversammlung (Schaffhausen 1894), p. 100.

[3]) Verhandlungen Schweiz. Naturf. Gesellschaft, 79. Jahresversammlung (Zürich 1896), p. 292.

[4]) Verhandlungen Schweiz. Naturf. Gesellschaft, 80. Jahresversammlung (Engelberg 1897), p. 180.

[5]) Verhandlungen Schweiz. Naturf. Gesellschaft, 81. Jahresversammlung (Bern 1898), p. 283.

d'encourager les recherches sur la faune suisse, mais aussi de développer l'étude de la zoologie dans toute son étendue et d'établir des rapports amicaux entre les zoologistes suisses. En outre, les statuts reconnaissaient comme organe officiel de la Société zoologique, la *Revue suisse de zoologie* qui devait, dorénavant, publier chaque année, dans un fascicule supplémentaire, un bulletin contenant le compte rendu des séances de la Société.

Ce Bulletin a eu une existence éphémère. Il a paru une seule fois, en 1898, avec le 5e volume de la *Revue*. La raison pour laquelle cette publication a été abandonnée est qu'elle faisait double emploi en donnant des comptes rendus de travaux qui avaient déjà paru dans les *Actes officiels de la Société helvétique* et dans les *Archives des sciences physiques et naturelles.*

Jusqu'en 1905, on ne trouve plus, comme publications de la Société, que deux rapports de M. le Prof. TH. STUDER[1]) sur les travaux zoologique parus en Suisse ou relatifs à la faune de notre pays.

Lors de l'assemblée de la Société helvétique à Lucerne en 1905[2]), les membres de la Société zoologique réunis en séance nommèrent un nouveau comité composé comme suit:

TH. STUDER, Prof., Président.
TH. STECK, Dr., Vice-président.
M. BEDOT, Prof., Secrétaire général.
W. VOLZ, Dr., Secrétaire.
A. PICTET, Tresorier.

Ce comité fut chargé de convoquer les membres de la Société zoologique en assemblée générale, à la fin de l'année, et de leur présenter un projet de nouveaux statuts. Cette assemblée eut lieu le 27 décembre 1905, à Berne. Les nouveaux statuts, qui furent adoptés, donnent plus d'indépendance et d'autonomie à la Société. Elle continue à former une Section permanente de la Société helvétique — aux assemblées de laquelle elle se fait représenter par deux délégués — mais, en outre, elle se réunit en assemblée générale une fois par an, dans une ville et à une époque choisies par l'assemblée précédente. Le comité est élu chaque année. Pour être admis dans la Société il faut: 1° être présenté par le comité sur la demande de deux membres; 2° payer une cotisation annuelle fixée à 5 frs. pour les membres de la Société helvétique et à 10 frs. pour les personnes qui n'en font pas partie (art. 3).

La première assemblée générale de la Société zoologique, réunie conformément aux nouveaux statuts, a eu lieu à Genève le 28 décembre 1906 sous la présidence de M. le Prof. YUNG; elle a été suivie, le lendemain, d'une séance réservée aux communications scientifiques. Depuis cette époque, la Société zoologique s'est réunie chaque

[1]) Atti Soc. elvetica Sc. nat. 86ma sessione (Locarno 1903), p. 195, et Verhandlungen Schweiz. Naturf. Gesellschaft, 88. Jahresversammlung (Luzern 1905), p. 413.
[2]) Ibid., p. 50.

année, entre Noël et le nouvel an. Le compte rendu de ces assemblées est publié dans un *Bulletin-annexe* de la *Revue Suisse de Zoologie.*

Consciente de la tâche qu'elle s'est imposée, la Société zoologique a cherché, par tous les moyens dont elle peut disposer, à encourager les recherches zoologiques. Les démarches qu'elle a faites auprès du Conseil fédéral ont engagé nos hautes autorités à accorder une subvention à l'œuvre du *Concilium bibliographicum* ainsi qu'à la *Revue Suisse de Zoologie* et à louer une table de travail à la Station zoologique de Roscoff.

Les fonds dont dispose la Société proviennent d'un don qui lui a été fait par le comité d'organisation du 6e Congrès international de zoologie qui a eu lieu à Berne en 1904 et des cotisations de ses membres. Bien que cette fortune ne soit pas très considérable, elle a permis, cependant, de mettre, dans chacune des Stations zoologiques de Naples et Roscoff un microscope et une loupe montée à la disposition des zoologistes suisses, et d'instituer des prix destinés à récompenser les auteurs des meilleurs travaux sur la faune suisse dont les sujets sont déterminés d'avance.

Nous espérons que la Société zoologique continuera à se développer comme elle l'a fait jusqu'à présent et que son activité exercera une bienfaisante influence sur la vie scientifique de notre pays.

M. Bedot.

---

4. La Société suisse de chimie.

(Die Schweizerische Chemische Gesellschaft.)

L'idée de la constitution d'une société suisse de chimie a été émise pour la première fois dans la session annuelle de la Société helvétique des sciences naturelles de 1899 à Neuchâtel. Les chimistes participants à la séance de leur section discutèrent, à cette occasion, l'éventualité de cette création et nommèrent une commission composée de MM. les professeurs WERNER, BAMBERGER, BILLETER et PICTET. Cette commission devait présenter un rapport dans une séance ultérieure ainsi qu'un projet de statuts. L'année suivante, la Société helvétique des sciences naturelles s'est réunie à Thusis et vu la faible participation des chimistes cette année là, il fut décidé de renvoyer le rapport de la commission à l'année suivante.

C'est le 6 août 1901, dans la réunion de l'Helvétique à Zofingue que fut fondée la société suisse de chimie comme société indépendante et autonomo, tout en conservant le caractère d'une section de la Société helvétique des sciences naturelles, au même titre que les sociétés de géologie, de botanique et de zoologie. A l'origine les statuts étaient forts simples, quelques règles suffisaient à fixer le cadre dans lequel la nouvelle société s'organisait.

Mais la jeune société grandit rapidement, elle prend chaque année plus d'importance, puis elle désigne comme organe les „Archives des sciences physiques et naturelles" à Genève. Jusqu'en 1905, la seule séance annuelle coïncide avec la session de la Société helvétique des sciences naturelles, mais dès cette époque il fut décidé d'instituer une deuxième séance annuelle à la fin du semestre d'hiver. Cette deuxième assemblée devient rapidement aussi importante et aussi fréquentée que la séance d'été. En 1909, la société suisse de chimie crée un fonds spécial destiné à favoriser et à aider les recherches scientifiques entreprises en Suisse par de jeunes chimistes; il est institué comme récompenses des prix ou des médailles qui seront dès lors distribuées régulièrement chaque année.

Le nombre des membres s'accroit rapidement et le développement de la société est devenu tel qu'une revision complète des statuts s'impose. Les nouveaux statuts sont adoptés dans la séance d'hiver à Fribourg en 1911, ils prévoyent les catégories suivantes de membres:

Membres ordinaires: cotisation annuelle minima de fr. 2; membres à vie, cotisation unique de fr. 50; et les membres honoraires. Le comité est composé de trois membres, président, vice-président et trésorier. Le comité désigne lui-même un secrétaire qui peut être choisi dans la ville habitée par le président.

Il est difficile de résumer l'activité scientifique de la société suisse de chimie, elle a été en relation étroite avec l'activité des différents laboratoires de recherches chimiques de notre pays, tant universitaires, que privés. Les „Actes" de la Société helvétique des sciences naturelles publient le compte rendu scientifique de la séance d'été ainsi que le rapport annuel émanant du comité de la société suisse de chimie. Les „Archives des sciences physiques et naturelles" de Genève accueillent les procès-verbaux et compte rendus de nos séances et la „Chemiker-Zeitung" (Cöthen) donne après chaque réunion un résumé des communications scientifiques de nos membres.

En outre, grâce à l'initiative de M. le prof. A. Pictet, le titre, lieu, date et journal de publication de tous les travaux de chimie exécutés en Suisse sont relevés dans la liste bibliographique des travaux de chimie faits en Suisse qui parait périodiquement dans les „Archives".

Le nombre de ces travaux a été de

276 en 1901	284 en 1905	322 en 1909
302 » 1902	316 » 1906	327 » 1910
288 » 1903	303 » 1907	400 » 1911
326 » 1904	257 » 1908	393 » 1912
	380 » 1913	

Dans l'assemblée générale d'hiver, outre les communications scientifiques et les questions d'ordre administratif, il est fait une conférence résumant un groupe de recherches exécutées dans l'un de nos laboratoires.

Les séances d'hiver ont eu lieu jusqu'à ce jour à Neuchâtel (1905), Berne (1906), Genève (1907), Soleure (1908), Zurich (1909), Bienne (1910), Fribourg (1911), Bâle (1912), Lausanne (1913), Neuchâtel (1914) et Soleure (1915).

Les conférences ont été données par MM. Werner et Pictet (1905), Noelting (1906), Willstaetter (1907), Tschirch (1908), Guye (1909), P. Dutoit (1911), Bach (1913), Werner (1914). Les lauréats suivants ont été proclamés: 1910 M. Gams (St-Gall et Genève); 1911 M. Briner (Genève); 1912 MM. Baudisch (Zurich), Jantsch (Zurich) et Kappeler (Bâle); 1913 MM. Baume (Genève), Duboux (Lausanne) et Küng (Soleure); 1914 M. Bouvier (Genève).

Dans la séance d'été de 1911 à Soleure, la société suisse de chimie a discuté une proposition tendant à faire partie de l'Association Internationale des Sociétés Chimiques, association fondée à Paris en avril 1911. En 1912, notre société fut admise à faire partie de l'association internationale et a élu une délégation composée de MM. les professeurs Ph.-A. Guye, Werner et Fichter. A partir de cette date, la délégation suisse a pris part régulièrement aux séances et aux délibérations de l'Association Internationale. En mai 1914, à l'occasion du prix Nobel pour la chimie décerné à M. le prof. Werner, la société suisse de chimie a rendu hommage à M. WERNER dans la séance de Neuchâtel et lui a offert une plaquette dûe au sculpteur J. Vibert.

La société suisse de chimie a en outre pris part à l'érection du monument d'Avogadro à Turin et au jubilé du prof. WALLACH à Goettingen, elle entretient des relations avec la société suisse des industries chimiques, la société des chimistes-analystes et la société suisse de pharmacie.

Notre société a pris part à l'Exposition nationale de Berne (1914) et a exposé dans le pavillon des industries chimiques les résultats des travaux scientifiques des laboratoires universitaires suisses.

Statistique des membres:

1902	84	1910	154
1903	81	1911	185
1906	102	1912	300
1908	124	1913	360
1909	135	1914	410

Membres des comités de la société suisse de chimie:

Périodes	1901—03	1903—05	1905—07	1907—09	1909—11
Président:	WERNER	BILLETER	PICTET	RUPE	KOSTANECKI
V.-président:	BILLETER	PICTET	RUPE	KOSTANECKI	FICHTER
Secrétaire:	PICTET	RUPE	KOSTANECKI	FICHTER	PELET

Périodes	1911—13	1913—16
Président:	FICHTER	PELET
V.-président:	PELET	BISTRZYCKI
Trésorier:	BISTRZYCKI	TAMBOR
Secrétaire:	SCHMIDLIN	V. WEISSE

Le Président: Prof. L. Pelet.

5. La Société suisse de physique.
(Die Schweizerische Physikalische Gesellschaft.)

Plusieurs des sections de la Société helvétique des sciences naturelles s'étaient déjà constituées en sociétés et la section de physique ne devait pas tarder d'en faire autant. La rapidité des progrès de la physique contemporaine et la somme considérablement accrue des publications annuelles rendait de plus en plus désirable pour les physiciens de notre pays de se réunir en séance plus d'une seule fois par an. C'est à Fribourg, lors de la réunion annuelle de la Société helvétique en 1907, que le projet de la fondation d'une Société Suisse de Physique fut abordé pour la première fois. Un comité provisoire convoqua en mai 1908 à Zurich une assemblée de savants des différentes parties de la Suisse, afin de jeter les bases de la nouvelle société, qui tout en formant une corporation nouvelle, devait conserver le caractère de section de l'helvétique. La présidence fut conférée à M. P. Chappuis, la vice-présidence à M. J. de Kowalski et le secrétariat à M. P. Weiss. Les statuts furent élaborés par le comité et la société ainsi fondée se réunit pour la première fois le 30 août 1908 à Glaris, où sur sa demande elle fut reconnue comme section de la Société helvétique des sciences naturelles. La société tient deux séances par an: la première comme section de l'helvétique, la seconde aux environs du printemps en faisant le tour de nos villes universitaires suisses. Elle distingue deux sortes de membres: les ordinaires et les extraordinaires. Ces derniers sont ceux qui n'appartiennent qu'à la société sans faire partie de l'helvétique, ils ne jouissent pas du droit de vote et ne sont pas éligibles dans le comité. Le but de cette distinction était d'encourager les nouveaux-venus à ne pas se borner à devenir nos membres mais à se faire recevoir aussi de la société helvétique qui nous tient à cœur.

Depuis sa fondation notre société s'est réunie treize fois et elle a bien contribué à consolider les relations des physiciens suisses entre eux. Elle fournit à ceux de ses membres que leurs occupations tiennent éloignés des laboratoires ou des instituts de mieux pouvoir suivre les progrès de la physique et de se rendre compte des découvertes nouvelles. A cet effet les chefs de nos instituts, les possesseurs de laboratoires particuliers et les directeurs des usines intéressant tout particulièrement les physiciens font tout ce qui est en leur pouvoir pour se rendre utiles aux membres de la société. Le premier président fut M. Pierre Chappuis. Son mandat écoulé ce fut M. J. de Kowalski qui lui succéda. Ensuite ce fut M. Pierre Weiss qui diriga la société et actuellement la présidence est entre les mains de M. CH. EUG. GUYE. Le nombre des membres est de 5 honoraires, 61 ordinaires et 39 extraordinaires ce qui fait un total de 105.

Notre société, bien qu'encore très jeune, puisqu'elle ne compte que six ans d'existence, a fait ses preuves de vitalité; elle s'est augmentée d'une manière constante et le nombre des communications a suivi la progression. Signalons enfin que c'est grâce à la société que les œuvres du regretté WALTHER RITZ ont pu être réunies en un beau volume, qui forme un monument à la mémoire de ce génie arraché si prématurément à la science.

Henri Veillon
Secrétaire de la Société Suisse de Physique.

6. La Société mathématique suisse.

(Die Schweizerische mathematische Gesellschaft.)

Une Société scientifique qui, dès sa séance de constitution, compte plus de 100 membres, répond incontestablement à un réel besoin. A plusieurs reprises des mathématiciens suisses ont exprimé le regret de n'avoir pas l'occasion de se rencontrer pour exposer leurs recherches et pour échanger leurs vues sur des théories nouvelles ou sur des travaux ou des publications d'intérêt général telle que, par exemple, la publication des œuvres complètes d'Euler.

Sans doute la Société helvétique des sciences naturelles a toujours compté au nombre de ses membres les principaux mathématiciens suisses. Pour les communications, ils se joignaient en général aux physiciens. Mais il est certain qu'une section réservée aux mathématiques devait augmenter l'attrait des réunions annuelles et attirer de nouveaux éléments. Il s'agissait donc d'assurer d'une manière permanente l'existence d'une section mathématique et de rassembler ainsi, à intervalles riguliers, les mathématiciens suisses. L'initiative fut prise par MM. H. FEHR (Genève), R. FUETER (Bâle) et M. GROSSMANN (Zurich). Après avoir obtenu l'adhésion des représentants des Sciences mathématiques de l'enseignement supérieur en Suisse, ils lancèrent, en mai 1910, un appel, aux mathématiciens suisses. Voici le principal passage de cet appel qui rencontra le meilleur accueil dans toutes les parties de notre pays.

„Es ist von schweizerischen Mathematikern schon wiederholt dem Bedauern darüber Ausdruck gegeben worden, dass es keine schweizerische Gesellschaft gibt, die sich die Pflege der reinen und angewandten Mathematik angelegen sein liesse. Die begeisterte Aufnahme, die der Plan der Herausgabe der sämtlichen Werke von Leonhard Euler gefunden hat, beweist aber neuerdings, dass den mathematischen Wissenschaften in der Schweiz in weiten Kreisen lebhaftes Interesse entgegengebracht wird.

Die Schweizerische Mathematische Gesellschaft, deren Gründung wir befürworten, soll sich der Schweiz. Naturf. Gesellschaft als ständige Sektion angliedern. Da die ordentliche Sitzung jeweilen zur Zeit der Jahresversammlung der Naturf. Gesellschaft abgehalten werden soll, steht zu erwarten, dass sich die Mathematiker zahlreicher als bisher an diesem bewährten wissenschaftlichen Kongresse beteiligen werden.

Im Jahre 1901 wurde die „Vereinigung der Mathematiklehrer an schweizerischen Mittelschulen" gegründet, die gegenwärtig über 100 Mitglieder zählt. Da diese Vereinigung aber in der Hauptsache den mathematischen Unterricht zu fördern sucht, so dürfte eine Gesellschaft, die rein wissenschaftliche Zwecke verfolgt und sich demgemäss an einen weiteren Interessentenkreis wendet, einem wirklichen Bedürfnis entsprechen."

L'assemblée constituante eut lieu au Bernoullianum, à Bâle, le dimanche 4 septembre 1910, à l'occasion de la 93e réunion annuelle de la Société helvétique des sciences naturelles. Le nombre des adhésions était de 102. Au bout de quatre ans, la Société a atteint le chiffre de 140 membres. Par contre, elle a eu le regret d'en perdre neuf.

Nous tenons à rendre hommage à leur mémoire en rappelant leurs noms dans cette Notice: AESCHLIMANN (Winterthur), FR. BURKHARDT (Bâle), GUST. CÉLLERIER (Genève), DROZ-FARNY (Porrentruy), G. B. GUCCIA (Palerme), H. KINKELIN (Bâle), K. VONDER MÜHLL (Bâle), H. VON WAYER (Bâle-C.), H. WEBER (Strasbourg).

D'après les statuts, la Société mathématique suisse a pour but de contribuer à l'avancement et à la propagation des sciences mathématiques pures et appliquées. Elle constitue une section permanente de la Société helvétique des sciences naturelles. Elle est dirigée par un Comité de trois membres nommés pour deux ans. Le président sortant de charge n'est pas immédiatement rééligible.

Les comptes rendus des séances sont publiés dans la Revue „l'Enseignement mathématique".

Dans sa première réunion, tenue à Bâle, la Société a constitué son Comité comme suit:

MM. R. FUETER (Bâle), président; F. FEHR (Genève), vice-président; M. GROSSMANN (Zurich), secrétaire-trésorier.

Le second Comité, nommé deux ans plus tard, à Altorf, comprend:

MM. H. FEHR, président; M. GROSSMANN, vice-président; M. PLANCHEREL (Fribourg), secrétaire-trésorier.

En raison de la guerre, le renouvellement du Comité qui devait avoir lieu à Berne, en 1914, a été renvoyé à la réunion de 1915.

Le nombre des communications annoncées pour les cinq premières séances ordinaires donne une moyenne de 11 par séance (56 communications réparties sur 31 auteurs[1]).

Trois réunions extraordinaires ont été consacrées à des conférences donnant des exposés d'ensemble sur quelques domaines nouveaux. Nous rappelons ici les belles conférences de M. PLANCHEREL (Fribourg), sur la théorie des équations intégrales; de M. CH. JACCOTTET (Lausanne), sur l'existence des potentiels et leurs dérivées; et de M. H. WEYL (Zurich), sur l'application de la théorie des nombres à la mécanique statistique et à la théorie des perturbations.

Les travaux présentés jusqu'à ce jour appartiennent aux domaines les plus divers des sciences mathématiques. Ils se rattachent, pour la plupart, aux recherches les plus modernes et témoignent d'une activité fort réjouissante des mathématiciens suisses.

Le Président: H. Fehr.

[1]) Ce sont MM. Andrade (Besançon), Baatard (Genève), Bieberbach (Bâle), Bützberger (Zurich), Crelier (Bienne), Daniëls (Fribourg), G. Dumas (Lausanne), Emch (Soleure), Einstein (Zurich), Fehr (Genève), Franel (Zurich), Fueter (Bâle), Giger Zurich), Grossmann (Zurich), Kollros (Zurich), Laemmel (Zurich), Marchand (Zurich), Mauderli (Berne), Meissner (Zurich), Merz (Coire), Mirimanoff (Genève), von Mises (Strasbourg), Plancherel (Fribourg), Prašil (Zurich), Rudio (Zurich), de Saussure (Genève), Speiser (Bâle), Spiess (Bâle), Toeplitz (Goettingen), von Wayer (Bâle-C.), W. H. Young (Genève).

7. La Société entomologique suisse.

(Schweizerische entomologische Gesellschaft.)

Fondée en 1858, sous la présidence du professeur Heinrich Frey de Zurich, la Société entomologique suisse a été admise comme section de la Société helvétique des sciences naturelles le 8 septembre 1913 (Assemblée de Frauenfeld).

Organe de la Société: *Bulletin de la Société entomologique suisse (Mitteilungen der schweizerischen entomologischen Gesellschaft).* 12 volumes ont été publiés depuis l'origine de la société.

Comité pour 1913—1916:

Président d'honneur: Dr Frey-Gessner, Genève.
Président: Dr Arnold Pictet, Genève.
Vice-Président: Dr J. Escher-Kündig, Zurich.
Secrétaire: Dr August Gramann, Elgg.
Caissier: O. Hüni-Inauen, Zurich.
(démiss. en 1915; remplacé par M. F. Carpentier, Zurich.)
Redacteur et Bibliothécaire: Dr Th. Steck, Berne.
Prof. Dr E. Bugnion, Blonay sur Vevey.
Dr F. Ris, Rheinau.
Dr A. von Schulthess, Zurich.
Prof. Dr M. Standfuss, Zurich.

Le Président: Dr Arnold Pictet.

III.

LISTES

DES

MEMBRES DE LA DIRECTION CENTRALE PERMANENTE ET DES PRÉSIDENTS ANNUELS

DE LA

SOCIÉTÉ HELVÉTIQUE DES SCIENCES NATURELLES

1. Le Secrétariat Général à Zurich (1826 à 1874)

(voir ci-dessus, p. 19).

USTERI, P., *président* (1826—1831).
HORNER, CASP., *secrétaire,* puis *président* (1826—1835).
SCHINZ, H. R. (1826—1858), *président.*
LOCHER-BALBER, HANS (1832—1872), *président.*
RAHN-ESCHER, CONRAD, *secrétaire* (1835—1838).
ESCHER VON DER LINTH, A., *trésorier* (1838—1840).
WERDMÜLLER, OTTO, *questeur* (1840—1845).
SIEGFRIED, J. J., *questeur* (1845—1874).
HEER, O. (1856—1874).
WEILENMANN, AUG., *secrétaire* (1872—1874).
MOUSSON, ALB. (1873—1874).

2. Le Comité Central.

Bâle (1875—1880).

HAGENBACH-BISCHOFF, ED., *président.*
RÜTIMEYER, LUDW., *vice-président.*
BURCKHARDT-BRENNER, FR., *secrétaire.*
MERIAN, P., *président de la Commission des Mémoires.*
SIEGFRIED, J. J., *questeur.*

Genève (1881—1886).

SORET, J. L., *président.*
GAUTIER, EMILE, *secrétaire.*
FATIO, VICTOR.
FOREL, F. A., *prés. Comm. Mém.*
CUSTER, H., *questeur.*

Berne (1887—1892).

STUDER, TH., *président.*
COAZ, J., *vice-président.*
V. FELLENBERG, E., *secrétaire.*
SCHAER, E., *prés. Comm. Mém.*
CUSTER, H., *questeur.*

Lausanne (1893—1898).

FORELL, F. A., *président.*
DUFOUR, HENRI, *vice-président.*
GOLLIEZ, H., *secrétaire.*
LANG, ARN., *prés. Comm. Mém.*
CUSTER, F. (Mlle), *trésorière.*

Zurich (1899—1904).

GEISER, C. F., *président.*
LANG, ARN., *vice-président et prés. Comm. Mém.*
SCHROETER, C., *secrétaire.*
KLEINER, A.
CUSTER, F. (Mlle), *trésorière.*

Bâle (1905—1910).

SARASIN, FRITZ, *président.*
RIGGENBACH, A., *vice-président.*
CHAPPUIS, P., *secrétaire.*
LANG, ARN. } *prés. Comm. Mém.*
SCHINZ, HANS } *prés. Comm. Mém.*
CUSTER, F. (Mlle), *trésorière.*

Genève (1911—1916).

SARASIN, EDOUARD, *président.*
CHODAT, R., *vice-président.*
GUYE, P. A., *secrétaire.*
SCHINZ, HANS, *prés. Comm. Mém.*
CUSTER, F. (Mlle), *trésorière.*

---

3. Les Présidents et les Sessions annuels.

1.	1815.	5— 7 Octobre.	1. Genève	Gosse, H. Alb.
2.	1816.	2— 4 „	1. Bern	Wyttenbach, Jak. Sam.
3.	1817.	6— 8 „	1. Zurich	Usteri, Paul.
4.	1818.	27—29 Juillet.	1. Lausanne	Chavannes, D. A.
5.	1819.	26—28 „	1. St. Gallen	Zollikofer, C. T.
6.	1820.	25—27 „	2. Genève	Pictet, M. Aug.
7.	1821.	23—25 „	1. Basel	Huber, Dan.
8.	1822.	22—24 „	2. Bern	Haller, Albrecht.
9.	1823.	21—23 „	1. Aarau	Bronner, F. Xav.

10.	1824.	26—28 Juillet	1. Schaffhausen	Fischer, J. C.
11.	1825.	27—29 „	1. Solothurn	Pfluger, J. Ant.
12.	1826.	26—28 „	1. Chur	Sprecher v. Bernegg, J. U.
13.	1827.	20—22 Août	2. Zürich	Usteri, Paul.
14.	1828.	28—30 Juillet	2. Lausanne	Chavannes, D. A.
15.	1829.	21—23 „	1. Hospice St. Bernard	Biselx, F. Jos.
16.	1830.	26—28 „	2. St. Gallen	Zollikofer, C. T.
*17.	1832.	26—28 „	3. Genève	de Candolle, A. P.
18.	1833.	22—24 „	1. Lugano	D'Alberti, Vinc.
19.	1834.	29—30 „	1. Lucerne	Elmiger, J.
20.	1835.	27—29 „	2. Aarau	Frey, F.
21.	1836.	25—27 „	2. Solothurn	Pfluger, J. A.
22.	1837.	24—26 „	1. Neuchâtel	Agassiz, Louis.
23.	1838.	12—14 Septembre	2. Basel	Merian, P.
24.	1839.	5— 6 Août	3. Bern	Studer, B.
25.	1840.	24—26 „	1. Fribourg	Girard, G. F.
26.	1841.	2— 4 „	3. Zürich	Schinz, H. R.
27.	1842.	25—27 Juillet	1. Altdorf	Lusser, C. Franz.
28.	1843.	24—26 „	3. Lausanne	Lardy, C.
29.	1844.	29—31 Août.	2. Chur	v. Planta, Ulr.
30.	1845.	11—13 „	4. Genève	De la Rive, Aug.
31.	1846.	31 Août—2 Sept.	1. Winterthur	Ziegler-Pellis, J.
32.	1847.	26—28 Juillet	2. Schaffhausen	Laffon, C.
33.	1848.	24—26 „	3. Solothurn	Pfluger, J. A.
34.	1849.	2— 4 Août	1. Frauenfeld	Kappeler, Sal.
35.	1850.	5— 7 „	3. Aarau	Frey, F.
36.	1851.	4— 6 „	1. Glarus	Jenni, Jakob.
37.	1852.	17—19 „	1. Sion	Rion, Alph.
38.	1853.	2— 4 „	1. Porrentruy	Thurmann, Jul.
39.	1854.	24—26 Juillet	3. St. Gallen	Meyer, Dan.
40.	1855.	30 Juillet—1er Août	1. Chaux-de-Fonds	Nicolet, C.
41.	1856.	25—27 Août	3. Basel	Merian, P.
42.	1857.	17—19 „	1. Trogen	Zellweger, Jak.
43.	1858.	2— 4 „	4. Bern	Studer, B.
**	1859.	24—25 „	(5) Genève	De la Rive, A.
44.	1860.	11—13 Septembre	2. Lugano	Lavizzari, L.
45.	1861.	20—22 Août	4. Lausanne	De la Harpe, J. C.
46.	1862.	23—25 Septembre	2. Luzern	Nager, Fr.
47.	1863.	24—26 Août	1. Samaden	v. Planta, R. A.
48.	1864.	22—24 „	4. Zürich	Heer, Oswald.

49.	1865.	21—23 Août	5 (6). Genève	De la Rive, A.
50.	1866.	22—24 „	2. Neuchâtel	Coulon, L.
51.	1867.	9—11 Septembre	1. Rheinfelden	Güntert, C.
52.	1868.	24—26 Août	1. Einsiedeln	Birchler, C.
53.	1869.	23—25 „	4. Solothurn	Lang, F.
**	1870.	12—13 Octobre	Interlaken	Desor, Ed.
54.	1871.	21—23 Août	2. Frauenfeld	Mann, Frdr.
55.	1872.	19—21 „	2. Fribourg	Thürler, J. B.
56.	1873.	18—20 Août	3. Schaffhausen	Stierlin, G.
57.	1874.	11—12 Septembre	3. Chur	Killias, Ed.
58.	1875.	13—14 „	1. Andermatt	Kaufmann, Franz J.
59.	1876.	20—23 Août	4. Basel	Rütimeyer, Ludw.
60.	1877.	20—22 „	1. Bex	Schnetzler, J. B.
61.	1878.	12—14 „	5. Bern	Brunner-v. Wattenwyl, C.
62.	1879.	10—12 „	4. St. Gallen	Rehsteiner, C.
63.	1880.	13—15 Septembre	1. Brig	Wolf, F. O.
64.	1881.	10—12 Août	4. Aarau	Mühlberg, F.
65.	1882.	12—14 Septembre	1. Linthal	König, F.
66.	1883.	7— 9 Août	5. Zürich	Cramer, K. E.
67.	1884.	16—18 Septembre	3. Luzern	Suidter, O. J.
68.	1885.	11—13 Août	1. Locle	Jaccard, A.
69.	1886.	10—12 „	6 (7). Genève	Soret, J. L.
70.	1887.	8—10 „	3. Frauenfeld	Grubenmann, U.
71.	1888.	6— 8 „	5. Solothurn	Lang, F.
72.	1889.	9—11 Septembre	3. Lugano	Fraschina, C.
73.	1890.	18—20 Août	1. Davos	Hauri, J.
74.	1891.	19—21 „	3. Fribourg	Musy, M.
75.	1892.	5— 7 Septembre	5. Basel	Hagenbach-Bischoff, E.
76.	1893.	4— 6 „	5. Lausanne	Renevier, E.
77.	1894.	30 Juillet—1er Août	4. Schaffhausen	Meister, J.
78.	1895.	9—11 Septembre	1. Zermatt	de Riedmatten, P. M.
79.	1896.	3— 5 Août	6. Zürich	Heim, Alb.
80.	1897.	12—15 Septembre	1. Engelberg	Etlin, E.
81.	1898.	1— 3 Août	6. Bern	Studer, Th.
82.	1899.	31 Juillet—2 Août	3. Neuchâtel	de Tribolet, M.
83.	1900.	2— 4 Septembre	1. Thusis	Lorenz, P.
84.	1901.	4— 6 Août	1. Zofingen	Fischer, H.
85.	1902.	7—10 Septembre	7 (8). Genève	Sarasin, Edouard.
86.	1903.	2— 5 „	1. Locarno	Pioda, Alfr.
87.	1904.	30 Juillet—2 Août	2. Winterthur	Weber, Jul.

88.	1905.	10—13 Septembre	4. Luzern	Schumacher, E.
89.	1906.	29 Juillet—1er Août	5. St. Gallen	Ambühl, G.
90.	1907.	28—31 Juillet	4. Fribourg	Musy, M.
91.	1908.	30 Août—2 Sept.	2. Glarus	Heer, G.
92.	1909.	5—8 Septembre	6. Lausanne	Blanc, H.
93.	1910.	4—7 „	6. Basel	Von der Mühll, K.
94.	1911.	30 Juillet—2 Août	6. Solothurn	Pfaehler, A.
95.	1912.	8—11 Septembre	2. Altdorf	Huber, P. B.
96.	1913.	7—10 „	4. Frauenfeld	Schmid, A. K.
**97.	1914.		7. Bern	Fischer, Ed.
98.	1915.	12—15 Septembre	8 (9). Genève	Pictet, Amé.

*) La session de 1831 a été retardée d'une année par suite des circonstances politiques.
**) La session a été supprimée à cause des évènements politiques.

IV.

LISTE DES NÉCROLOGIES

PARUES DANS LES PUBLICATIONS DE LA

SOCIÉTÉ HELVÉTIQUE DES SCIENCES NATURELLES

DÈS L'ORIGINE DE LA SOCIÉTÉ JUSQU'À FIN 1914.

Introduction.

Il a paru désirable de publier une liste complète des articles nécrologiques parus dans les publications de la Société helvétique[1]). Tout en faisant passer sous les yeux du lecteur, *in memoriam,* à l'occasion du centenaire, les noms d'un grand nombre de membres de la Société helvétique et de quelques autres savants, cette table, rangée par ordre alphabétique, pourra, à l'avenir, rendre des services en facilitant la recherche de renseignements biographiques.

Dans l'élaboration de la liste les règles suivantes ont été observées:

Les prénoms ont été mis dans la langue originale de l'article nécrologique.

La troisième colonne renferme, en français, l'indication du canton suisse ou du pays étranger dans lequel s'est exercée le plus longtemps l'activité scientifique du défunt. Deux indications ont parfois été nécessaires. Il ne faut pas chercher dans cette colonne le pays ou le canton d'origine.

Dans la quatrième colonne on trouvera indiquée la branche des sciences ou des arts dont s'était particulièrement occupée la personne décédée. Quand son activité

---

[1]) Naturwissenschaftlicher Anzeiger der allgemeinen Schweizerischen Gesellschaft für die gesamten Naturwissenschaften, herausgegeben von Fr. Meisner, Prof. der Naturgeschichte und Botanik in Bern. Bern bey Witwe Stämpfli-Ernst. 1. Juli 1817 bis 1. Juli 1823. — Abréviation: Nat. Anzeiger.

Annalen der allgemeinen Schweizerischen Gesellschaft für die gesamten Naturwissenschaften. Fr. Meisner. 2 Bde. 1823 und 1824. Abréviation: Ann. M.

Eröffnungsreden der 7. und 8. Versammlung der allgemeinen Schweizerischen Gesellschaft für die gesamten Naturwissenschaften 1821—1822. Abréviation: Eröffn.-Rede.

Actes de la Société Helvétique des Sciences Naturelles dès 1823. (Verhandlungen der Schweizerischen Naturforschenden Gesellschaft.) Pas d'abréviation, la date de l'année sans autre indication signifie qu'il s'agit des Actes.

Nécrologies et biographies des membres décédés de la Société Helvétique des Sciences Naturelles, éditées par la Commission des mémoires, comme supplément aux actes. Abréviation: Nécr.

Coup d'œil historique sur les 32 premières années d'existence de la Société Helvétique des Sciences naturelles. J. Siegfried. Zurich 1848. Imprimerie de Zürcher & Furrer. Abréviation: Coup d'œil hist.

Geschichte der Schweizerischen Naturforschenden Gesellschaft zur Erinnerung an den Stiftungstag den 6. Oktober 1815 und zur Feier des 50. Jubiläums in Genf am 21., 22. und 23. Augstmonat 1865. J. Siegfried. Zürich. Druck von Zürcher & Furrer. 1865. Abréviation: Gesch. Siegfr.

scientifique s'est portée sur plusieurs parties des sciences naturelles, sans avoir été prédominante dans aucune, nous avons mis le terme général de *sciences naturelles*. Dans les cas, assez fréquents, où les sciences n'ont occupé qu'une faible fraction d'une carrière très active dans d'autres domaines (politique, religieux, militaire, littéraire, etc.) c'est cependant l'indication de la branche scientifique à laquelle le défunt voua quelque intérêt qui est donnée seule, à l'exclusion d'autres activités. Dans quelques cas où aucune trace d'occupation scientifique n'a pu être relevée, nous avons indiqué l'occupation principale du défunt.

A défaut de véritable notice nous avons considéré comme nécrologie la mention du nom d'un membre de la Société quand ce nom était accompagné de la date de la naissance et de la mort, du canton et de la science qu'avait pratiquée le défunt. La colonne des *auteurs* porte alors le mot „*mention*“.

Les noms de quelques savants dont les actes de la Société helvétique signalent des biographies parues dans d'autres publications seront donnés aussi, à titre de renseignements. La colonne des *auteurs* porte alors le mot „*renvoi*“.

Dans cette même colonne nous avons indiqué la signature des auteurs telle qu'elle est imprimée au bas des articles; nous l'avons quelquefois complétée en nous basant sur des renseignements précis et nous avons dans ce cas placé ces adjonctions entre parenthèse.

La lettre (P) après la page indique que la nécrologie est accompagnée d'un portrait.

Dr Frédéric Reverdin.
Dr F.-Louis Perrot.

Nom	Prénom	Résidence	Science	Dates Naissance Décès	Auteur	Renvoi aux Actes, etc. S. H. S. N.
Aeberhardt	Berchtold	Berne	géol.	1872—1912	A. Heimann	1912, T. 1, Nécr. p. 167
Aeby	Christoph-Theodor	Berne	méd.	1835—1885	Ludw. Hirzel	1885, p. 111
Aepli	Alexander	St-Gall	méd.	1767—1832		1832, p. 122
Agassiz	Alexandre	Neuchâtel – Etats-Unis	zool.	1835—1910	F.-A. Forel	1910, T. 2, Nécr. p. 51 (P)
Agassiz	Ludwig-Johann-Rudolf	Neuchâtel – Etats-Unis	zool.	1807- 1873	Dr. Eduard Killias [mention]	1874, p. 8 [1899, p. 18]
Alberti (d')	Vincent-Anton-Emanuel	Tessin	magistrat	1773—1849	Dr. G. Piazza	1850, p. 173
Allamand	Charles-Henri	Neuchâtel	méd. sc. nat.	1776—1840	Léo Lesquereux	1840, p. 229
Amsler-Laffon	Jakob	Schaffhouse	math.	1823—1912	Dr. Jul. Gysel.	1912, T. 1, Nécr. p. 1 (P)
Andreae	Volkmar	Neuchâtel	pharm. bot.	1817—1900		1900, Nécr. p. I
Andreazzi	Ercole	Tessin	techn.	1837—1902	Dr. A. Pioda	1903, Nécr. p. I
Arbenz	Ernst	Glaris-Roumanie	techn. ichtyol.	1851—1900	J. Heuscher	1901, Nécr. p. XC
Arnet	Xaver	Lucerne	phys. météor.	1844—1906	H. Bachmann	1906, Nécr. p. I (P)
Asper	Gottlieb	Zurich	zool.	1853—1889	Prof. Dr. Gust. Schoch	1889, p. 113
Baltzer	Armin	Berne	géol.	1842—1913	Alb. Heim et E. Hugi	1914, T. 1, Nécr. p. 82 (P)
Baumgartner	Aloïs	Zoug	méd.	1783—1842	J.-K. Köchlin	1842, p. 243
Baup	Samuel	Vaud	chim.	1791—1862	Fréd. Roux	1862, p. 233
Beaumont (de)	Ernest	Genève	techn.	1855—1909	Dr. M. G(autier)	1910, T. 2, Nécr. p. 28
Benoît	Daniel-Gottlieb	Berne	méd.	1780—1853	R. Wolf	1854, p. 227
Benoît	Louis	Neuchâtel	bot.	1755—1830		1830, p. 119
Benziger-Dietschy	Martin	Schwytz – Allemagne	techn.	1826—1902		1902, Nécr. p. I
Berchtold	Joseph-Anton	Valais	géod.	1780—1859	mention	Gesch. Siegfr. p. 44
Berdez	Henry	Vaud – Berne	véter.	1841—1901	Prof. Noyer	1901, Nécr. p. LVII
Berger	Jean-François	Genève – Angleterre	physiol.	1779—1833	Mayor	1833, p. 142
Bernouilly	Hieronimus	Bâle	sc. nat.	1745—1829		1830, p. 89
Berset	Antonin	Fribourg	agr.	1863—1910	A. Chardonnens	1910, T. 2, Nécr. p. 47
Bert	Paul	France	physiol.	1833—1886	Prof. D. F. Miescher	1887, p. 111
Beust (von)	Fritz	Zurich	bot.	1856—1908	F. Rudio	1908, T. 2, p. 1
Bieler	Samuel	Vaud	agr.	1827—1911	Dr. H. Faes	1912, T. 1, Nécr. p. 21 (P)
Billwiller	Robert	Zurich	météor.	1849—1905	Jul. Maurer	1905, Nécr. p. VIII (P)
Bischoff	Eugen	Bâle	méd.	1852 1906	Dr. R. Grüninger	1906, Nécr. p. XIV
Biselx	François-Joseph	Valais	sc. nat.	1791—1870		1870—71, p. 261
Bisig	B(artholom.) A.	Fribourg	méd. bot.	1838—1913	Prof. Dr. B. Huber	1913, T. 1, Nécr. p. 49
Blattmann	Joseph-Anton	Zoug	agr.	1762—1835	J.-A. Itheu	1835, p. 53.
Bleuler	Hermann	Zurich	techn.	1837—1912	Prof. Oberst F. Becker	1912, T. 1, Nécr. p. 81 (P)
Blind	Hugo	Genève	sc. nat.	1858—1900		1900, Nécr. p. IV.
Bodmer-Beder	Arnold	Zurich	géol.	1836—1906	U. Grubenmann	1906, Nécr. p. XVI (P)
Boissier	Edmond	Genève	bot.	1810—1885	Alph. de Candolle	1885, p. 128
Bolley	Pompejus-A.	Argovie – Zurich	chim. min.	1812—1870	Mn.	1870—71, p. 265
Bonstetten (de)	Auguste	Berne	chim.	1835—1908		1909, T. 2, Nécr. p. 22
Bonstetten (de)	Chs.-Vict.-Emman.	Berne–Genève	géol.	1745—1832	renvoi	1832, p. 127
Borel	Jaques-Louis	Neuchâtel	méd.	1795—1863	Dr. Cornaz	1863, p. 209
Bourcart	Emile	Genève	peintre	1827—1900		1900, Nécr. p. VI
Bourgeois	Joh.-Friedr.-Rud.-Eugène	Berne	méd.	1815—1897	D.	1897, p. 238
Bourgeois	Konrad	Vaud – Zurich	sylv.	1855—1901	Prof. A. Engler	1901, Nécr. p. CL
Bourgeois	Louis-Henri	Vaud	sylv.	1800—1834	Alexis Forel	1835, p. 57
Bourquenoud	François	Fribourg	bot.	1785 1837	F. Kuenlin [mention]	1837, p. 130 [1907, T. 1, p. 7]

Nom	Prénom	Résidence	Science	Dates Naissance Décès	Auteur	Renvoi aux Actes, e S. H. S. N.
Bovelin	Melchior . . .	Grisons-St-Gall	pharm. bot. .	1774—1842		1842, p. 239
Braun	Paul	Thurgovie . .	pédag. . . .	1861—1902		1902, Nécr. p. VI
Breitling . . .	Eugen	Schaffhouse .	pharm. . .	1839—1906	Dr. Otto Appel . .	1906, Nécr. p. XX
Bremi	J(ohann)-J(akob) .	Zurich . . .	entom. . .	1791—1857	renvoi	Gesch. Siegfr. p. 43
Bridel	Samuel-Elisée . .	Vaud . . .	bot.	1761—1828	Ph.-Louis Bridel . .	1828, p. 75
Bronner	Frz.-Xav. . . .	Argovie-Autriche-Russie	sc. nat. math.	1758—1850	mention	Gesch. Siegfr. p. 16
Brown	Peter	Angleterre-Berne	bot. . . .	1785—1842	H.-J. Guthnick . . [mention]	1842. p. 257 [1914, T. 2, p.
Brügger . . .	Christian-G. . .	Grisons . .	sc. nat. . .	1833—1899	C. Schröter . . .	1900, Nécr. p. VII
Brun	Anton	Lucerne . .	méd. . . .	1815—1867	A. Feierabend . . .	1868, p. 226.
Brunner	Friedrich . . .	Thurgovie . .	pharm. . .	1821—1898		1898, p. 313
Brunner	Heinrich . . .	Vaud . . .	chim. . . .	1847—1910	E. Chuard	1910, T. 2, Nécr. p. 16
Brunner	Samuel	Berne . . .	bot. . . .	1790—1844	mention	1914, T. 2, p. 14
Buchwalder . .	Antoine-Joseph .	Berne . . .	topog. . . .	1792—1883		1883, p. 159
Bühler-Lindenmeyer	Theodor . . .	Bâle . . .	pharm. . .	1859—1899	(Rud.) Burckhardt .	1899, Nécr. p. XXIX
Burckhardt . .	Carl-Rudolf . .	Bâle . . .	zool. . . .	1866—1908	Dr. Gottl. Imhof . .	1908, T. 2, Nécr. p. 4
Burckhardt . .	Fritz	Bâle . . .	sc. phys. et nat.	1830—1913	F. Schneider . . .	1914, T. 1, Nécr. p. 1
Burckhardt . .	Gottlieb	Bâle-Neuchâtel	méd. . . .	1836—1907	C. Bach	1907, T. 2, Nécr. p. I
Burckhardt-His .	Martin	Bâle . . .	méd. . . .	1817—1902	Dr. Rud. Wackernagel	1903, Nécr. p. II
Burnier	Fritz	Lausanne . .	math. . . .	1818—1879	mention	1879, p. 135
Candolle (de) . .	Alphonse . . .	Genève . .	bot. . . .	1806—1893	Gaston Bonnier . .	1893, p. 203
Candolle (de) . .	Auguste-Pyramus	Genève . .	bot. . . .	1778—1841		1842, p. 261
Cartier	Robert	Soleure . .	géol. . . .	1810—1886	Dr. Fr. Lang . . .	1886, p. 152
Casparis . . .	Joh.-Ant. . . .	Grisons . .	jur. . . .	1854—1909	Conrad Schmid . .	1909, T. 2, Nécr. p. 6
Castella	Félix	Fribourg . .	méd. . . .	1836—1901	Prof. H. Musy . . .	1901, Nécr. p. XXXV
Chaillet (de) . .	Jean-Frédéric . .	Neuchâtel . .	bot. . . .	1747—1839	[mention]	1839, p. 188 [1899, p.
Chaix	Paul	Genève . . .	géog. . . .	1808—1901	R. Gautier	1901, Nécr. p. LXVI
Charpentier (de) .	Jean	Vaud . . .	géol. . . .	1786—1855	Dr. H. Lebert . . .	1877, p. 142
Chatelanat . . .	Jean-Henri-Louis	Vaud . . .	ichtyol. . .	1822—1899		1900, Nécr. p. XXIX
Chavannes . . .	Daniel-Alexandre	Vaud . . .	zool. . . .	1765—1846	Prof. Henri Blanc .	1848, p. 164 1909, T. 1, p. 20 (P)
Chavannes . . .	Jaques-Auguste .	Vaud . . .	zool. . . .	1810—1879	id. . .	1909, T. 1, p. 33 (P)
Chenaux . . .	Jean-Joseph . .	Fribourg . .	météor. bot. .	1822—1883	C.	1884, p. 127
Chenevière . . .	Edouard . . .	Genève . . .	méd. . . .	1848—1913	Dr. C. Picot . . .	1913, T. 1, p. 1
Christener . . .	Chr(istian) . . .	Berne . . .	bot. . . .	1810—1872	mention	1914, T. 2, p. 13
Clairville (de) . .	Joseph	France – Zurich	bot. entom. .	1742—1830	mention	1846, p. 7
Claparède . . .	Alexandre . . .	Genève . . .	chim. . . .	1858—1913	Fréd. Reverdin . .	1914, p. 22 (P)
Colladon . . .	Jean-Antoine . .	Genève . . .	chim. pharm. .	1756—1830		1830, p. 108
Colladon . . .	Jean-Daniel . .	Genève . . .	techn. phys. .	1802—1893		1893, p. 183
Colladon . . .	Louis-Théod-Fred.	Genève . . .	méd. . . .	1792—1862	Prof. de Candolle . .	1862, p. 278
Coppet (de) . .	Louis-Casimir . .	Vaud – France	chim. . . .	1841—1911	Dr. Louis Pelet . .	1911, T. 2, Nécr. p.
Cornaz	Edouard . . .	Neuchâtel . .	méd. bot. . .	1825—1911	Dr. Chatelain et O. Fuhrmann	1911, T. 2, Nécr. p.
Coulon (de) . .	Louis	Neuchâtel . .	sc. nat. . .	1804—1894	L. Favre	1894, p. 257
Coulon (de) . .	Paul-Louis-Aug. .	Neuchâtel . .	sc. nat. . .	1777—1855	Félix Bovet [mention]	1855, p. 225 [1899, p.
Cramer	Carl-Eduard . .	Zurich . . .	bot. . . .	1831—1911	Prof. C. Schröter . .	1901, Nécr. p. CVIII
Cuony	Hippolyte . . .	Fribourg . .	pharm. . .	1838—1904	Dr. X. Cuony et M. Musy	1905, Nécr. p. XVIII
Custer	Jakob-Gottlieb .	St-Gall . .	méd. bot. . .	1789—1850	mention	1854, p. 14
Custer	Johann-David-Hermann	Berne-Argovie	bot. chim. .	1823—1893	E. Custer et F.-A. Forel	1893, p. 193

Nom	Prénom	Résidence	Science	Dates Naissance Décès	Auteur	Renvoi aux Actes, etc. S. H. S. N.
Dardel (de)	Louis-Alexandre	Neuchâtel	agron.	1821—1902	Dr. Chatelain	1902, Nécr. p. XII
David	J(ohann)-J(akob)	Bâle	zool. géol.	1871—1908	L. Rütimeyer	1908, T. 2, Nécr. p. 36 (P)
Decker	Otto	Allemagne-Zurich	géod.	1845—1903	F. Becker	1903, Nécr. p. XV
Decrue	David	Genève	math.	1807 1892		1892, p. 208
Delabar	Gangolf	St-Gall	math.	1819—1884		1884, p. 148
Delachaux	Louis	Neuchâtel	méd. sc. nat.	1846—1901	P. Godet, prof.	1912, Nécr. p. XIV
Denz	Balthasar	Grisons	méd.	1841—1909		1909, T. 2, Nécr. p. 63
Denzler	Hans-Heinrich	Berne	math. topog.	1814—1876	Rudolf Wolf	1876, p. 375
Desor	Edouard	Neuchâtel	paléont. archéol.	1811—1882	L. Favre [mention]	1882, p. 81 [1899 p. 26]
Dick	Rudolf	Berne	méd.	1852—1913	D.-H. Matti	1913, T. 1, Nécr. p. 14
Doge	François	Vaud	géol.	1860—1908	Prof. Gustav Rey	1909, T. 2, Nécr. p. 25
Dollfus	Alberto	Tessin-Italie	chim.	1846—1909	A. Bettelini	1910, T. 2, Nécr. p. 29
Dor	Henri	Berne-France	méd. ocul.	1835—1912	Prof. Dr. A. Siegrist	1913, T. 1, Nécr. p. 4
Dossenbach	Don-Michele	Schwytz	apic.	1764—1833		1833, p. 145
Drechsel	Edmond	Allemagne-Berne	chim.	1843—1897	Prof. Dr. A. Tschirch et J.-H. Graf	1897, p. 234
Dubois	Frédéric	Neuchâtel	geol. bot.	1798—1850	LouisCoulon[mention]	1850, p. 147 [1899, p. 24]
Duby	Jean-Etienne	Genève	bot.	1798—1885		1886, p. 133
Duchet	François-Xavier	Fribourg	apic.	1752—1782	mention	1907, T. 1, p. 6
Dufour	Charles	Vaud	astr. phys.	1827 -1902	F.-A. Forel	1903, Nécr. p. VI (P)
Dufour	Jean	Vaud	bot. vitic.	1860—1903	E.Chuard et E.Wilczek	1904, Nécr. p. I (P)
Dufour	Henri	Vaud	phys.	1852—1910	Alfred Rosselet	1910, T. 2, Nécr. p. I (P)
Dufour	Louis	Vaud	phys.	1832—1892	Prof. Henri Dufour	1893, p. 216
Dufour	Marc	Vaud	méd. ocul.	1843—1910	Dr. de Cérenville	1911, T. 2, Nécr. p. 18 (P)
Dumas	Jean-Baptiste	France	chim.	1800—1884		1884, p. 154
Dumont	Pierre-Etienne-Louis	Genève	statist.	1759—1829		1830, p. 109
Du Pasquier	Léon	Neuchâtel	géol.	1864—1897	F.-A. Forel [mention]	1897, p. 231 [1899 p. 32]
Dürler (von)	Friedrich	Zurich	phys.	1804—1840	R. Schinz	1840, p. 213
Ebel	Joh.-Gottfried	Zurich	méd. géog.	1764—1830	[renvoi]	1832, p. 128 [Gesch. Siegfr. p. 19]
Elmiger	Joseph	Lucerne	méd. bot.	1790—1859	J.-R. St.	1860, p. 188
Elmiger	Jost	Lucerne	méd.	1821—1873	A. Feierabend	1873, p. 367
Escher von der Linth	Arnold	Zurich	géol.	1807—1872	Prof. Dr. A. Heim	1873, p. 362, 1896, p. 3
Escher von der Linth	Hans-Conrad	Zurich	min. math.	1767—1823	(Dr. Paul) Usteri	1823, p. 28
Escher	Heinrich	Zurich	sylv.	1791—1827		1827, p. 152
Escher	Jakob	Zurich	jur.	1818—1909	Dr. Conrad Escher	1909, T. 2, Nécr. p. 51
Escher-Hess	Kaspar	Zurich	sc. nat.	1831—1911	Dr. Conrad Escher	1912, T. 1, Nécr. p. 25
Eynard	Edmond	Vaud	math.	1839—1913	Arn. Bonard	1913, T. 1, Nécr. p. 90
Falkner	Joh.-Ludwig	Bâle	chim.	1787—1832		1832, p. 71
Fankhauser	Johann	Berne	bot.	1847—1893	mention	1914, T. 2, p. 20
Fassbind	Zeno	Schwytz	méd.	1827—1913	Dr. Camenzind	1914, T. 1, p. 28
Fatio	Antoine-Guillaume-Henri	Genève	magistrat	1775—1840		1841, p. 304
Fatio	Victor	Genève	zool.	1838—1906	E. Yung	1906, Nécr. p. XXII (P)
Favrat	Louis	Vaud	bot.	1827—1893	Prof. Dr. Wilczek	1893, p. 231
Favre	Ch.-Adolphe	Neuchâtel	méd.	1814—1867		1867, p. 237
Favre	Jean-Alphonse	Genève	géol.	1815—1890	L. de la Rive	1890, p. 227

Nom	Prénom	Résidence	Science	Dates Naissance Décès	Auteur	Renvoi aux Actes, etc. S. H. S. N.
Favre	Louis	Neuchâtel	sc. nat.	1822–1904	M. de Tribolet	1905, Nécr. p. XXII (P)
Fayod	Victor	Vaud	bot.	1860–1900	Prof. Ed. Fischer	1900, Nécr. p. XXXII
Fellenberg (von)	Edmund	Berne	géol.	1838–1902	Prof. A. Baltzer	1902. Nécr. p. XXIII
Fellenberg	Ludwig-Rudolf	Berne	chim. min.	1809–1878	Ad. Valentin	1878, p. 273
Feierabend	Joachim	Lucerne	méd.	1786–1842		1842, p. 260
Fiedler	Otto-Wilh.	Zurich	math.	1832–1912	Prof. Dr. M. Grossmann	1913, T. 1, p. 20 (P)
Fischer	Conrad	Schaffhouse	techn.	1773–1854	J.-J. Freuler	1855, p. 254
Fischer	Joh.-Conrad	Schaffhouse	techn.	1799–1830		1830, p. 119
Fischer	Ludwig	Berne	bot.	1828–1907	Ed. Fischer [mention]	1907, T. 2, Nécr. p. IX (P) [1914, T. 2, p. 10]
Fischer-Ooster (von)	Carl	Berne	phys. géol. paleont.	1807–1875	L(udwig) Fischer [mention]	1875, p. 228 [1914, T. 2, p. 10]
Fischer	Roman	Lucerne	méd. ocul.	1827–1904	Dr. Käppeli, sen.	1905. Nécr. p. XXXII
Flückiger	F(riedr.)-A(ugust)	Berne-Allemagne	pharm.	1828–1894	mention	1914, T. 2, p. 23
Fontaine (Le Chanoine)	Charles-Aloyse	Fribourg	bot. géol.	1754–1834	Prof. M. Musy	1907, T. 1, p. 8 (P)
Forel	François	Vaud	archéol.	1813–1887	Dr. Aug. Forel	1887, p. 121
Forel	François-Alphonse	Vaud	sc. nat.	1841–1912	Prof. Dr. H. Blanc	1912, T. 1, Nécr. p. 110 (P
Fraschina	Carlo	Tessin	techn.	1825–1900	Guido Prada	1901, Nécr. p. XVIII
Frey	Jakob	Argovie	météor. sc. nat.	1818–1890	C.	1890, p. 255
Frick	Adolf	Zürich	méd.	1863–1907	Dr. Rob. Stierlin	1908, T. 2, Nécr. p. 51
Friedheim	Carl	Berne	chim.	1858–1909		1909, T. 2, Nécr. p. 12
Frikart	Karl-Samuel	Argovie	math. sc. nat.	1810–1867		1867, p. 225
Froebel	Otto	Zurich	hort.	1844–1906	C. Schröter	1906, Nécr. p. XXXVII
Fueter	Carl	Berne	pharm.	1792–1852	Brunner	1856, p. 162
Fueter	Emmanuel-Eduard	Berne	méd.	1801–1855		1856, p. 158
Fueter	Samuel-Emmanuel	Berne	météor.	1775–1851	R. Wolf	1853, p. 293
Galopin	Charles	Genève	math.	1832–1901	Dr. Paul Galopin	1901, Nécr. p. LXXXVI
Garbald	Agostino	Tessin	bot. météor.	1828–1909	J. Garbald	1909, T. 2, Nécr. p. 61 (P
Gaudin	Charles-Theophile	Vaud	paléont. bot.	1822–1866	Oswald Heer	1866, p. 300
Gaudin	Jean	Vaud	bot.	1766–1833	renvoi	Coup d'œil hist. p. 10
Gautier	Emile	Genève	astr.	1822–1891		1891, p. 180
Gélieu (de)	Jonas	Neuchâtel	entom.	1740–1827		1828, p. 88
Gerlach	Heinrich	Valais – Allemagne	géol.	1822–1870	B. St.	1870 71, p. 112
Gersbach	Joh.-Baptist	Argovie	sc. nat.	1810–1863		1867, p. 235
Gilardi	Domenico	Tessin	architecture	1785–1845		1846, p. 304
Gilli	Giovanni	Grisons	ingén.	1847–1913	F. Manatschal	1914, T. 1, p. 34
Gilliéron	Victor	Berne	géol.	1826–1890	Ed. Greppin	1890, p. 234
Girardet	François	Vaud	sc. nat.	1858–1900		1901, Nécr. p. IV
Girtanner	Georg-Albert	St-Gall	méd. zool.	1839–1907	J. Brassel	1908, T. 2, Nécr. p. 57 (P
Gisler	Anton	Uri	bot.	1820–1888	Dr. P. Bonifac. Huber	1912, T. 2, p. 12 (P)
Glatz	Paul	Genève	méd.	1845–1905	Dr. C. Picot	1905, Nécr. p. XXXVI
Gobet	Louis	Fribourg	géol. géogr.	1868–1907	M. Musy et J. Brunhes	1907, T. 2, Nécr. p. XXV (P
Godet	Charles-Henri	Neuchâtel	bot.	1797–1879	Dr. Christ [mention]	1880, p. 128 [1899, p. 2
Godet	Paul	Neuchâtel	zool.	1836–1911	Th. Delachaux	1911, T. 2, Nécr. p. 58 (
Goll	Friedrich	Zürich	méd.	1829–1903	Dr. P. Rodari	1903, Nécr. p. XCV
Gosse	André-Louis	Genève	méd.	1790–1874	Dr. Edmund Killias	1874, p. 7
Gosse	Henri-Albert	Genève	sc. nat.	1753–1816	Prof. Pictet	Nat. Anzeiger 1817, p. 17 et
Gosse	Hippolyte-Jean	Genève	méd. archéol.	1834–1901	Marc Debrit	1901, Nécr. p. LXXVI

Nom	Prénom	Résidence	Science	Dates Naissance Décès	Auteur	Renvoi aux Actes, etc. S. H. S. N.
Goumoëns (de)	Georges	France	techn.	1840—1903	F.-A. Forel	1903, Nécr. p. XXI
Grangier	Louis	Fribourg	archéol.	1817—1891	J. Gremaud	1891, p. 197
Gremaud	Amédée	Fribourg	techn.	1841—1912	M. Musy	1912, T. 1, Nécr. p. 76 (P)
Gremli	Auguste	Vaud	bot.	1833—1899	François Cavillier	1900, Nécr. p. XXXVII
Greppin	Jean-Baptiste	Berne	géol.	1819—1881	Dr. V. Gilliéron	1882, p. 74
Gressly	Amanz	Soleure	géol.	1814 1865	F. L(ang) [mention]	1865, p. 130 [1899, p. 27]
Greuter-Engel	Friedrich	Bâle	ornith.	1826—1900		1900, Nécr. p. XLV
Gröbli	Walter	Zurich	math.	1852—1903	Dr. Aug. Lüning	1903. Nécr. p. XXIII
Gruber	Franz-Albrecht	Berne	sylv.	1767—1827		1827, p. 152
Gruner	Carl-Heinrich	Bâle	techn.	1833—1906	H.-E. Gruner	1906, Nécr. p. XLVI
Gruner	Gottlieb	Berne	sc. nat.	1756—1830		1830, p. 100
Guillemin	Etienne	Vaud	techn. astr.	1832—1907	J. Dumur	1907, T. 2, Nécr. p. XXX (P)
Guinand	Elie	Vaud	techn.	1840—1909		1910, T. 2, Nécr. p. 27
Guyot	Arnold	Neuchâtel - Etats-Unis	géol.	1807—1884	mention	1899, p. 23
Haaf	Carl	Berne	pharm.	1834 1906	Dr. Alfred Farner	1907, T. 2, Nécr. p. XXXIV
Haas	Wilhelm	Bâle	phys.	1766—1838		1838, p. 240
Haffter	Elias	Thurgovie	méd.	1851—1909	Prof. Dr. A Jaquet et Dr. O. Naegeli	1909, T. 2, Nécr. p. 105 (P)
Hagenbach	Eduard	Bâle	méd.	1807—1843		1843. p. 235
Hagenbach-Bischoff	Eduard	Bâle	phys.	1833 1910	A. Veillon et F.-A. Forel	1911, T. 2, Nécr. p. 1 (P)
Hagenbach-Merian	Friedrich	Bâle	pharm.	1804—1900		1900, Nécr. p. XLVII
Haller (von)	Albrecht	Berne	bot.	1758—1823	(Jak.-Sam.) Wyttenbach [mention]	1823, p. 29 [1914, T. 2. p. 6 et Gesch. Siegfr. p. 15]
Hartmann	Alfred	Soleure	litt.	1814—1897	Fr. L(ang)	1897, p. 242
Hartmann	G.-Léonard	St-Gall	zool.	1764—1828	Zollikofer [mention]	1828, p. 81 [1854, p. 12]
Hasler	Gustav	Berne	météor.	1830 1900		1900, Nécr. p. XLVIII
Hautli	Jos.-Nep.	Appenzell	méd.	1765—1826	Caspar Tob. Zollikofer	1827, p. 147
Heeb	Gebhardt	St-Gall	écon.	1867—1905	Direktor Peter	1905, Nécr. p. XL
Heer	Oswald	Zurich	bot. paléont	1809—1883	Prof. Dr. C. Schröter Dr. G. Heer	1883, p. 165, 1908, p. 37
Hegetschweiler	Joannes	Zurich	méd. bot.	1789—1839	H(e)g(etschweiler)	1840, p. 222
Hegetschweiler	Karl	Zurich	méd. bot.	1838—1901	Dr. Näf	1901, Nécr. p. CLIV
Heierli	Jakob	Zurich	archéol.	1853—1912	O. Stoll	1912, T. 1, Nécr. p. 152 (P)
Hemmann	Auguste	Argovie	méd.	1823—1898		1899, Nécr. p. XXVII
Herzen	Alexandre	Vaud	physiol.	1839—1906	Auguste Roud	1906, Nécr. p. LI (P)
Herzog	Albin	Zurich	math.	1852—1909	Prof. A. Stodola	1909, T. 2, Nécr. p. 82 (P)
Herzog	Johannes	Argovie	sc. nat.	1773—1840		1841, p. 279
Heyland (dit) **(Kumpfler)**	Jean-Christophe	Genève	bot.	1792—1866	Alph. de Candolle	1866, p. 274
Hilfiker	Jakob	Neuchâtel-Zurich	météor. topog.	1851—1913	J. A. Herzog	1913, T. 1, p. 66
Hilti- von Werdenberg	Friedrich-Christian	Zurich	méd.	1809—1835		1836, p. 65
Hirsch	Adolphe	Neuchâtel	astr.	1830—1901	Prof. Le Grand Roy	1901, Nécr. p. XCIX
Hirzel	Johann	Zurich	méd. vétér.	1854—1905	E. Zschokke	1905. Nécr. p. XLIV
His	Wilhelm	Bâle - Allemagne	anat.	1831—1904	Prof. Dr. J. Kollmann	1904, Nécr. p. XIII (P)
Hipp	Mathieu	Neuchâtel	ing.	1813—1893	mention	1899, p. 33
Hofmeister	Joh.-Heinrich	Zurich	hort.	1772—1830		1830, p. 136
Hofmeister	Rudolf-Heinrich	Zurich	météor.	1814—1887	R. Wolf	1887, p. 124
Högger	Andreas-Renatus	St-Gall	peintre, chimie	1808—1854	mention	1854, p. 15

Nom	Prénom	Résidence	Science	Dates Naissance Décès	Auteur	Renvoi aux Actes, etc. S. H. S. N.
Horner	Friedrich	Zurich	méd. opht.	1831- 1886	Dr. Th. Bänziger jun.	1887, p. 126
Horner	Joh.-Caspar	Zurich	astr. phys.	1774—1834	Dr. H.-R. Schinz	1885, p. 63
Horner	Ludwig	Zurich–Indes Néerlandaises	méd. sc. nat.	1811—1838		1839, p. 211
Horner	Raphael	Fribourg	pédag.	1842—1904	Prof. M. Musy	1904, Nécr. p. XLI
Huber	Daniel	Bâle	astr.	1768—1829	P. Merian	1830, p. 145
Huber	François	Genève	entom.	1750—1831	renvoi	1832, p. 137
Humbert	Aloïs	Genève	zool.	1829—1887	V. Fatio	1887, p. 144
Imhoff	Ludwig	Bâle	entom.	1801—1868	L. Rütimeyer	1868, p. 229
Ineichen	Josef	Lucerne	phys.	1792- 1881	M.-A. Feierabend	1881, p. 128
Ischer	Gottfried	Berne	géol.	1832—1896	H. Sch(ardt)	1898, p. 317
Jaccard	Auguste	Neuchâtel	géol.	1833—1895	M. de Tribolet [mention]	1895, p. 205 [1899, p. 31
Jacob	Niklaus	Berne	géogr. sc. nat.	1820—1900		1900, Nécr. p. LI
Jeanneret	Louis	Neuchâtel–Genève	méd.	1834—1900		1901, Nécr. p. V
Jenny-Studer	Jakob	Glaris	chim.	1845 -1911	J. Oberholzer	1911, T. 2, Nécr. p. 13
Joos	Wilhelm	Schaffhouse	méd.	1821—1900		1900, Nécr. p. LIV
Jurine	Louis	Genève	sc. nat.	1751—1820		Nat. Anzeiger, 1820, p. 5
Käch	Max	Bâle	min.	1875—1904	Prof. C. Schmidt	1904, Nécr. p. XLV
Kahlbaum	Georg-W.-A.	Bâle	chim.	1853—1905	Fr. Fichter	1905, Nécr. p. XLVI (P
Kaiser	Joh.-Friedrich	Grisons	méd.	1823—1899	Dr. P. Lorenz	1900, Nécr. p. LX
Karrer	Heinrich	Argovie	méd.	1825—1852	E. B.	1854, p. 231
Kaufmann	Alfred	Berne	zool.	1857—1903	Frida Kaufmann et Dr. J. Dierauer	1903, Nécr. p. XXXI
Kaufmann	Franz-Joseph	Lucerne	géol.	1825—1892	H. Bachmann [mention]	1905, Nécr. p. I. (P) [1905, p. 18
Keller	Augustin	Argovie	sc. nat.	1805—1883	C(uster)	1883, p. 155
Kerler	Meinrad	Thurgovie	agr.	1778—1830		1830, p. 128
Killias	Eduard	Grisons	bot. entom. méd.	1829—1891	Dr. Ch. Tarnuzzer	1891, p. 191
Kinkelin	Hermann	Berne – Bâle	math. statist.	1832—1913	Dr. H. Fäh, Dr. G. Schaertlin et Dr. R. Flatt	1913, T. 1, Nécr. p. 34 (P
Koch	Johann-Rudolf	Berne	math.	1832—1889	(J.-H.) Graf	1891, p. 175
Koch	Robert	Allemagne	méd.	1843—1910	Prof. Dr. C. Fraenkel	1910, T. 2, Nécr. p. 58
Köchlin	Johann-Rudolph	Zurich	méd.	1783- 1849		1849, p. 171
Koenig	Albert-Fréd.-Louis	Berne	entom.	1778—1832		1832, p. 78
Kohler	Xavier	Berne	archiv.	1823—1891		1891, p. 182
Koller	Gottlieb	Berne	techn.	1823—1900		1900, Nécr. p. LXIX
Kölliker (von)	Rudolf-Albert	Zurich–Allemagne	anat.	1817—1905	Prof. Arn. Lang	1905, Nécr. p. CXXXI
Könlein	August	Bavière–St-Gall	ing. sc. nat.	1794—1836		1836, p. 66
Kopp	Charles	Neuchâtel	meteor. hydr.	1822—1891	mention	1899, p. 30
Kopp	Emile	Zurich	chim.	1817—1875	Jules Piccard	1876, p. 363
Kostanecki (de)	Stanislas	Berne	chim.	1860—1910	E. Noelting	1911, T. 2, Nécr. p. 74 (P
Köttgen	Fritz	Allemagne et Bâle-Campagne	techn. sc. nat.	1834—1908	Dr. F. Leuthardt	1908, T. 2, p. 66 (P)
Kottmann	Auguste	Soleure	méd.	1846—1904	J. Enz, Rektor	1904, Nécr. p. XLIX
Kottmann	Johann-Baptist-Karl	Soleure	méd.	1776—1851		1852, p. 43
Krättli	J(ohann-Luzius)	Grisons	bot.	1812—1903	Candrian	1903, Nécr. p. XLI

Nom	Prénom	Résidence	Science	Dates Naissance Décès	Auteur	Renvoi aux Actes, etc. S. H. S. N.
Krauer-Widmer	Hartmann	Zurich	vitic.	1831-1901	Prof. C. Schröter	1901, Nécr. p. XL
Krieger	Carl	Berne	méd	1817-1874	A. Feierabend	1874, p. 189
Kronecker	Hugo	Berne	physiol.	1839-1914	H. Sahli	1914, T. 1, Nécr. p. 54 (P)
Krönlein	Ulrich	Zurich	méd. chir.	1847—1910	Conrad Brunner	1911, T. 2, Nécr. p. 27 (P)
Kummer	Jakob	Berne	méd.	1834—1908	Dr. E. Kummer	1909, T. 2, Nécr. p. 28 (P)
Lagger	François-Joseph	Fribourg-Valais	bot.	1799—1870	M. Cottet	1872, p. 351
La Harpe (de)	Fréd.-César	Vaud	pédag.-polit.	1754—1838	renvoi	Gesch. Siegfr. p. 19.
La Harpe (de)	Jean	Vaud	méd. entom.	1802—1877		1877, p. 293
Lamon	Jean-François-Benoit	Valais	bot. météor.	1792—1858	Dr. B. Studer [mention]	1858, p. 25 [Gesch. Siegfr. p. 38]
Lang	Franz-Vinzenz	Soleure	sc. nat.	1821—1899	J. Enz	1899, Nécr. p. III
Lang	Eduard	Berne	chim.	1864—1902	E.-W. Milliet	1902, Nécr. p. XXXVII
La Nicca	Richard	Grisons	math.	1794—1883		1883, p. 191
Lanz	Joseph	Berne	méd.	1818-1908	Dr. E. Lanz	1909, T. 2, Nécr. p. 31 (P)
Lardy	Charles	Vaud	min. sylv.	1780—1858	Dr. B. Studer [mention]	1858, p. 24 [Gesch. Siegfr. p. 38]
Larguier des Bancels	Jean-Jacques-Frédéric-Georges	Vaud	méd.	1844—1904	Prof. Dr. H. Blanc	1905, Nécr. p. LXIX (P)
Lavizzari	Luigi	Tessin	min.	1814—1875	Gio. Ferri [mention]	1875, p. 209 [1903, p. 5 (P)]
Leresche	Louis	Vaud	bot.	1808-1885	J.-B. Schnetzler	1885, p. 140
Lesquereux	Leo	Neuchâtel-Etats-Unis	bot. paléont.	1806—1889	mention	1899, p. 25
Levade	Louis	Vaud	méd. min.	1748—1841		1841, p. 286
Liechti	Ludwig-Paul	Zurich-Argovie	chim.	1843—1903	Dr. A. Tuchschmid	1903, Nécr. p. CVIII
Lienert	Konrad	Schwytz	sylv.	1833—1911		1911, T. 2, Nécr. p. 129
Lienhardt	Franz	Schwytz	méd.	1825—1901	Dr. F. Lienhardt, fils	1902, Nécr. p. XXXIX
Liliencron (von)	Friedrich	Schaffhouse	pharm.	1834—1904	Dr. C.-H. Vogler	1904, Nécr. p. LIV
Locher-Balber	Hans	Zurich	méd	1797—1873		1873, p. 355
Locher-Freuler	Eduard	Zurich	techn.	1840—1910		1910, T. 2, Nécr. p. 32
Locher	Jakob	Zurich	méd.	1771—1832		1832, p. 137
Lorétan	Aloys-Jos.-Eugène	Valais	méd.	1806—1862		1863, p. 221
Loriol (de)	Perceval	Genève	paléont.	1828—1908	Charles Sarasin	1909, T. 2, Nécr. p. 1 (P)
Lubini	Giovanni	Tessin	techn.	1824—1905	G. Mariani	1906, Nécr. p. LXVII
Lullin	Charles-Jean-Marc	Genève	agr.	1752—1833	de Candolle	1833, p. 138
Lunel	Godefroy	Genève	zool.	1814—1891		1891, p. 195
Luchsinger	Balthasar	Zurich	physiol.	1849—1886	Prof. Max Flesch	1886, p. 138
Lüscher	Gottlieb	Zurich	pharm.	1857—1906	Theodor Vogel	1906, Nécr. p. LXIX
Lusser	Karl-Franz	Uri	sc. nat.	1790—1859	Dr. P. Bonifacius Huber [mentions]	1912, T. 2, p. 7 (P) [1875, p. 7 et Gesch. Siegfr. p. 38]
Mandach-Laffon (von)	Karl-Franz	Schaffhouse	méd.	1821—1898		1899, Nécr. p. XXIV
Manuel	Rudolf-Gabriel	Berne	agr.	1749—1829		1830, p. 102
Marcet	Alexandre	Angleterre	chim.	1770—1822	renvoi	Coup d'œil hist. p. 8
Marcet	William	Angleterre-Genève	chim. physiol.	1828—1900	Dr. Const. Picot	1901, Nécr. p. VIII
Marignac (Galissard de)	Jean-Charles	Genève	chim.	1817—1894	E. Ador	1894, p. 250 (P)
Massini	Rudolf	Bâle	méd.	1845—1902	Prof. Ed. Hagenbach-Burckhardt et Prof. Egger	1903, Nécr. p. XLIV
Maunoir	Charles-Théophile	Genève	méd. chir.	1775—1830		1830, p. 105

Nom	Prénom	Résidence	Science	Dates Naissance Décès	Auteur	Renvoi aux Actes, etc. S. H. S. N.
Maurer	Jakob	Berne	bot.	1829—1905	mention	1914, T. 2, p. 12
Mathey	Claude	Valais	bot. entom.	1806—1830		1832, p. 139
Mayer-Eymar	Carl	Zurich	paléont.	1826 1907	Dr. Louis Rollier	1907, T. 2, Nécr. p. LX (
Mayor	Auguste	Neuchâtel	zool.	1815—1904	Ls. Favre. prof.	1904, Nécr. p. LVI
Meckel	Albrecht	Berne	méd.	1789—1829	Prof. Itt	1829, p. 93
Meier	Robert	Soleure	ingén.	1850—1914	Alb. Küng	1914, T. 1, Nécr. p. 50
Meisner	Karl-Friedrich-August	Berne	sc. nat.	1765—1825	Dr. Brunner	Ann. M. T. 2, p. 241
Meissner	Karl-Friedrich	Bâle	bot.	1800—1874	F. B.	1874, p. 187
Merian	Joh.-Rudolf	Bâle	math.	1797—1871		1872, p. 358
Merian	Peter	Bâle	géol.	1795—1883	Prof. Albrecht Müller	1883, p. 108
Mertens	Evariste-F.-K.	Zurich	hort.	1846—1907		1907, T. 2, Nécr. p. LX (
Merz	Viktor	Zurich	chim.	1839—1904	A. Werner et O. Meister	1904, Nécr. p. LX (P)
Meyer	Daniel	St-Gall	météor. bot.	1778—1863	J. Wartmann	1864, p. 489
Meyer	Friedrich	Berne	sc. nat.	1806—1841	B. St(uder)	1841, p. 287
Meyer	Georg	Uri	minér.	1775—1871	Dr. Bonifacius Huber	1912, T. 1, p. 4
Meyer	Gottlieb	Argovie	sc. nat.	1793—1829		1832, p. 140
Micheli	Marc	Genève	bot.	1844—1902	C. de Candolle	1902, Nécr. p. XLI (P
Micheli	Michel	Genève	bot.	1751—1830	renvoi	1832, p. 141
Miescher	Friedrich	Bâle	méd.	1811—1887	Dr. F. Miescher	1887, p. 157
Miller	Carl	Soleure	techn.	1858—1891	F. L(ang)	1891, p. 189
Mohl	Hugo	Berne	bot.	1805—1872	mention	1914, T. 2, p. 21
Möllinger	Otto	Soleure	math.	1814—1886	Dr. F. Lang	1887, p. 162
Montmollin (de)	Auguste	Neuchâtel	géol.	1808—1898	M. de Tribolet, [mention]	1898, p. 320 [1899, p. 1
Morin	Pyrame-Louis	Genève	pharm.	1815—1864		1865, p. 122
Morlot	Ch.-Adolphe	Berne	géol. archéol.	1820—1867	S. Chavannes	1867, p. 211
Morthier	Paul	Neuchâtel	bot.	1823—1887	mention	1899, p. 30
Mösch	Casimir	Zurich	géol.	1827—1898	A. Baltzer	1899, Nécr. p. IX
Mousson	Albert	Zurich	phys.	1805—1890		1890, p. 238
Müller	Albrecht	Bâle	géol.	1819 1890	C. Sch.	1890, p. 247
Müller	Emile	Zurich	méd.	1822—1897	A. Müller	1898, p. 325
Müller	Franz	Uri	météor. méd.	1805—1884		1884, p. 152
Müller	Joh.-Anton	Argovie	sc. nat.	1775—1836	Dr. Wieland	1836, p. 68
Müller	Karl-Emmanuel	Uri	ing.	1804—1869	Dr. P. Bonifac. Huber	1912, T. 2, p. 15
Munzinger	Eugen	Soleure	méd.	1830—1907		1909, T. 2, Nécr. p. 3
Muret	Jean	Lausanne	bot.	1799—1877	E. Rambert	1877, p. 316
Murray, Sir	John	Ecosse	océanogr.	1841—1914	L.-W. Collet	1914, T. 1, Nécr. p. 1
Naef	Georges	St-Gall	méd.	1769—1828	Zollikofer	1828, p. 85
Nägeli (von)	Carl	Zurich-Allemagne	bot.	1817—1891	Prof. C. Cramer	1891, p. 184
Nager	Franz-Joseph	Uri	sc. nat.	1802—1879	Dr. C. Mösch, Dr. P. Bonifac. Huber	1879, p. 135, 1912, t. 2, p.
Nager	Gustav	Lucerne	méd.	1846—1914	Fr. Siebenmann	1914, p. 46 (P)
Nager	Joseph-Félix	Lucerne	méd.	1820—1864	Aug. Feierabend	1864, p. 507
Naville	Ernest	Genève	phil.	1816 1909		1909, T. 2, Nécr. p. 71 (
Necker de Saussure	Louis-Albert	Genève-Ecosse	sc. nat.	1786—1861	Prof. de Candolle	1862, p. 272
Necker de Saussure	Jacques	Genève	bot.	1757—1825	renvoi	Coup d'œil hist. p. 9
Neff	Johann	St-Gall	méd.	1761—1828		1829, p. 82

Nom	Prénom	Résidence	Science	Dates Naissance Décès	Auteur	Renvoi aux Actes, etc. S. H. S. N.
Neuwyler	Melchior	Thurgovie	sc. nat.	1819—1845	Rudolph Wolf	1845, p. 150
Nicolas	Paul-Charles-Edouard	Neuchâtel	méd.	1846—1898	Dr. Edouard Cornaz	1898, p. 329
Nicolet	Célestin	Neuchâtel	géol.	1803—1871	mention	1899, p. 19
Nienhaus	Kasimir	Bâle	pharm.	1838—1910	Dr. Eug. Beuttner	1911, T. 2, Nécr. p. 51
Nourrisson	Charles	Genève - Vaud	chim.	1859—1908	Alex. Claparède	1909, T. 2, Nécr. p. 41 (P)
Odier	Louis	Genève	méd.	1748—1817	renvoi	Coup d'œil hist. p. 9
Oltramare	Gabriel	Genève	math.	1816—1906	H. Fehr	1906, Nécr. p. LXXVIII (P)
Osterwald-d'Yvernois	Jean-Frédéric	Neuchâtel - France	géogr.	1773—1850	Louis Coulon [mention]	1850, p. 153 [1899, p. 15]
Otth	Adolf	Berne	méd. sc. nat.	1803—1839	B. [mention]	1839, p. 204 [1914, T. 2, p. 13]
Otz	Henri-Louis	Neuchâtel	géom.	1820—1902	Dr. A. Otz	1902, Nécr. p. LV
Pahud	Auguste	Fribourg	géol.	1842—1871	Dr. Thürler	1872, p. 9
Pégaitaz	Alexis	Fribourg	méd.	1842—1907	Dr. Cuony	1907, T. 2, Nécr. p. LXV (P)
Perey	Henri-Louis-Emmanuel	Vaud	méd.	1769—1834		1834, p. 110
Pernet	Johannes	Vaud - Zürich	phys. météor.	1845—1902	Prof. A. Weilenmann	1902, Nécr. p. LVII
Perrenoud	Ls.-Auguste	Neuchâtel	méd. chir.	1837—1892		1892, p. 207
Perret	Charles-Albert	Vaud	méd.	1790—1834	Guisan	1835, p. 74
Perrot	Adolphe	Genève	phys. chim.	1833—1887	Dr. Aug. Wartmann-Perrot	1887, p. 167
Perrottet	Guerrard-Samuel	Fribourg - Pondichéry	bot.	1790- 1870	Prof. Musy	1907, T. 1, p. 7
Perty	Maximilien	Berne	bot.	1804—1884	mention	1914, T. 2, p. 18
Peschier	Jean	Genève	méd.	1774—1831		1832, p. 141
Peschier	Jacques	Genève	pharm. chim.	1769—1832	renvoi	1832, p. 141
Pestalozzi	Jakob	Zurich	math.	1749—1831		1832, p. 142
Pestalozzi	Hermann	Zurich	méd.	1826—1903	Dr. C. Rahn-Meyer	1904, Nécr. p. CIII
Pestalozzi	Salomon	Zurich	techn.	1841—1905		1906, Nécr. p. LXXXIV
Petit-Pierre	Henri	Vaud	méd.	1772—1829		1832, p. 147
Peyer	Johann-Ludwig	Schaffhouse	math. géod.	1780—1842	J.-J. Freuler	1842, p. 258
Pfähler	Albert	Soleure	pharm.	1811—1900	F. C(uster)	1900, Nécr. p. LXXVI
Pfeiffer	Albert	St-Gall	techn.	1851—1908	H. Zollikofer	1909, T. 2, Nécr. p. 37
Pfendler	Heinrich	Glaris	sc. nat.	1818—1889	Dr. G. Heer	1908, T. 1, p. 26
Pfluger	Anton	Soleure	pharm. chim.	1779—1858	Fr. Lang	1860, p. 183
Pictet	Jules-Camille	Genève	zool.	1864—1893		1893, p. 212
Pictet	Benedict	Genève - France	sc. nat.	1755—1819		Eröffn.-Rede 1821, p. 54
Pictet de la Rive	François-Jules	Genève	zool. paléont.	1809—1873	J.-Louis Soret	1872, p. 361
Pictet-Turrettini	Marc-Auguste	Genève	phys.	1752—1825	renvois	Coup d'œil hist. p. 9, Gesch. Siegfr. p. 14
Pioda	Alfredo	Tessin	jur.	1848—1909	M. Marchi et Prof. L. Bazzi	1909, p. 130 (P)
Pioda	G(iovanni)-B(attista)	Tessin	militaire	1786—1845	St. F(ranscini)	1846, p. 305
Plantamour	Emile	Genève	astr.	1815—1882	R. Wolf	1882, p. 67
Planta-Reichenau (von)	Ulrich	Grisons	sylv.	1791—1875		1875, p. 219
Planta-Reichenau (von)	Adolf	Grisons	chim.	1820—1895	Dr. E. Bosshard	1895, p. 257
Plessis (du)	Georges	Vaud	zool.	1838—1913	H. Blanc	1914, T. 1, Nécr. p. 14
Pool	Lucius	Grisons	entom.	1754—1828		1830, p. 118

Nom	Prénom	Résidence	Science	Dates Naissance Décès	Auteur	Renvoi aux Actes, e S. H. S. N.
Pourtalès (de)	François	Neuchâtel – Etats-Unis	zool. océan.	1823—1880	mention	1899, p. 24
Pourtalès (de)	Louis-Auguste	Neuchâtel	math.	1796–1870	mention	1899, p. 33
Preudhomme de Borre	Ch.-Fr.-P.-Alfred	Belgique – Genève	entom.	1833—1905	Dr. Ed. Sarasin	1905, Nécr. p. LXXIII
Prevost	Carl	Unterwald	sc. nat.	1840—1907	E. Etlin	1907, T. 2, Nécr. p. L
Prevost	Isaac-Bénédict	France – Genève	sc. nat.	1755—1819		Eröffn.-Rede 1821, p.
Prevost-Marcet	Pierre	Genève	phys.	1751—1839	renvoi	Coup d'œil hist. p. 9
Pünchera	Jakob	Grisons	math.	1868—1901		1901, Nécr. p. LXIV
Quiquerez	Auguste	Berne	géol.	1801—1882	X. Kohler	1883, p. 146
Rahn	Hans-Conrad	Zurich	méd.	1802—1881	Dr. Rahn-Meyer	1882, p. 105
Rambert	Eugène	Vaud	litt. bot.	1833—1886	S. Chavannes	1887, p. 172
Randegger	Johannes	Zurich	topog.	1830—1900	F. C(uster)	1900, Nécr. p. LXXV
Reber	Jakob	Berne	méd.	1831—1909		1910, T. 2, Nécr. p. 30
Rebstein	Jakob	Zurich	math. géod.	1840—1907	Prof. F. Becker und Dr. G. Schärtlin	1907, T. 2, Nécr. p. LXXII
Redard	Camille	Genève	méd.	1841–1910	Dr. P. Guillermin	1910, T. 2, Nécr. p. 4
Rehsteiner	Conrad	St-Gall	pharm.	1834—1907	H. Rehsteiner	1908, T. 2, p. 69 (P)
Reiffer	Conrad	Thurgovie	méd.	1825—1905	Dr. Isler	1905, Nécr. p. LXXV
Renevier	Eugène	Vaud	géol.	1831—1906	Maurice Lugeon	1906, Nécr. p. LXXXVII
Rengger	Albert	Argovie	géol. méd.	1764—1835	renvoi	1836, p. 67
Rengger	Joh.-Rudolph	Argovie	méd. sc. nat.	1795—1832		1833, p. 146
Reverdin	Auguste	Genève	méd. chir.	1848—1908	C. Picot	1908, T. 2, p. 80 (P)
Reynier (de)	Léopold	Neuchâtel	méd.	1808—1904	Dr. Ed. Cornaz	1904, Nécr. p. CV
Richthofen (Freiherr von)	Ferdinand	Allemagne	géog. géol.	1833—1905	J. Früh	1905, Nécr. p. CXLI
Riedmatten (de)	Pierre-Marie	Valais	sc. nat.	1832—1906	Dr. J. de Werra	1907, T. 2, Nécr. p. LXX
Riggenbach-Stehlin	Fritz	Bâle	sc. nat.	1821—1904	Dr. H. Christ	1904, Nécr. p. CVIII
Rilliet	Albert-Auguste	Genève	chim. phys.	1848—1904	Dr. Edouard Sarasin	1904, Nécr. p. CXVI
Ringier	Georg	Zurich	méd.	1849—1913	A. Grimm	1914, T. 1. Nécr. p.
Rion (le Chanoine)	Alphonse	Valais	bot. entom.	1809—1856	mention	Gesch. Siegfr. p. 43
Ris-Schnell	Friedrich	Berne	phys.	1841—1905	G. Ris	1905, Nécr. p. LXXX
Ritter	Elie	Genève	math. phys.	1801—1862	Prof. de Candolle	1862, p. 269
Ritter	Guillaume	Neuchâtel	hydrol. sc. nat.	1835—1912	Prof. Dr. O. Billeter	1913, T. 1, p. 28
Ritter	Wilhelm	Zurich	techn.	1847–1906	E. Meister	1906, Nécr. p. CVI (
Ritz	Walter	Valais	math. phys.	1878—1909	Prof. Rud. Fueter	1909, T. 2, Nécr. p. 96
Rive (de la)	Auguste	Genève	phys.	1801–1873	Dr. Eduard Killias	1874, p. 6
Rive (de la)	Edmond	Genève	sc. nat.	1847—1902	Lucien de la Rive	1902, Nécr. p. XVII
Rive (de la)	Ch.-Gasp(ard)	Genève	chim.	1770—1834	renvoi	Coup d'œil hist. p. 7
Rivaz (de)	Charles-Emman.	Valais	archéol.	1753—1830		1832, p. 127
Römer	Johann-Jakob	Zurich	sc. nat.	1763—1813	Dr. Heinr.-Rud. Schinz	Nat.-Anzeig. 1819, p.
Rordorf	Joh.-Rudolf	Zurich	entom.	1783—1839	J.-R. Köchlin	1839, p. 196
Rosenmund	Max	Berne – Zurich	géod.	1857—1908	F. Becker	1908, T. 2, p. 89 (P)
Rossel	Arnold	Berne – Zurich – Soleure	chim.	1844—1913	Prof. Dr. L. Crelier	1913, T. 1, p. 76 (P)
Rosselli	Onorato	Tessin	pédag.	1843—1902	Dr. Giov. Ferri	1902, Nécr. p. LXV
Rosset	Constantin	Vaud	techn.	1832—1908	F.-A. Forel	1908, T. 2, p. 97
Ruepp	Aloïs	Argovie	méd.	1785—1832		1832, p. 153
Ruepp	Gottfried	Argovie	pharm.	1820–1880	Dr. H. Custer	1880, p. 149
Rütimeyer	Karl-Ludwig	Bâle	sc. nat.	1825—1895	C. Schmidt	1895, p. 213
Rütte (von)	Albert	Berne	bot.	1825–1903	Prof. F. Anderegg [mention]	1903, Nécr. p. XLVI [1914, T. 2, p.

Nom	Prénom	Résidence	Science	Dates Naissance Décès	Auteur	Renvoi aux Actes, etc. S. H. S. N.
Salis-Marschlins (von)	Carl-Ulysses	Grisons	sc. nat.	1760—1818	mention	Nat.-Anzeig. 1818, p. 72 Nat.-Anzeig. 1819 p. 18
Salis (von)	J.-Baptista	Grisons	ing. géol.	1825—1901	Dr. P. Lorenz	1901, Nécr. p. XXIII
Salis-Soglio (von)	Hieronymus	Grisons	sylv. ornith.	1786—1828		1830, p. 117
Sandmeyer	Melchior	Argovie	sc. nat.	1813—1854	Baumann	1855, p. 259
Sarasin	Edmond	Genève	min.	1843—1890		1891, p. 178
Saussure (de)	Henri	Genève	sc. nat.	1829—1905	Emile Yung et M. Bedot	1905, Nécr. p. LXXXIV (P)
Saussure (de)	N.-Théodore	Genève	chim. bot.	1767—1845	renvoi	Coup d'œil hist. p. 8
Schaefer	Joh.-Conrad	Appenzell	méd.	1772—1831	renvoi	1832, p. 156, 182
Schalch	Johann-Christoph	Schaffhouse	méd.	1762—1846	Dr. Freuler	1846, p. 300
Schaller	Jean-Louis	Fribourg	méd. bot.	1818—1880	H. C.	1880, p. 146
Schär	Eduard	Berne-Allemagne	chim. pharm.	1842—1913	C. Hartwich	1914, T. 1, Nécr. p. 106 (P)
Schärer	Louis-Emmanuel	Berne	bot.	1785—1853	(Ludwig) Fischer, [mention]	1853, p. 296 [1914, T 2, p. 18]
Scheitlin	Peter	St-Gall	théol. sc. nat.	1779—1848	mention	1854, p. 13
Scheufelbuël	Edmund	Argovie	méd.	1831—1902	Dr. Amsler sen.	1903, Nécr. p. IL
Schenk	Alexandre	Vaud	anthrop.	1874—1910	F.-A. Forel	1911, T. 2, Nécr. p. 53
Schenk	Bernhard	Schaffhouse	sc. nat.	1833—1893	F. Schalch	1894, p. 263
Scherer	Adrian	Argovie	astr.	1783—1835		1836, p. 64
Schiffmann	P.-Heinrich	Unterwald	sc. nat.	1839—1912	Dr. K. Lötscher	1912, T. 1, p. 107
Schimper	Wilhelm	Bâle	bot.	1856—1901	Dr. H. Christ	1901, Nécr. p. XCVI
Schindler	Anna	Glaris	zool.	1852—1883	Ernst Buss	1883, p. 193
Schinz	Heinrich-Rudolf	Zurich	zool.	1777—1861		1861, p. 157
Schläfli	Alexander	Berne	sc. nat.	1831—1863	A. Mousson	1864, p. 326
Schmidlin	Joh.-Baptist	Argovie	géol.	1806—1862		1867, p. 232
Schmidt	Edouard	Vaud	pharm.	1840—1899	Prof. H. Schardt	1901, Nécr. p. LIV
Schmidtmeyer	Jean-Pierre	Genève	agr.	1768—1830		1830, p. 106
Schmutziger	Joh.-Heinr.	Argovie	méd.	1776—1830		1832, p. 156
Schneider	Gustav	Bâle	zool.	1834—1900	G. Schneider jun.	1900, Nécr. p. LXXXIV
Schneuwly	Henry	Fribourg	bot.	1832—1906	Jos. Schneuwly	1906, Nécr. p. CXXI
Schnyder von Wartensee	Xaver	Lucerne-Allemagne	phys.	1786—1868	A. Feierabend	1868, p. 221
Schönbein	Christian-Friedr.	Bâle	chim.	1799—1868	d'après Hagenbach	1868, p. 207
Schuler	Carl	Zurich	méd.	1857—1905	Dr. H. Naegeli	1906, Nécr. p. CXXIV
Schuler	Fridolin	Glaris	méd. hyg.	1832—1903	Dr. J. Seitz	1903, Nécr. p. LVI
Schulthess	Caspar	Zurich	zool.	1798—1841		1841, p. 285
Schulthess	Leonhard	Zurich	bot.	1775—1841		1841, p. 283
Schulze	Ernst	Zurich	chim.	1840—1912	E. Winterstein	1912, T. 1, Nécr. p. 54
Schuppli	Melchior	Berne	bot.	1824—1898	J.-H. Graf [mention]	1898, p. 334 [1914, T. 2, p. 12]
Schürer	Urs-Joseph	Soleure	méd.	1773—1828		1829, p. 98
Schwab	Samuel	Berne	méd.	1832—1900	K. Schweizer	1901, Nécr. p. XIV
Secrétan	Louis	Vaud	bot.	1758—1839	L. Clavel de Brenles	1839, p. 191
Seringe	N(icolas)-C(harles)	Berne-France	bot.	1776—1858	mention	1914, T. 2, p. 13
Shuttleworth	Robert-James	Angleterre-Bâle-Genève	sc. nat.	1810—1874	Dr. Eduard Killias [mention]	1874, p. 5 [1914, T. 2, p. 19]
Sidler	Georg	Berne	math. astr.	1831—1907	Prof. Dr. Ch. Moser	1908, T. 2, p. 101 (P)
Sieber	Benjamin	Soleure	chim.	1839—1908		1908, p. 109
Siegfried	Hans	Argovie-Zurich	bot.	1837—1903	Prof. Hans Schinz	1903, Nécr. p. LXXII
Siegfried	Jakob	Zurich	sc. nat. géog.	1800—1879	Gamper-Steiner	1880, p. 111
Simler	Rudolf-Theodor	Zurich	chim. sc. nat.	1833—1874	Dr. Eduard Killias	1874, p. 10

Nom	Prénom	Résidence	Science	Dates Naissance Décès	Auteur	Renvoi aux Actes, etc. S. H. S. N.
Simond	A.-Henri	Vaud	bot.	1830 1899	F. C(uster)	1900, Nécr. p. XCV
Simond	Louis	Genève	littér.	1767– 1831	renvoi	1832, p. 161
Socin	Auguste	Bâle	méd. chir.	1837- 1899	Courvoisier	1898, Nécr. p. XX
Soie (de la)	Gaspard	Valais	bot.	1818– 1877	F.-O. Wolf	1877, p. 309
Soret	Charles	Genève	phys.	1854—1904	Prof. Dr. Louis Duparc	1904, Nécr. p. CXXV (P)
Soret	Jacques-Louis	Genève	phys.	1827—1890	L. de la Rive	1890, p. 251
Spillmann	Johann	Soleure	ing.	1847—1913	O. Gressly	1914, p. 40
Spleiss	David	Schaffhouse	math. phys.	1786—1854		1856, p. 172
Spörri	Johann-Jakob	Zurich	ing.	1834—1904	L. Rigert-Haas	1904, Nécr. p. CXXXVII
Sprecher von Bernegg	Jakob-Ulrich	Grisons	sc. nat.	1765—1841	[renvoi]	1841, p. 281 [Gesch. Siegfr. p. 18]
Spring	Walthère	Belgique	chim.	1848—1911	Léon Crismer	1911, T. 2, Nécr. p. 147
Stabile	Louis-Ange-Marie-Joseph	Italie	sc. nat.	1821—1869	Antoine Riva	1869, p. 205
Stadlin	Franz-Carl	Zoug	méd. véter. topog.	1777—1829		1830, p. 125
Steiger	Jakob-Robert	Lucerne	méd.	1801 -1862	Dr. Meyer [mention]	1862, p. 250 [Gesch. Siegf. p. 57]
Steiner	Carl-Emmanuel	Zurich	méd.	1771—1846	J. M. Z.	1846, p. 307
Steinmüller	Joh.-Rudolf	Glaris–St-Gall	sc. nat.	1773 –1835	Dr. M. Zollikofer, [mention] Dr. G. Heer	1835, p. 80 [1854, p. 12] 1908, T. 1, p. 31
Stierli	Johann	Uri	pharm.	1841- -1909	Dr. P. Bonifac. Huber	1909, T. 2, Nécr. p. 68
Stierlin	Wilhelm-Gustav	Schaffhouse	méd. entom.	1821—1907	Dr. R. Stierlin et Frey-Gessner	1907, T. 2, Nécr. p. LXXXVII (P)
Stilling	Henri	Vaud	méd.	1853—1911	Prof. Dr. H. Blanc	1911, T. 2, Nécr. p. 135 (P)
Stöhr	Philipp	Zurich–Allemagne	anat.	1849—1911	Prof. Dr. W. Felix et O. Schultze	1912, T. 1, Nécr. p. 32
Streiff	Caspar	Glaris	méd.	1784 -1857	Othmar Blumer	1857, p. 200
Struve	Henri	Vaud	chim. géol.	1751—1826	(Dr. Paul) Usteri	1827, p. 144
Studer	Bernhard	Berne	géol.	1794—1887	L. Rütimeyer	1887, p. 177
Studer	Bernhard-Friedr.	Berne	bot.	1820—1911		1912, T. 1, Nécr. p. 40 (P)
Studer	Friedrich	Berne	pharm. bot.	1790—1855	Bernh. Studer	1856, p. 153
Studer	Samuel	Berne	sc. nat.	1757—1834		1835, p. 83
Studer-Steinhäuslin	Bernhard	Berne	pharm. bot.	1847—1910	A. Tschirch et Dr. Th. Steck [mention]	1910, T. 2, Nécr. 36 (P) [1914, T. 2, p. 17]
Stutz	Ulrich	Zurich	géol.	1826—1895	C. Schmidt	1895, p. 197
Suchard	Auguste-Frédéric	Vaud	méd.	1841—1905	Dr. C. Picot	1905, Nécr. p. CVII
Suidter-Langenstein	Otto	Lucerne	pharm.	1833—1901	Dr. Hans Bachmann	1901, Nécr. p. XXX
Sulzer	Joh.-Jakob	Zurich	math. phys. techn.	1781—1828	Troll	1830, p. 140
Sulzer-Steiner	Heinrich	Zurich	techn.	1837—1906	Ed. Zwingli	1906, Nécr. p. CXXX (P)
Sulzer-Ziegler	Eduard	Zurich	techn.	1854—1913	Dr. Rob. Keller	1913, T. 1, p. 57 (P.)
Suter	Joh.-Rudolph	Berne	méd. bot.	1766—1827	(Dr. Paul) Usteri, [mention]	1827, p. 131 [1914, T. 2, p. 8]
Tetmajer (von)	Ludwig	Zurich	techn.	1850—1905	Prof. Dr. Schüle	1905, Nécr. p. CX
Thiessling	John-Benedikt	Berne	géol.	1834—1903	E. Kissling	1903, Nécr. p. CXII
Thomas	Abraham	Vaud	bot.	1740—1834	mention	1877, p. 24
Thomas	Emmanuel	Vaud	bot.	1788—1859	Dr. H. Lebert	1877, p. 154
Thomas-Mamert	René	Fribourg	chim.	1866—1902	Prof. Dr. A. Bistrzycki	1903, Nécr. LXXVI (P)
Thürler	J(ean)-B(aptiste)	Fribourg	méd.	1823—1880	Dr. Buman	1880, p. 133
Thurmann	Jules	Berne	bot. géol.	1804—1855	Xaver Kohler, [mention]	1855, p. 242 [Gesch. Siegfr. p. 45]

Nom	Prénom	Résidence	Science	Dates Naissance Décès	Auteur	Renvoi aux Actes, etc. S. H. S. N.
Thury	Marc	Genève	sc.phys.et nat.	1822—1905	John Briquet	1905, Nécr. p. CXVII (P)
Tingry	Pierre	France-Genève	chim.	1743—1821		Eröffn.-Rede 1821, p. 53
Torrenté (de)	Antoine	Valais	sylv.	1829—1907	Dr. J. de Werra	1907, T. 2, Nécr. p. XCVII
Torricelli	Ulisse	Glaris-Tessin	ing.	1838—1901		1901, Nécr. p. XXII
Trachsel	Gaspard	Berne	méd. bot.	1788—1832	[mention]	1832, p. 78 [1914, T. 2, p. 11]
Trechsel	Johann-Friedrich	Berne	géol. météor.	1776—1849	F. T.	1850, p. 157
Treub	Melchior	Indes-Néerlandaises	bot.	1851—1910	C. Schröter	1911, T. 2, Nécr. p. 154.
Tribolet (de)	Georges	Neuchâtel	géol. paléont.	1830—1873	M. de Tribolet [mention]	1873, p. 378 [1899, p. 31]
Tripet	Fritz	Neuchâtel	bot.	1843—1907	Dr. H. Spinner	1907, T. 2, Nécr. p. XCVIII (P)
Trog	Jakob-Gabriel	Berne	bot.	1781—1865	L. Fischer [mention]	1865, p. 126 [1914, T. 2, p. 15]
Troxler	Paul-Vital-Ignaz	Lucerne	méd.	1780—1866	Aug. Feierabend	1866, p. 280
Turrettini	François	Genève	orient. entom.	1845—1908	Arthur de Claparède	1909, T. 2, Nécr. p. 14 (P)
Tschudi (von)	Friederich	Glaris	sc. nat.	1820—1886	Dr. G. Heer	1908, T. 1, p. 34
Tschudi (von)	Joh.-Jakob	Glaris-Amérique de Sud	sc. nat.	1818—1889	Dr. G. Heer	1908, T. 1, p. 35
Usteri	Paul	Zurich	méd. sc. nat.	1768—1831	Dr. Locher-Balber, [renvoi]	1832, p. 162 [Gesch. Siegfr. p. 25]
Valentin	Adolf	Berne	méd.	1845—1911	Prof. Th. Studer	1912, T. 1, Nécr. p. 72
Vaucher	Jean-Pierre-Etienne	Genève	bot.	1763—1841		1841, p. 308
Venetz	Ignaz	Valais	ing. sc. nat.	1788—1859	mention	Gesch. Siegfr. p. 45
Verdeil	François	Vaud	météor. méd.	1747—1832		1832, p. 174
Vernet	Henri	Vaud	zool.	1847—1912	W. Morton	1912, T. 1, Nécr. p. 149 (P)
Viennet	Paul-Louis	Vaud	géol. archéol.	1830—1914	Arn. Bonard	1914, p. 42 (P)
Völckel	Karl	Soleure	chim.	1819—1880	Dr. Fr. Lang	1881, p. 130
Volz	Walter	Berne	zool.	1875—1907	Dr. H. Rothenbühler	1907, T. 2, Nécr. p. CIII (P)
Von der Mühll-His	Karl	Bâle	math.	1841—1912	Martin Knapp	1912, T. 1, Nécr. p. 93 (P)
Vouga	Auguste	Neuchâtel	ornith.	1795—1884	mention	1899, p. 30
Wäber	Adolf	Berne	sc. nat.	1841—1913	Dr. H. Dübi	1913, T. 1, p. 52
Wallier	Franz-Bernh.	Soleure	paléont.	1751(?)—1823	mention	1823, p. 29
Wanger	Andreas	Argovie	sc. nat.	1774—1836		1836, p. 60
Wartmann	Bernhard	St-Gall	sc. nat.	1830—1902	Prof. Dr. C. Schröter	1902, Nécr. p. LXVII
Wartmann	Elie	Genève	phys.	1817—1886	D. Colladon	1886, p. 156
Wartmann	Louis-François	Genève	astron.	1793—1864		1864, p. 514
Weber	Gustav	Zurich	techn.	1858—1913	Dr. Jul. Weber	1913, T. 1, p. 72 (P)
Weber	Heinrich-Friedr.	Zurich	phys.	1843—1912	Dr. P. Weiss	1912, T. 1, Nécr. p. 44
Wegelin	Carl	St-Gall	méd.	1832—1878	renvoi	1879, p. 135
Weilenmann	August	Zurich	phys.	1843—1906	U. Seiler	1906, Nécr. p. CXXXV (P)
Westermaier	Maximilian	Fribourg	bot.	1852—1903	Dr. A. Ursprung	1903, Nécr. p. LXXXII (P)
Wette (de)	Ludwig	Bâle	méd.	1812—1887	Dr. Lotz	1887, p. 113
Wicht	Pierre	Fribourg	min. géol.	1802—1840	G. G.	1840, p. 232
Wieland	Fidel-Joseph	Argovie	méd.	1797—1852		1854, p. 235
Wild (von)	Heinrich	Russie-Zurich	météor.	1833—1902	Dr. J. Maurer	1902, Nécr. p. LXXXIV
Wolf	Ferdinand-Otto	Valais	bot.	1838—1906	Dr. H. Christ, M. Besse et Hans Schinz	1906, Nécr. p. CXL (P)
Wolf	Rudolf	Zurich	astron.	1816—1893	R. Billwiller	1894, p. 237
Wollensack	Heinrich	Autriche-St-Gall	méd.	1847—1902	Dr. K. Henne	1902, Nécr. p. CI

Nom	Prénom	Résidence	Science	Dates Naissance Décès	Auteur	Renvoi aux Actes, etc. S. H. S. N.
Wullschlegel . .	Jakob	Argovie . .	entom. . . .	1818—1905	W. Thut	1905, Nécr. p. CXXX
Wyder	François . . .	Vaud . . .	bot. zool. . .	1774—1831		1832, p. 177
Wydler	Heinrich . . .	Berne . . .	bot.	1800—1883	autobiographie [mention]	1884, p. 133 [1914, T. 2, p. 22]
Wyss	Fidel	Zoug . . .	pharm. . .	1812—1877	A. Feierabend . .	1877, p. 305
Wyss (von) . .	Georg-Heinrich .	Zurich . . .	math. phys. .	1862—1900	F. Rudio	1901, Nécr. p. I .
Wyss (von) . .	Hans	Zurich . . .	méd. . . .	1847—1901	Dr. Wilh. von Muralt	1901, Nécr. p. CXXXIV
Wyss	Joh.-Rudolph . .	Berne . . .	hist. . . .	1781—1830		1830, p. 99
Wyttenbach . .	Jakob-Samuel . .	Berne . . .	sc. nat. . .	1748—1830		1830, p. 91
Wyttenbach . .	Joh.-Rud. . . .	Berne . . .	méd. . . .	1790—1826		1827, p. 151
Zahn	Frédéric-Wilhelm	Allemagne-Genève	anat. . . .	1845—1904	Prof. J.-L. Prevost et Dr. C. Picot	1904, Nécr. p. CXLII
Zeppelin (Comte de)	Eberhardt . . .	Allemagne .	sc. nat. . .	1842—1906	F.-A. Forel . . .	1906, Nécr. p. CXLVIII
Ziegler	Balthasar . . .	Soleure . . .	méd. . . .	1796—1864	G. Schlatter . . .	1864, p. 502
Ziegler	Joh.-Melchior .	Zurich . . .	géog. topog. .	1801—1883	Dr. R. Hotz . . .	1883, p. 134
Ziegler	Joh.-Heinrich .	Zurich . . .	méd. chim. .	1738—1819	Jb. Ziegler-Pellis . .	1846. p. 9
Ziegler-Pellis (früherhin Ziegler-Steiner)	J.-Jakob . . .	Zurich . . .	techn. sc. nat.	1775—1863	mention	Gesch. Siegfr. p. 40
Zimmermann . .	Abraham . . .	Argovie . .	bot. . . .	1787—1850		1850, p. 169
Zollikofer . . .	Caspar-Tobias .	St-Gall . . .	méd. sc. nat.	1774—1843	Dan. Meyer [mention]	1844, p. 238 [1854, p. 13]
Zschokke . . .	Heinrich . . .	Argovie . .	météor. géol.	1771—1848		1848, p. 154
Zuber	Johannes . . .	St-Gall . .	techn. sc. nat.	1773—1853	mention	1854, p. 15

www.ingramcontent.com/pod-product-compliance
Ingram Content Group UK Ltd.
Pitfield, Milton Keynes, MK11 3LW, UK
UKHW020200250726
13967UKWH00003B/1179

9 782013 418454